전산응용
기계제도(CAD)
실기도면 예제집

기능사 · 산업기사 · 기사

Forward

머 리 말

설계엔지니어링의 기본은 기계제도로부터 출발한다고 해도 과언이 아닐 것이다. 그리고 'No Car without Engineer' 즉 과학자와 더불어 '설계엔지니어'가 없었다면 자동차도 로봇도 우주선도 만들어낼 수 없었을 것이다. 실무에 입문하게 되면 설계엔지니어는 모방과 응용 그리고 창조적인 설계에 이르기까지 다양한 사례를 접하게 되는데 뿌리 깊은 나무가 태풍에도 견딜 수 있듯이 기초가 튼튼한 엔지니어가 큰일을 해낼 수 있는 것이다.

현재의 산업사회는 준비되고 기본 실무능력이 갖추어진 인재를 원하고 있는 것이 현실이다. 흔히 취업전선에서는 '고학력'과 '스펙'이 제일이라고 하지만 실제 산업현장에서 제대로 대우받는 엔지니어들을 보면 학력이나 자격증 개수보다는 경험과 실무능력이 있는 인재인 경우가 대다수이며 회사들도 이들을 선호하고 있다.

이제는 유능한 설계엔지니어 출신들의 CEO들도 많이 있으며 기술인 중에 대우 중공업 김규환 명장(名匠)처럼 초등학교도 다녀보지 못하고 열다섯 나이에 소년가장이 되어 기술하나 없이 대우중공업에 사환으로 들어가게 되었지만 마당 쓸고 물 나르며 회사 생활을 하다 훈장 2개, 대통령 표창 4회, 발명특허대상, 장영실상 5회 수상 및 1992년 초정밀 가공분야 명장으로 추대가 된 사례도 있다. 이렇게 되기까지는 본인의 피나는 노력과 최선을 다하는 생활, "나사못 하나를 만들어도 최소한 일본보다 좋은 제품을 만들 수 있도록 도와주십시오." 라는 간절하고 진실된 기도가 있었다고 한다.

본서를 접하는 미래의 엔지니어들도 어려운 현실에 굴복하지 말고 내가 할 수 있는 최선의 노력을 다하며, '자격증 취득'에만 목매이기보다는 미래를 생각하여 '현장에서 써먹을 수 있는 능력'을 기른다는 각오로 기술을 습득해 간다면 반드시 그 분야의 명장이 되어 존경받고 최고의 대우를 받는 기술자가 될 것이라고 생각한다.

● 본서의 특징과 저자 소개

이 책은 기계설계, 자동화 설계, 전용기 설계 등의 분야에서 풍부한 실무 경험을 축적한 설계 엔지니어와 실무교육자들이, 우리나라 제조 산업계의 현실과 교육이 부합할 수 있도록 기출문제를 철저히 분석하고 연구하여, 자격시험에 대비한 충분한 실습을 할 수 있도록 실기 예제도면을 구성하였다.

국가기술 자격증 수험시 제시되는 실척(1:1)의 과제도면 특성상 기계요소의 적용은 한계가 있을 수밖에 없었으며, KS규격화 되어 있지 않지만 산업현장에서 많이 적용되고 있는 자동화 기계요소 표준부품들도 혼선을 줄 우려가 있어 불가피하게 배제할 수밖에 없었다는 점이 아쉬움으로 남는다. 이 부분은 다른 도서를 통해 해소해 드릴 것을 약속드린다.

아무쪼록 기계제도와 CAD를 학습하는 분들과 전산응용 기계제도 기능사, 기계설계 산업기사 및 기계기사 자격증을 목표로 하고 계신 분들에게 훌륭한 멘토(mentor)가 될 수 있기를 희망하며 요즘 대세인 3차원 설계(인벤터, 솔리드웍스, 프로이, 카티아, 유니그래픽스, 아이언캐드 등) 프로그램을 학습하는 분들에게도 실기 활용서로 많은 도움이 되어 주리라 기대한다.

메카피아는 By the Engineer, Of the Engineer, For the Engineer(엔지니어의, 엔지니어에 의한, 엔지니어를 위한)를 최고의 가치로 내세우는 기술지식 포털로서, 엔지니어 출신들로만 이루어진 기업이다. 주된 사업영역은 웹사이트를 통한 기술지식의 공유 및 전문 기술교육 콘텐츠 개발 및 공급, 국내 제조 기술산업 분야의 생생한 정보와 뉴스를 제공하는 미디어 서비스와 일선 교육기관 및 대학, 기업의 평생학습체계를 지원하기 위한 e-러닝(사이버교육) 서비스 구축 등이며, 대한민국의 대표 기술 포털사이트로 발전하기 위하여 오늘도 일선 교육계와 산업현장의 생생한 목소리를 경청하며 연구개발에 매진하고 있다.

현재 메카피아에서는 전문 도서 저작과 더불어 온라인을 통한 기술교육 컨텐츠 제공, 동영상 강좌, e-러닝, e-Book 등을 보급하고 있으며 대한민국 제조기술 지식분야의 한 축을 담당하겠다는 각오로 끊임없는 노력을 기울이고 있다.

수험생 및 실무 설계입문자를 위한

전산응용
기계제도(CAD)
실기도면 예제집

메카피아 노수황 편저
www.mechapia.com

기능사 · 산업기사 · 기사

DRAWING EXERCISE for
COMPUTER AIDED DESIGN

대 광 서 림

| 노 수 황 mechapia_com@naver.com

- 현) 주식회사 메카피아 대표이사
- 현) 도서출판 메카피아 발행인
- 현) 메카피아창도기술교육학원 원장
- 현) 사단법인 한국3D프린팅협회 강사
- 현) 주식회사 TPC 메카트로닉스 Marketing Director
- 현) 네이버 카페 메카피아 매니저

[학 · 경력]
- 평택기계공업고등학교 기계과
- 생산기술연구원 부설 기술교육센터 치공구설계과
- 경기과학기술대학교 기계자동화과
- 전) 주식회사 이화전기 플랜트사업부
- 전) 주식회사 우신이엠시 기술개발실
- 전) 엔텍코퍼레이션 설계사무소 대표
- 2014 소상공인시장진흥공단 경영학교 강사
- 2014 3D 프린팅 일반강사 과정 시범사업 강사
- 2015 홍익대학교 융합형 창의인재양성창업 특강 강사
- 2015 전주비전대학교 제품목업 제작을 위한 3D프린팅 강사
- 2015 원광대학교 3D 프린팅 교강사 2급 및 창업지도자 과정 강사
- 2015 상명대학교 스마트창작터 특화교육 3D프린팅 융합창업 강사

[자격증]
- 치공구설계산업기사
- AutoCAD Certified User
- 3D 프린팅 강사

[수상]
- 1993 육군보병학교장 표창
- 2014 미래창조과학방송통신위원 국회의원 표창
- 2015 Autodesk Education Partner Award 수상
- 2015 3D 프린팅 메이커스 페어 숭실대학교 총장 감사패 수여

[주요 저서]
- UNIGRAPHICS NX5 REALITY
- AutoCAD 도면그리는 법
- Autodesk Inventor 2014: Basic for Engineer
- 기계설계 엔지니어 데이터북
- 메카피아 기계설계 KS규격집
- 인벤터 사용자를 위한 전산응용기계제도(CAD) 2D & 3D 실기 퍼펙트 가이드북
- 인벤터 사용자를 위한 기계설계산업기사(CAD) 2D & 3D 실기 퍼펙트 가이드북
- Autodesk Inventor 2014 & 2015 Advance for Engineer 제1권
- 기계설계산업기사 일반기계기사 2D & 3D 실기 도면집
- 플랜트 배관 데이터북
- 솔리드웍스 사용자를 위한 전산응용기계제도/기계설계산업기사 2D & 3D 실기 퍼펙트 가이드북
- 기계설계산업기사 일반기계기사 실기 활용서
- 3D프린터 실무 활용 가이드북
- Autodesk 123D DESIGN과 3D 프린팅 입문서
- 기어설계가이드북

전산응용
기계제도(CAD)
실기도면 예제집

기능사 · 산업기사 · 기사

발행일 · 2011년 7월 7일 초판 인쇄
· 2013년 4월 8일 개정판 인쇄
· 2015년 8월 12일 개정판 2쇄 인쇄
편저자 · 메카피아 노수황 (www.mechapia.com)

발행인 · 김구연
발행처 · 도서출판 대광서림
주   소 · 서울특별시 광진구 아차산로 375 크레신타워 513호
전   화 · 02) 455-7818(대)
팩   스 · 02) 452-8690
등   록 · 1972.11.30 제25100-1972-2호

표지 및 편집 · 포인
관   리 · 황병윤

ISBN · 978-89-384-5140-8 93550
정   가 · 25,000원

● 본서의 학습목표

1. 국가 기술자격증 실기 검정 준비
2. 비전공자, 입문자를 위한 실기
3. 공고 및 일선 대학교 전공자들의 실기 활용
4. 직업훈련기관, 학원 등의 전문 훈련 교재
5. 자기주도적 2D & 3D 실기 학습 교재

● 본서의 활용

작업형 실기 2차원 및 3차원 CAD 작도를 요구하는 국가기술자격 실기 대비 활용서
- 전산응용기계제도 기능사
- 기계설계 산업기사
- 기계설계 기사
- 건설기계 산업기사
- 건설기계 기사
- 메카트로닉스 기사
- 생산자동화 산업기사
- 치공구설계 산업기사
- 기계설계 제도사(대한상공회의소)

기타 자격증 및 3차원 모델링 & 조립과 구동애니메이션 실기실무능력 배양
- 3차원 CAD 모델링 & 조립 실기 활용
- AutoCAD 기술자격시험 1급, 2급(한국ATC센터)
- 인벤터(Inventor) 기술자격시험(한국ATC센터)
- CSWA (솔리드웍스 자격인증)
- 3차원 CAD 모델링 실기 활용
- 기계제도 및 설계 입문자 가이드북

본서를 펴냄에 있어 함께 연구하고 노력해 준 메카피아의 엔지니어들과 대광서림, 그리고 편집디자인에 정열을 쏟아주신 포인 조성준 실장께 깊은 감사를 드린다. 또한 기꺼이 본서를 선택해 주신 독자 여러분과 메카피아의 10만 회원들에게 진심으로 감사의 인사를 드리며, 앞으로도 독자들의 진심어린 충고와 의견을 적극 수렴하여 더욱 값진 서적이 될 수 있도록 개정에도 많은 노력을 기울이겠다. 또한 이 땅의 태극 엔지니어들이 실무에서 경험하고 축적한 기술지식과 노하우를 엮어 알토란같은 도서로 꾸며내는 행보도 절대 멈추지 않을 것이다.

본서를 접하는 모든 분들이 대한민국의 미래를 이끌어나가는 중추적인 역할을 하게 되리라 기대하며, 엔지니어가 최고의 대우를 받는 그 날까지 각자 맡은 바 위치에서 묵묵히 최선을 다하길 희망하고 응원한다.

저자 올림

- 대표전화 : 1544-1605
- 이메일 : mechapia@mechapia.com
- 웹사이트 : www.mechapia.com / www.3dmecha.co.kr / www.imecha.co.kr
- 네이버 2010 대표기술카페 "메카피아닷컴" : http://cafe.naver.com/techmecha.cafe

Contents

기능사/산업기사/기사 작업형 실기수험용 오토캐드 환경 설정 및 주요 명령어

Chapter 01

끼워맞춤 공차, 치수기입, 치수공차 적용 테크닉

Chapter 02

C·O·N·T·E·N·T·S

03 Chapter 기하공차 적용 테크닉

04 Chapter 기계요소 제도법 및 요목표

05 Chapter 실기 학습 과제 기초 도면

06 Chapter 작업형 실기 대비 예제 도면의 분석과 해독 (2D & 3D)

07 Chapter 도면 검도 요령 및 부품별 재료기호와 열처리 선정

08 Chapter 실기시험 출제기준/과제도면 및 답안제출 예시

09 Chapter KS규격을 찾아 적용하는 요령과 필수 Tip

CAD의 대명사인 오토데스크사의 오토캐드는 국가기술자격 수험장에 가장 많이 설치되어 있는 설계 프로그램으로 이 장에서는 기능사/산업기사/기사 작업형 실기 수험시에 요구되는 CAD의 환경설정과 도면 작성시에 사용 빈도가 높은 주요 명령어를 위주로 기술하였다. 설계자에게 있어 실과 바늘과 같은 기계제도와 AutoCAD는 반드시 마스터해야 하는 필수적인 항목이며 국가기술자격 실기시험시 요구 사항에서 지정하는 도면의 한계설정이나 선굵기 구분을 위한 색상 및 사용 문자의 크기, 도면양식 등에 관한 사항은 반드시 숙지하고 따라야 한다. 또한 수험자가 미리 작성해 둔 도면 템플릿이나 블록은 시험장에서 사용할 수 없으니 유의하기 바란다.

■ 주요 학습내용 및 목표

• 작업형 실기 수험용 오토캐드 환경설정   • 도면 양식 및 표제란 설정   • 오토캐드 주요 명령어 이해와 활용   • 치수공차 및 기하공차 작성

DRAWING EXERCISE for
COMPUTER AIDED DESIGN

Chapter | 01

기능사/산업기사/기사 작업형
실기수험용 오토캐드
환경 설정 및 주요 명령어

• 도면을 작성할 영역을 설정한다.

■ 참고 : 도면의 형식 및 KS규격 도면의 크기

도면의 크기 호칭		A0	A1	A2	A3	A4
도면의 윤곽	a × b	1189×841	841×594	594×420	420×297	297×210
	c (최소)	20	20	10	10	10
	d (최소) 철하지 않을 때	20	20	10	10	10
	d (최소) 철할 때	25	25	25	25	25

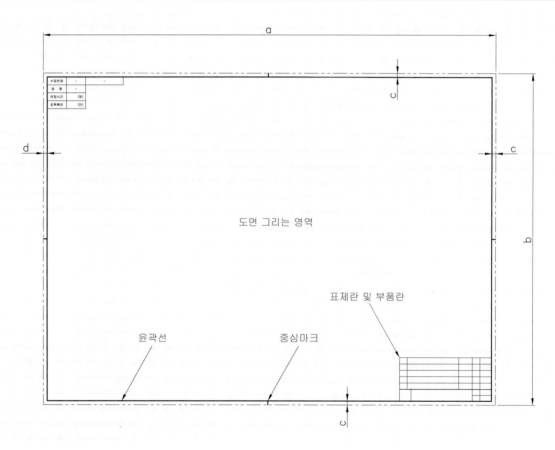

명령 : **limits** (명령어 입력 후 Enter)

모형 공간 한계 재설정 :

왼쪽 아래 구석 지정 또는 [켜기(ON)/끄기(OFF)] 〈0.0000,0.0000〉 : **0,0**

　　　　　(설정할 영역의 좌측 하단의 좌표를 입력 후 Enter)

오른쪽 위 구석 지정 〈420.0000,297.0000〉 : **594,420**

　　　　　(설정할 영역의 우측 상단의 좌표를 입력 후 Enter)

명령 :

• 도면을 작성할 테두리를 설정한다.

■ 참고 : KS규격 도면 테두리 사이즈(c의 최소값 및 d의 최소값 중 철하지 않을 때를 기준으로 적용)

도면사이즈	A0	A1	A2	A3	A4
a × b	1149×801	801×554	574×400	400×277	277×190

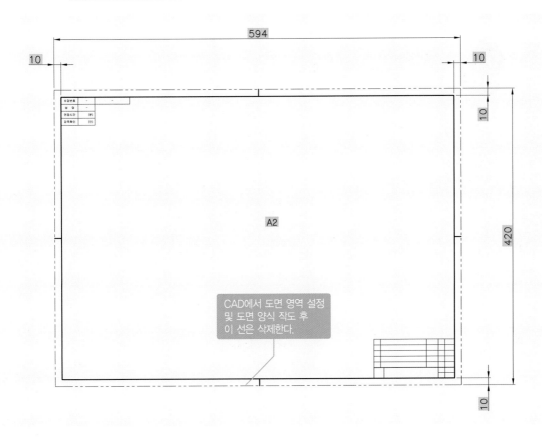

테두리 굵기는 0.7mm(하늘색)으로 하고 테두리와 함께 중심마크를 작성한다.

RECTANG (단축키 REC) – 대각선상의 두 점의 좌표를 입력하여 사각형을 그린다.

명령 : **rec** (명령어 입력 후 Enter)

RECTANG

첫 번째 구석점 지정 또는 [모따기(C)/고도(E)/모깎기(F)/두께(T)/폭(W)] : **10,10**

　　　　　　　　　(시작점 입력 후 Enter)

다른 구석점 지정 또는 [영역(A)/치수(D)/회전(R)] : **584,410**

　　　　　　　　　(대각에 있는 점 입력 후 Enter)

명령 : **l** (명령어 입력 후 Enter)

LINE 첫 번째 점 지정 : **mid** (OSNAP(중간점) 명령 입력 후 Enter)

〈 – (왼쪽 선을 마우스 왼쪽 버튼으로 클릭)

다음 점 지정 또는 [명령 취소(U)] : **@–10,0** (선의 좌표 입력 후 Enter)

다음 점 지정 또는 [명령 취소(U)] : (Enter)

명령 :

LINE명령을 반복하여 중심마크를 완성한다.

오른쪽 선 : @10,0

윗 선 : @0,10

아래 선 : @0,-10

STYLE(단축키 ST)

• 문자의 글꼴 스타일이나 크기, 높이, 기울기 각도 등을 설정한다.

■ 문자 스타일 이름 설정

명령 : **st** (명령어 입력 후 Enter)

STYLE

(문자 스타일창이 나타난다. 우측에 있는 새로 만들기
버튼을 마우스 왼쪽 버튼으로 클릭한다)

(새 문자 스타일창이 나타나면 문자 스타일 이름을
입력한 후 확인을 마우스 왼쪽 버튼으로 클릭)

(좌측 상단에 설정한 스타일 이름을 마우스 왼쪽 버튼으
로 클릭한다)

■ 글꼴 설정

(문자 스타일창의 중앙에 있는 글꼴의 **글꼴이름**을
romans.shx로 설정한다. 좌측 하단에 설정한 글꼴이
나타난다)

(글꼴 이름 아래 **큰 글꼴 사용**의 좌측에 있는 박스를 체
크하면 큰 글꼴이 활성화 되는데 whgtxt.shx로 설정한
후에 하단의 **적용**, **닫기** 버튼을 순서대로 마우스 왼쪽
버튼으로 클릭한다. **닫기** 버튼을 먼저 클릭하면 아래 창
이 나타나는데 **예**를 클릭한다)

Lesson **04** DIMSTYLE (단축키 D)

• 치수에 관한 스타일을 설정한다.

아래의 그림과 설명을 보고 전산응용 실기시험에서 지정하는 표준에 맞게 치수 스타일을 지정해 보자.

■ 새 치수 스타일 이름 실정

명령 : **d** (명령어 입력 후 Enter)

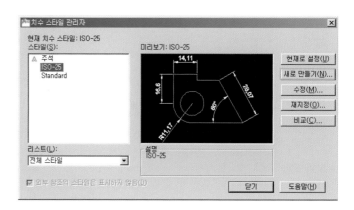

(치수 스타일 관리자 창이 열리면 **새로 만들기** 버튼을 마우스
왼쪽 버튼으로 클릭한다)

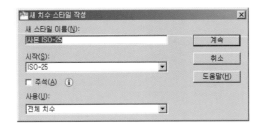 

(새 치수 스타일 이름을
입력한 후 **계속** 버튼을
마우스 왼쪽 버튼으로 클
릭한다)

■ 선 탭

• 치수선
❶ 색상 : 빨간색
❷ 기준선 간격 : 8

• 치수 보조선
❸ 색상 : 빨간색
❹ 치수선 너머로 연장 : 2
❺ 원점에서 간격띄우기 : 1.5

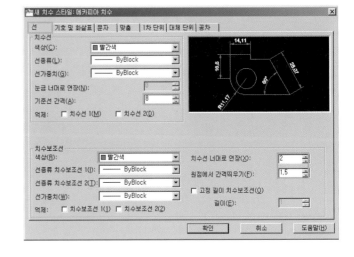

■ 기호 및 화살표 탭

• 화살촉
❶ 첫번째 : 닫고 채움
두번째 : 닫고 채움
지시선 : 닫고 채움
❷ 화살표 크기 : 3.5

• 중심 표식
❸ 없음

• 호 길이 기호
❹ 위의 치수 문자

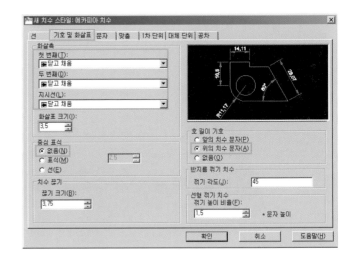

■ 문자 탭

• 문자 모양
❶ 문자 스타일 : 메카피아 문자(설정한 문자 스타일을 선택
한다)
❷ 문자 색상 : 노란색
❸ 문자 높이 : 3.5

• 문자 배치
❹ 수직 : 위
❺ 수평 : 중심
❻ 뷰 방향 : 왼쪽에서 오른쪽으로
❼ 치수선에서 간격 띄우기 : 0.8

• 문자 정렬
❽ 치수선에 정렬

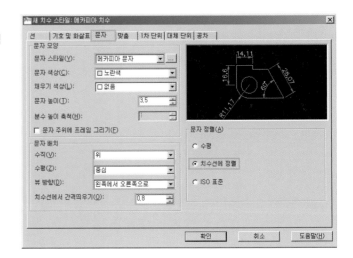

■ 맞춤 탭

• 맞춤 옵션
  ❶ 문자 또는 화살표(최대로 맞춤)

• 문자 배치
  ❷ 치수선 옆에 배치

• 치수 피쳐 축척
  ❸ 전체 축척 사용 : 1

• 최상으로 조정
  ❹ 치수보조선 사이에 치수선 그리기

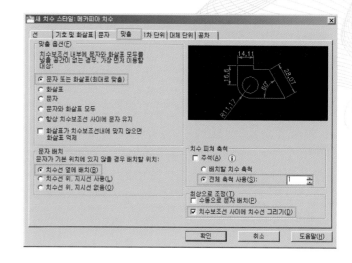

■ 1차 단위 탭

• 선형 치수
  ❶ 단위 형식 : 십진
  ❷ 정밀도 : 0.00
  ❸ 소수 구분 기호 : '.' (마침표)
  ❹ 반올림 : 0
  ❺ 축척 비율 : 1
  ❻ 0억제 : 후행

• 각도 치수
  ❼ 단위 형식 : 십진 도수
  ❽ 정밀도 : 0.00
  ❾ 0억제 : 후행

(새 치수 스타일 : 메카피아 치수 창 하단의 **확인** 버튼을 마우스
왼쪽 버튼으로 클릭한 다음 **닫기** 버튼을 클릭한다)

DIMSTYLE

명령 :

• 도면층 객체 특성 명령

도면층을 설명할 땐 항상 셀로판 종이를 예로 든다. 여러 장의 셀로판 종이 각각에 어떤 객체를 그려 넣고 합치면 한 장의 도면이 되는 것이다. 도면층을 구분하는 이유는 도면의 정리가 수월해지고 출력할 때에도 유리하기 때문이다. 예를 들어 복잡한 도면에서 치수는 제외하고 그림만 복사를 하려는데 도면에서 그림 도면층하고 치수 도면층이 구분되어 있으면 치수 도면층을 숨기고 그림을 복사한 다음 다시 치수 도면층을 보이게 하면 된다.

도면을 출력할 때에 선의 굵기는 캐드 상에서 선의 색상으로 정하기 때문에 도면층을 설정할 때 유의해야 한다.

명령: la (명령어 입력 후 Enter)

❶ 처음에 있는 도면층 이름은 수정할 수가 없다.
❷ 색상 밑의 조그만 사각형을 마우스 왼쪽 버튼으로 클릭한다.

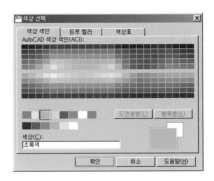

❸ 색상 선택 창이 나타나면 우측 그림과 같이 초록색을 마우스 왼쪽 버튼으로 클릭한 후 하단의 확인 버튼을 마우스 왼쪽 버튼으로 클릭한다.

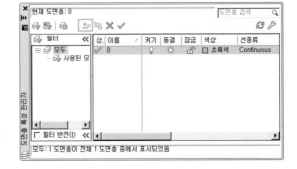

❹ 새 도면층 아이콘을 마우스 왼쪽 버튼으로 클릭하여 새로운 도면층을 생성한다.

⑤ 새 도면층 이름을 숨은선으로 수정한다.
⑥ 색상 밑의 조그만 사각형을 마우스 왼쪽 버튼으로 클릭한다.

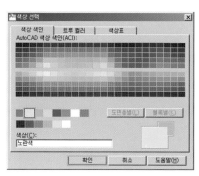

⑦ 색상 선택 창이 나타나면 옆의 그림과 같이 노란색을 마우스 왼쪽 버튼으로 클릭한 후 하단의 확인 버튼을 마우스 왼쪽 버튼으로 클릭한다.

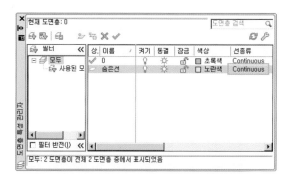

⑧ 선 종류 밑의 선 이름을 마우스 왼쪽 버튼으로 클릭

⑨ 선 종류 선택 창이 나타나면 하단의 로드 버튼을 마우스 왼쪽 버튼으로 클릭한다.

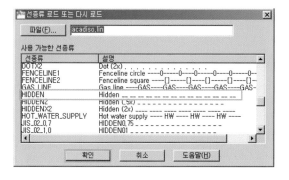

⑩ 선종류 로드 또는 다시 로드 창이 나타나면 HIDDEN을 마우스 왼쪽 버튼으로 클릭한 후에 하단의 확인 버튼을 마우스 왼쪽 버튼으로 클릭한다.

⑪ HIDDEN이 추가되어 있는 것을 확인할 수 있다. HIDDEN을 마우스 왼
쪽 버튼으로 클릭한 후에 하단의 확인 버튼을 마우스 왼쪽 버튼으로 클
릭한다.

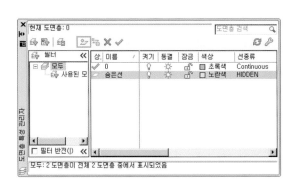

⑫ 새 도면층 아이콘을 마우스 왼쪽 버튼으로 클릭하여 새로운 도면층을 생
성한다.

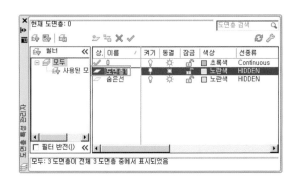

⑬ 새 도면층 이름을 중심선으로 수정한다.

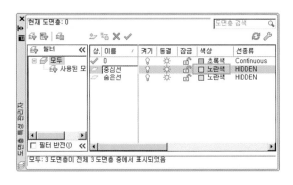

⑭ 색상 밑의 조그만 사각형을 마우스 왼쪽 버튼으로 클릭한다.

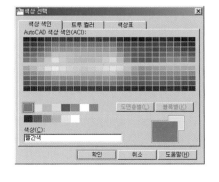

⑮ 색상 선택 창이 나타나면 옆의 그림과 같이 빨간색을 마우스 왼쪽 버튼
으로 클릭한 후 하단의 확인 버튼을 마우스 왼쪽 버튼으로 클릭한다.

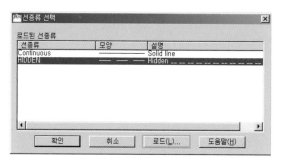

⑯ 선 종류 밑의 선 이름을 마우스 왼쪽 버튼으로 클릭

⑰ 선 종류 선택 창이 나타나면 하단의 **로드** 버튼을 마우스 왼쪽 버튼으로 클릭한다.

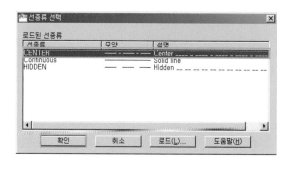

⑱ 선종류 로드 또는 다시 로드 창이 나타나면 CENTER를 마우스 왼쪽 버튼으로 클릭한 후에 하단의 확인 버튼을 마우스 왼쪽 버튼으로 클릭한다.

⑲ CENTER가 추가되어 있는 것을 확인할 수 있다. CENTER를 마우스 왼쪽 버튼으로 클릭한 후에 하단의 확인 버튼을 마우스 왼쪽 버튼으로 클릭한다.

⑳ 새 도면층 아이콘을 마우스 왼쪽 버튼으로 클릭하여 새로운 도면층을 생성한다.

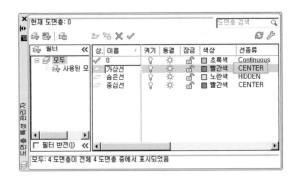

㉑ 새 도면층 이름을 가상선으로 수정한다.

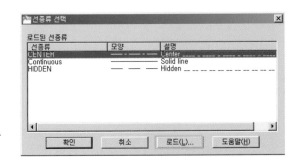

㉒ 선 종류 밑의 선 이름을 마우스 왼쪽 버튼으로 클릭

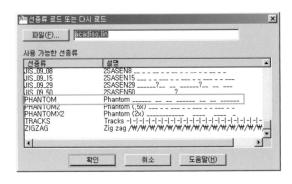

㉓ 선 종류 선택 창이 나타나면 하단의 로드 버튼을 마우스 왼쪽 버튼으로 클릭한다.

㉔ 선종류 로드 또는 다시 로드 창이 나타나면 PHANTOM를 마우스 왼쪽 버튼으로 클릭한 후에 하단의 확인 버튼을 마우스 왼쪽 버튼으로 클릭한다.

㉕ PHANTOM이 추가되어 있는 것을 확인할 수 있다. PHANTOM을 마우스 왼쪽 버튼으로 클릭한 후에 하단의 확인 버튼을 마우스 왼쪽 버튼으로 클릭한다.

㉖ 도면층 특성 관리자 창 좌측 상단에 X를 마우스 왼쪽 버튼으로 클릭한다.

명령 : '_ Layer
명령 :

06 LTSCALE (단축키 LTS)

• 선의 크기를 조정한다.

선의 굵기나 길이를 조정하는 것은 아니다.

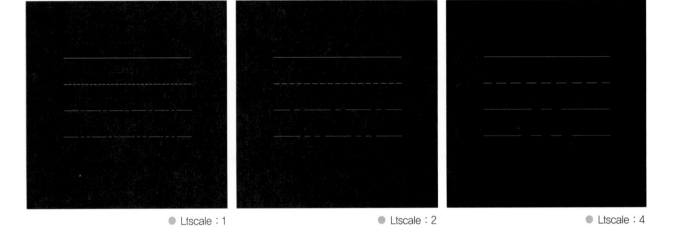

● Ltscale : 1   ● Ltscale : 2   ● Ltscale : 4

명령 : lts (명령어 입력 후 Enter)
LTSCALE 새 선종류 축척 비율 입력 〈0.0250〉 : 1 (선의 축척 입력 후 Enter)
모형 재생성 중.
명령 : lts (명령어 입력 후 Enter)
LTSCALE 새 선종류 축척 비율 입력 〈1.0000〉 : 2 (선의 축척 입력 후 Enter)
모형 재생성 중.
명령 : lts (명령어 입력 후 Enter)
LTSCALE 새 선종류 축척 비율 입력 〈2.0000〉 : 4 (선의 축척 입력 후 Enter)
모형 재생성 중.
명령 :

• 작업한 내용을 인쇄한다.

프린터, 용지 크기, 출력 횟수와 범위를 설정한다.

❶ 프린터/플로터 : 출력할 프린터/플로터를 설정한다.
❷ 용지 크기 : 출력할 용지의 크기를 설정한다.
❸ 복사 매수 : 출력 횟수를 설정한다.
❹ 플롯 영역 : 플롯 대상
  • 범위 : 모든 객체를 한 번에 출력한다.
  • 윈도우 : 윈도우< 버튼을 마우스 왼쪽 버튼으로 클릭한 후 출력할 범위를 설정한다.
  • 한계 : 한계로 설정한 영역을 출력한다.
  • 화면표시 : 현재 화면 그대로 출력한다.
❺ 플롯 축척 : 용지에 맞춤
❻ 플롯 간격띄우기 : 플롯의 중심
❼ 미리보기 : 인쇄하기 전 미리보기로 확인할 수 있다.
❽ ▶ 마우스 왼쪽 버튼으로 클릭하면 숨겨져 있던 부분이 나타난다.

• 플롯 옵션
변경 사항을 배치에 저장 : 변경사항을 저장하면 다음 인쇄시 재설정할 필요가 없다.

• 도면 방향
❶ 세로 : 인쇄 대상을 세로방향으로 출력한다.
❷ 가로 : 인쇄 대상을 가로방향으로 출력한다.

• 플롯 스타일 테이블
출력물의 색상과 선의 굵기 등 세부적인 옵션을 설정한다.
❶ acad.ctb를 선택하고 우측의 아이콘을 마우스 왼쪽 버튼으로 클릭한다.

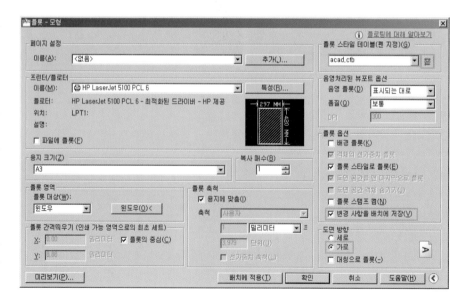

• 형식 보기

❶ 색상 : 인쇄할 때의 색을 정한다.
❷ 선가중치 : 선의 굵기를 정한다.

플롯 스타일 (화면상의 색)	색상 (인쇄할 때의 색)	선가중치 (인쇄할 때의 선의 굵기)
흰색, 빨강	검은색	0.25mm
황(노란)색	검은색	0.35mm
초록, 갈색	검은색	0.50mm
청(파란)색	검은색	0.70mm
검정색 색상 7	검은색	0.25mm

저장 및 닫기 버튼을 마우스 왼쪽 버튼으로 클릭한다.

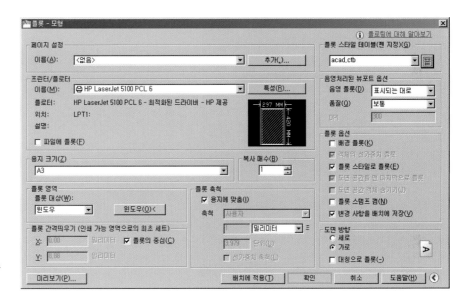

설정이 끝나면 확인 버튼을 마우스
왼쪽 버튼으로 클릭한다.

• 기본 옵션을 설정한다.

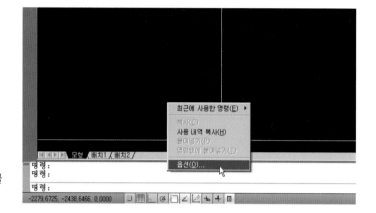

명령어 입력창에서 마우스 오른쪽 버튼을 누르고 옵션을 클릭하면 옵션창이 나타난다.

■ 자동 저장 파일 위치 설정
파일 탭에서 자동 저장 파일 위치 왼쪽의 +버튼을 마우스 왼쪽 버튼으로 클릭한다.
바로 아래에 폴더 경로가 나타난다. 이 경로가 현재 자동저장 되고 있는 폴더경로이다.
자동저장 폴더를 변경할 때에는 이 경로를 마우스 왼쪽 버튼으로 더블 클릭하거나 찾아보기 버튼을 클릭한다. 폴더 찾아보기 창이 나타나면 원하는 폴더를 마우스 왼쪽 버튼으로 클릭한 후 하단의 확인 버튼을 마우스 왼쪽 버튼으로 클릭한다.
자동저장 폴더가 변경된 것을 확인할 수 있다.

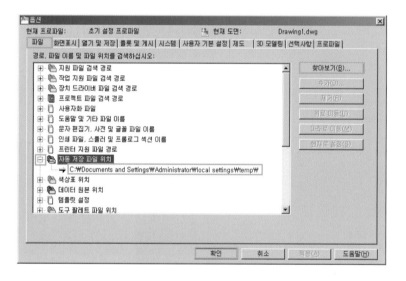

■ 십자선 크기 조절 방법
화면표시 탭에서 십자선 크기를 100으로 설정하면 십자선이 화면 끝까지 이어진다.

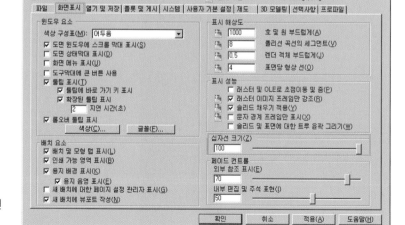

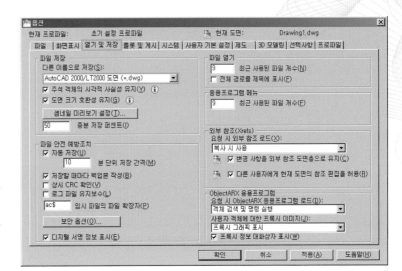

■ 저장파일의 버전설정

열기 및 저장 탭에서 **다른이름으로 저장** 버전을 낮은 버전으로 설정한다.

(낮은 버전의 오토캐드 사용자에게 파일을 전달하는 경우에 낮은 버전으로 다시 저장해 보내야 하는 시간낭비를 방지할 수 있다)

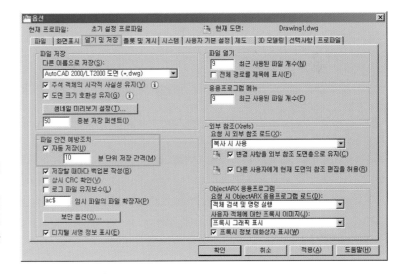

■ 자동저장시간 설정

열기 및 저장 탭에서 **자동저장** 옆의 네모 칸에 체크를 한 후에 자동저장 시간을 입력한다.

(작업을 하다 보면 뜻하지 않게 프로그램이 종료되는 상황이 발생한다. 컴퓨터가 다운되거나 재부팅되는 상황도 생기는데 자동저장시간을 설정하면 돌발 상황에 피해를 최소화 할 수 있다)

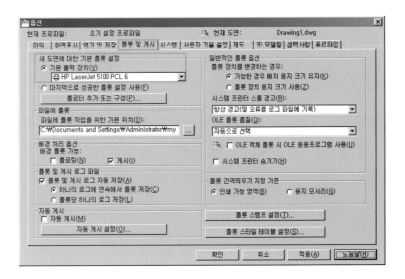

■ 플롯 및 게시

새 도면에 대한 기본 플롯 설정에 기본출력 장치를 설정한다.

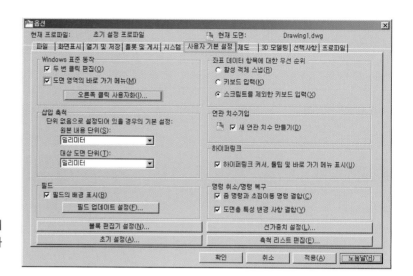

■ 마우스 오른쪽 버튼 설정
사용자 기본 설정 탭에서 도면 영역의 바로가기 메뉴 네모 칸에 체크를 한 후 오른쪽 클릭 사용자화 버튼을 마우스 왼쪽 버튼으로 클릭한다.

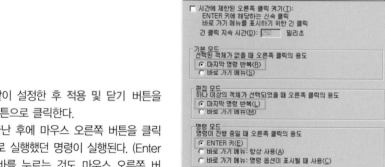

우측 그림과 같이 설정한 후 **적용 및 닫기** 버튼을 마우스 왼쪽 버튼으로 클릭한다.
어떤 명령이 끝난 후에 마우스 오른쪽 버튼을 클릭하면 마지막으로 실행했던 명령이 실행된다. (Enter 키나 스페이스바를 누르는 것도 마우스 오른쪽 버튼과 같은 기능을 한다)

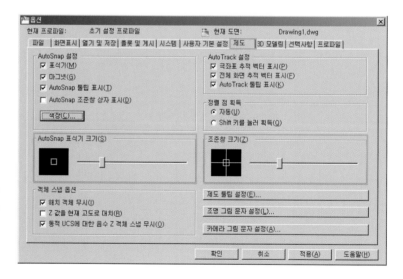

■ AutoSnap 표식기와 조준창의 크기 설정
제도 탭에서 AutoSnap 표식기 크기를 적당한 크기로 조절한다.(객체 스냅이 적용될 때 나타나는 표식기의 크기를 설정한다)

우측의 **조준창**의 크기를 적당한 크기로 조절한다.

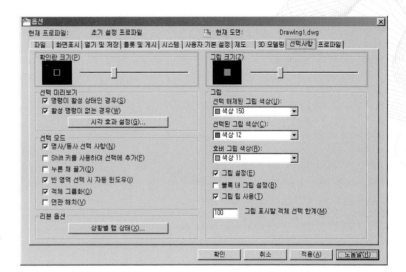

■ 확인란과 그립 크기 조절
선택사항 탭에서 **확인란 크기**와 **그립 크기**를 적당
한 크기로 조절한다.

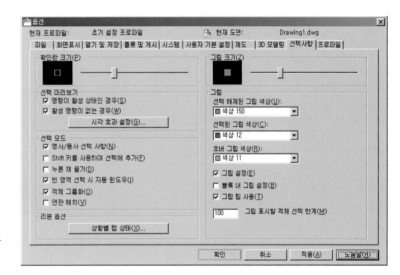

설정이 끝나면 옵션창 하단에 있는 확인 버튼을 마
우스 왼쪽 버튼으로 클릭한다.

OSNAP(단축키 OS)

• 객체의 특성과 위치에 따라 객체 간 정확하고 매끄러운 연결이 되도록 하는 기능이다.

명령 : os (명령어 입력 후 Enter)
OSNAP
(제도 설정 창이 나타나면 우측 그림과 같이 설정 후 하단의 **확인** 버튼을
마우스 왼쪽 버튼으로 클릭한다)
명령 :

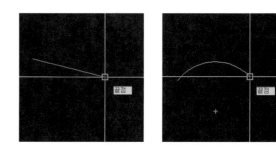

❶ 끝점 : 선이나 호의 끝점을 정확하게 클릭할 수 있도록 안내한다.

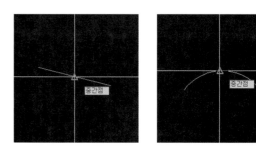

❷ 중간점 : 선이나 호의 중간점을 정확하게 클릭할 수 있도록 안내한다.

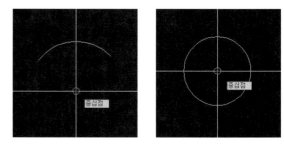

❸ 중심 : 호나 원의 중심점을 정확하게 클릭할 수 있도록 안내한다.

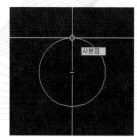

❹ 사분점 : 원의 사분점을 정확하게 클릭할 수 있도록 안내한다.

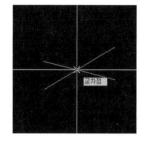
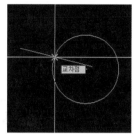

❺ 교차점 : 선이나 호의 교차점을 정확하게 클릭할 수 있도록 안내한다.

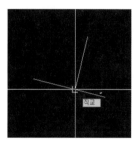
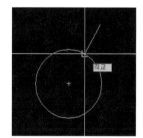

❻ 수직 : 선과 선이 정확하게 수직이 되는 점으로 안내한다.

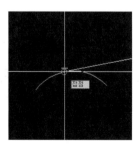
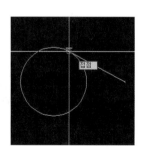

❼ 접점 : 호나 원에 정확하게 접하는 점으로 안내한다.

Lesson **10** **VTENABLE**

• ZOOM 속도 설정

속도를 설정할 때 0~7중 선택한다.

숫자가 낮을수록 ZOOM 속도는 빨라진다.

명령 : **vtenable** (명령어 입력 후 Enter)

VTENABLE에 대한 새 값 입력 ⟨3⟩ : **0** (ZOOM 속도 입력 후 Enter)

명령 :

Lesson **11** **기능키**

키보드 상단에 있는 F1~F12의 키는 각각의 단축키 역할을 한다.

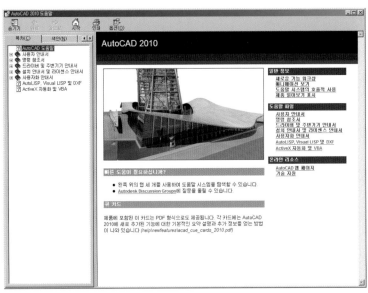

■ F1

도움말을 보여준다.

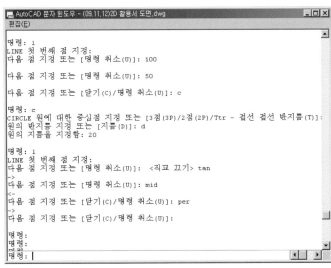

■ F2

작업한 내용이 저장되어 있는 창을 연다.

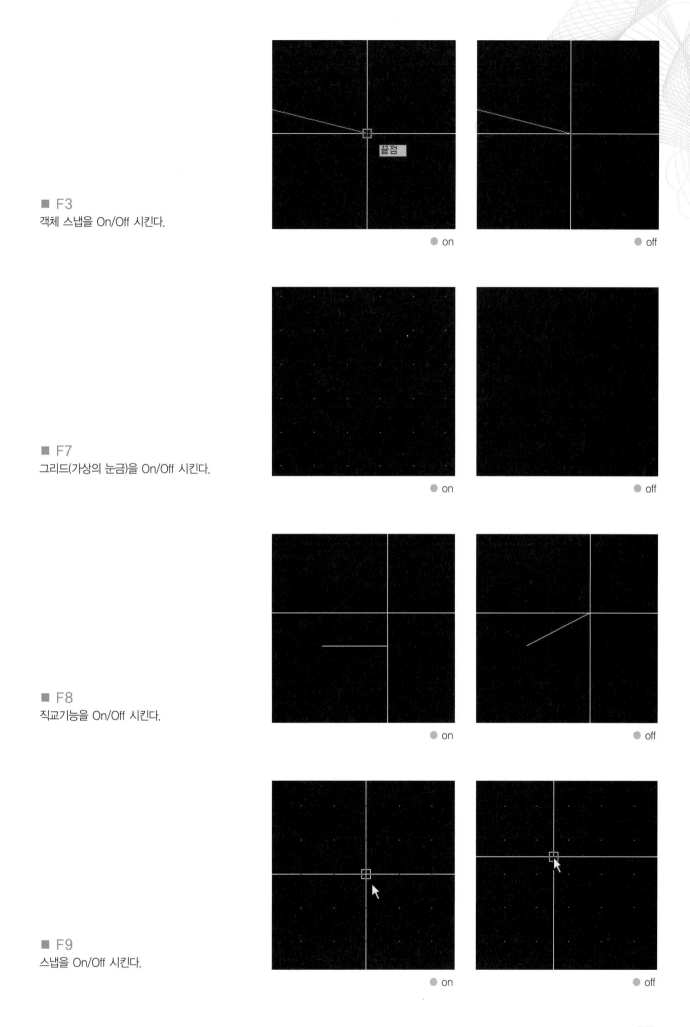

■ F3
객체 스냅을 On/Off 시킨다.

● on　　　　　　● off

■ F7
그리드(가상의 눈금)을 On/Off 시킨다.

● on　　　　　　● off

■ F8
직교기능을 On/Off 시킨다.

● on　　　　　　● off

■ F9
스냅을 On/Off 시킨다.

● on　　　　　　● off

■ F12
동적입력기능을 On/Off 시킨다.

● on

● off

● on

● off

기본적으로 단축키가 정해져 있지만 사용자가 원하는 단축키로 변경할 수 있다.

(단축키를 사용하면 편리할 뿐만 아니라 작업속도 향상에도 도움이 된다)

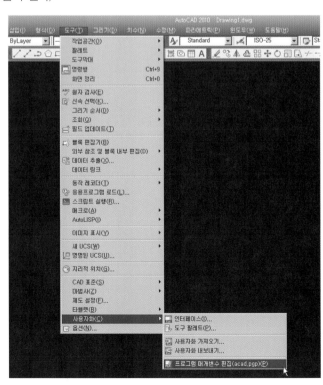

(그림과 같이 풀다운 메뉴에서
도구 → 사용자화 → 프로그램 매개변수 편집(acad.pgp)을 마우
스 왼쪽 버튼으로 클릭)

```
acad.pgp - 메모장
파일(F) 편집(E) 서식(O) 보기(V) 도움말(H)
;
;
; Program Parameters File For AutoCAD 2006
; External Command and Command Alias Definitions
;
; Copyright (C) 1997-2005 by Autodesk, Inc.  All Rights Reserved.
;
; Each time you open a new or existing drawing, AutoCAD searches
; the support path and reads the first acad.pgp file that it finds.
;
; -- External Commands --
; While AutoCAD is running, you can invoke other programs or utilities
; such Windows system commands, utilities, and applications.
; You define external commands by specifying a command name to be used
; from the AutoCAD command prompt and an executable command string
; that is passed to the operating system.
;
; -- Command Aliases --
; The Command Aliases section of this file provides default settings for
; AutoCAD command shortcuts.  Note: It is not recommended that  you directly
; modify this section of the PGP file., as any changes you make to this section of the
; file will not migrate successfully if you upgrade your AutoCAD to a
; newer version.  Instead, make changes to the new
```

(그림과 같이 acad.pgp – 메모장이 열린다)

(밑으로 내리면 단축키가 정리되어 있는 것을 볼 수 있다)

단축키,　*명령어
단축키,　*명령어
단축키,　*명령어

사용자가 설정하고 싶은 단축키를 입력한 다음에 ,(콤마)를
붙이고 그 뒤에 *(별표)를 입력한 후 해당 명령어를 입력한
다. 단축키를 변경한 후에 키보드에 있는 한/영키를 눌러 한
글로 변환하고 동일한 명령어의 단축키를 입력하면 가끔 한
글 입력 후 영문으로 변환하지 않아 단축키 에러가 발생하는
경우를 방지할 수 있다.

예 : L,　*LINE
　　ㅣ,　*LINE
　　C,　*CIRCLE
　　ㅊ,　*CIRCLE

```
acad.pgp - 메모장
파일(F) 편집(E) 서식(O) 보기(V) 도움말(H)
3F,      *3DFACE
3P,      *3DPOLY
A,       *ARC
AC,      *BACTION
ADC,     *ADCENTER
AA,      *AREA
AL,      *ALIGN
AP,      *APPLOAD
AR,      *ARRAY
-AR,     *-ARRAY
ATT,     *ATTDEF
-ATT,    *-ATTDEF
ATE,     *ATTEDIT
-ATE,    *-ATTEDIT
ATTE,    *-ATTEDIT
-B,      *-BLOCK
BC,      *BCLOSE
BE,      *BEDIT
BH,      *HATCH
BO,      *BOUNDARY
-BO,     *-BOUNDARY
B,       *BREAK
BS,      *BSAVE
C,       *CIRCLE
CH,      *PROPERTIES
-CH,     *CHANGE
CHA,     *CHAMFER
CHK,     *CHECKSTANDARDS
CLI,     *COMMANDLINE
```

```
acad.pgp - 메모장
파일(F) 편집(E) 서식(O) 보기(V) 도움말(H)
새로 만들기(N)      Ctrl+N
열기(O)...          Ctrl+O
저장(S)            Ctrl+S
다른 이름으로 저장(A)...
페이지 설정(U)...
인쇄(P)...          Ctrl+P
끝내기(X)
AL,      *ALIGN
AP,      *APPLOAD
AR,      *ARRAY
-AR,     *-ARRAY
ATT,     *ATTDEF
-ATT,    *-ATTDEF
ATE,     *ATTEDIT
-ATE,    *-ATTEDIT
ATTE,    *-ATTEDIT
BB,      *BLOCK
-B,      *-BLOCK
BC,      *BCLOSE
BE,      *BEDIT
BH,      *HATCH
BO,      *BOUNDARY
-BO,     *-BOUNDARY
B,       *BREAK
BS,      *BSAVE
C,       *CIRCLE
CH,      *PROPERTIES
-CH,     *CHANGE
CHA,     *CHAMFER
CHK,     *CHECKSTANDARDS
CLI,     *COMMANDLINE
COL,     *COLOR
COLOUR,  *COLOR
CC,      *COPY
CT,      *CTABLESTYLE
```

(단축키 설정 후 메모장을 저장하고 닫는다)
※ 캐드를 종료하고 다시 시작해야 설정한 단축키가 적용된다.

ICON TOOLBAR (아이콘 툴바)

그림과 같이 아이콘 툴바 옆의 빈 공간을 마우스 오른쪽 버튼으로 클릭한다.

위의 그림과 같이 AutoCAD에 마우스포인터를 이동하면 아이콘 툴바 목록이 나타난다.

툴바 이름 좌측의 v표시가 있으면 현재 캐드화면에 툴바가 보이는 것이고 v표시가 없으면 캐드화면에서 툴바는 보이지 않는다. 작업 시간 단축을 위해 사용자가 사용하기 편한 위치로 배열한다.

많이 사용되는 아이콘 툴바는 다음과 같다.

■ 그리기 툴바

선, 다각형, 사각형, 호, 원 등 그리기 아이콘들이 모여 있는 툴바이다.

■ 수정 툴바

지우기, 복사, 대칭, 옵셋, 배열 등 편집 아이콘들이 모여 있는 툴바이다.

■ 치수 툴바

가로, 세로, 지름, 반지름, 각도, 지시선 등 치수기입 아이콘들이 모여 있는 툴바이다.

■ 도면층 툴바

미리 설정한 도면층으로 신속하게 변경할 수 있는 툴바이다.

■ 특성 툴바

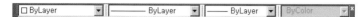

객체의 색깔, 선 종류 등을 신속하게 변경할 수 있는 툴바이다.

■ 표준 툴바

새파일, 열기, 저장, 인쇄, 잘라내기, 복사하기, 붙여넣기, 화면이동, 화면확대, 화면축소 등 기본적인 명령 아이콘들이 모여 있는 툴바이다.

Lesson **14** **BLOCK** (단축키 B)

• 객체를 그룹으로 묶어서 관리한다.

표면거칠기를 블록으로 작성하여 사용하면 편리하고 도면작업 시간이 단축된다.

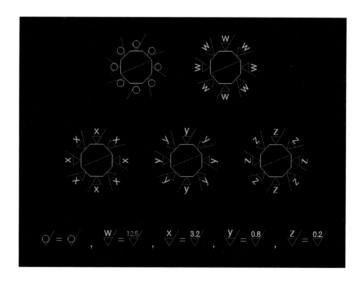

명령 : b (명령어 입력 후 Enter)

(위의 그림과 같이 블록이름을 입력하고 블록으로 묶을 객체들을 선택하기 위해 객체선택 버튼을 마우스 왼쪽 버튼으로 클릭한다)

BLOCK

객체 선택 : 반대 구석 지정 : 209개를 찾음 (객체를 선택한다)

객체 선택 : (Enter)

(BLOCK의 기준점을 정하기 위해 선택점 버튼을 마우스 왼쪽 버튼으로 클릭한다)

삽입 기준점 지정 : (마우스 왼쪽 버튼으로 기준점을 클릭한다)

(확인버튼을 마우스왼쪽 버튼으로 클릭한다)

명령 :

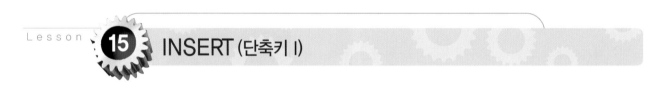

Lesson **15** INSERT (단축키 I)

• BLOCK을 불러낸다.

BLOCK을 INSERT할 때 현재 열려있는 파일에서 사용하고 있는 BLOCK과 동일한 이름의 BLOCK을 INSERT하면 현재 사용하고 있는 파일의 BLOCK으로 바뀌어서 INSERT된다.

실무에서도 간혹 실수가 있을 수 있는 부분이라 주의해야 한다.

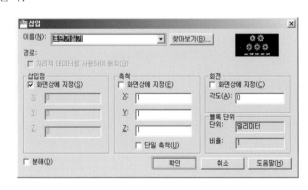

명령 : i (명령어 입력 후 Enter)

(위의 그림과 같이 블록이름을 입력하고 확인버튼을 마우스 왼쪽 버튼으로 클릭한다)

INSERT

삽입점 지정 또는 [기준점(B)/축척(S)/X/Y/Z/회전(R)] : (블록의 기준점을 마우스 왼쪽 버튼으로 클릭)

명령 :

16 EXPLODE(단축키 X)

• 그룹으로 묶여있는 객체를 분해한다.

BLOCK, HATCH, DIM, POLYGON 등은 분해가 가능하고 TEXT, CIRCLE 등은 분해가 불가능하다.

● EXPLODE 전　　　　　　　　　　　● EXPLODE 후

명령 : x (명령어 입력 후 Enter)

객체 선택 : 1개를 찾음 (BLOCK을 마우스 왼쪽 버튼으로 클릭)

객체 선택 : (Enter)

명령 :

 TIP

● BLOCK 수정하기
• 방법 ❶ BLOCK을 EXPLODE한 다음에 수정 후 다시 BLOCK으로 변환하는 방법
• 방법 ❷ BLOCK을 직접 수정하는 방법

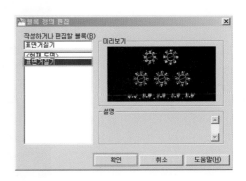

(블록을 마우스 왼쪽 버튼으로 더블클릭한다. '블록 정의 편집' 창이 나타나면 수정 할 블록이
름을 선택한 후 확인 버튼을 클릭한다)

(블록 수정 후 화면 상단에 '블록 편집기 닫기'를 마우스 왼쪽 버튼으로 클릭한다)

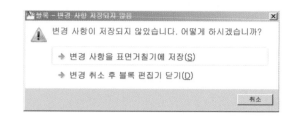

(변경 사항을 표면거칠기에 저장을 마우스 왼쪽 버튼으로 클릭한다)

※ 방법1과 방법2의 차이를 정확히 이해하고 적절히 사용해야 한다.
　블록을 수정하면 같은 이름의 블록들도 동일하게 수정이 되기 때문에 주의가 필요하다.
　같은 이름의 블록 5개중 1개만 수정을 할 경우에는 방법1을 사용해야 하고 5개 전부 수정할 경우에는 방법2를 사용해야 한다. 방법1과 방법2의 차이를 정확히 이해하고 적절히 사용해야 한다.

Lesson **17** Dim

• 치수를 기입한다.

■ 치수기입 연습예제

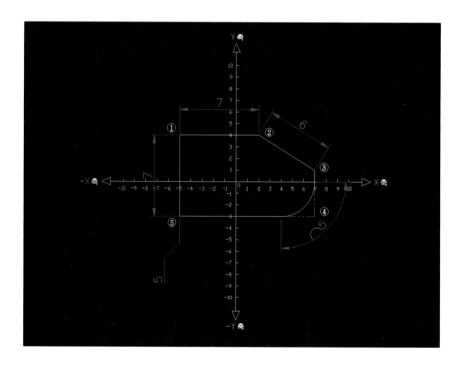

명령 : l (명령어 입력 후 Enter)

LINE 첫 번째 점 지정 : 2,4 (시작점 입력 후 Enter)

다음 점 지정 또는 [명령 취소(U)] : @-7,0 (다음 점 입력 후 Enter)

다음 점 지정 또는 [명령 취소(U)] : @0,-7 (다음 점 입력 후 Enter)

다음 점 지정 또는 [닫기(C)/명령 취소(U)] : @12,0 (다음 점 입력 후 Enter)

다음 점 지정 또는 [닫기(C)/명령 취소(U)] : @0,4 (다음 점 입력 후 Enter)

다음 점 지정 또는 [닫기(C)/명령 취소(U)] : c (닫기 c 입력 후 Enter)

명령 : f (명령어 입력 후 Enter)

FILLET

현재 설정 : 모드 = TRIM, 반지름 = 10.0000

첫 번째 객체 선택 또는 [명령 취소(U)/폴리선(P)/반지름(R)/자르기(T)/다중(M)] : r

(반지름을 정하기 위해 r입력 후 Enter)

모깎기 반지름 지정 〈10.0000〉 : 3 (반지름 입력 후 Enter)

첫 번째 객체 선택 또는 [명령 취소(U)/폴리선(P)/반지름(R)/자르기(T)/다중(M)] : (선③④를 마우스 왼쪽 버튼으로 클릭)

두 번째 객체 선택 또는 Shift 키를 누른 채 선택하여 구석 적용 : (선④⑤를 마우스 왼쪽 버튼으로 클릭)

명령 :

■ Dimlinear (단축키 DLI)

수평, 수직 치수를 기입한다.

명령 : dli (명령어 입력 후 Enter)

DIMLINEAR

첫 번째 치수보조선 원점 지정 또는 〈객체 선택〉 : (①번 점을 마우스 왼쪽 버튼으로 클릭)

두 번째 치수보조선 원점 지정 : (②번 점을 마우스 왼쪽 버튼으로 클릭)

치수선의 위치 지정 또는 [여러 줄 문자(M)/문자(T)/각도(A)/수평(H)/수직(V)/회전(R)] : (적당한 위치에서 마우스 왼쪽 버튼으로 클릭)

치수 문자 = 7

명령 : dli (명령어 입력 후 Enter)

DIMLINEAR

첫 번째 치수보조선 원점 지정 또는 〈객체 선택〉 : (①번 점을 마우스 왼쪽 버튼으로 클릭)

두 번째 치수보조선 원점 지정 : (⑤번 점을 마우스 왼쪽 버튼으로 클릭)

치수선의 위치 지정 또는 [여러 줄 문자(M)/문자(T)/각도(A)/수평(H)/수직(V)/회전(R)] : (적당한 위치에서 마우스 왼쪽 버튼으로 클릭)

치수 문자 = 7

명령 :

■ Dimaligned (단축키 DAL)

경사진 치수를 기입한다.

명령 : dal (명령어 입력 후 Enter)

DIMALIGNED

첫 번째 치수보조선 원점 지정 또는 〈객체 선택〉 : (②번 점을 마우스 왼쪽 버튼으로 클릭)

두 번째 치수보조선 원점 지정 : (③번 점을 마우스 왼쪽 버튼으로 클릭)

치수선의 위치 지정 또는 [여러 줄 문자(M)/문자(T)/각도(A)] : (적당한 위치에서 마우스 왼쪽 버튼으로 클릭)

치수 문자 = 6

명령 :

■ Dimarc (단축키 DAR)

호의 치수를 기입한다.

명령: **dar** (명령어 입력 후 Enter)

DIMARC

호 또는 폴리선 호 세그먼트 선택 : (④번 호를 마우스 왼쪽 버튼으로 클릭)

호 길이 치수 위치 지정 또는 [여러 줄 문자(M)/문자(T)/각도(A)/부분(P)] : (적당한 위치에서 마우스 왼쪽 버튼으로 클릭)

치수 문자 = 5

명령 :

■ Dimordinate (단축키 DOR)

0점으로 부터의 수평, 수직 치수를 기입한다.

명령 : **dor** (명령어 입력 후 Enter)

DIMORDINATE

피쳐 위치를 지정 : (⑤번 점을 마우스 왼쪽 버튼으로 클릭)

지시선 끝점을 지정 또는 [X데이텀(X)/Y데이텀(Y)/여러 줄 문자(M)/문자(T)/각도(A)] : (적당한 위치에서 마우스 왼쪽 버튼으로 클릭)

치수 문자 = 5

명령 :

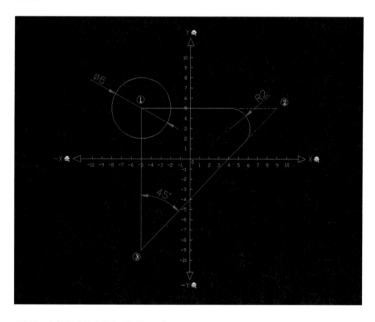

명령 : **l** (명령어 입력 후 Enter)

LINE 첫 번째 점 지정 : **-5,5** (다음 점 입력 후 Enter)

다음 점 지정 또는 [명령 취소(U)] : **@0,-14** (다음 점 입력 후 Enter)

다음 점 지정 또는 [명령 취소(U)] : **@14,14** (다음 점 입력 후 Enter)

다음 점 지정 또는 [닫기(C)/명령 취소(U)] : **c** (닫기 c 입력 후 Enter)

명령 : **c** (명령어 입력 후 Enter)

CIRCLE 원에 대한 중심점 지정 또는 [3점(3P)/2점(2P)/Ttr – 접선 접선 반지름(T)] : ①번 점을 마우스 왼쪽 버튼으로 **클릭** (중심점 입력 후 Enter)

원의 반지름 지정 또는 [지름(D)] : 3 (원의 반지름 입력 후 Enter)

명령 : f (명령어 입력 후 Enter)

FILLET

현재 설정 : 모드 = TRIM, 반지름 = 3.0000

첫 번째 객체 선택 또는 [명령 취소(U)/폴리선(P)/반지름(R)/자르기(T)/다중(M)] : r (반지름을 설정하기 위해서 r입력 후 Enter)

모깎기 반지름 지정 〈3.0000〉 : 2 (반지름 입력 후 Enter)

첫 번째 객체 선택 또는 [명령 취소(U)/폴리선(P)/반지름(R)/자르기(T)/다중(M)] : (선①②를 마우스 왼쪽 버튼으로 클릭)

두 번째 객체 선택 또는 Shift 키를 누른 채 선택하여 구석 적용 : (선②③을 마우스 왼쪽 버튼으로 클릭)

명령 :

■ Dimradius (단축키 DRA)

원의 반지름 치수를 기입한다.

명령 : **dra** (명령어 입력 후 Enter)

DIMRADIUS

호 또는 원 선택 : (호를 마우스 왼쪽 버튼으로 클릭)

치수 문자 = 2

치수선의 위치 지정 또는 [여러 줄 문자(M)/문자(T)/각도(A)] : (적당한 위치에서 마우스 왼쪽 버튼으로 클릭)

명령 :

■ Dimdiameter (단축키 DDI)

원의 지름 치수를 기입한다.

명령 : **ddi** (명령어 입력 후 Enter)

DIMDIAMETER

호 또는 원 선택 : (원을 마우스 왼쪽 버튼으로 클릭)

치수 문자 = 6

치수선의 위치 지정 또는 [여러 줄 문자(M)/문자(T)/각도(A)] : (적당한 위치에서 마우스 왼쪽 버튼으로 클릭)

명령 :

■ Dimangular (단축키 DAN)

각도를 기입한다.

명령 : **dan** (명령어 입력 후 Enter)

DIMANGULAR

호, 원, 선을 선택하거나 〈정점 지정〉 : (선①③을 마우스 왼쪽 버튼으로 클릭)

두 번째 선 선택 : (선②③을 마우스 왼쪽 버튼으로 클릭)

치수 호 선의 위치 지정 또는 [여러 줄 문자(M)/문자(T)/각도(A)/사분점(Q)] : (적당한 위치에서 마우스 왼쪽 버튼으로 클릭)

치수 문자 = 45

명령 :

TIP

● 확대도에 치수기입하기

확대도를 작성할 때에는 길이는 배가 되고 치수는 같아야 된다.

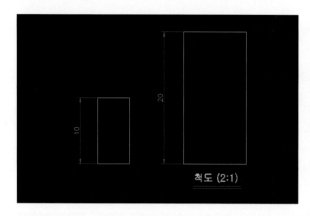

- **방법 ❶** DDEDIT 명령으로 치수를 직접 수정한다.
- **방법 ❷** 치수의 축척을 변경하여 수정한다.

  마우스 왼쪽 버튼으로 수정할 치수를 더블클릭한다.

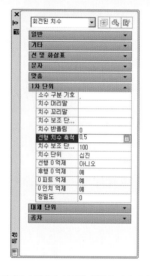

옆 그림과 같이 '특성'창이 나타나면 '1차 단위'의 '선형 치수 축척'을 수정
한다.

 방법1의 경우 확대도의 길이를 수정해도 치수는 변하지 않지만, 방법2의 경우는 길이를 수정하면 설정한 축척에 따라 변하기 때문에 방법1과 방법2의 차이를 이해
하고 상황에 맞게 적절히 사용한다.

※ 주의 – '치수 스타일 관리자'에서 '1차 단위'의 '축척비율'을 수정하면 해당 치수 스타일로 작성한 치수들 전체에 적용이 되기 때문에 주의해야 한다.

명령 : **rec** (명령어 입력 후 Enter)

RECTANG

첫 번째 구석점 지정 또는 [모따기(C)/고도(E)/
모깎기(F)/두께(T)/폭(W)] : **-6,2** (시작점 입력
후 Enter)

다른 구석점 지정 또는 [영역(A)/치수(D)/회전
(R)] : **6,-2** (대각에 있는 점 입력 후 Enter)

명령 : **rec** (명령어 입력 후 Enter)

RECTANG

첫 번째 구석점 지정 또는 [모따기(C)/고도(E)/
모깎기(F)/두께(T)/폭(W)] : **-2,4** (시작점 입력
후 Enter)

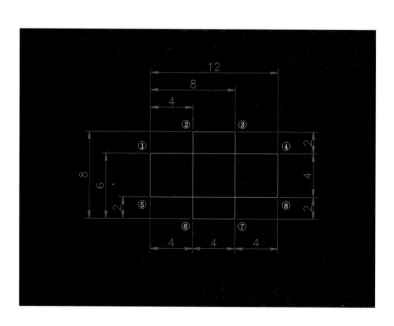

다른 구석점 지정 또는 [영역(A)/치수(D)/회전(R)] : 2,-4 (대각에 있는 점 입력 후 Enter)

명령 :

■ Dimbaseline (단축키 DBA)

어떤 선을 기준으로 치수를 기입한다.

[가로치수 기입]

명령 : **dli** (명령어 입력 후 Enter)

DIMLINEAR

첫 번째 치수보조선 원점 지정 또는 〈객체 선택〉 : (①번 점을 마우스 왼쪽 버튼으로 클릭)

두 번째 치수보조선 원점 지정 : (②번 점을 마우스 왼쪽 버튼으로 클릭)

치수선의 위치 지정 또는 [여러 줄 문자(M)/문자(T)/각도(A)/수평(H)/수직(V)/회전(R)] : (적당한 위치에서 마우스 왼쪽 버튼으로 클릭)

치수 문자 = 4

명령 : **dba** (명령어 입력 후 Enter)

DIMBASELINE

두 번째 치수보조선 원점 지정 또는 [명령 취소(U)/선택(S)] 〈선택(S)〉 : (③번 점을 마우스 왼쪽 버튼으로 클릭)

치수 문자 = 8

두 번째 치수보조선 원점 지정 또는 [명령 취소(U)/선택(S)] 〈선택(S)〉 : (④번 점을 마우스 왼쪽 버튼으로 클릭)

치수 문자 = 12

두 번째 치수보조선 원점 지정 또는 [명령 취소(U)/선택(S)] 〈선택(S)〉 : (Enter)

기준 치수 선택 : (Enter)

명령 :

[세로치수 기입]

Command : **dli** (명령어 입력 후 Enter)

DIMLINEAR

Specify first extension line origin or 〈select object〉 : (⑥번 점을 마우스 왼쪽 버튼으로 클릭)

Specify second extension line origin : (⑤번 점을 마우스 왼쪽 버튼으로 클릭)

Specify dimension line location or [Mtext/Text/Angle/Horizontal/Vertical/Rotated] : (적당한 위치에서 마우스 왼쪽 버튼으로 클릭)

Dimension text = 2

Command : **dba** (명령어 입력 후 Enter)

DIMBASELINE

Specify a second extension line origin or [Undo/Select] 〈Select〉 : (①번 점을 마우스 왼쪽 버튼으로 클릭)

Dimension text = 6

Specify a second extension line origin or [Undo/Select] 〈Select〉 : (②번 점을 마우스 왼쪽 버튼으로 클릭)

Dimension text = 8

Specify a second extension line origin or [Undo/Select] 〈Select〉 : (Enter)

Select base dimension : (Enter)

Command :

■ Dimcontinue(단축키 DCO)

연속으로 치수를 기입한다.

[가로치수 기입]

명령 : dli (명령어 입력 후 Enter)

DIMLINEAR

첫 번째 치수보조선 원점 지정 또는 〈객체 선택〉: (⑤번 점을 마우스 왼쪽 버튼으로 클릭)

두 번째 치수보조선 원점 지정 : (⑥번 점을 마우스 왼쪽 버튼으로 클릭)

치수선의 위치 지정 또는

[여러 줄 문자(M)/문자(T)/각도(A)/수평(H)/수직(V)/회전(R)] : (적당한 위치에서 마우스 왼쪽 버튼으로 클릭)

치수 문자 = 4

명령 : dco (명령어 입력 후 Enter)

DIMCONTINUE

두 번째 치수보조선 원점 지정 또는 [명령 취소(U)/선택(S)] 〈선택(S)〉 : (⑦번 점을 마우스 왼쪽 버튼으로 클릭)

치수 문자 = 4

두 번째 치수보조선 원점 지정 또는 [명령 취소(U)/선택(S)] 〈선택(S)〉 : (⑧번 점을 마우스 왼쪽 버튼으로 클릭)

치수 문자 = 4

두 번째 치수보조선 원점 지정 또는 [명령 취소(U)/선택(S)] 〈선택(S)〉 : (Enter)

연속된 치수 선택 : (Enter)

명령 :

[세로치수 기입]

명령 : dli (명령어 입력 후 Enter)

DIMLINEAR

첫 번째 치수보조선 원점 지정 또는 〈객체 선택〉: (⑦번 점을 마우스 왼쪽 버튼으로 클릭)

두 번째 치수보조선 원점 지정 : (⑧번 점을 마우스 왼쪽 버튼으로 클릭)

치수선의 위치 지정 또는 [여러 줄 문자(M)/문자(T)/각도(A)/수평(H)/수직(V)/회전(R)] : (적당한 위치에서 마우스 왼쪽 버튼으로 클릭)

치수 문자 = 2

명령 : dco (명령어 입력 후 Enter)

DIMCONTINUE

두 번째 치수보조선 원점 지정 또는 [명령 취소(U)/선택(S)] 〈선택(S)〉 : (④번 점을 마우스 왼쪽 버튼으로 클릭)

치수 문자 = 4

두 번째 치수보조선 원점 지정 또는 [명령 취소(U)/선택(S)] 〈선택(S)〉 : (③번 점을 마우스 왼쪽 버튼으로 클릭)

치수 문자 = 2

두 번째 치수보조선 원점 지정 또는 [명령 취소(U)/선택(S)] 〈선택(S)〉 : (Enter)

연속된 치수 선택 : (Enter)

명령 :

TIP

● 기준치수에 공차 기입하기

위의 그림과 같이 공차를 기입해보자.

위의 그림과 같이 입력 후 공차부분을 선택한다.

을 마우스 왼쪽 버튼으로 클릭하면 선택한 부분이 위의 그림과 같이 변한다.
입력창 밖의 임의의 공간을 클릭하여 공차 기입을 마친다.

● 기입한 공차 수정하기

• **방법 ❶** DDEDIT 명령으로 수정화면에 들어가서 공차 부분을 선택한 다음 그림 을 클릭하여 수정한다.
• **방법 ❷** DDEDIT 명령으로 수정화면에 들어가서 공차 부분을 마우스 왼쪽 버튼으로 더블클릭한다.

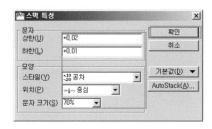

'스택 특성'창이 나타나면 공차와 공차의 위치, 공차의 크기 등 수정이 가능하고,
공차가 분수로 나오는 경우는 '스타일'을 '공차'로 변경하여 확인 버튼을 클릭한다.

■ Qdim

신속하게 치수를 기입한다.

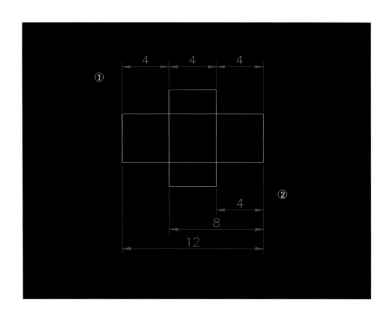

[연속 치수기입 하기]

명령 : **qdim** (명령어 입력 후 Enter)

연관 치수 우선순위 = 끝점(E)

치수 기입할 형상 선택 : (①번 점을 마우스 왼쪽 버튼으로 클릭) 반대 구석 지정 : (②번 점을 마우스 왼쪽 버튼으로 클릭) 2개를 찾음

치수 기입할 형상 선택 : (Enter)

치수선의 위치 지정 또는 [연속(C)/다중(S)/기준선(B)/세로좌표(O)/반지름(R)/지름(D)/데이텀 점(P)/편집(E)/설정(T)]

〈세로좌표(O)〉: **c** (연속 치수기입을 하기 위해 c입력 후 Enter)

치수선의 위치 지정 또는 [연속(C)/다중(S)/기준선(B)/세로좌표(O)/반지름(R)/지름(D)/데이텀 점(P)/편집(E)/설정(T)]

〈연속(C)〉: (마우스 포인트를 아래로 이동하여 적당한 위치에서 마우스 왼쪽 버튼으로 클릭)

명령 :

[기준선 치수기입 하기]

명령 : **qdim** (명령어 입력 후 Enter)

연관 치수 우선순위 = 끝점(E)

치수 기입할 형상 선택 : (①번 점을 마우스 왼쪽 버튼으로 클릭) 반대 구석 지정 : (②번 점을 마우스 왼쪽 버튼으로 클릭) 2개를 찾음

치수 기입할 형상 선택 : (Enter)

치수선의 위치 지정 또는 [연속(C)/다중(S)/기준선(B)/세로좌표(O)/반지름(R)/지름(D)/데이텀 점(P)/편집(E)/설정(T)]

〈연속(C)〉: **b** (기준선 치수기입을 하기 위해 b입력 후 Enter)

치수선의 위치 지정 또는 [연속(C)/다중(S)/기준선(B)/세로좌표(O)/반지름(R)/지름(D)/데이텀 점(P)/편집(E)/설정(T)]

〈기준선(B)〉: (마우스 포인트를 위로 이동하여 적당한 위치에서 마우스 왼쪽 버튼으로 클릭)

명령 :

■ Qleader (단축키 LE)

지시선으로 기입한다.

명령 : le (명령어 입력 후 Enter)

QLEADER

첫 번째 지시선 지정, 또는 [설정(S)]〈설정〉: (①번 점을 마우스 왼쪽 버튼으로
클릭)

다음점 지정 : (②번 점을 마우스 왼쪽 버튼으로 클릭)

다음점 지정 : (Enter)

문자 폭 지정 〈0〉: (Enter)

주석 문자의 첫 번째 행 입력 또는 〈여러 줄 문자〉: (Enter)

C1 ('문자 형식'창이 나타나면 내용 입력 후 화면을 마우스 왼쪽 버튼으로 클릭)

명령 :

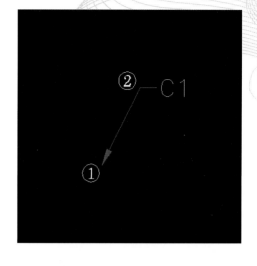

명령 : le (명령어 입력 후 Enter)

QLEADER

첫 번째 지시선 지정, 또는 [설정(S)]〈설정〉: s (지시선 설정을 하기 위해 s를
입력 후 Enter)

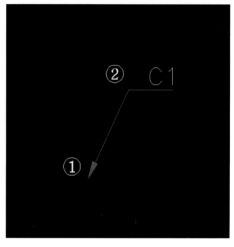

(옆 그림과 같이 '지시선 설정'창이 나타나면 '부착'탭의 '맨 아래
행에 밑줄'옆 box를 마우스 왼쪽 버튼으로 클릭한 후 하단의 확인
버튼을 마우스 왼쪽 버튼으로 클릭)

첫 번째 지시선 지정, 또는 [설정(S)]〈설정〉: (①번 점을 마우스 왼
쪽 버튼으로 클릭)

다음점 지정 : (②번 점을 마우스 왼쪽 버튼으로 클릭)

다음점 지정 : (Enter)

문자 폭 지정 〈22.8355〉: (Enter)

주석 문자의 첫 번째 행 입력 또는 〈여러 줄 문자〉: (Enter)

C1 ('문자 형식'창이 나타나면 내용 입력 후 화면을 마우스 왼쪽 버튼으로 클릭)

명령 :

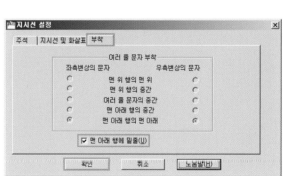

■ Tolerance(단축키 TOL)

기하공차를 기입한다.

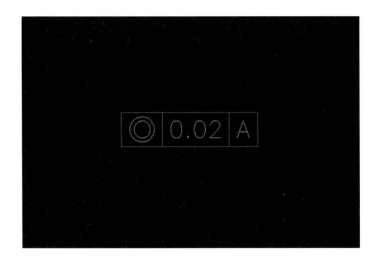

명령 : **tol** (명령어 입력 후 Enter)
('기하학적 공차'창이 나타나면 '기호'밑의 검정색사각
형을 마우스 왼쪽 버튼으로 클릭)

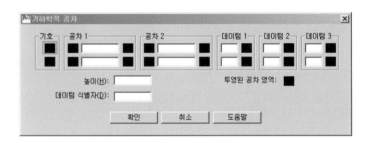

('기호'창이 나타나면 원하는 형상을 마우스 왼쪽 버튼으로 클릭)

(옆 그림과 같이 기입 후 하단의 확인버튼을 마우스 왼
쪽 버튼으로 클릭)

TOLERANCE

공차 위치 입력 : (형상공차를 기입할 적당한 위치에 마우스 포인터를 이동한 후 마우스 왼쪽 버튼으로 클릭)

명령 :

TIP

● 기하공차에 화살표 추가하기

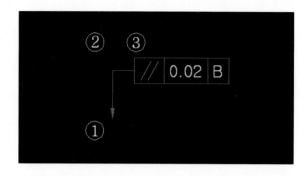

명령 : le (명령어 입력 후 Enter)
첫 번째 지시선 지정, 또는 [설정(S)]〈설정〉 : s (지시선 설정을 하기 위해 s를 입력 후 Enter)

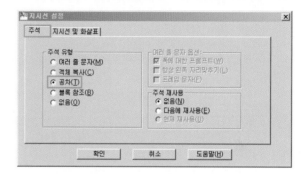

('지시선 설정'창이 나타나면 '주석'탭에서 '공차'를 선택한다)

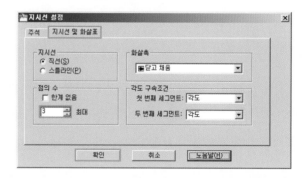

('지시선 및 화살표'탭에서는 '점의 수'를 '3'으로 입력하고 확인을 마우스 왼쪽 버튼으로 클릭한다)

첫 번째 지시선 지정, 또는 [설정(S)]〈설정〉 : (①번 점을 마우스 왼쪽 버튼으로 클릭)
다음점 지정 : (②번 점을 마우스 왼쪽 버튼으로 클릭)
다음점 지정 : (③번 점을 마우스 왼쪽 버튼으로 클릭)

('기하학적 공차'창이 나타나면 위의 그림과 같이 입력한 후에 확인 버튼을 마우스 왼쪽 버튼으로 클릭한다)

명령 :

실기시험 과제도면은 2D 조립도로 제시되는데 수험자는 조립도를 보고 지정된 부품의 부품도를 자나 스케일 등으로 실측하여 정해진 시간 내에 3각법으로 제도하여 제출해야 한다. 아무리 투상을 완벽하게 하였다 하더라도 치수기입이 불량하거나 중요 기능을 하는 부분에 끼워 맞춤 공차를 기입하지 않았다든지 헐거운 끼워맞춤을 적용해야 하는 부분에 억지 끼워맞춤을 적용하였다면 감점의 요인이 될 것이다.

이 장에서는 시험에 자주 나오는 끼워맞춤 공차에 대한 이해와 실제 적용 그리고 동력전달장치 등의 조립도에 자주 나오며 실무에서도 많이 사용하게 되는 베어링의 끼워맞춤 관계에 대하여 알아보도록 하자.

일반적으로 널리 사용하는 구름베어링이 출제 빈도 역시 높은데 구름베어링의 경우 내륜이 구멍이고 외륜이 축이 되며, 외륜이 회전 하느냐 내륜이 회전하느냐 외륜이 정지(고정)상태인지 내륜이 정지(고정)상태인지에 따라 KS B 2051에서 규정하고 있는 축과 하우징 구멍의 끼워맞춤 관계가 달라지므로 이를 잘 이해하고 도면에 적용시켜 보도록 하자.

■ 주요 학습내용 및 목표

• 끼워맞춤의 종류 및 이해   • 구멍기준식 끼워맞춤의 활용
• 베어링에 대해 일반적으로 사용하는 축의 공차 적용   • 베어링에 대해 일반적으로 사용하는 구멍의 공차 적용

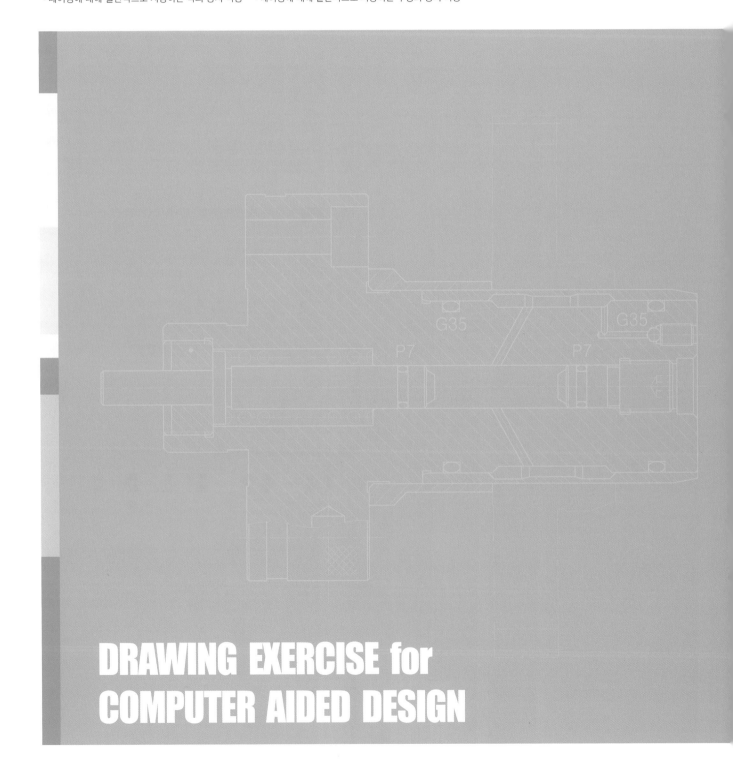

DRAWING EXERCISE for
COMPUTER AIDED DESIGN

Chapter | 02

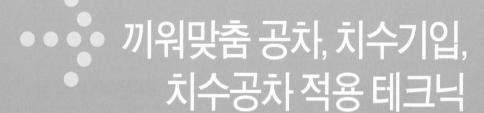

끼워맞춤 공차, 치수기입,
치수공차 적용 테크닉

01 끼워맞춤 공차 적용 실례와 테크닉

끼워맞춤의 종류에는 헐거운 끼워맞춤, 중간 끼워맞춤, 억지 끼워맞춤의 3종류가 있다.

서로 조립되어 기능적인 역할을 하는 부위에 알맞은 끼워맞춤 적용 사례를 알아보고 끼워맞춤의 개념과 활용에 대해서 확실하게 이해하여 부품도 작성시에 올바르게 기입할 수 있도록 하자.

끼워맞춤의 선정시 어느 종류로 할 것인가에 대해서는 먼저 구멍의 종류를 결정하고 조립이 되는 상대 축을 적절하게 선택하면 되는 것인데, 초보자들이 어려워하는 것은 구멍과 축 모두 종류가 많기 때문에 그때마다 어떤 조합의 끼워맞춤을 선택할 것인가 결정하는 문제일 것이다. 아래 표의 기준구멍인 H 구멍은 아래 치수 허용차가 0 즉, 최소허용치수와 기준치수가 일치한다는 것을 알 수 있다. 따라서 H구멍을 기준으로 해서 축의 치수를 조정하여 '헐거운 끼워맞춤, 중간 끼워맞춤, 억지 끼워맞춤' 등의 기능상 필요한 끼워맞춤을 얻을 수 있도록 하면 상당히 간편해지므로 실용적으로 '구멍기준식 끼워맞춤'을 널리 사용하는 것이다.

02 상용하는 구멍기준식 헐거운 끼워맞춤

기준 구멍	축의 공차역 클래스 (축의 종류와 등급)															
	헐거운 끼워맞춤					중간 끼워맞춤				억지 끼워맞춤						
H6				g5	h5	js5	k5	m5								
			f6	g6	h6	js6	k6	m6	n6[1]	p6[1]					
H7			f6	g6	h6	js6	k6	m6	n6	p6[1]	r6[1]	s6	t6	u6	x6
		e7	f7		h7	js7										

■ 헐거운 끼워맞춤의 적용 예

먼저 출제빈도가 높고 현장 실무에서도 널리 사용되는 경우로 평행키가 끼워지는 축과 구멍간의 끼워맞춤 상관관계를 살펴보자.

시험과제 도면상에 나오는 **평행키(보통형)**를 적용하는 대부분의 축과 구멍의 경우, **축의 외경은 h6, 구멍은 H7**의 공차를 부여하고 있다. 다음 장의 예제도면을 보면 스퍼기어의 구멍에는 Ø20H7(Ø20.0~Ø20.021), 축에는 Ø20h6(Ø19.987~Ø20.0)으로 지시되어 있는데 구멍은 기준치수 Ø20을 기준으로 (+)쪽으로 공차가 허용되고 축은 기준치수 Ø20을 기준으로 (−)쪽으로 공차가 허용된다.

이런 경우 구멍과 축에 틈새가 발생하여 서로 조립시에 헐겁게 끼워맞춤할 수가 있게 되며, 부품을 손상시키지 않고 분해 및 조립을 할 수 있으나 끼워맞춤 결합력만으로는 힘을 전달할 수가 없는 것이다. 따라서 기어와 같은 회전체의 보스(boss)측 구멍에 축이 헐겁게 끼워맞춤되더라도 평행키라는 체결요소로 축과 구멍에 키홈 가공을 하여 서로 고정시켜 회전체가 미끄러지지 않고 동력을 전달할 수 있도록 하는 것이다.

키와 축과의 맞춤에서는 키쪽을 수정해서 맞춤하는 것이 유리하기 때문에 일반적으로 키를 축의 홈에 맞춰보고 나서 가공여유가 있는 것을 확인한 후, 맞춤 작업에 들어가는 것이다.

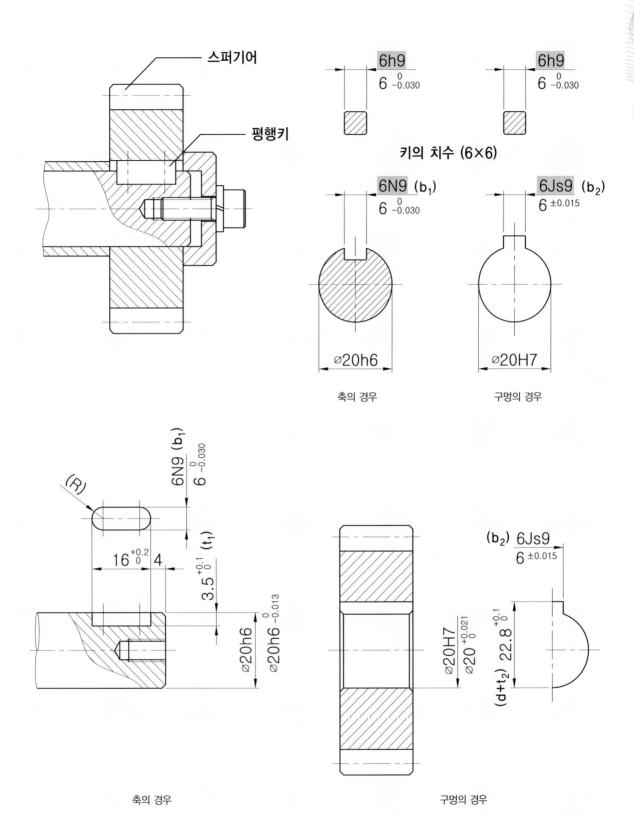

스퍼기어

평행키

6h9
$6 {}^{\ 0}_{-0.030}$

6h9
$6 {}^{\ 0}_{-0.030}$

키의 치수 (6×6)

6N9 (b₁)
$6 {}^{\ 0}_{-0.030}$

6Js9 (b₂)
$6 {}^{\ }_{\pm 0.015}$

∅20h6

∅20H7

축의 경우

구멍의 경우

6N9 (b₁)
$6 {}^{\ 0}_{-0.030}$

(R)

$16 {}^{+0.2}_{0}$ 4

$3.5 {}^{+0.1}_{0}$ (t₁)

∅20h6

$\varnothing 20h6 {}^{\ 0}_{-0.013}$

6Js9 (b₂)
$6 {}^{\ }_{\pm 0.015}$

∅20H7

$\varnothing 20 {}^{+0.021}_{0}$

(d+t₂) $22.8 {}^{+0.1}_{0}$

축의 경우

구멍의 경우

구멍의 표준 공차 등급인 H는 상용하는 IT등급인 6~10급(H6~H10)까지의 치수허용공차에서 아래치수 허용차
가 항상 0이며 IT등급이 커질수록 위치수 허용차가 (+)쪽으로 커진다. 즉, 기준치수가 커질수록 또 IT등급이 커
질수록 위치수 허용공차 또한 커짐을 알 수 있다.

■ 구멍의 공차 영역 등급 [H] [단위 : μm=0.001mm]

치수구분 (mm)		H					
초과	이하	H5	H6	H7	H8	H9	H10
–	3	+4 0	+6 0	+10 0	+14 0	+25 0	+40 0
3	6	+5 0	+8 0	+12 0	+18 0	+30 0	+48 0
6	10	+6 0	+9 0	+15 0	+22 0	+36 0	+58 0
10	14	+8 0	+11 0	+18 0	+27 0	+43 0	+70 0
14	18						
18	24	+9 0	+13 0	+21 0	+33 0	+52 0	+84 0
24	30						

축의 표준 공차 등급인 h는 상용하는 IT등급인 5~9급(h5~h9)까지의 치수허용공차에서 위치수 허용차가 항상 0이며 IT등급이 커질수록 아래치수 허용차가 (–)쪽으로 커진다. 즉, 기준치수가 커질수록 또 IT등급이 커질수록 아래치수 허용공차 또한 커짐을 알 수 있다.

■ 축의 공차 영역 등급 [h] [단위 : μm=0.001mm]

치수구분 (mm)		h				
초과	이하	h5	h6	h7	h8	h9
–	3	0 −4	0 −6	0 −10	0 −14	0 −25
3	6	0 −5	0 −8	0 −12	0 −18	0 −30
6	10	0 −6	0 −9	0 −15	0 −22	0 −36
10	14	0 −8	0 −11	0 −18	0 −27	0 −43
14	18					
18	24	0 −9	0 −13	0 −21	0 −33	0 −52
24	30					

이번에는 정밀한 운동이 필요한 부분과 연속적으로 회전하는 부분, 정밀한 슬라이드 부분, 링크의 힌지핀 등에 널리 사용되는 대표적인 헐거운 끼워맞춤인 구멍 H7, 축 g6의 관계를 알아보도록 하자.

아래 예제 편심구동장치에서 편심축의 회전에 따라 상하로 정밀하게 움직이는 슬라이더와 가이드부시의 끼워맞춤 관계를 보면, 본체에 고정되는 가이드 부시의 내경은 Ø12H7(Ø12.0~Ø12.018)으로 기준치수 Ø12를 기준으로 (+)측으로만 0.018mm의 공차를 허용하고 있다. 가이드 부시의 내경에 조립되는 슬라이더의 경우 Ø12g6(Ø11.983~Ø11.994)로 기준치수 Ø12를 기준으로 위, 아래 치수허용차가 전부 (–)쪽으로 되어 있다.

결국 구멍이 최소허용치수인 Ø12로 제작이 되고 축이 최대허용치수인 Ø11.994로 제작이 되었다고 하더라도 0.006mm의 틈새를 허용하고 있으므로 H7/g6와 같은 끼워맞춤은 구멍과 축 사이에 항상 틈새를 허용하는 헐거운 끼워맞춤이 되는 것이다.

H7 / g6 : 헐거운 끼워맞춤

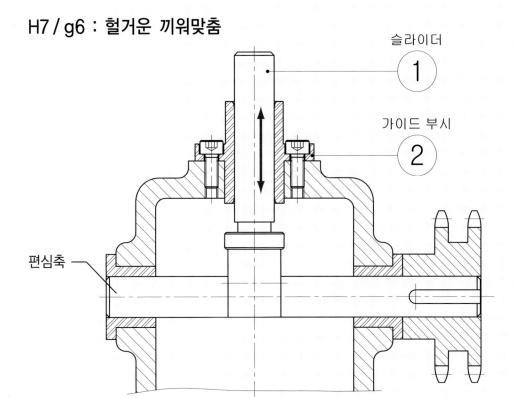

슬라이더

①

가이드 부시

②

편심축

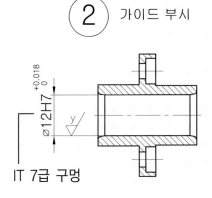

② 가이드 부시

∅12H7 $^{+0.018}_{0}$

IT 7급 구멍

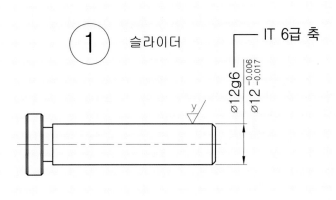

① 슬라이더

IT 6급 축

∅12g6
∅12 $^{-0.006}_{-0.017}$

■ 축의 공차 영역 등급 [g]　　[단위 : μm=0.001mm]

치수구분 (mm)		g		
초과	이하	g4	g5	g6
–	3	−2 −5	−2 −6	−2 −8
3	6	−4 −8	−4 −9	−4 −12
6	10	−5 −9	−5 −11	−5 −14
10	14	−6 −11	−6 −14	−6 −17
14	18			
18	24	−7 −13	−7 −16	−7 −20
24	30			

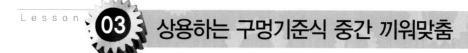

기준 구멍	축의 공차역 클래스 (축의 종류와 등급)														
	헐거운 끼워맞춤				중간 끼워맞춤			억지 끼워맞춤							
H6			g5	h5	js5	k5	m5								
			f6	g6	h6	js6	k6	m6	n6[1)	p6[1)					
H7			f6	g6	h6	js6	k6	m6	n6	p6[1)	r6[1)	s6	t6	u6	x6
	e7	f7		h7	js7										

■ 중간 끼워맞춤의 적용 예

중간 끼워맞춤은 구멍의 최소 허용치수가 축의 최대 허용치수보다 작고, 구멍의 최대 허용치수가 축의 최소 허용치수보다 큰 경우의 끼워맞춤으로 구멍과 축의 실제 치수 크기에 따라서 헐거운 끼워맞춤이 될 수도 억지 끼워맞춤이 될 수도 있다.

중간 끼워맞춤은 고정밀도의 위치결정, 베어링 내경에 끼워지는 축, 맞춤핀, 리머볼트 등의 끼워맞춤에 적용한다.

H7 / m6 : 중간 끼워맞춤

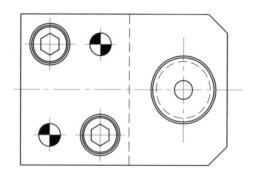

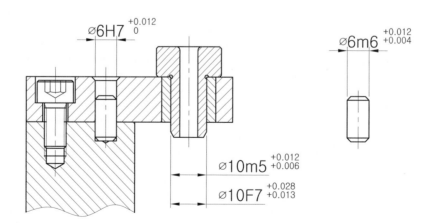

중간 끼워맞춤은 구멍과 축에 주어진 공차에 따라 틈새가 생길 수도 있고 죔새가 생길 수도 있도록 구멍과 축에 공차를 부여한 것을 말하며 조립상태는 손이나 망치, 해머 등으로 때려 박는다.

앞의 예제 드릴지그에서 부시가 설치되어 있는 플레이트는 부시(bush)의 정확한 중심을 위하여 Ø6H7의 리머구멍을 조립되는 상대 부품에도 가공하여 Ø6m6의 평행핀을 끼워맞춤하여 두 부품의 위치를 결정시켜 주고 있다.

여기서 H7/m6의 공차를 한번 분석해 보자. 먼저 구멍을 기준으로 핀을 선택조합하므로 구멍의 H7 공차역을 보면 Ø6~Ø6.012, 핀의 공차역은 Ø6.004~Ø6.012이다.

만약 구멍이 최소 허용치수인 Ø6으로 제작되고, 축은 최대 허용치수인 Ø6.012로 제작되었다면 0.012mm만큼 축이 크므로 억지로 끼워맞춤될 것이다. 또, 구멍이 최대 허용치수인 Ø6.012로 제작되고 축은 최소 허용치수인 Ø6.004로 제작되었다면 구멍이 축보다 0.008mm 크므로 헐거운 끼워맞춤으로 조립될 것이다.

04 상용하는 구멍기준식 억지 끼워맞춤

기준 구멍	축의 공차역 클래스 (축의 종류와 등급)													
	헐거운 끼워맞춤				중간 끼워맞춤			억지 끼워맞춤						
H6			g5	h5	js5	k5	m5							
		f6	g6	h6	js6	k6	m6	n6[1)	p6[1)					
H7		f6	g6	h6	js6	k6	m6	n6	p6[1)	r6[1)	s6	t6	u6	x6
	e7	f7		h7	js7									

【주】 이러한 끼워맞춤은 치수 구분에 따라서 예외가 있을 수 있다.

■ 억지 끼워맞춤의 적용 예

구멍과 축 사이에 항상 죔새가 있는 끼워맞춤으로 구멍의 최대 허용치수가 축의 최소 허용치수와 같거나 또는 크게 되는 끼워맞춤이다. 억지 끼워맞춤은 서로 단단하게 고정되어 분해하는 일이 없는 한 영구적인 조립이 되며, 부품을 손상시키지 않고 분해하는 것이 곤란하다.

옆의 드릴지그에서 절삭공구인 드릴을 안내하는 고정 부시와 지그판의 끼워맞춤을 살펴보도록 하자. 고정 부시는 억지로 끼워맞추기 위해 외경이 연삭이 되어 있으며 지그판에 직접 압입하여 고정

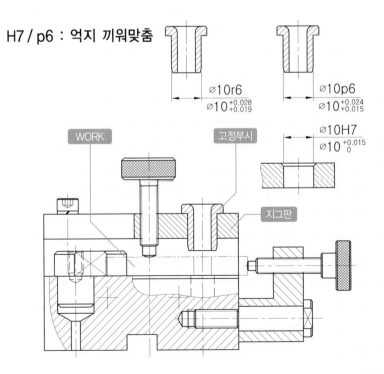

H7 / p6 : 억지 끼워맞춤

● 드릴지그

Chapter 02 | 끼워맞춤 공차, 치수기입, 치수공차 적용 테크닉

61

하며 지그의 수명이 다 될 때까지 사용하는 것이 보통이다.

억지 끼워맞춤에서도 마찬가지로 구멍을 H7으로 정하였고 압입하고자 하는 고정 부시는 p6를 선정하였다. 기준치수가 Ø10인 구멍의 경우 H7의 공차역은 Ø10~Ø10.015, 축의 경우 Ø10.015~Ø10.024이다.

구멍의 최대 허용치수가 Ø10.015로 축의 최소 허용치수와 동일하다. 하지만 실제 가공을 하여 제작을 하면 구멍과 축의 치수를 정확히 Ø10.015로 만드는 것은 불가능한 일이며 축과 구멍은 정해진 공차 범위 내에서 제작이 되어 항상 죔새가 있는 끼워맞춤을 하게 될 것이다.

H7구멍을 기준으로 축이 p6 < r6 < s6 < t6 < u6 < x6가 선택 적용될 수 있는데 알파벳 순서가 뒤로 갈수록 압입에 더욱 큰 힘을 필요로 하는 끼워맞춤이 된다.

억지끼워맞춤은 구멍이 최소치수, 축이 최대치수로 제작된 경우에도 죔새가 생기고 구멍이 최대치수, 축이 최소치수인 경우에도 죔새가 생기는 끼워맞춤으로 프레스(press)등에 의해 강제로 압입한다.

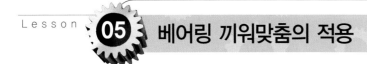

Lesson 05 베어링 끼워맞춤의 적용

1. 베어링의 끼워맞춤 관계와 공차의 적용

베어링을 축이나 하우징에 설치하여 축방향으로 위치결정하는 경우 베어링 측면이 접촉하는 축의 턱이나 하우징 구멍의 내경 턱은 축의 중심에 대해서 직각으로 가공되어야 한다. 또한 테이퍼 롤러 베어링 정면측의 하우징 구멍 내경은 케이지와의 접촉을 방지하기 위하여 베어링 외경면과 평행하게 가공한다.

축이나 하우징의 모서리 반지름은 베어링의 내륜, 외륜의 모떼기 부분과 간섭이 발생하지 않도록 주의를 해야 한다. 따라서 베어링이 설치되는 축이나 하우징 구석의 모서리 반경은 **베어링의 모떼기 치수**의 **최소값을 초과하지 않는 값**으로 한다.

레이디얼 베어링에 대한 축의 어깨 및 하우징 어깨의 높이는 궤도륜의 측면에 충분히 접촉시키고, 또한 수명이 다한 베어링의 교체시 분해공구 등이 접촉될 수 있는 높이로 하며 그에 따른 최소값을 아래 표에 나타내었다. 베어링의 설치에 관계된 치수는 이 턱의 높이를 고려한 직경으로 베어링 치수표에 기재되어 있는 것이 보통이다. 특히 액시얼 하중을 부하하는 테이퍼 롤러 베어링이나 원통 롤러 베어링에서는 턱 부위를 충분히 지지할 수 있는 턱의 치수와 강도가 요구된다.

$\gamma_{s\ min}$: 베어링 내륜 및 외륜의 모떼기 치수 $\gamma_{as\ max}$: 구멍 및 축의 최대 모떼기 치수

■ 레이디얼 베어링 끼워맞춤부 축과 하우징 R 및 어깨 높이 KS B 2051 : 1995(2005 확인) [단위 : mm]

호칭 치수	축과 하우징의 부착 관계의 치수		
베어링 내륜 또는 외륜의 모떼기 치수	적용할 구멍, 축의 최대 모떼기(모서리 반지름)치수	어깨 높이 h(최소)	
γ_{smin}	γ_{asmax}	일반적인 경우[1]	특별한 경우[2]
0.1	0.1	0.4	
0.15	0.15	0.6	
0.2	0.2	0.8	
0.3	0.3	1.25	1
0.6	0.6	2.25	2
1	1	2.75	2.5
1.1	1	3.5	3.25
1.5	1.5	4.25	4
2	2	5	4.5
2.1	2	6	5.5
2.5	2	6	5.5
3	2.5	7	6.5
4	3	9	8
5	4	11	10
6	5	14	12
7.5	6	18	16
9.5	8	22	20

【주】 1. 큰 축 하중(액시얼 하중)이 걸릴 때에는 이 값보다 큰 어깨높이가 필요하다.
   2. 축 하중(액시얼 하중)이 작을 경우에 사용한다. 이러한 값은 테이퍼 롤러 베어링, 앵귤러 볼베어링 및 자동 조심 롤러 베어링에는 적당하지 않다.

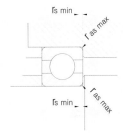

● 베어링의 모떼기 치수 및 축과 하우징의 모떼기 치수

2. 단열 깊은 홈 볼 베어링 6005 장착 관계 치수 적용 예

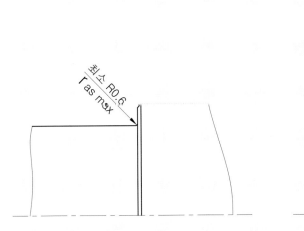

축의 최대 모떼기 치수

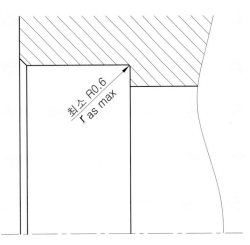

구멍의 최대 모떼기 치수

단열 깊은 홈 볼 베어링 6005 적용 예				
d (축)	D (구멍)	B (폭)	γ_{smin} (베어링 내륜 및 외륜 모떼기 치수)	γ_{asmax} (적용할 축 및 구멍의 최대 모떼기 치수)
25	47	12	0.6	최소 0.6

■ 베어링 계열 60 베어링의 호칭 번호 및 치수 [KS B 2023]　　　　[단위 : mm]

호칭 번호	치 수			
개방형	내 경	외 경	폭	내륜 및 외륜의 모떼기 치수
	d	D	B	$r_s$min
609	9	24	7	0.3
6000	10	26	8	0.3
6001	12	28	8	0.3
6002	15	32	9	0.3
6003	17	35	10	0.3
6004	20	42	12	0.6
6005	25	47	12	0.6
6006	30	55	13	1
6007	35	62	14	1

3. 베어링 끼워맞춤 공차의 선정 요령

❶ 조립도에 적용된 베어링의 규격이 있는 경우 호칭번호를 보고 KS규격을 찾아 조립에 관련된 치수를 파악하고, 규격이 지정되지 않은 경우에는 자나 스케일로 안지름, 바깥지름, 폭의 치수를 직접 실측하여 적용된 베어링의 호칭번호를 선정한다.

❷ 축이나 하우징 구멍의 끼워맞춤 선정은 **축이 회전하는 경우** 내륜 회전 하중, **축은 고정이고 회전체(기어, 풀리, 스프로킷 등)가 회전하는 경우** 외륜 회전 하중을 선택하여 권장하는 끼워맞춤 공차등급을 적용한다.

❸ 베어링의 끼워맞춤 선정에 있어 고려해야 할 사항으로는 베어링의 정밀도 등급, 작용하는 하중의 방향 및 하중의 조건, 베어링의 내륜 및 외륜의 회전, 정지상태 등이다.

❹ 베어링의 등급은 [KS B 2016]에서 규정하는 바와 같이 그 정밀도에 따라 0급 < 6X급 < 6급 < 5급 < 4급 < 2급으로 하는데 실기과제 도면에 적용된 베어링의 등급은 특별한 지정이 없는 한 0급과 6X급으로 한다. 이들은 ISO 492 및 ISO 199에 규정된 **보통급**에 해당하며 **일반급**이라고도 부르는데, 보통 기계에 가장 일반적인 목적으로 사용되는 베어링이다. 또한 2급쪽으로 갈수록 고정밀도의 엄격한 공차관리가 적용되는 정밀한 부위에 적용된다.

4. 내륜 회전 하중, 외륜 정지 하중인 경우의 끼워맞춤 선정 예

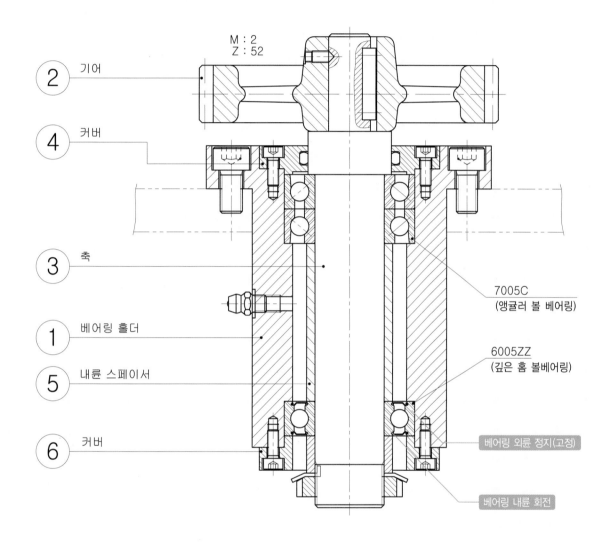

M : 2
Z : 52

② 기어

④ 커버

③ 축

7005C
(앵귤러 볼 베어링)

① 베어링 홀더

⑤ 내륜 스페이서

6005ZZ
(깊은 홈 볼베어링)

⑥ 커버

베어링 외륜 정지(고정)

베어링 내륜 회전

● 베어링 홀더

조립도를 분석해 보면 축에 조립된 기어가 회전하면서 축도 회전을 하게 되어 있는 구조이다. 베어링의 내륜이
회전하고 외륜은 정지하중을 받는 일반적인 사용 예이다. 이런 경우 베어링이 조립되는 축과 구멍의 끼워맞춤 관
계를 알아보도록 하자. 먼저 운전상태 및 끼워맞춤 조건을 살펴보면 **축은 내륜 회전 하중**이며, 적용 베어링은
볼베어링으로 축 지름은 Ø25이다. 다음 장의 KS규격에서 권장하는 끼워맞춤의 볼베어링 란에서 축의 지름이
해당되는 18초과 100이하를 찾아보면 축의 공차등급을 js6로 권장하므로 **Ø25js6(Ø25± 0.065)**로 선정한다.

■ 레이디얼 베어링(0급, 6X급, 6급)에 대하여 일반적으로 사용하는 **축의 공차 범위 등급** [KS B 2051]

운전상태 및 끼워맞춤 조건		볼베어링		원통롤러베어링 원뿔롤러베어링		자동조심 롤러베어링		축의 공차등급	비 고
		축 지름(mm)							
		초과	이하	초과	이하	초과	이하		
원통구멍 베어링(0급, 6X급, 6급)									
내륜 회전하중 또는 방향부정 하중	경하중 또는 변동하중	–	18	–	–	–	–	h5	정밀도를 필요로 하는 경우 js6, k6, m6 대신에 js5, k5, m5를 사용한다.
		18	100	–	40	–	–	js6	
		100	200	40	140	–	–	k6	
		–	–	140	200	–	–	m6	
	보통하중	–	18	–	–	–	–	js5	단열 앵귤러 볼 베어링 및 원뿔롤러베어링인 경우 끼워맞춤으로 인한 내부 틈새의 변화를 고려할 필요가 없으므로 k5, m5 대신에 k6, m6를 사용할 수 있다.
		18	100	–	40	–	40	k5	
		100	140	40	100	40	65	m5	
		140	200	100	140	65	100	m6	
		200	280	140	200	100	140	n6	
		–	–	200	400	140	280	p6	
		–	–	–	–	280	500	r6	
	중하중 또는 충격하중	–	–	50	140	50	100	n6	보통 틈새의 베어링보다 큰 내부 틈새의 베어링이 필요하다.
		–	–	140	200	100	140	p6	
		–	–	200	–	140	200	r6	

이번에는 하우징의 구멍에 끼워맞춤 공차를 선정해 보도록 하자.

하중의 조건은 외륜 정지 하중에 모든 종류의 하중을 선택하면 큰 무리가 없을 것이다. 따라서 다음 장의 표에서 권장하는 끼워맞춤 공차는 H7이 된다. 적용 볼 베어링의 호칭번호가 6005와 7005로 외경은 Ø47이며 하우징 구멍의 공차는 Ø47H7(Ø47)으로 선택해 준다. 보통 **외륜 정지 하중**인 경우에는 하우징 구멍은 H7을 적용하면 큰 무리가 없을 것이다(단, 적용 볼베어링을 일반급으로 하는 경우에 한한다).

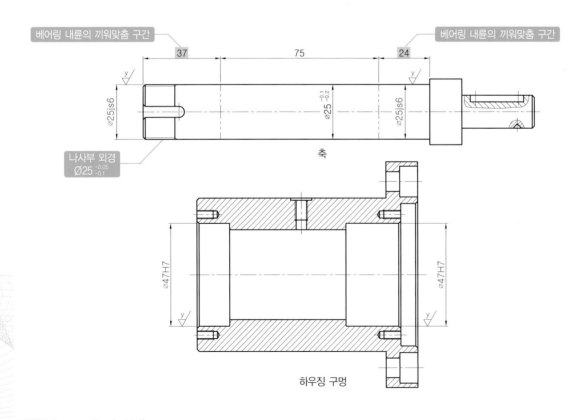

● 축과 하우징 구멍의 끼워맞춤 공차의 적용 예

■ 레이디얼 베어링(0급, 6X급, 6급)에 대하여 일반적으로 사용하는 **구멍**의 공차 범위 등급 [KS B 2051]

조 건			하우징 구멍의 공차범위 등급	비 고
하우징 (Housing)	하중의 종류	외륜의 축 방향의 이동		
일체 하우징 또는 2분할 하우징	외륜정지 하중	모든 종류의 하중	H7	대형베어링 또는 외륜과 하우징의 온도차가 큰 경우 G7을 사용해도 된다.
		경하중 또는 보통하중	쉽게 이동할 수 있다.	H8	–
		축과 내륜이 고온으로 된다.	G7	대형베어링 또는 외륜과 하우징의 온도차가 큰 경우 F7을 사용해도 된다.
		경하중 또는 보통하중에서 정밀 회전을 요한다.	원칙적으로 이동할 수 없다.	K6	주로 롤러베어링에 적용된다.
			이동할 수 있다.	JS6	주로 볼베어링에 적용된다.
		조용한 운전을 요한다.	쉽게 이동할 수 있다.	H6	–

5. 내륜 정지 하중, 외륜 회전 하중인 경우의 끼워맞춤 선정 예

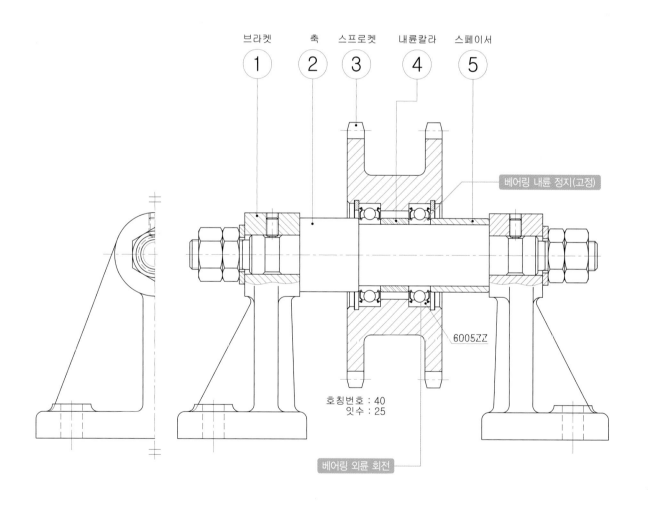

브라켓 ① 축 ② 스프로켓 ③ 내륜칼라 ④ 스페이서 ⑤

베어링 내륜 정지(고정)

6005ZZ

호칭번호 : 40
잇수 : 25

베어링 외륜 회전

● 스프로킷 구동장치

조립도를 분석해 보면 축은 좌우의 브라켓에 고정되어 정지 상태이며 스프로킷이 회전하며 동력을 전달하는 구조이다. 이런 경우 베어링이 조립되는 축과 구멍의 끼워맞춤 관계를 알아보도록 하자.

먼저 운전상태 및 끼워맞춤 조건을 살펴보면 축은 **내륜 정지 하중**이며, 내륜이 축위를 쉽게 움직일 필요가 없으며 적용 베어링은 볼베어링으로 축 지름은 Ø25이다. 아래 KS규격에서 권장하는 끼워맞춤에서 보면 축 지름에 관계없이 축의 공차등급을 h6로 권장하므로 **Ø25h6**가 된다.

■ 레이디얼 베어링(0급, 6X급, 6급)에 대하여 일반적으로 사용하는 **축**의 공차 범위 등급 [KS B 2051]

운전상태 및 끼워맞춤 조건		볼베어링		원통롤러베어링 원뿔롤러베어링		자동조심 롤러베어링		축의 공차등급	비 고
		축 지름(mm)							
		초과	이하	초과	이하	초과	이하		
원통구멍 베어링(0급, 6X급, 6급)									
내륜 정지하중	내륜이 축위를 쉽게 움직일 필요가 있다.	전체 축 지름						g6	정밀도를 필요로 하는 경우 g5를 사용한다. 큰 베어링에서는 쉽게 움직일 수 있도록 f6을 사용해도 된다.
	내륜이 축위를 쉽게 움직일 필요가 없다.	전체 축 지름						h6	정밀도를 필요로 하는 경우 h5를 사용한다.

이번에는 스프로킷의 구멍에 끼워맞춤 공차를 선정해 보도록 하자.

하중의 조건은 외륜 회전 하중에 보통하중이며 외륜은 축 방향으로 이동하지 않는다. 따라서 다음 장의 표에서 권장하는 끼워맞춤 공차는 N7이 된다. 적용 볼 베어링의 호칭번호가 6905로 외경은 Ø42이며 스프로킷 구멍의 공차는 **Ø42N7**으로 선택해 준다.

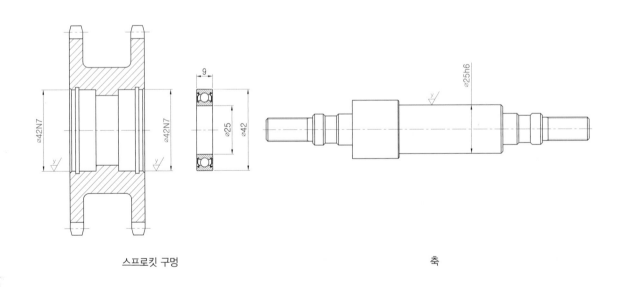

스프로킷 구멍   축

● 축과 스프로킷 구멍의 끼워맞춤 공차의 적용 예

■ 레이디얼 베어링(0급, 6X급, 6급)에 대하여 일반적으로 사용하는 **구멍**의 공차 범위 등급 [KS B 2051]

하우징 (Housing)	조 건		외륜의 축 방향의 이동	하우징 구멍의 공차범위 등급	비 고
	하중의 종류				
일체 하우징 또는 2분할 하우징	외륜정지 하중	모든 종류의 하중	쉽게 이동할 수 있다.	H7	대형베어링 또는 외륜과 하우징의 온도차가 큰 경우 G7을 사용해도 된다.
		경하중 또는 보통하중		H8	–
		축과 내륜이 고온으로 된다.		G7	대형베어링 또는 외륜과 하우징의 온도차가 큰 경우 F7을 사용해도 된다.
		경하중 또는 보통하중에서 정밀 회전을 요한다.	원칙적으로 이동할 수 없다.	K6	주로 롤러베어링에 적용된다.
			이동할 수 있다.	JS6	주로 볼베어링에 적용된다.
일체 하우징		조용한 운전을 요한다.	쉽게 이동할 수 있다.	H6	–
	방향부정 하중	경하중 또는 보통하중	통상 이동할 수 있다.	JS7	정밀을 요하는 경우 JS7, K7 대신에 JS6, K6을 사용한다.
		보통하중 또는 중하중	이동할 수 없다.	K7	
		큰 충격하중	이동할 수 없다.	M7	–
	외륜회전 하중	경하중 또는 변동하중	이동할 수 없다.	M7	–
		보통하중 또는 중하중	이동할 수 없다.	N7	주로 볼베어링에 적용된다.
		얇은 하우징에서 중하중 또는 큰 충격하중	이동할 수 없다.	P7	주로 롤러베어링에 적용된다.

TIP

베어링이 가진 성능을 충분히 발휘하도록 하기 위해서는 내륜 및 외륜을 축 및 하우징에 설치시 적절한 끼워맞춤을 선정하는 것이 중요한 사항으로 이것이 베어링을 끼워맞춤하는 주요 목적이라고 할 수 있다.

끼워맞춤의 목적은 내륜 및 외륜을 축 또는 하우징에 완전히 고정해서 상호 유해한 미끄럼(slip)이 발생하지 않도록 하는데 있고, 만약 끼워맞춤면에서 미끄럼이 발생하면 기계 운전시 이상 발열, 끼워맞춤 면의 마모, 마모시 발생하는 이물질의 베어링 내부 침입, 진동 발생 등의 피해가 나타나 베어링은 충분한 기능을 발휘할 수 없게 된다.

용도에 맞는 끼워맞춤을 선정하려면 베어링 하중의 성질, 크기, 온도조건, 베어링의 설치 및 해체 등의 요건이 모든 조건을 만족해야만 한다.

베어링을 설치하는 하우징이 얇은 경우, 또는 중공축에 베어링을 설치하는 경우에는 보통의 경우보다 간섭량을 크게 할 필요가 있다. 분리형 하우징은 간혹 베어링의 외륜을 변형시키는 경우가 있으므로 외륜을 억지끼워맞춤 할 필요가 있을 경우에는 분리형 하우징의 적용을 피하는 것이 좋다. 또한 사용시 진동이 크게 발생하는 조건에서는 내륜 및 외륜을 억지끼워맞춤 할 필요가 있다.

위의 [KS B 2051]표의 축 및 구멍의 공차등급은 가장 일반적인 추천 끼워맞춤으로 실무에서 특별한 환경이나 사용조건인 경우에는 베어링 제조사에 상담하여 선정하는 것이 좋다.

베어링은 궤도륜(내륜, 외륜)과 전동체(볼, 롤러)의 재료로 일반적으로 KS에 규정되어 있는 고탄소 크롬 베어링강을 사용한다.
이중 널리 사용되는 것은 STB2이고 STB3는 Mn의 함유량을 크게 한 강종으로 열처리성이 양호하므로 두꺼운 베어링에 적용한다.

이 장에서는 실제 실기 과제도면을 통해서 부품에 필요한 기하공차를 적용해 보고, 해석해 나가면서 기하공차의 개념에 대해 이해하고 올바른 기하공차의 규제방법을 학습해 보도록 하자. 또한 기하공차의 값을 지정해주는 방법에 대해서도 알아보도록 하자.

특히 실기시험에서의 기하공차 적용은 수험자가 기하공차의 값을 얼마로 지정해 주었는지 보다는 규제하고자 하는 형체에 올바른 기하공차를 적용할 수 있느냐가 더 중요한 사항이라고 할 수 있다. 기능상 꼭 필요한 부분에만 적용을 해야 하는데 필요 이상의 기하공차를 남발하게 된다면 감점의 요인이 될 수가 있다.

■ 주요 학습내용 및 목표

• 기하공차의 개념과 종류 이해   • 기하공차의 도시방법과 올바른 적용

• 데이텀(datum) 정의와 활용   • 올바른 기하공차의 규제와 형체 선정   • 기하공차의 공차값 적용

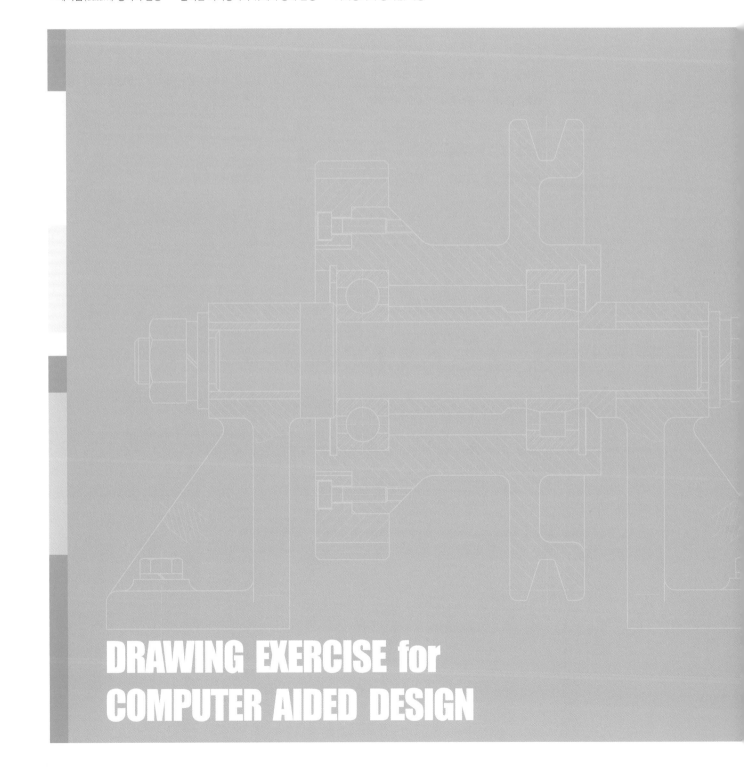

DRAWING EXERCISE for
COMPUTER AIDED DESIGN

Chapter | 03

기하공차 적용 테크닉

실기시험에서 기하공차의 적용

투상과 치수기입 및 도면배치, 재료와 열처리 선정 등을 아무리 잘하였더라도 각 부품에 표면거칠기나 기하공차를 적절하게 기입하지 않았다면 실기 시험 채점에서 감점 요인이 되어 좋은 결과를 기대하기 어려울 것이다. 도면을 작도하고 나서 중요한 기능적인 역할을 하는 부분이나 끼워맞춤하는 부품들에 기하공차를 적용하게 되는데 과연 기하공차의 값을 얼마로 주어야 좋을지에 대한 고민을 한 번씩은 해보게 될 것이다.

실기시험에서 기하공차 적용시 기준치수(기준길이)에 대하여 IT 몇 등급을 적용하라고 딱히 규제하는 경우가 아니라면 가장 적절한 기하공차 영역을 찾느라 고민하지 않을 수 없다. 현재 실기시험 응시자들의 일반적인 추세를 보면 기준치수를 찾아 IT5~IT7등급을 적용하는 사례를 가장 많이 볼 수 있는데, 이것이 정확한 기하공차를 적용하는 기준은 아니라는 점을 명심해야 한다.

보통 끼워맞춤 공차는 구멍의 경우 IT7급(H7, N7 등)을 적용하며 축의 경우 IT6급(g6, h6, js6, k6, m6 등)이나 IT5급(h5, js5, k5, m5) 등을 적용하는 사례가 일반적이다. 따라서 기하공차의 값은 요구되는 정밀도에 따라 IT4급~IT7급에 해당하는 기본 공차의 수치를 찾아 적절하게 규제해 주고 있는 것으로 이해하면 될 것이다. 또한 IT5급 등의 특정 등급을 지정하여 일괄적으로 규제하는 경우는 도면 작도시 편의상 그렇게 적용하는 것뿐이지 반드시 기하공차의 값을 IT5급에서만 적용해야 하는 것은 아니라는 점을 이해해야 할 것이다.

특히 실무현장에서 보면 IT 등급을 사용하는 경우가 많지 않음을 알 수 있다. 물론 실무현장에서도 찾아보면 기준치수(기준길이)와 IT등급에 따른 기하공차를 적용한 예를 볼 수가 있다. 하지만 일반적인 경우에는 기준치수(기준길이)에 한정하지 않고 제품의 기능상 무리가 없는 한 제조사에서 보유하고 있는 공작기계나 측정기의 정밀도에 따라 기하공차를 적용해 주고 있다.

그렇지 않고 필요 이상의 기하공차를 남발하게 된다면 도면의 요구조건을 충족시키기 위하여 외주 제작이 필요하게 된다던지 제작이 완료된 부품의 정밀한 측정을 위하여 보다 고정밀도의 측정기를 보유한 곳에서 검사를 하게 되어 제조원가의 상승을 초래하게 될 것이다.

예를 들어 정밀급인 경우 기하공차 값은 0.01~0.02, 보통급(일반급)인 경우 0.03~0.05, 거친급인 경우에는 0.1~0.2, 아주 높은 정밀도를 필요로 하는 경우에는 0.002~0.005 정도로 지정해주는 사례가 실무현장에서는 일반적인 것이다. 예를 들어 기준치수 Ø40에 IT5급을 적용해보면 0.011이 되는데 이런 경우 0.01로 적용하여 1/1000(μm) 단위에서 관리해야 하는 공차를 1/100 단위로 현장 조건에 맞도록 공차 관리를 해주는 경우이다. 따라서 0.011을 0.01로 규제해 주었다고 해서 틀렸다고 생각하기보다는, 해당 부품이 그 기능상 0.01 이내에서 정밀도의 대상이 되는 점, 선, 축선, 면에서 기하공차에 관련이 되는 크기, 형상, 자세, 위치의 4요소를 치수공차와 기하공차를 이용하여 적절하게 규제하여 도면을 완성해 주는 것이 더욱 중요한 사항이라고 본다.

특히 기능사 실기시험에서 무엇보다 중요한 것은 규제하고자 하는 형체에 올바른 기하공차를 적용할 수 있느냐 하는 점이며, 예를 들어 어떤 부품의 면이 데이텀을 기준으로 그 기능상 직각도가 중요한 부분(수직)인데 엉뚱하게 원통도나 동심도를 부여하면 틀리게 되는 것이다. 지금부터 일반적으로 널리 사용하는 기하공차를 가지고 규제하고자 하는 대상형체에 따라 올바른 기하공차를 적용하고 데이텀이 필요한 경우 데이텀을 어떻게 선정하는지 알아보면서 기하공차의 적용에 대하여 이해하고 실기 예제 도면에 적용해 보기로 하자.

데이텀의 선정의 기준 원칙 및 우선 순위 선정 방법

(자격 시험 과제 도면에서의 예)

❶ 데이텀은 치수를 측정할 때의 기준이 되는 부분

❷ 기계 가공이나 조립시에 기준이 되는 부분

❸ 축을 지지하는 베어링이 조립되는 본체의 끼워맞춤 구멍

❹ 기계요소들이 조립되는 본체(몸체, 하우징 등)의 넓은 가공 평면(조립되는 상태에 따라 기준이 되는 바닥면 또는 측면)

❺ 동력을 전달하는 회전체(기어, 풀리 등)에 축이 끼워지는 구멍 또는 키홈 가공이 되어있는 구멍

❻ 치공구에서 공작물이 위치결정되는 로케이터(위치 결정구)의 끼워맞춤 부분

❼ 드릴지그에서 지그 베이스의 밑면과 드릴부시가 끼워지는 부분

❽ 베어링이나 키홈 가공을 하여 회전체를 고정시키는 축의 축심이나 기능적인 역할을 하는 축의 외경 축선

❾ 베어링이나 오일실, 오링 등이 설치되는 중실축 및 중공축의 축선

[KS A ISO 7083 : 2002]

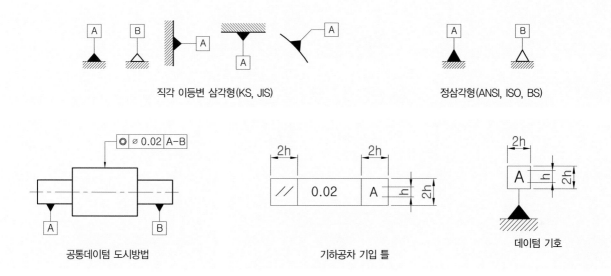

직각 이등변 삼각형(KS, JIS)

정삼각형(ANSI, ISO, BS)

공통데이텀 도시방법

기하공차 기입 틀

데이텀 기호

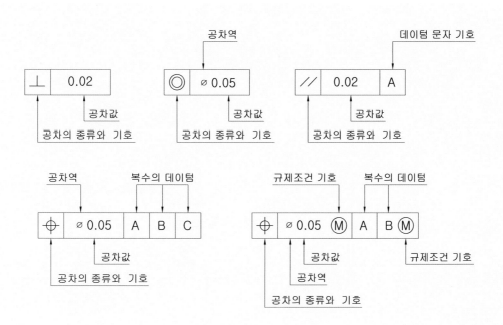

▌ 동력전달장치 조립도

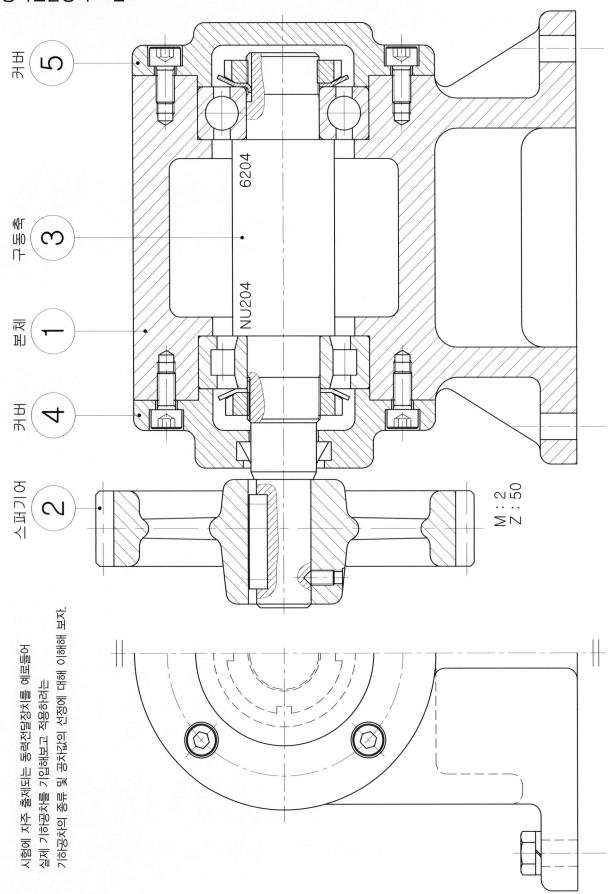

시험에 자주 출제되는 동력전달장치를 예로들어
실제 기하공차를 기입해보고 적용하려는
기하공차의 종류 및 공차값의 선정에 대해 이해해 보자.

참고입체도

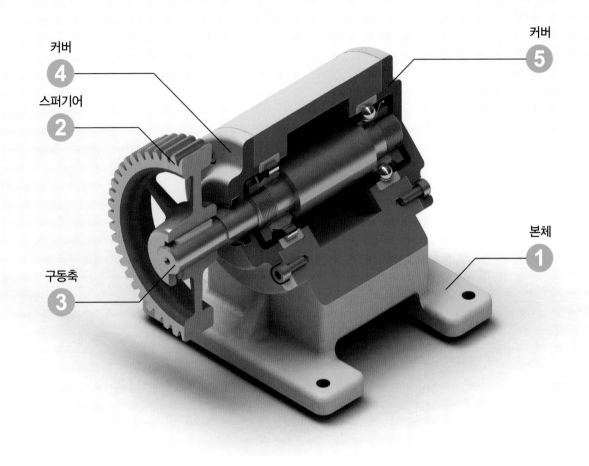

커버
4

스퍼기어
2

구동축
3

커버
5

본체
1

■ IT기본공차 등급에 따른 기하공차의 적용 비교   [단위 : mm]

품번	기하공차 규제 대상 형체	기하공차의 적용				데이텀의 선정
		기하공차의 종류	기준치수 (기준길이)	공차 등급		
				IT5급	IT6급	
①	NU204 베어링 하우징 구멍의 축직선	평행도	86	Ø0.015	Ø0.022	본체 바닥면 A (상대 부품과 조립기준면)
	6204 베어링 하우징 구멍의 축직선	평행도	86	Ø0.015	Ø0.022	본체 바닥면
		동심도	Ø47	Ø0.011	Ø0.010	2차 데이텀 B NU204 베어링 하우징 구멍
②	본체 커버가 조립되는 면	직각도	121.5	0.018	0.025	본체 바닥면 A
	기어 이끝원의 축직선	원주흔들림	Ø104	0.015	0.022	Ø15H7 구멍의 축직선 C
③	원통 축직선	원주흔들림	Ø15	0.008	0.011	전체 원통의 공통 축직선 D
			Ø18	0.008	0.011	
			Ø20	0.009	0.013	
④	본체 조립시 커버 접촉면	직각도 원주흔들림	Ø83	0.015	0.022	Ø47g7 원통 축직선 E
	오일실 설치부 구멍의 축선	동심도 원주흔들림	Ø26	0.009	0.013	

1. 데이텀(DATUM)을 선정한다.

보통 본체나 하우징과 같은 부품은 내부에 베어링과 축이 끼워맞춤되고 양쪽에 커버가 설치되며 본체 외부로 돌출된 축의 끝단에 기어나 풀리 등의 회전체가 조립이 되는 구조가 일반적이다. 이러한 본체에서의 데이텀(기준면)은 상대부품과 견고하게 체결하여 고정시킬 때 밀착이 되는 바닥면과 축선과 베어링이 설치되는 구멍의 축선이 된다(본체 형상에 따라 기준은 달라질 수가 있다). 결국 본체 바닥면은 가공과 조립 및 측정의 기준이 되고, 기준면에 평행한 구멍의 축선은 베어링과 축이 결합되어 회전하며 동력을 전달시키는 주요 운동부분이기 때문이다.

2. 베어링을 설치할 구멍에 **평행도**를 선정한다.

평행도는 데이텀을 기준으로 규제된 형체의 표면, 선, 축선이 기하학적 직선 또는 기하학적인 평면으로부터 벗어난 크기이다. 또한 데이텀이 되는 기준 형체에 대해서 평행한 이론적으로 정확한 기하학적 축직선 또는 평면에 대해서 얼마만큼 벗어나도 좋은가를 규제하는 기하공차이다. **축직선이 규제 대상인 경우는 Ø가 붙는 경우가 있으며 평면이 규제 대상인 경우는 공차값 앞에 Ø를 붙이지 않는다.** 또한 평행도는 반드시 데이텀이 필요하며 부품의 기능상 필요한 경우에는 1차 데이텀 외에 참조할 수 있는 2차, 3차 데이텀의 지정도 가능하다.

- ■ 평행도로 규제할 수 있는 형체의 조건

  ❶ 기준이 되는 하나의 데이텀 평면과 서로 나란한 다른 평면
  ❷ 데이텀 평면과 서로 나란한 구멍의 중심(축직선)
  ❸ 하나의 데이텀 구멍 중심(축직선)과 나란한 구멍 중심을 갖는 형체
  ❹ 서로 직각인 두 방향(수평, 수직)의 평행도 규제

3. 평행도 공차를 기입한다.

평행도로 규제할 수 있는 형체의 조건 중 '데이텀 평면과 서로 나란한 구멍의 중심(축직선)', '하나의 데이텀 구멍 중심(축직선)과 나란한 구멍 중심을 갖는 형체'에 해당하는데 여기서 본체는 바닥기준면인 1차 데이텀 Ⓐ와 롤러베어링 NU204가 설치되는 구멍의 축선을 평행도로 규제해주고 2차 데이텀으로 선정 후 볼베어링 6204가 설치되는 구멍을 평행도와 2차 데이텀 Ⓑ에 대해서 동심도를 규제해주면 이상적이다(동력을 전달하는 기어가 근접한 쪽의 베어링 설치 구멍을 2차 데이텀으로 선정하면 좋다).

여기서 기준치수(기준길이)는 Ø47의 구멍 치수가 아니라 **평행도를 유지해야 하는 축선의 전체 길이**로 선정해준다. 즉, Ø47H7의 구멍이 좌우에 2개소가 있고, 그 구멍의 축선 길이가 86이므로 IT 기본공차 표에서 선정할 기준치수의 구분에서 찾을 기준길이는 86이 된다. 따라서 아래 표에서 86이 해당하는 기준치수를 찾아보면 80 초과 120이하의 치수구분에 해당되는 것을 알 수 있으며, IT5등급을 적용한다면 기하공차 값은 15μm(0.015mm)을, IT6등급을 적용한다면 22μm(0.022mm)을 선택하면 된다.

만약 IT 기본공차 등급이 아닌 현장 실무 공차를 적용한다면 정밀급에 해당하는 0.01~0.02 정도의 값을 선택해주면 큰 무리는 없을 것이다.

4. 동심도(동축도) 공차를 기입한다.

그리고 우측의 베어링 설치구멍은 바닥 기준면 A에 대해서 평행도로 규제해주고 좌측의 구멍인 2차 데이텀 B에 대해서 동심이 중요하므로 동심도 공차를 규제해 주었다. 여기서 동심도를 규제하는 기준치수는 평행도를 규제했던 축선 길이 86이 아니라 Ø47의 구멍지름 치수에 대해 적용해주면 되는데 그 이유는 동심도는 데이텀인 원의 중심에 대해서 원형형체의 중심위치가 벗어난 크기를 말하는 것으로 원의 중심으로부터 반지름상의 동일한 거리내에 있는 형체를 규제하므로 Ø47의 구멍지름의 치수를 기준길이로 선정하는 것이다.

따라서 동심도 공차가 규제되어야 할 기준치수인 Ø47이 해당하는 IT 공차역 범위 클래스는 **30초과 50이하**이므로 공차값은 IT5등급을 적용한다면 11μm(0.011mm)을, IT6등급을 적용한다면 16μm(0.016mm)을 선택하면 된다. 만약 IT 기본공차 등급이 아닌 현장 실무 공차를 적용한다면 정밀급에 해당하는 **0.01~0.02** 정도의 값을 선택해 주면 큰 무리는 없을 것이다.

▌본체 부품도에 평행도와 동심도 규제 예

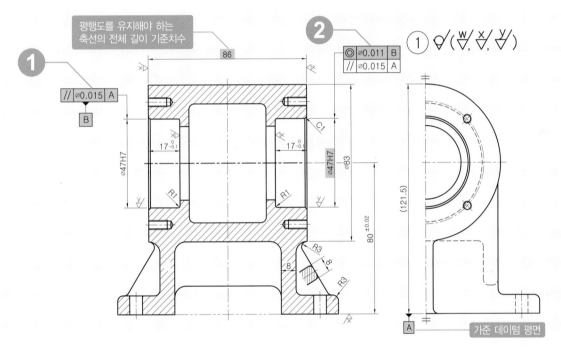

❶ 평행도 규제 및 2차 데이텀 설정

먼저 스퍼기어에 근접한 베어링 구멍에 평행도를 적용한다. 공차값을 IT5급으로 적용하는 경우 기준치수의 길이는 Ø47H7 구멍 치수가 아니라 평행도를 유지해야 하는 축선의 전체길이 치수인 86으로 하며 IT5급에서 찾아보면 80초과 120이하에 해당하며 적용 공차값은 15μm, 즉 0.015mm가 된다. 그리고, 이 구멍을 2차 데이텀으로 선정하여 반대측 구멍의 동심도를 규제해 준다.

❷ 동심도 규제

2차 데이텀 B에 대한 동심도 공차값은 IT5급을 적용하는 경우 동심이 필요한 지름치수인 Ø47이 속하는 30초과 50이하에 해당하며 공차값은 11μm, 즉 0.011mm가 된다.

➕ **TIP**

평행도를 구멍에 규제하는 경우 기준치수의 길이는 데이텀 평면과 서로 나란한 구멍의 중심(축직선)길이 즉, 2개의 베어링 설치구멍 간의 길이치수로 하고 공차값 앞에 Ø를 붙여준다. 다시 말해 평행도를 유지해야 하는 축선의 전체길이 치수를 기준치수로 하며 구멍의 지름치수를 기준치수로 하여 선정하지 않는다.
또한, 평행도를 규제하는 형체가 구멍이 아닌 평면인 경우에는 공차값 앞에 Ø를 붙이지 않는다.

참고입체도 (베어링 설치 구멍에 평행도 선정 예)

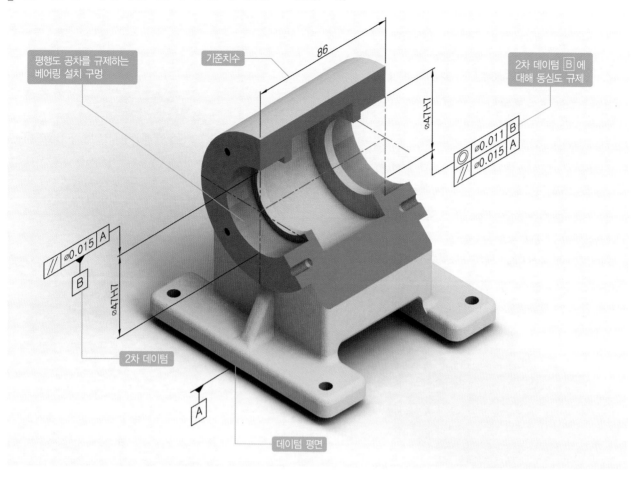

평행도 공차를 규제하는 베어링 설치 구멍

기준치수

86

2차 데이텀 B 에 대해 동심도 규제

⌀47H7

○ ⌀0.011 B
∥ ⌀0.015 A

∥ ⌀0.015 A
B

⌀47H7

2차 데이텀

A

데이텀 평면

■ IT(International Tolerance) 기본공차 [KS B 0401]

[단위 : mm]

기준치수의 구분 (mm)		IT 공차 등급																		
		IT 01 급	IT 0 급	IT 1 급	IT 2 급	IT 3 급	IT 4 급	IT 5 급	IT 6 급	IT 7 급	IT 8 급	IT 9 급	IT 10 급	IT 11 급	IT 12 급	IT 13 급	IT 14 급	IT 15 급	IT 16 급	IT 17 급	IT 18 급
수치의 산출		–	–	–	–	–	–	$7i$	$10i$	$16i$	$25i$	$40i$	$64i$	$100i$	$160i$	$250i$	$400i$	$640i$	$1000i$	$1600i$	$2500i$
초과	이하	기본 공차의 수치(μ m)																		
–	3	0.3	0.5	0.8	1.2	2	3	4	6	10	14	25	40	60	100	140	250	400	600	1000	1400
3	6	0.4	0.6	1	1.5	2.5	4	5	8	12	18	30	48	75	120	180	300	480	750	1200	1800
6	10	0.4	0.6	1	1.5	2.5	4	6	9	15	22	36	58	90	150	220	360	580	900	1500	2200
10	18	0.5	0.8	1.2	2	3	5	8	11	18	27	43	70	110	180	270	430	700	1100	1800	2700
18	30	0.6	1.0	1.5	2.5	4	6	9	13	21	33	52	84	130	210	330	520	840	1300	2100	3300
30	50	0.6	1.0	1.5	2.5	4	7	11	16	25	39	62	100	160	250	390	620	1000	1600	2500	3900
50	80	0.8	1.2	2	3	5	8	13	19	30	46	74	120	190	300	460	740	1200	1900	3000	4600
80	120	1.0	1.5	2.5	4	6	10	15	22	35	54	87	140	220	350	540	870	1400	2200	3500	5400
120	180	1.2	2.0	3.5	5	8	12	18	25	40	63	100	160	250	400	630	1000	1600	2500	4000	6300
180	250	2.0	3.0	4.5	7	10	14	20	29	46	72	115	185	290	460	720	1150	1850	2900	4600	7200
250	315	2.5	4.0	6	8	12	16	23	32	52	81	130	210	320	520	810	1300	2100	3200	5200	8100
315	400	3.0	5.0	7	9	13	18	25	36	57	89	140	230	360	570	890	1400	2300	3600	5700	8900
적용부품 정밀도		초정밀부품 기준 게이지 류						정밀, 일반기계가공부품 일반적인 끼워맞춤 공차						주로 끼워맞춤을 하지 않는 비기능면 공차						

■ 일반적으로 적용하는 기하공차 및 공차역(실무데이타)

종 류	적용하는 기하공차	공차기호	정밀급	보통급	거친급	데이텀
모 양	진직도 공차	——	0.02/1000	0.05/1000	0.1/1000	불필요
			0.01	0.05	0.1	
			Ø0.02	Ø0.05	Ø0.1	
	평면도 공차	▱	0.02/100	0.05/100	0.1/100	
			0.02	0.05	0.1	
	진원도 공차	○	0.005	0.02	0.05	
	원통도 공차	⌀	0.01	0.05	0.1	
	선의 윤곽도 공차	⌒	0.05	0.1	0.2	
	면의 윤곽도 공차	⌓	0.05	0.1	0.2	
자 세	평행도 공차	//	0.01	0.05	0.1	필요
	직각도 공차	⊥	0.02/100	0.05/100	0.1/100	
			0.02	0.05	0.1	
			Ø0.02	Ø0.05	Ø0.05	
	경사도 공차	∠	0.025	0.05	0.1	
위 치	위치도 공차	⊕	0.02	0.05	0.1	
			Ø0.02	Ø0.05	Ø0.1	
	동심도 공차	◎	0.01	0.02	0.05	
	대칭도 공차	⩵	0.02	0.05	0.1	
흔들림	원주 흔들림 공차 온 흔들림 공차	↗ ↗↗	0.01	0.02	0.05	

5. 직각도 공차를 기입한다.

직각도는 데이텀을 기준으로 규제되는 형체의 기하학적 평면이나 축직선 또는 중간면이 완전한 직각으로부터 벗어난 크기이다. 여기서 한 가지 주의해야 할 것은 **직각도는 반드시 데이텀을 기준으로 규제**되어야 하며, 자세 공차로 단독형상으로 규제될 수 없다. 규제 대상 형체가 축직선인 경우는 공차값의 앞에 Ø를 붙이는 경우가 있으나 규제 형체가 평면인 경우는 Ø를 붙이지 않는다.

■ 직각도로 규제할 수 있는 형체의 조건

❶ 데이텀 평면을 기준으로 한 방향으로 직각인 직선형체
❷ 데이텀 평면에 서로 직각인 두 방향의 직선형체
❸ 데이텀 평면에 방향을 정할 수 없는 원통이나 구멍 중심(축직선)을 갖는 형체
❹ 직선형체(축직선)의 데이텀에 직각인 직선형체(구멍중심)나 평면형체
❺ 데이텀 평면에 직각인 평면형체

본체 바닥기준면인 1차 데이텀 Ⓐ에 대해서 직각이 필요한 부분은 커버가 조립이 되는 좌우 2개의 면으로, 직각도로 규제할 수 있는 형체의 조건 중 데이텀 **평면을 기준으로 한 방향으로 직각인 직선형체**에 해당한다.

여기서 기준치수(기준길이)는 Ø83의 커버 조립면 외경 치수가 아니라 **데이텀을 기준으로 직각도를 유지해야 하는 직선의 전체 길이**로 선정해 준다. 즉, 바닥 기준면 A에서 규제 형체의 가장 높은 부분의 높이 치수인 121.5가 되므로 IT 기본공차 표에서 선정할 기준치수의 구분에서 찾을 기준길이는 121.5가 된다.

따라서 위의 IT 기본공차 표에서 121.5가 해당하는 기준치수를 찾아보면 120초과 180이하의 치수구분에 해당되는 것을 알 수 있으며, IT5등급을 적용한다면 기하공차 값은 18μm(0.018mm)을, IT6등급을 적용한다면 25μm(0.025mm)을 선택하면 된다. 또한 구멍이나 축선이 아닌 평면을 규제하므로 직각도 공차값 앞에 Ø기호를 붙이지 않는다.

만약 IT 기본공차 등급이 아닌 현장 실무 공차를 적용한다면 정밀급에 해당하는 **0.01~0.02** 정도의 값을 선택해주면 큰 무리는 없을 것이다.

▌본체 부품도에 직각도 규제 예

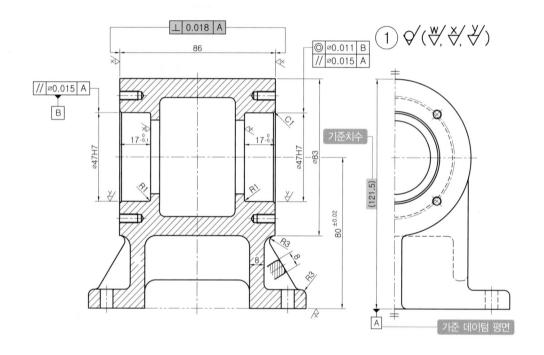

TIP

직각도를 유지해야 하는 직선의 전체 높이 치수인 121.5mm가 기준치수가 되며 IT5등급을 적용한다면 120초과 180이하의 치수구분에 해당하며 공차값은 18μm, 즉 0.018mm가 된다.
또한, 직각도를 규제하는 형체가 직선이나 평면이 아닌 구멍인 경우에는 공차값 앞에 Ø를 붙여 준다.

참고입체도

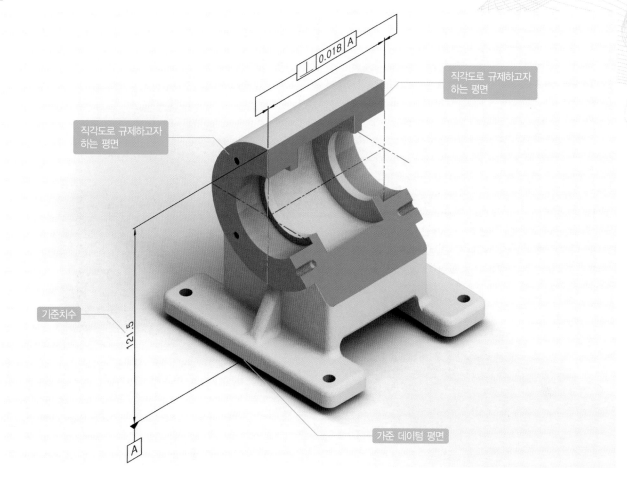

0.018 | A

직각도로 규제하고자
하는 평면

직각도로 규제하고자
하는 평면

기준치수

121.5

A

가준 데이텀 평면

이번에는 본체에 결합되는 커버에 기하공차를 적용해 보자. 커버같은 부품은 구멍에 끼워맞춤하여 볼트로 체결하는데 구멍에 끼워지는 외경(Ø47g7)이 기준 데이텀이 된다.

데이텀 E 를 기준으로 오일실이 설치되는 구멍과 커버와 본체가 닿는 측면에 기하공차를 규제해 준다. 먼저 오일실이 설치되는 구멍은 데이텀을 기준으로 동심도나 원주흔들림 공차를 적용할 수 있는데 기하공차 값은 공차를 적용하고자 하는 부분의 구멍의 지름 즉, Ø26을 기준길이로 선정하여 적용한다.

따라서 위의 IT 기본공차 표에서 26이 해당하는 기준치수를 찾아보면 18초과 30이하의 치수구분에 해당되는 것을 알 수 있으며, IT5등급을 적용한다면 기하공차 값은 9μm(0.009mm)을, IT6등급을 적용한다면 13μm(0.013mm)을 선택하면 된다. 만약 IT 기본공차 등급이 아닌 현장 실무 공차를 적용한다면 정밀급에 해당하는 0.01~0.02 정도의 값을 선택해주면 큰 무리는 없을 것이다.

그리고 커버와 본체가 조립되는 측면의 직각두 익 기준길이는 3.5외 돌출부 치수기 아닌 본제와 집촉뇌는 사상 넓은 면적의 지름, 즉 Ø83으로 선정한다. 따라서 위의 IT 기본공차 표에서 83이 해당하는 기준치수를 찾아보면 80초과 120이하의 치수구분에 해당되는 것을 알 수 있으며, IT5등급을 적용한다면 기하공차 값은 15μm(0.015mm)을, IT6등급을 적용한다면 22μm(0.022mm)을 선택하면 된다.

만약 IT 기본공차 등급이 아닌 현장 실무 공차를 적용한다면 정밀급에 해당하는 0.01~0.02 정도의 값을 선택해주면 큰 무리는 없을 것이다. 또한, 직각도나 동심도 대신에 복합공차인 원주흔들림 공차를 적용해주어도 무방하다.

커버 부품도에 기하공차 규제 예(동심도, 원주흔들림, 직각도)

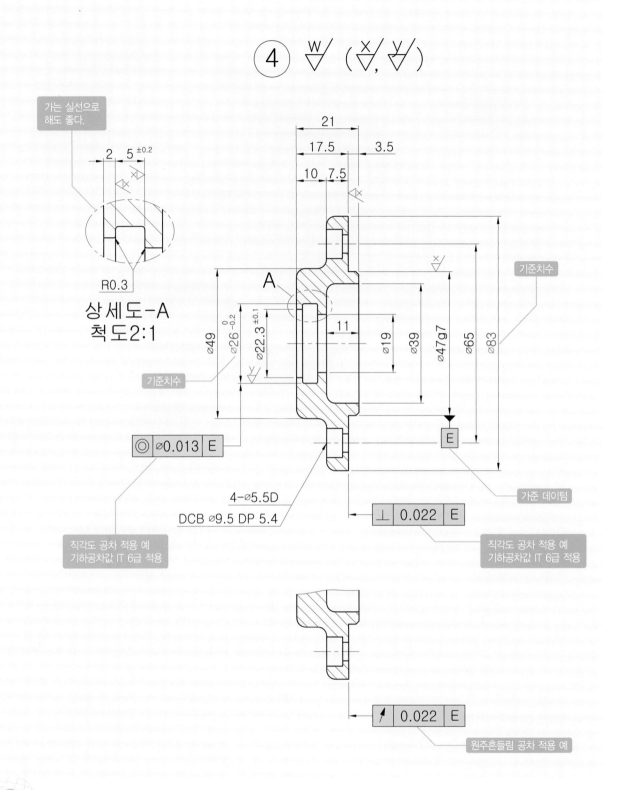

가는 실선으로 해도 좋다.

R0.3

상세도-A
척도2:1

기준치수

◎ | ⌀0.013 | E

직각도 공차 적용 예
기하공차값 IT 6급 적용

4-⌀5.5D
DCB ⌀9.5 DP 5.4

기준치수

기준 데이팀

⊥ | 0.022 | E

직각도 공차 적용 예
기하공차값 IT 6급 적용

↗ | 0.022 | E

원주흔들림 공차 적용 예

+ TIP

동심도를 적용하는 경우는 공차값 앞에 Ø를 붙여주고 원주흔들림 공차를 적용하는 경우에는 공차값 앞에 Ø를 붙이지 않는다. 동심도 공차값은 만약 IT6급을 적용
한다면 기준치수는 Ø26이 되며 IT공차 등급표에서 찾아보면 18초과 30이하에 해당하므로 공차값은 13μm, 즉 0.013mm가 된다.

기하공차값은 딱히 IT 몇급을 적용해야 한다는 시험 기준이 없는 경우 수험자는 IT5급이나 IT6급 어느 것을 적용해도 크게 문제가 되지는 않을 것이다. 수험자는 설
계자의 입장에서 도면에서 요구하는 기능이나 정밀도를 판단하여 적절하게 선택하여 사용하면 될 것이다.

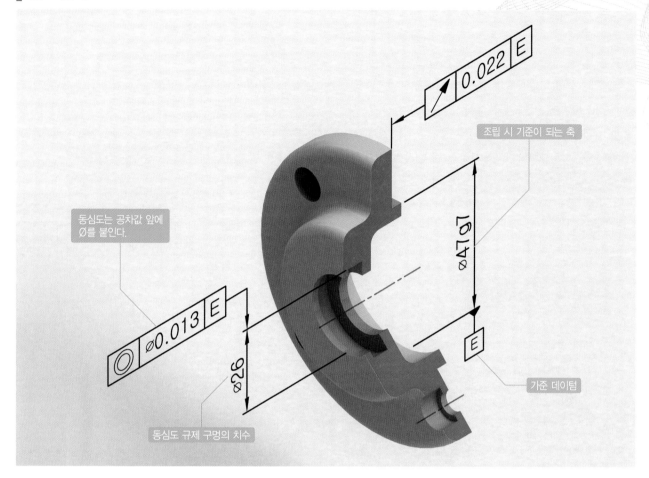

6. 축에 기하공차 적용

축과 같은 원통형체는 서로 지름이 다르지만 중심은 하나인 양쪽 끝의 축선이 데이텀 기준이 된다. 기준축선을 데이텀으로 하는 경우도 있지만 중요도가 높은 부분의 직경을 데이텀으로 다른 직경을 가진 부분을 규제하기도 한다.

축은 보통 진원도, 원통도, 진직도, 직각도 등의 오차를 포함하는 복합공차인 원주 흔들림(온 흔들림) 공차를 적용하는 사례가 많은데 이는 원주 흔들림 규제 조건 중 '데이텀 축직선에 대한 반지름 방향의 원주 흔들림'에 해당한다.

베어링의 내륜과 끼워맞춤되는 부분 즉, 축의 좌우측의 Ø20js6에 적용하며, 앞 장의 IT 기본공차 표에서 20이 해당하는 기준치수를 찾아보면 18초과 30이하의 치수구분에 해당되는 것을 알 수 있으며, IT5등급을 적용한다면 기하공차 값은 9μm(0.009mm)을, IT6등급을 적용한다면 13μm(0.013mm)을 선택하면 된다. 또한 원주 흔들림 공차는 원통축을 규제하므로 공차값 앞에 Ø기호를 붙이지 않는다.

만약 IT 기본공차 등급이 아닌 현장 실무 공차를 적용한다면 '정밀급'에 해당하는 0.01~0.02 정도의 값을, 베어링은 보통급을 사용한다고 보았을 때 '보통급'으로 선택하여 0.03~0.05 정도로 선정해 주어도 큰 무리는 없을 것이다.

여기서 원주 흔들림의 기준길이는 규제형체의 길이가 아닌 원주 흔들림 공차를 규제하려는 해당 축의 외경(축지름)으로 선정한다. 이는 원주 흔들림은 데이텀 축직선에 수직한 임의의 측정 평면 위에서 데이텀 축직선과 일치하는 중심을 갖고 반지름 방향으로 규제된 공차만큼 벗어난 두 개의 동심원 사이의 영역을 의미하는 것이므로 이는 규제하고자하는 평면의 전체 윤곽을 규제하는 것이 아니라 각 원주 요소의 원주 흔들림을 규제한 것으로 진원도와 동심도의 상태를 복합적으로 규제한 상태가 되는 것이다.

아래 축 부품도면에 규제한 원주 흔들림 공차는 데이텀 축직선에 대한 반지름 방향의 원주 흔들림으로 이는 규제형체를 데이텀 축선을 기준으로 1회전 시켰을 때, 공차역은 축직선에 수직한 임의의 측정 평면 위에서 반지름 방향으로 규제된 공차만큼 떨어진 두 개의 동심원 사이의 영역을 말하는 것으로 보통 원통축은 하우징이나 본체에 설치된 2개 이상의 베어링으로 지지되는 경우가 많은데 공통 데이텀 축직선을 기준중심으로 회전시켜 반지름 방향의 원주 흔들림을 규제하는 예로 일반적으로 널리 사용되며 실기시험에서도 원통축과 같은 형체는 규제하고자 하는 축 직경의 치수를 기준치수로 하여 공차값을 적용하는 사례가 많다.

▋ 참고입체도

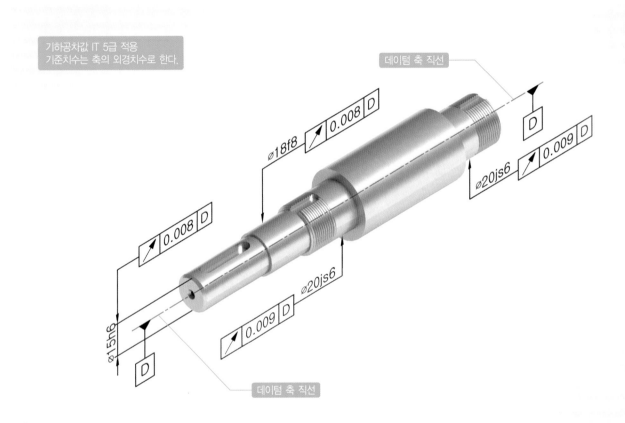

TIP

원주흔들림 공차를 적용시에 기준치수는 축의 외경으로 하고 적절한 IT등급을 선정하여 해당하는 공차값을 기입해 준다.

축에 원주흔들림 규제 예

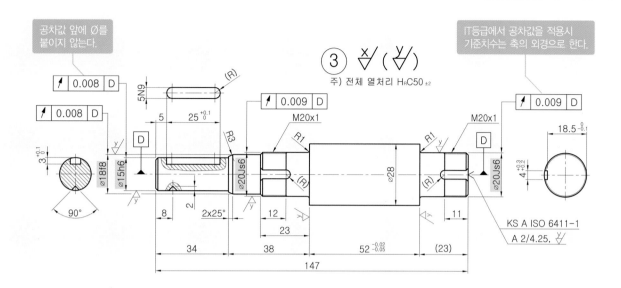

IT등급에서 공차값을 적용시 기준치수는 축의 외경으로 한다.

주) 전체 열처리 $H_RC50_{\pm2}$

KS A ISO 6411-1
A 2/4.25,

TIP

원주흔들림 공차는 진원도 진직도, 직각도 등의 오차를 포함하는 복합공차로 데이텀 축직선에 대한 반지름 방향의 원주흔들림을 규제한다. 보통 축에 많이 적용하는 데 축이 지름을 갖는 형체이지만 공차값 앞에 Ø를 붙이지 않는다. 온흔들림 공차의 경우에도 마찬가지이다. IT등급의 공차값을 적용하는 경우 원주흔들림 공차값의 기준치수는 축이나 구멍의 외경 치수를 기준치수로 하여 해당하는 공차값을 찾아 적용해 주면 무리가 없을 것이다.

7. 기어에 기하공차 적용

기어나 V-벨트 풀리, 평벨트 풀리, 스프로킷과 같은 회전체는 일반적으로 축에 키홈을 파서 키를 끼워맞춤한 후 역시 키홈이 파져 있는 회전체의 보스부를 끼워맞춤한다. 이런 경우 데이텀은 회전체에 축이 끼워지는 키홈이 나 있는 구멍이 되며, 구멍을 기준으로 기어나 스프로킷의 이끝원이나 벨트풀리의 외경에 원주 흔들림 공차를 적용해 주는 것이 일반적이다.

참고입체도

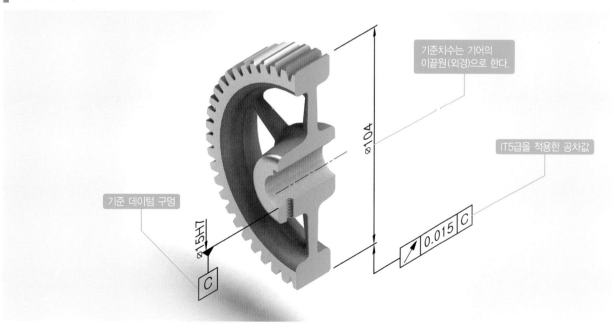

기준치수는 기어의 이끝원(외경)으로 한다.

IT5급을 적용한 공차값

기준 데이텀 구멍

기어에 원주흔들림 규제 예

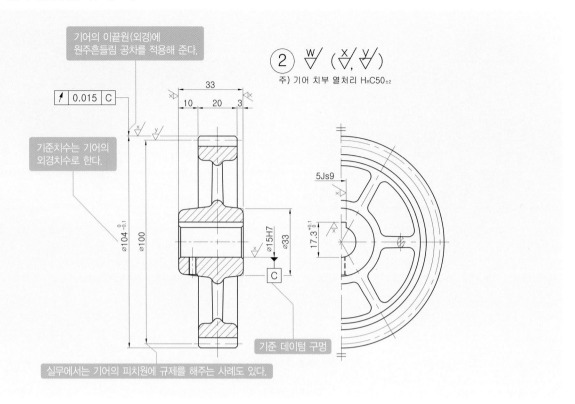

동심도(동축도) 규제 예

동심도는 동축도라고도 부르며 동축도는 데이텀 축직선과 동일한 직선 위에 있어야 할 축선이 데이텀 축직선으로부터 벗어난 크기를 말하며, 동심도는 데이텀인 원의 중심에 대해 원통형체의 중심의 위치가 벗어난 크기를 말한다.

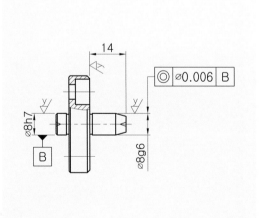

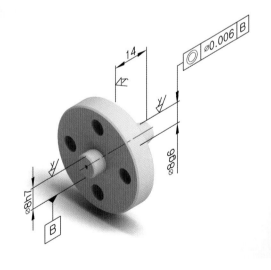

• 동심도 공차는 주로 원통형상에 적용되나 축심을 가지는 형상에도 적용할 수 있다.
• 동심도 공차는 자세공차인 평행도나 직각도의 경우와 마찬가지로 관계특성을 가지므로 데이텀을 기준으로 한다.
• 동심도 공차는 데이텀 축심을 기준으로 규제되는 형체의 공차역이 원통형이므로 규제하는 공차값 앞에 Ø를 붙이며 '최대실체 공차방식'은 적용하지 않는다.
• 동심도 공차는 동일한 축심을 기준(공통 데이텀 축직선)으로 여러 개의 직경이 다른 원통형체에 대한 규제를 할 수 있으며 데이텀 축직선을 기준으로 회전하는 회전축의 편심량을 규제하는 경우 주로 적용된다.

원통도 규제 예

원통도는 원통형상의 모든 표면이 완전히 평행한 원통으로부터 벗어난 정도를 규제하며, 그 공차는 반경상의 공차역이다. 진원도는 중심에 수직한 단면상 표면의 측정값이고, 원통도는 축직선에 평행한 원통형상 전체 표면의 길이 방향에 대해 적용한다.

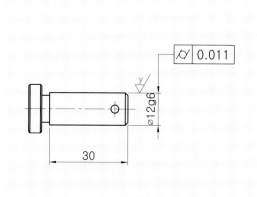

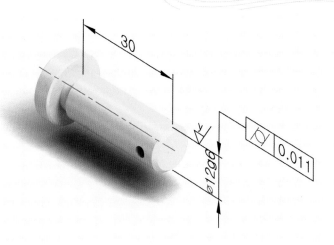

 TIP

• 원통도로 규제하는 대상 형체는 원통형상의 축이나 테이퍼가 있는 형체이다.
• 단면이 원형인 축이나 구멍과 같은 단독형체를 규제하는 모양공차이므로 '데이텀'을 필요로 하지 않고 '최대실체 공차방식'도 적용할 수 없다.
• 원통도 공차는 '진직도', '진원도', '평행도'의 복합공차라고 할 수 있다.
• 원통도 공차역은 규제 형체의 치수공차보다 항상 작아야 한다.

진원도 규제 예

진원도는 규제하는 원통형체가 기하학적으로 정확한 원으로부터 벗어난 크기 즉, 중심으로부터 같은 거리에 있는 모든 점이 정확한 원에서 얼마만큼 벗어났는가 하는 측정값을 말한다.

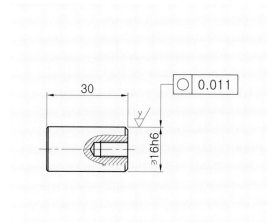

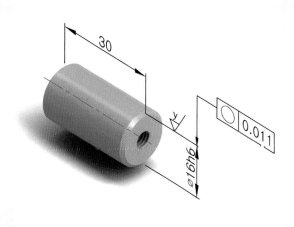

 TIP

• 진원도로 규제하는 대상 형체는 '축선'이 아니다.
• 단면이 원형인 축이나 구멍과 같은 단독형체를 규제하는 모양공차이므로 '데이텀'을 필요로 하지 않고 '최대실체 공차방식'도 적용할 수 없다.
• 진원도 공차역은 반지름상의 공차역으로 직경을 표시하는 Ø를 붙이지 않는다.
• 원통형이나 원추형의 진원도는 축선에 대해서 직각방향에 공차역이 존재하므로 공차기입시 화살표 또는 축선에 대해서 직각으로 표시한다.

실기시험에 반드시 한 번씩은 출제되는 기계요소들의 부품도 작성법과 요목표가 필요한 기계요소의 제도법에 대해서 학습하고, 상세도를 도시해주는 방법이나 조립도에서 측정이 불가한 규격의 경우 KS규격을 찾아 도면을 완성해 나가는 방법을 예제도면을 통해 학습해 보도록 하자. 스프링의 경우 출제 빈도가 높은 편은 아니지만 개정된 KS규격이므로 참고적으로 나타내었다.

■ 주요 학습내용 및 목표

• 주요 기계요소의 제도법 　• 요목표 작성법 　• 기계요소 별 상세도 제도법 　• 표면거칠기 및 기하공차 규제

DRAWING EXERCISE for COMPUTER AIDED DESIGN

Chapter | 04

기계요소 제도법 및 요목표

1. 평행키의 적용과 끼워맞춤

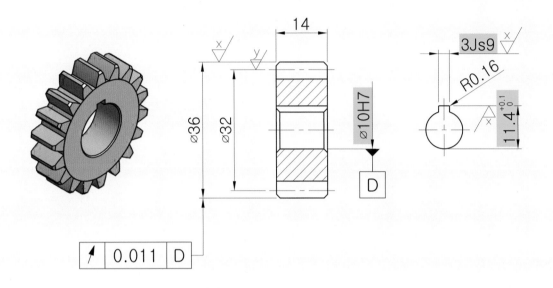

● 구멍에 평행키(보통형) 적용 예

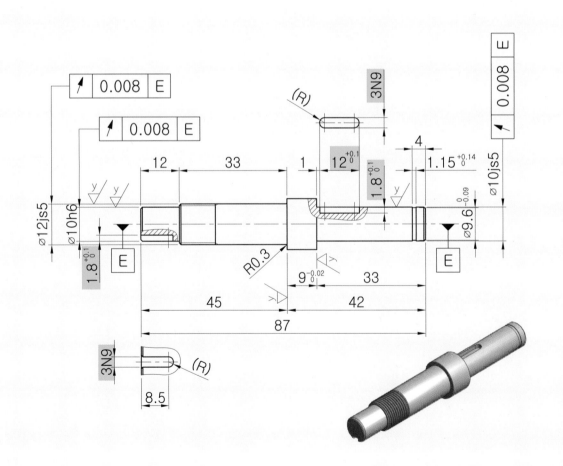

● 축에 평행키(보통형) 적용 예

2. 반달키의 적용과 끼워맞춤

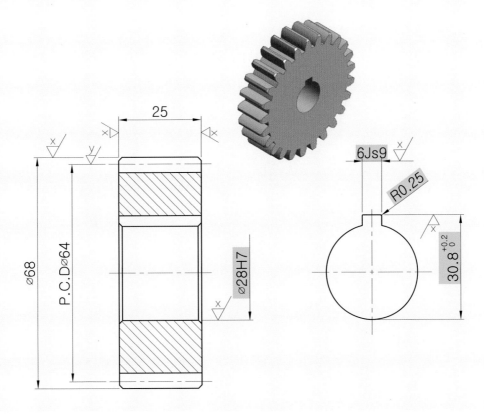

● 구멍에 반달키(보통형) 적용 예

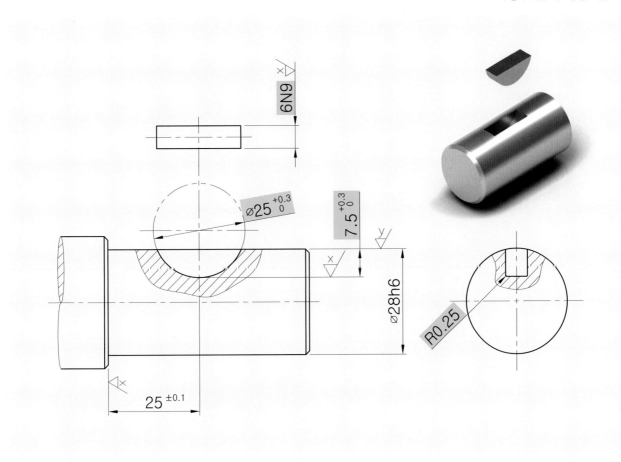

● 축에 반달키(보통형) 적용 예

3. 센터의 도시법

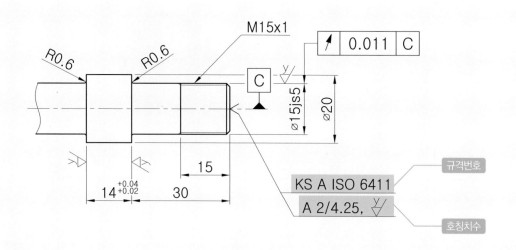

규격번호

호칭치수

● 센터 구멍 : 반드시 남겨둔다.

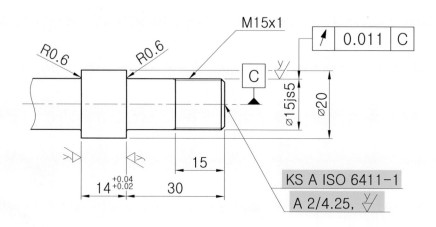

● 센터 구멍 : 남아 있어도 좋다.

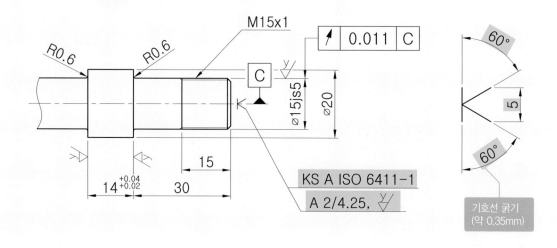

기호선 굵기
(약 0.35mm)

● 센터 구멍 : 남아 있어서는 안된다.

4. 스플라인의 도시법

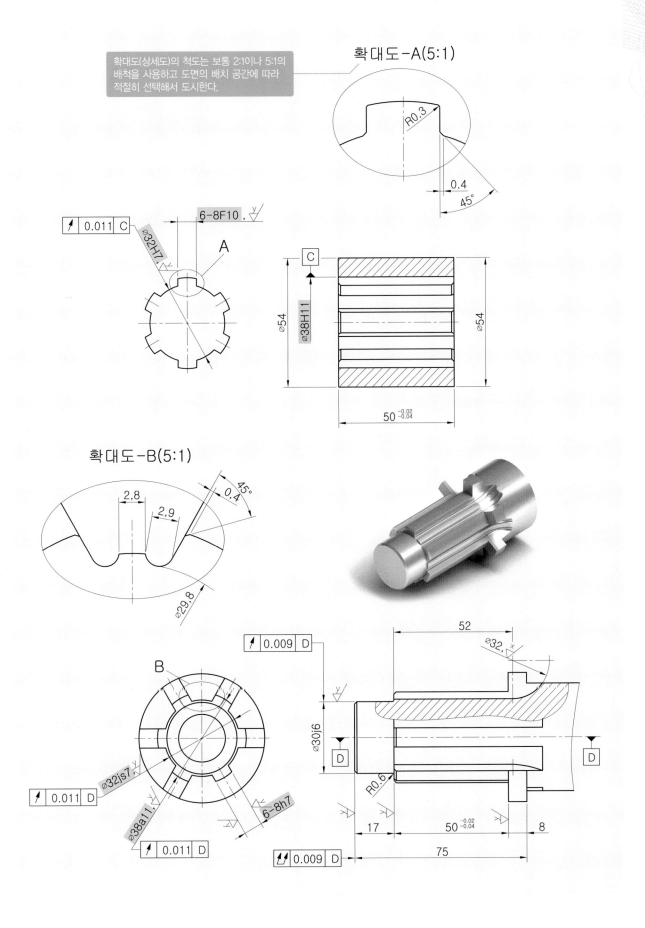

확대도-A(5:1)

R0.3

0.4
45°

0.011 C
⌀32H7
6-8F10 ,

A

C

⌀54
⌀38H11
⌀54

50 $^{-0.02}_{-0.04}$

확대도-B(5:1)

45°
0.4
2,8
2,9
⌀29,8

0.009 D

B

⌀32js7
0.011 D
⌀38a11
0.011 D
6-8h7

52
⌀32,

⌀30j6
D
D

R0.6
17
50 $^{-0.02}_{-0.04}$
8
75

0.009 D

1. 스퍼기어(spur gear)

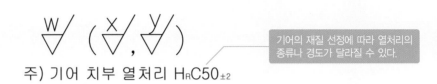

주) 기어 치부 열처리 H$_R$C50$_{\pm2}$

기어의 재질 선정에 따라 열처리의 종류나 경도가 달라질 수 있다.

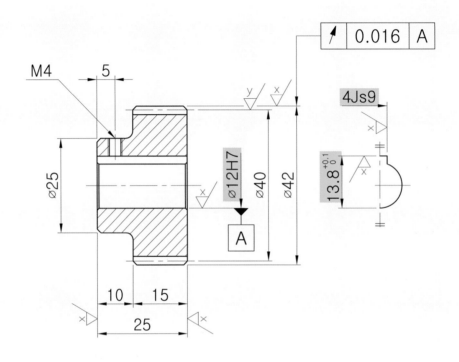

스 퍼 기 어		
기어치형		표준
공구	치형	보통이
	모듈	1
	압력각	20°
잇수		40
피치원 지름		⌀40
다듬질 방법		호브절삭
정밀도		KS B ISO 1328-1, 4급

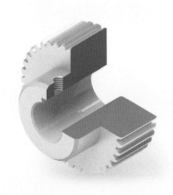

2. 래크와 피니언(rack & pinion)

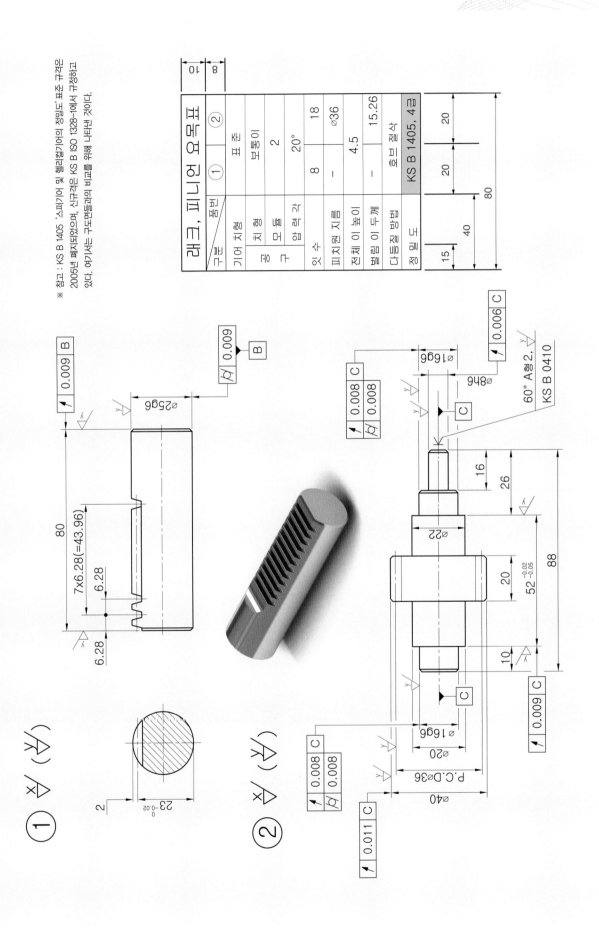

※ 참고 : KS B 1405 '스퍼기어 및 헬리컬기어'의 정밀도 표준 규격은
2005년 폐지되었으며, 신규격은 KS B ISO 1328-1에서 규정하고
있다. 여기서는 구도면들과의 비교를 위해 나타낸 것이다.

래크, 피니언 요목표

구분	품번	①	②
기어 치형		표준	
공구	치형	보통이	
	모듈	2	
	압력각	20°	
잇 수		8	18
피치원 지름		—	⌀36
전체 이 높이		4.5	
별림 이 두께		—	15.26
다듬질 방법		호브 절삭	
정밀 도		KS B 1405, 4급	

3. 헬리컬기어(helical gear)

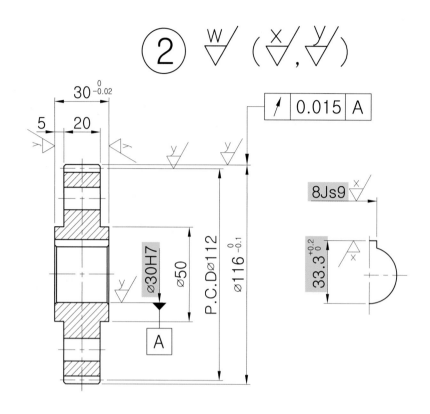

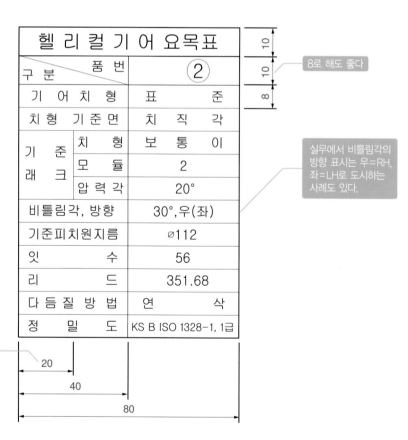

헬 리 컬 기 어 요 목 표		
구 분 품 번		②
기 어 치 형	표 준	
치 형 기 준 면	치 직 각	
기 준 래 크	치 형	보 통 이
	모 듈	2
	압 력 각	20°
비 틀 림 각, 방 향		30°, 우(좌)
기 준 피 치 원 지 름		⌀112
잇 수		56
리 드		351.68
다 듬 질 방 법		연 삭
정 밀 도		KS B ISO 1328-1, 1급

8로 해도 좋다

실무에서 비틀림각의 방향 표시는 우=RH, 좌=LH로 도시하는 사례도 있다.

15로 해도 좋다

96

4. 웜과 웜휠(worm & worm wheel)

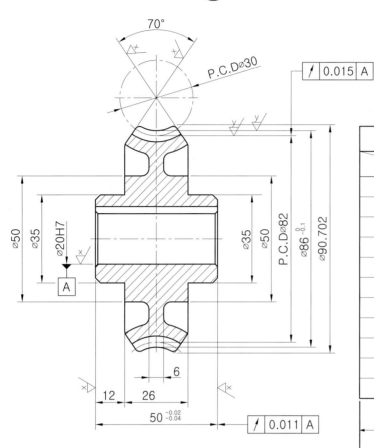

웜과 웜휠 요목표		
구 분　　품 번	①	②
치형기준단면	축　直	직　각
원 주 피 치	6.28	
줄 수, 방 향	3줄(좌,우)	
리　　　드	18.84	
압 력 각	30°	
모　　　듈	2	
잇　　　수	41	15
피 치 원 지 름	∅82	∅30
리　드　각	30°57'15''	
다 듬 질 방 법	호브절삭	연　삭
정　밀　도	KS B ISO 1328-1, 4급	

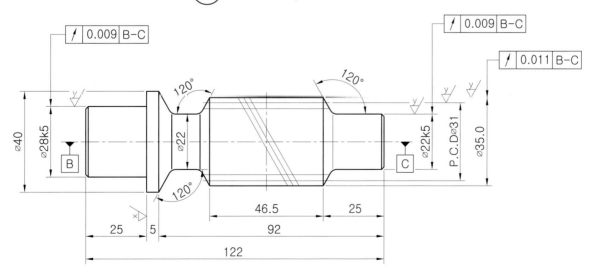

5. 베벨기어(bevel gear)

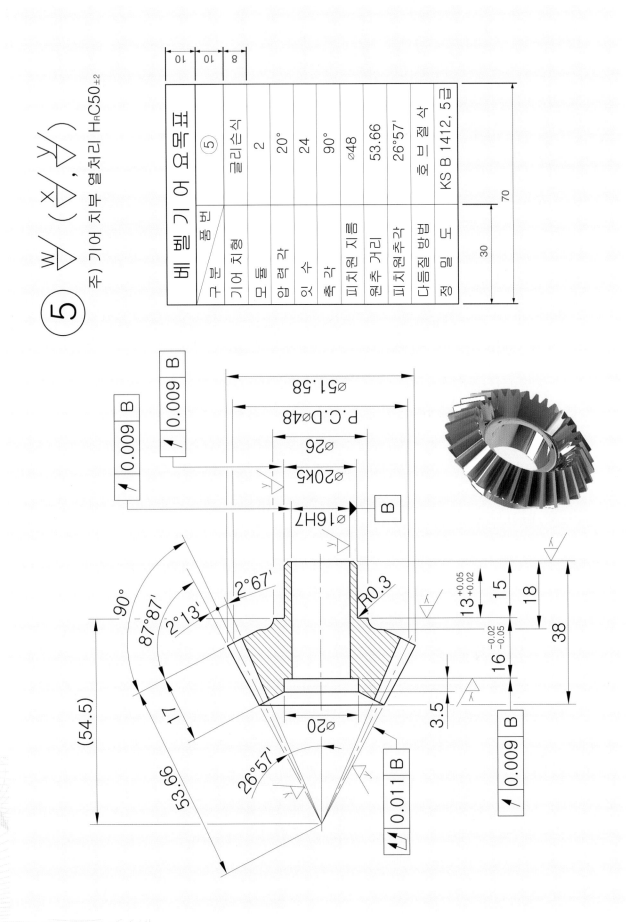

주) 기어 치부 열처리 H_RC50±2

베벨기어 요목표

구분	품번	⑤
기어 치형		글리손식
모 듈		2
압력각		20°
잇 수		24
축 각		90°
피치원 지름		∅48
원추 거리		53.66
피치원추각		26°57'
다듬질 방법		호브 절삭
정 밀 도		KS B 1412, 5급

98

6. 래칫 휠(ratch wheel)

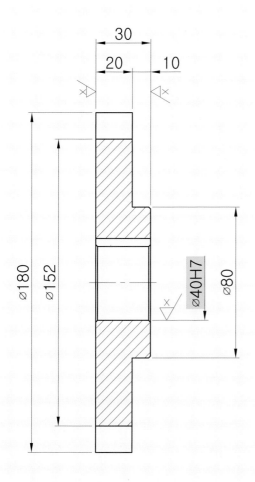

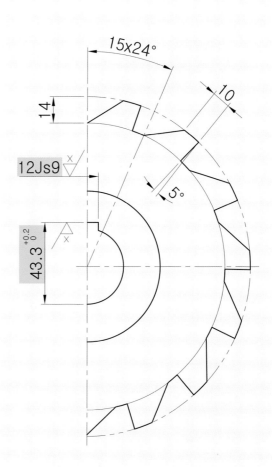

래칫 휠 요목표		
구 분	품 번	
잇 수		15
원주피치		37.68
이높이		14
이뿌리지름		⌀152

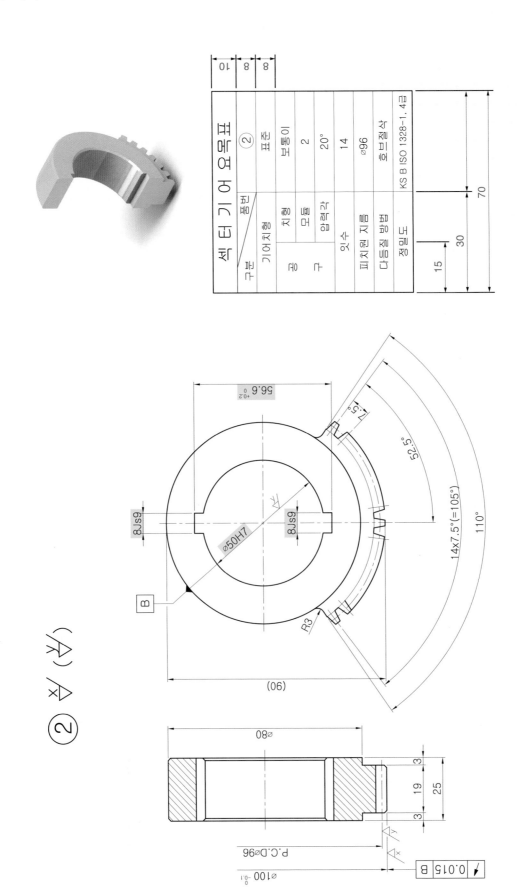

구분		섹터 기어 요목표	
기어치형		표준	②
공구	치형	보통이	
	모듈	2	
	압력각	20°	
잇수		14	
피치원 지름		∅96	
다듬질 방법		호브절삭	
정밀도		KS B ISO 1328-1, 4급	

10 | 8 | 8

70
30
15

(A)

② A

∅50H7

8Js9   8Js9

56.6 ₀⁺⁰·²

7.5°

52.5°

14x7.5°(=105°)

110°

R3

B

(90)

∅80

3
19
25
3

P.C.D∅96

∅100 ₀⁻⁰·¹

⟋ | 0.015 | B

X

Y

8. 제네바 기어

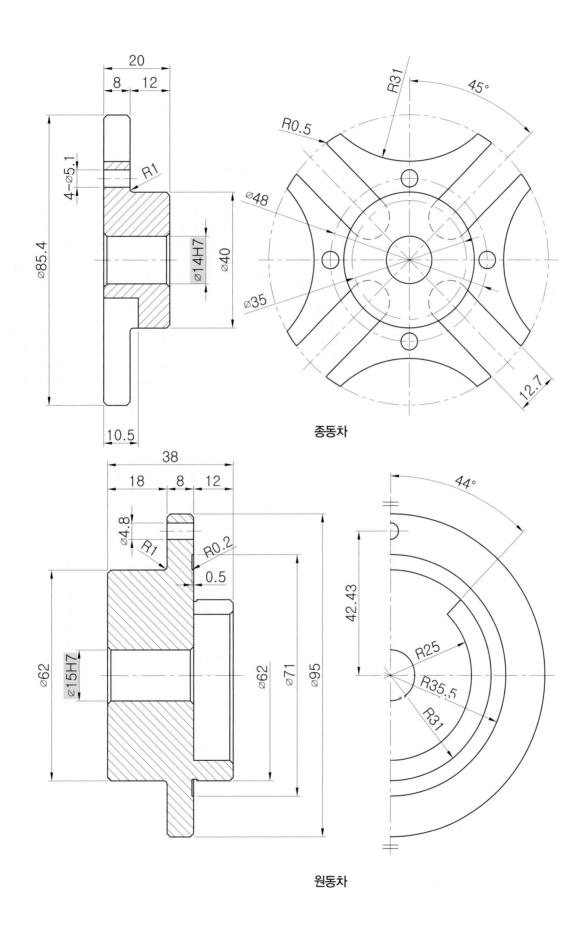

종동차

원동차

9. 제네바 기어의 구동 조합

※ 참고 : 제네바 기어는 간헐 운동기구의 일종으로 원동차가 회전하면
　　 핀이 종동차의 홈에 점차적으로 맞물려 회전운동이나 왕복운동을
　　 단속적 운동으로 변환시키는 기구장치이다.

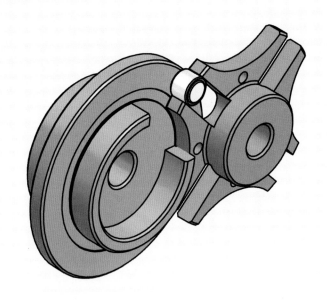

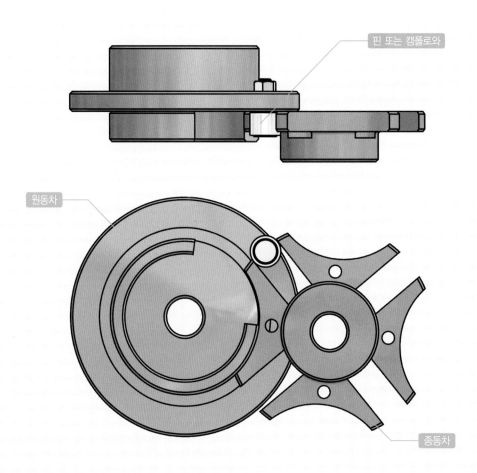

핀 또는 캠폴로와

원동차

종동차

Lesson 03 벨트 풀리의 제도

1. 평벨트 풀리

■ 표시부의 치수 및 공차는 관련 KS규격에 의거한다.

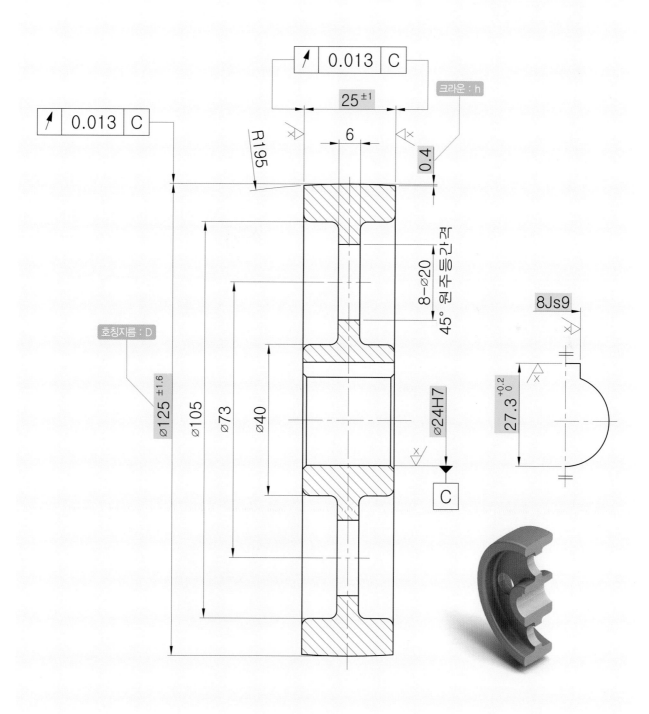

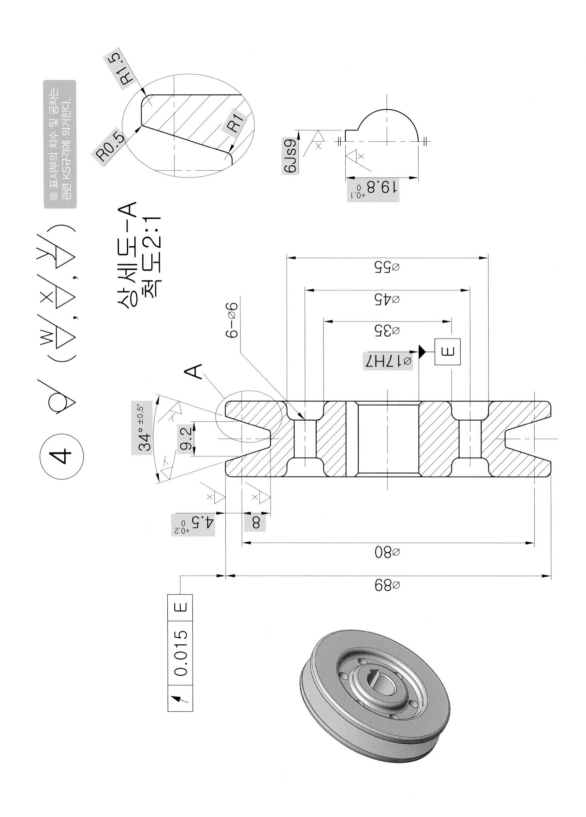

표시부의 치수 및 공차는
관련 KS규격에 의거한다.

R1.5
R1
R0.5

상세도-A
척도2:1

$\left(\begin{array}{c}\forall \\ \forall , \forall , \forall \end{array}\right)$

6Js9

$19.8^{+0.1}_{0}$

6-∅9

A

34° ±0.5°

9.2

∅55
∅45
∅35

∅17H7

E

$4.5^{+0.2}_{0}$

8

∅80

∅68

⌖	0.015	E

3. 이붙이 풀리(타이밍 풀리)

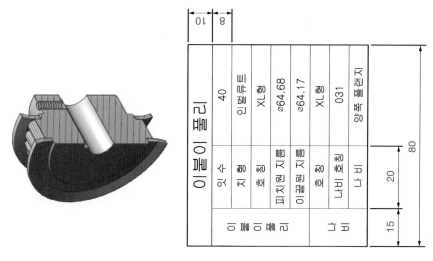

이붙이 풀리			
이 붙 이 풀 리	잇 수	40	
	치 형	인벌류트	
	형 식	XL형	
	피치원 지름	⌀64.68	
	이끝원 지름	⌀64.17	
나 비	호 칭	XL형	
	나비 호칭	031	
	나 비	양쪽 플랜지	

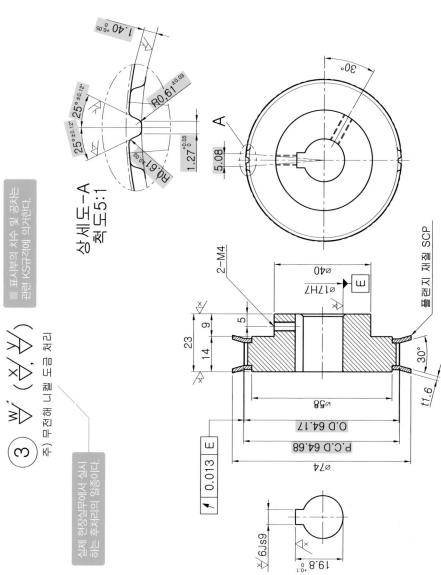

상세도-A
척도5:1

주) 무전해 니켈 도금 처리

③ $\overset{W}{\bigtriangledown}$ ($\overset{X}{\bigtriangledown}$, $\overset{Z}{\bigtriangledown}$)

표제부의 치수 및 공차는 관련 KS규격에 의거한다.

실제 현장실무에서 실시 하는 후처리의 일종이다.

1. 스프로킷(호칭번호 35)

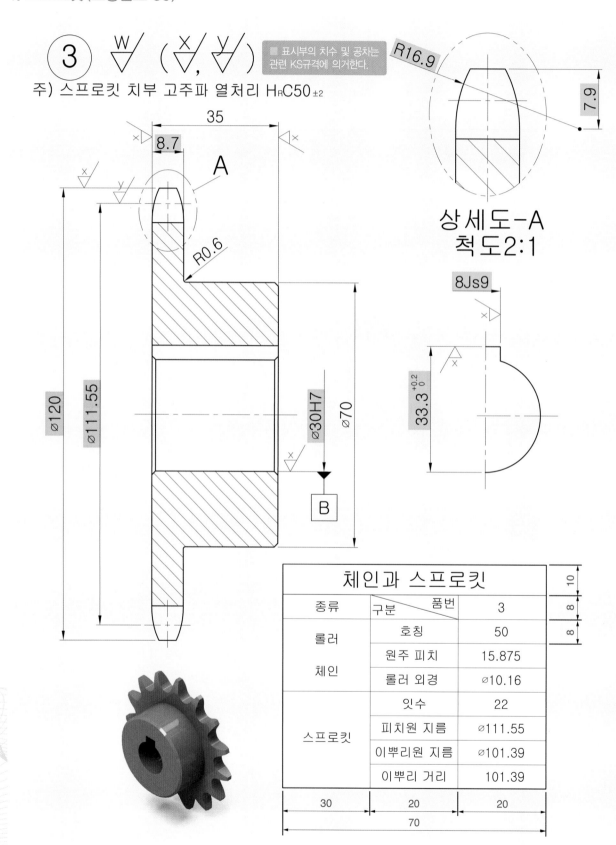

③ W▽ (X▽, Y▽)

■ 표시부의 치수 및 공차는 관련 KS규격에 의거한다.

주) 스프로킷 치부 고주파 열처리 HᵣC50±2

R16.9

7.9

상세도-A
척도2:1

8Js9

33.3⁺⁰·²₀

35

8.7

A

R0.6

Ø120

Ø111.55

Ø30H7

Ø70

B

체인과 스프로킷		
종류	구분＼품번	3
롤러 체인	호칭	50
	원주 피치	15.875
	롤러 외경	Ø10.16
스프로킷	잇수	22
	피치원 지름	Ø111.55
	이뿌리원 지름	Ø101.39
	이뿌리 거리	101.39

10
8
8

30   20   20
70

2. 스프로킷 (호칭번호 40)

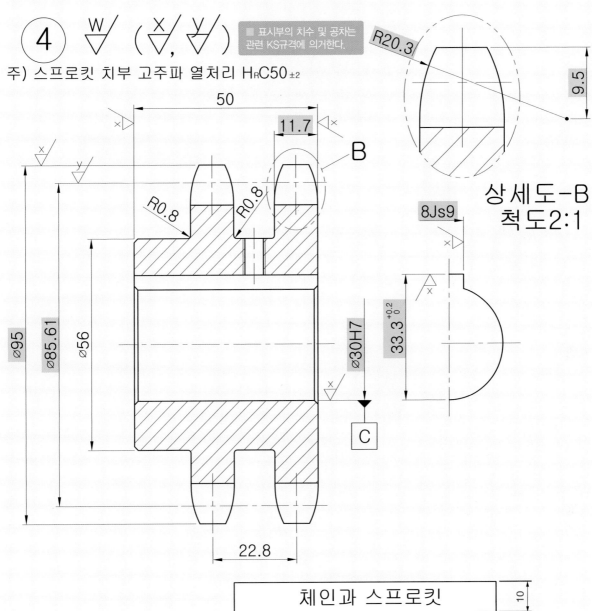

■ 표시부의 치수 및 공차는 관련 KS규격에 의거한다.

주) 스프로킷 치부 고주파 열처리 HRC50±2

상세도-B
척도2:1

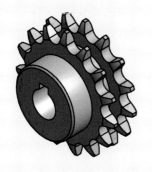

체인과 스프로킷				10
종류	구분	품번	4	8
롤러	호칭		60	8
	원주 피치		19.05	
체인	롤러 외경		⌀11.91	
	잇수		14	
스프로킷	피치원 지름		⌀85.61	
	이뿌리원 지름		⌀73.70	
	이뿌리 거리		73.70	
30	20		20	
70				

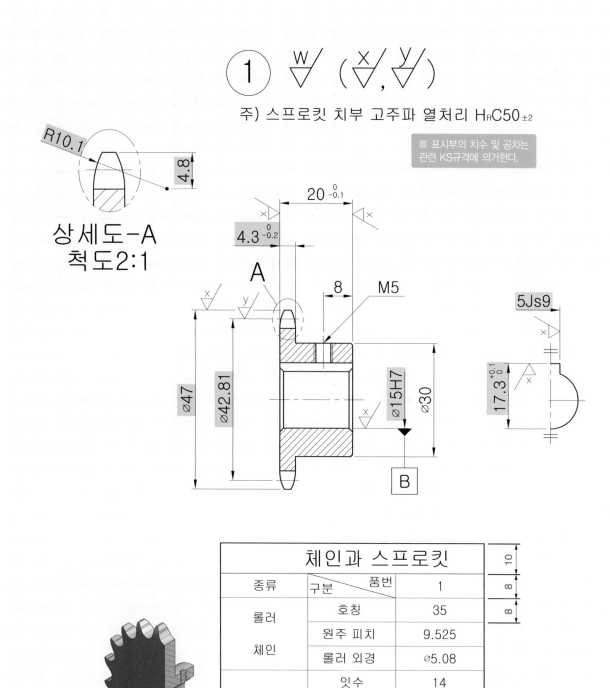

주) 스프로킷 치부 고주파 열처리 H$_R$C50$_{\pm2}$

■ 표시부의 치수 및 공차는
관련 KS규격에 의거한다.

상세도-A
척도2:1

체인과 스프로킷			
종류	구분　품번	1	
롤러 체인	호칭	35	
	원주 피치	9.525	
	롤러 외경	⌀5.08	
스프로킷	잇수	14	
	피치원 지름	⌀42.81	
	이뿌리원 지름	⌀37.73	
	이뿌리 거리	37.73	

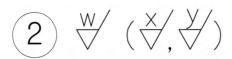

주) 스프로킷 치부 고주파 열처리 $H_RC50_{\pm2}$

■ 표시부의 치수 및 공차는
관련 KS규격에 의거한다.

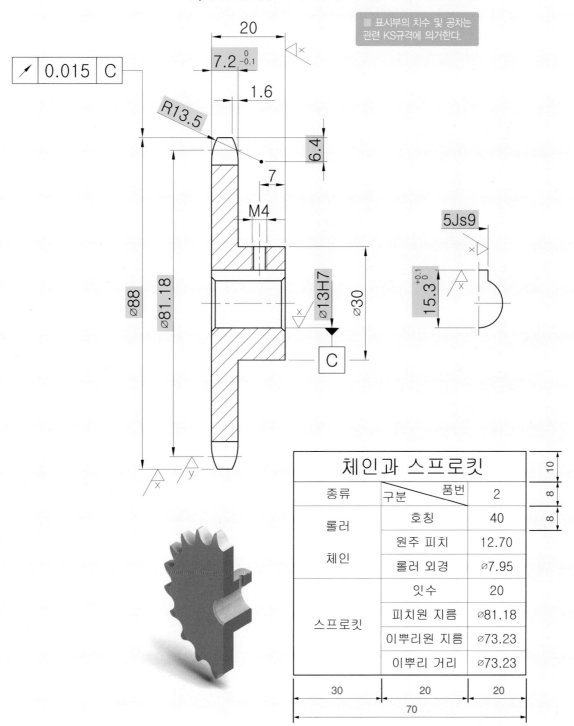

체인과 스프로킷			
종류	구분　　품번		2
롤러 체인	호칭		40
	원주 피치		12.70
	롤러 외경		⌀7.95
스프로킷	잇수		20
	피치원 지름		⌀81.18
	이뿌리원 지름		⌀73.23
	이뿌리 거리		⌀73.23

1. 오일실 조립부 상세도

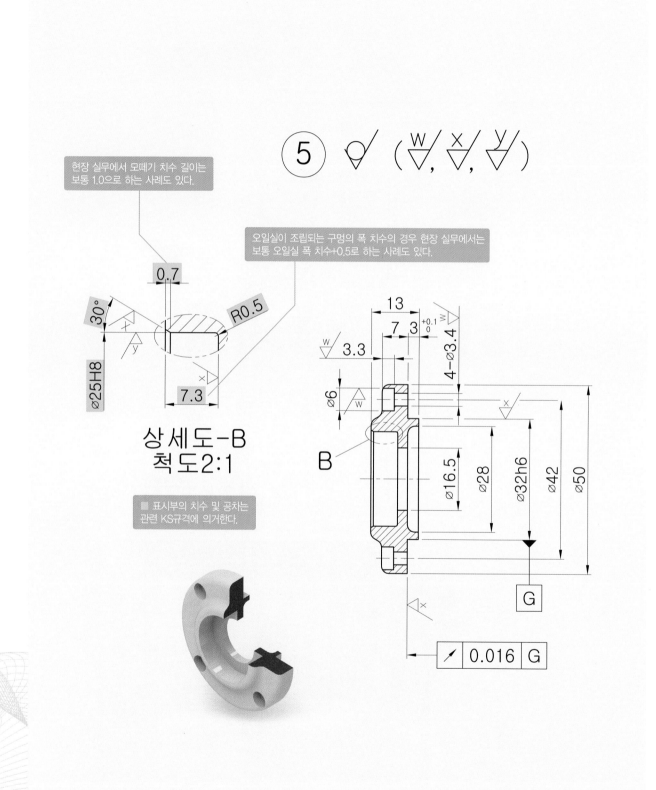

현장 실무에서 모떼기 치수 길이는 보통 1.0으로 하는 사례도 있다.

오일실이 조립되는 구멍의 폭 치수의 경우 현장 실무에서는 보통 오일실 폭 치수+0.5로 하는 사례도 있다.

상세도-B
척도2:1

■ 표시부의 치수 및 공차는 관련 KS규격에 의거한다.

2. 펠트링 조립부 상세도

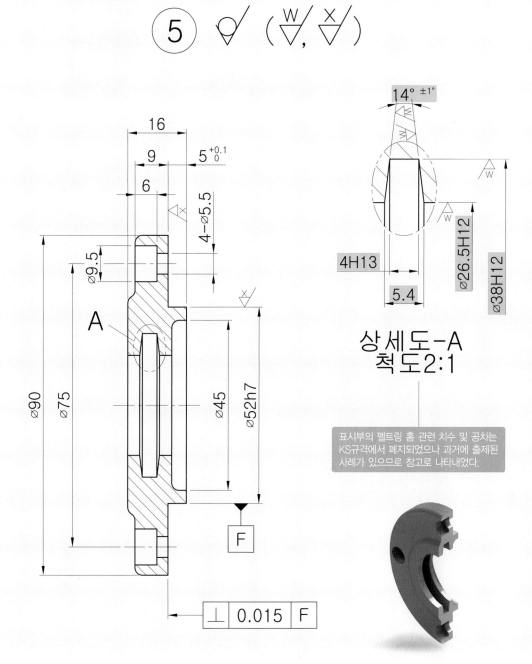

상세도-A
척도2:1

표시부의 펠트링 홈 관련 치수 및 공차는
KS규격에서 폐지되었으나 과거에 출제된
사례가 있으므로 참고로 나타내었다.

TIP

KS규격에서 폐지 되었거나 규격의 명칭이나 호칭이 변경되었더라도 설계자는 변경된 것만 알고 있으면 실제 현장 실무에서 낭패를 보는 경우가 있을 것이다. 그 이유는 개정된 KS규격이 산업 현장 곳곳에서 활약하는 기술자들에게 제대로 알려지지 않았기 때문이다. 따라서 개정된 규격으로 도면에 나타내거나 알려줘도 잘 이해하지 못하는 경우도 있다. 이런 경우 설계자는 남탓을 하지말고 개정 전의 규격이나 호칭도 함께 알아두면 업무하는 데 편리할 것이며, 특히 일본의 JIS와도 비교하여 알고 있으면 해가 되지는 않을 것으로 생각한다.

또한 규격집의 선택에 있어서도 최신 개정된 KS규격만 열거한 데이터북 보다는 개정 전의 규격까지도 함께 알 수 있도록 편집한 데이터북이 활용도가 높을 것이라고 생각한다.

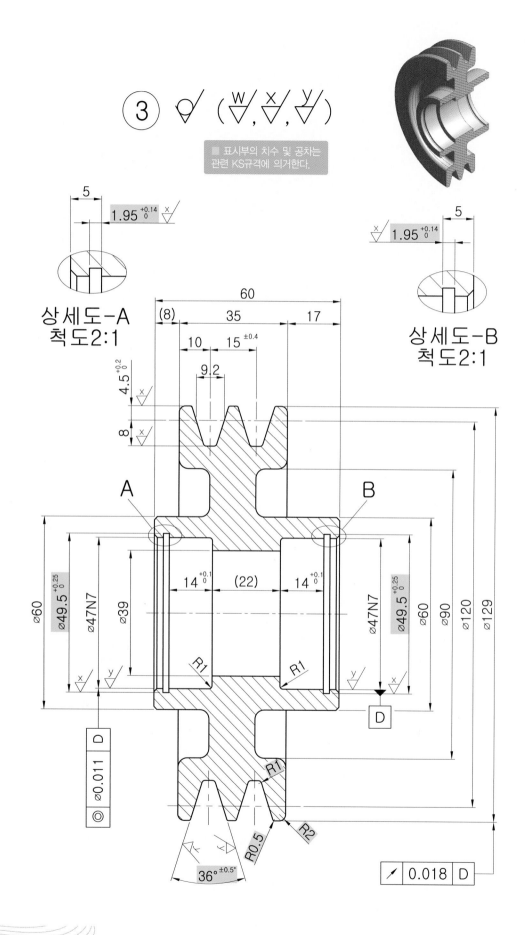

상세도-A
척도2:1

상세도-B
척도2:1

4. 축용 C형 스냅링 조립부 상세도

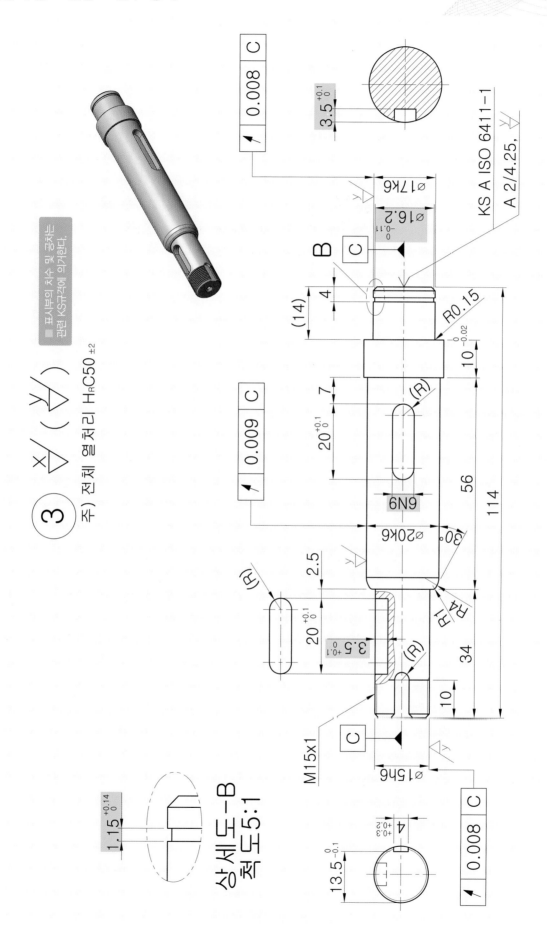

주) 전체 열처리 $H_R C50 \pm 2$

표시부의 치수 및 공차는
관련 KS규격에 의거한다.

KS A ISO 6411-1
A 2/4.25,

상세도-B
척도 5:1

5. 스프로킷 치형부 상세도

주) 스프로킷 치부 고주파 열처리 H$_R$C50$_{\pm2}$

■ 표시부의 치수 및 공차는
관련 KS규격에 의거한다.

R10.1

1.2

상세도-A
척도2:1

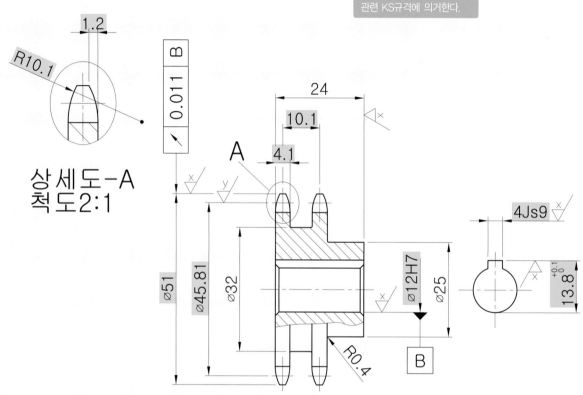

체인과 스프로킷		
롤러 체인	호칭	35
	원주 피치	9.525
	롤러 외경	⌀5.08
스프로킷	잇수	15
	피치원 지름	⌀45.81
	이뿌리원 지름	⌀40.73
	이뿌리 거리	⌀40.48

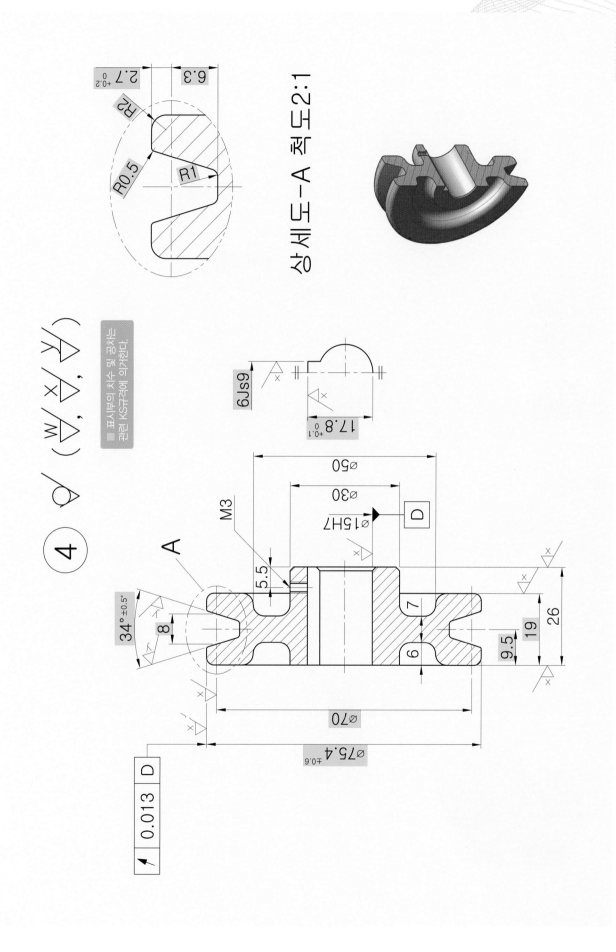

상세도-A 척도2:1

(✓ , ✓)

■ 표시부의 치수 및 공차는
  관련 KS규격에 의거한다.

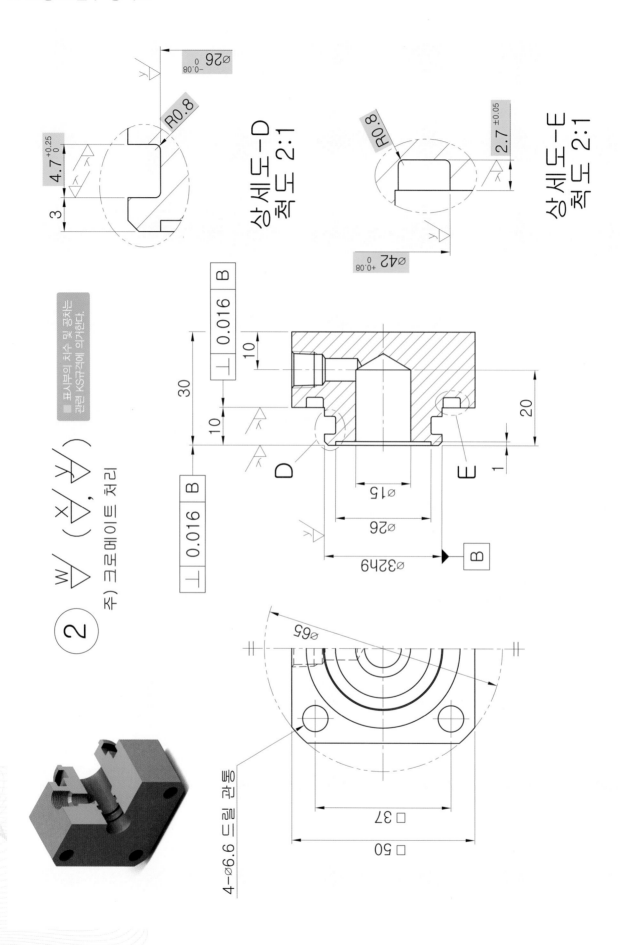

상세도-D 척도 2:1

상세도-E 척도 2:1

주) 크로메이트 처리

■ 표시부의 치수 및 공차는
관련 KS규격에 의거한다.

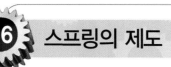

1. 냉간 성형 압축 코일 스프링

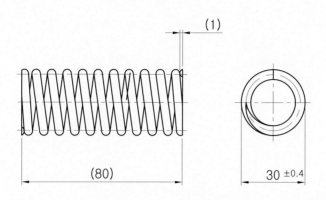

냉간 성형 압축 코일 스프링 요목표

재료		SWOSC-V
재료의 지름	mm	4
코일 평균 지름	mm	26
코일 바깥 지름	mm	30±0.4
총 감김수		11.5
자리 감김수		각 1
유효 감김수		9.5
감김 방향		오른쪽
자유 길이	mm	(80)
스프링 상수	N/mm	15.3
지 정	하중	N	–
	하중시의 길이	mm	–
	길이[1]	mm	70
	길이시의 하중	N	153±10%
	응력	N/mm²	190
최 대 압 축	하중	N	–
	하중시의 길이	mm	–
	길이[1]	mm	55
	길이시의 하중	N	382
	응력	N/mm²	476
밀착 길이	mm	(44)
코일 바깥쪽 면의 경사	mm	4이하
코일 끝부분의 모양		맞댐끝(연삭)
표 면 처 리	성형 후의 표면 가공	쇼트 피닝
	방청 처리	방청유 도포

【주】 1. 수치 보기는 길이를 기준으로 하였다.
【비고】 1. 기타 항목 : 세팅한다.
　　　 2. 용도 또는 사용 조건 : 상온, 반복하중
　　　 3. 1N/mm² = 1MPa

2. 열간 성형 압축 코일 스프링

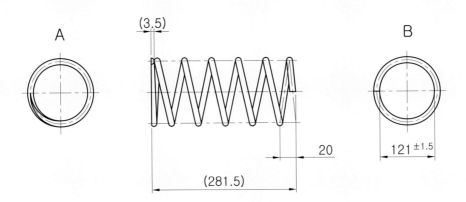

열간 성형 압축 코일 스프링 요목표			
재료			SPS6
재료의 지름		mm	14
코일 평균 지름		mm	135
코일 안지름		mm	121±1.5
총 감김수			6.25
자리 감김수			A측 : 1, B측 : 0.75
유효 감김수			4.5
감김 방향			오른쪽
자유 길이		mm	(281.5)
스프링 상수		N/mm	34.0±10%
지 정	하중	N	–
	하중시의 길이	mm	–
	길이[1]	mm	166
	길이시의 하중	N	3925±10%
	응력	N/mm²	566
최 대 압 축	하중	N	–
	하중시의 길이	mm	–
	길이[1]	mm	105
	길이시의 하중	N	6000
	응력	N/mm²	865
밀착 길이		mm	(95.5)
코일 바깥쪽 면의 경사		mm	15.6 이하
경도		HBW	388~461
코일 끝부분의 모양			A측 : 맞댐끝(테이퍼) B측 : 벌림끝(무연삭)
표 면 처 리	재료의 표면 가공		연삭
	성형 후의 표면 가공		쇼트 피닝
	방청 처리		흑색 에나멜 도장

【주】 1. 수치 보기는 길이를 기준으로 하였다.
【비고】 1. 기타 항목 : 세팅한다.
2. 용도 또는 사용 조건 : 상온, 반복하중
3. 1N/mm² = 1MPa

3. 테이퍼 코일 스프링

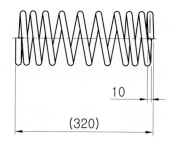

10

(320)

95 ±1.5

테이퍼 코일 스프링 요목표		
재료		SPS6
재료의 지름	mm	12.5[9.4]
코일 평균 지름	mm	107.5[104.4]
코일 안지름	mm	95±1.5
총 감김수		10
자리 감김수		각 0.75
유효 감김수		8.5
감김 방향		오른쪽
자유 길이	mm	(320)
같은 지름 부분의 피치	mm	43.4
테이퍼 부분의 피치	mm	27.1
제1스프링 상수(2)	N/mm	16.4±10%
제2스프링 상수	N/mm	48.2±10%
지 정	하중	N	–
	하중시의 길이	mm	–
	길이(1)	mm	196
	길이시의 하중	N	2500±10%
	응력	N/mm²	459
최 내 압 축	하중	N	–
	하중시의 길이	mm	–
	길이(1)	mm	140
	길이시의 하중	N	5170
	응력	N/mm²	848
밀착 길이	mm	(124)
경도	HBW	388~461
코일 끝부분의 모양		벌림끝(무연삭)
표 면 처 리	재료의 표면 가공	연삭
	성형 후의 표면 가공	쇼트 피닝
	방청 처리	흑색 에나멜 도장

[주] 1. 수치 보기는 길이를 기준으로 하였다.
　　2. 0~1190N
[비고] 1. 안지름 기준으로 한다.
　　2. [ ]안은 작은 지름쪽 치수를 나타낸다.
　　3. 기타 항목 : 세팅한다.
　　4. 용도 또는 사용 조건 : 상온, 반복하중
　　5. 1N/mm² = 1MPa

4. 각 스프링

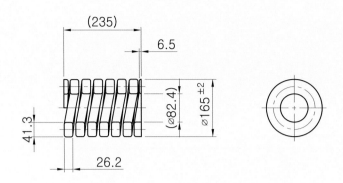

각 스프링 요목표		
재료		SPS9
재료의 지름	mm	41.3×26.2
코일 평균 지름	mm	123.8
코일 바깥 지름	mm	165±2
총 감김수		7.25±0.25
자리 감김수		각 0.75
유효 감김수		5.75
감김 방향		오른쪽
자유 길이	mm	(235)
스프링 상수	N/mm	1570
지 정	하중[3]	N	49000
	하중시의 길이	mm	203±3
	길이[1]	mm	–
	길이시의 하중	N	–
	응력	N/mm^2	596
최 대 압 축	하중	N	73500
	하중시의 길이	mm	188
	길이[1]	mm	–
	길이시의 하중	N	–
	응력	N/mm^2	894
밀착 길이	mm	(177)
경도	HBW	388~461
코일 끝부분의 모양		맞댐끝(테이퍼 후 연삭)
표 면 처 리	재료의 표면 가공		연삭
	성형 후의 표면 가공		쇼트 피닝
	방청 처리		흑색 에나멜 도장

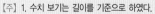

【주】 1. 수치 보기는 길이를 기준으로 하였다.
　　　2. 수치 보기는 하중을 기준으로 하였다.
【비고】 1. 기타 항목 : 세팅한다.
　　　　2. 용도 또는 사용 조건 : 상온, 반복하중
　　　　3. 1N/mm^2 = 1MPa

5. 이중 코일 스프링

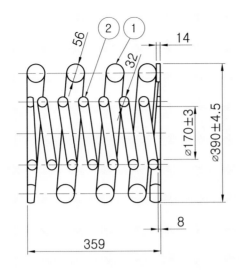

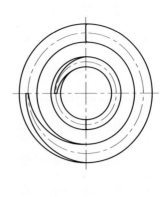

이중 코일 스프링 요목표			
조합 No.		①	②
재료		SPS11A	SPS9A
재료의 지름	mm	56	32
코일 평균 지름	mm	334	202
코일 안지름	mm	278	170±3
코일 바깥 지름	mm	390±4.5	234
총 감김수		4.75	7.75
자리 감김수		각 1	각 1
유효 감김수		2.75	5.75
감김 방향		오른쪽	왼쪽
자유 길이	mm	(359)	(359)
스프링 상수	N/mm	1086	
		883	203

			①	②
지 정	하중[3]	N	88260	
			71760	16500
	하중시의 길이	mm	277.5±4.5	
			277.5	277.5
	길이[1]	mm	−	
	길이시의 하중	N	−	
	응력	N/mm²	435	321
최 대 압 축	하중[3]	N	131360	
			106800	24560
	하중시의 길이	mm	238	
			238	238
	길이[1]	mm	−	
	길이시의 하중	N	−	
	응력	N/mm²	648	478
밀착 길이		mm	(238)	(232)
코일 바깥쪽 면의 경사		mm	6.3	6.3
경도		HBW	388~461	
코일 끝부분의 모양			맞댐끝(테이퍼 후 연삭)	
표 면 처 리	재료의 표면 가공		연삭	
	성형 후의 표면 가공		쇼트 피닝	
	방청 처리		흑색 에나멜 도장	

【주】 1. 수치 보기는 길이를 기준으로
　　　 하였다.
　　 2. 수치 보기는 하중을 기준으로
　　　 하였다.
【비고】 1. 기타 항목 : 세팅한다.
　　　 2. 용도 또는 사용 조건 : 상온,
　　　　 반복하중
　　　 3. 1N/mm² = 1MPa

6. 인장 코일 스프링

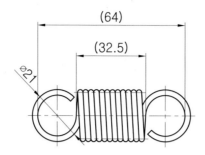

인장 코일 스프링 요목표		
재료		HSW-3
재료의 지름	mm	2.6
코일 평균 지름	mm	18.4
코일 바깥 지름	mm	21±0.3
총 감김수		11.5
감김 방향		오른쪽
자유 길이	mm	(64)
스프링 상수	N/mm	6.28
초장력	N	(26.8)
지 정	하중	N	–
	하중시의 길이	mm	–
	길이[1]	mm	86
	길이시의 하중	N	165±10%
	응력	N/mm²	532
최대 허용 인장 길이	mm	92
고리의 모양		둥근 고리
표 면 처 리	성형 후의 표면 가공	–
	방청 처리	방청유 도포

〔주〕 1. 수치 보기는 길이를 기준으로 하였다.
〔비고〕 1. 기타 항목 : 세팅한다.
　　　 2. 용도 또는 사용 조건 : 상온, 반복하중
　　　 3. 1N/mm² = 1MPa

7. 비틀림 코일 스프링

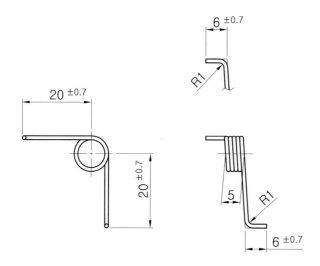

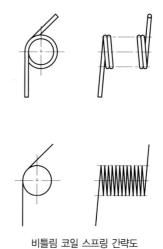

비틀림 코일 스프링 간략도

비틀림 코일 스프링 요목표		
재료		STS 304-WPB
재료의 지름	mm	1
코일 평균 지름	mm	9
코일 안지름	mm	8±0.3
총 감김수		4.25
감김 방향		오른쪽
자유 각도[4]	도	90±15
지 정	나선각	도	–
	나선각시의 토크	N·mm	–
	(참고)계화 나선각	도	–
안내봉의 지름	mm	6.8
사용 최대 토크시의 응력	N/mm²	–
표면 처리		–

[주] 1. 수치 보기는 자유시 모양을 기준으로 하였다.
[비고] 1. 기타 항목 : 세팅한다.
　　　 2. 용도 또는 사용 조건 : 상온, 반복하중
　　　 3. 1N/mm² = 1MPa

1. 문자 각인 예

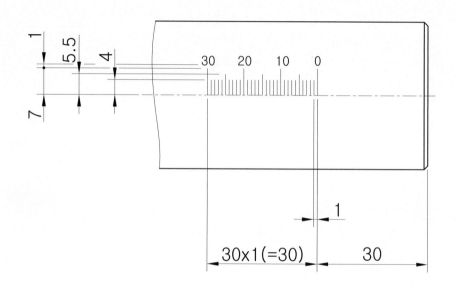

문자 각인 요목표		
품 번	①	
구 분 ＼ 종 류	눈금	숫자
숫자 높이	—	2.5
각 인	음 각	
선 폭	0.25	
선 깊이	0.2	
글자체	—	고딕체
도장	흑색, 0은 적색	
공정	샌딩 후	

2. 눈금 각인 예

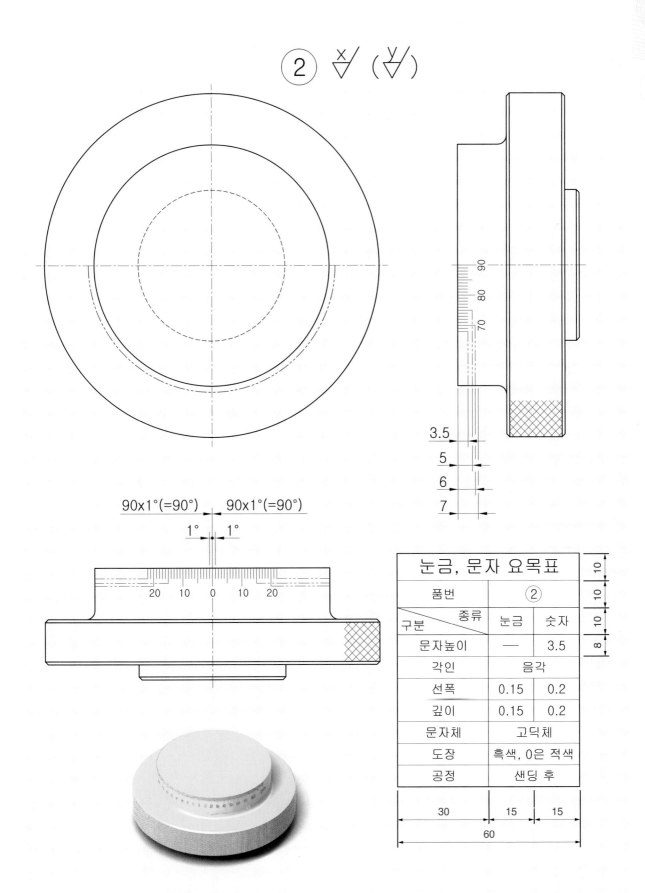

눈금, 문자 요목표		
품번	②	
구분＼종류	눈금	숫자
문자높이	—	3.5
각인	음각	
선폭	0.15	0.2
깊이	0.15	0.2
문자체	고딕체	
도장	흑색, 0은 적색	
공정	샌딩 후	

이 장에서는 비교적 난이도가 낮은 도면으로 구성하였으며 실기과제 조립도와 부품도 답안 예제, 3D 모델링과 분해 등각 구조도를 통해 도면을 해독하고 2D & 3D 도면을 직접 작도해 보도록 하자. 도면은 많이 그려보고 다양한 기계요소들을 적용해 보아야 실기 시험시 빠른 KS규격의 적용과 도면 작도가 가능할 것이다. 또한 내가 그린 도면은 검도를 여러 번 해도 실수를 쉽게 발견하지 못하는 경우가 있는데 이런 경우 주위 사람들과 도면을 교환하여 상대방의 검도를 해주고 실수를 체크할 수 있으면 학습 효과가 높을 것이다. 또한 기계제도법을 충분히 학습하지 않은 상태에서 부품도 답안 예제만 암기하듯이 학습한다면 내 지식이 될 수 없으므로 기계제도법과 치수공차, 기하공차의 원리에 대해서 반드시 이해하고 실기를 시작해야 한다.

■ 주요 학습내용 및 목표
• 기본 2D & 3D 실기 과제도면 해독   • 조립도의 부품치수 측정 및 제도   • 완성도면의 배치 및 검도   • 2D & 3D 작도

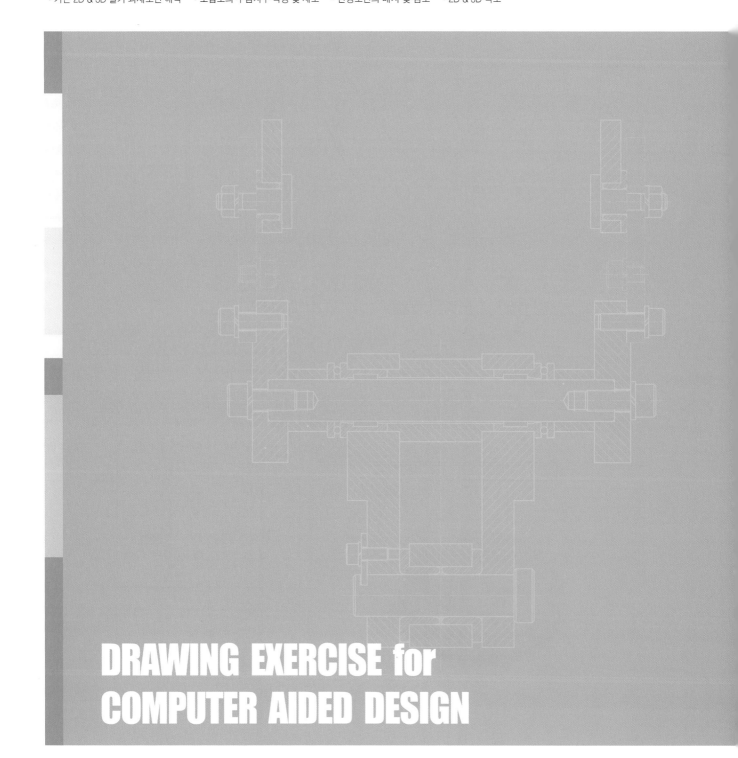

DRAWING EXERCISE for
COMPUTER AIDED DESIGN

Chapter | 05

실기 학습 과제 기초 도면

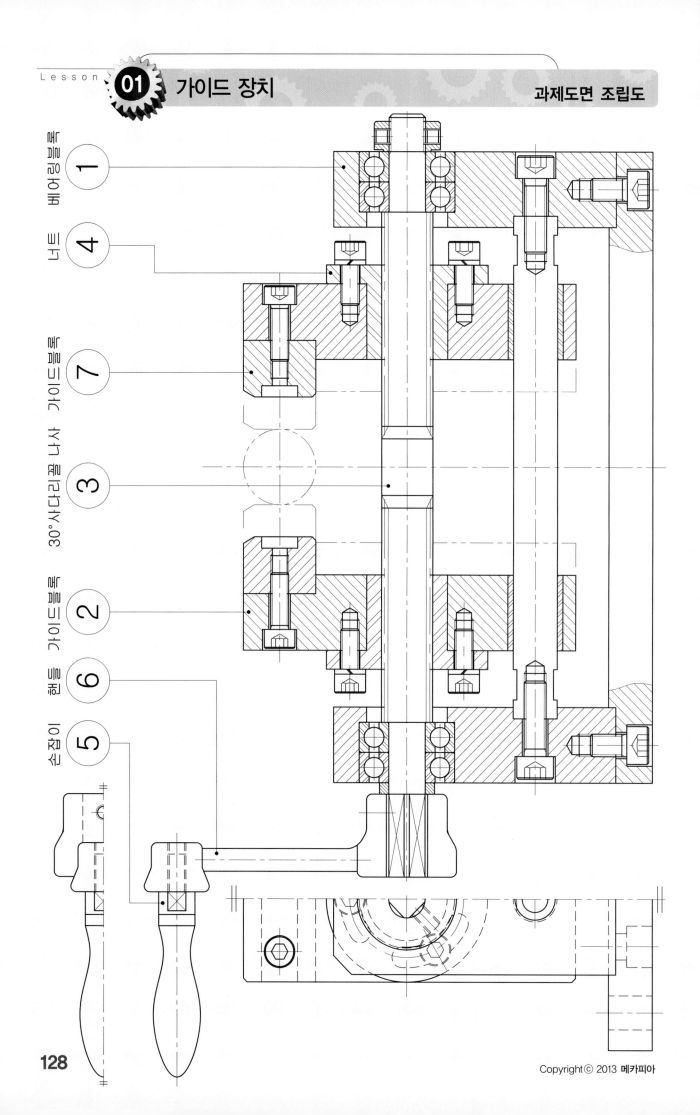

베어링블록 1

너트 4

가이드블록 7

30°사다리꼴 나사 3

가이드블록 2

핸들 6

손잡이 5

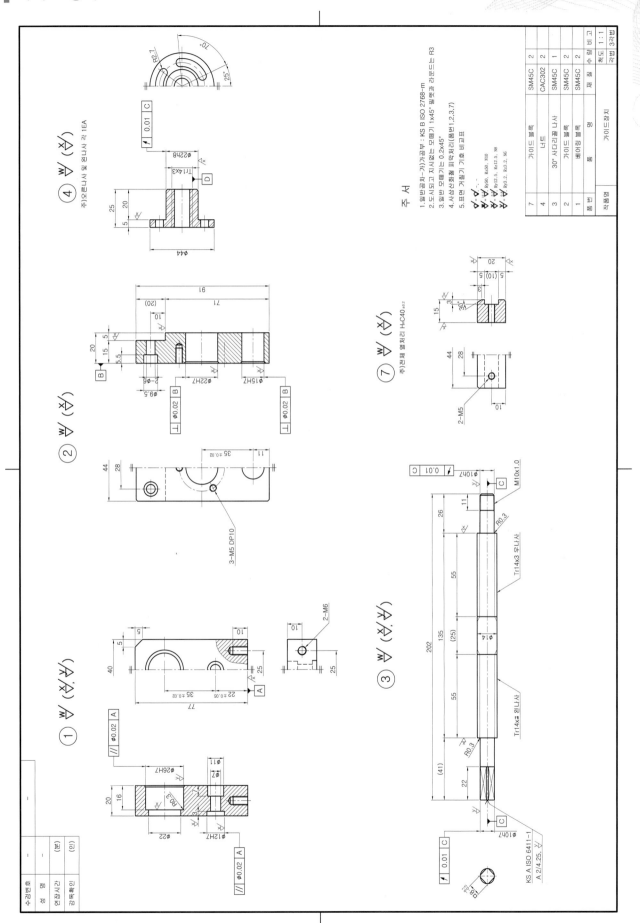

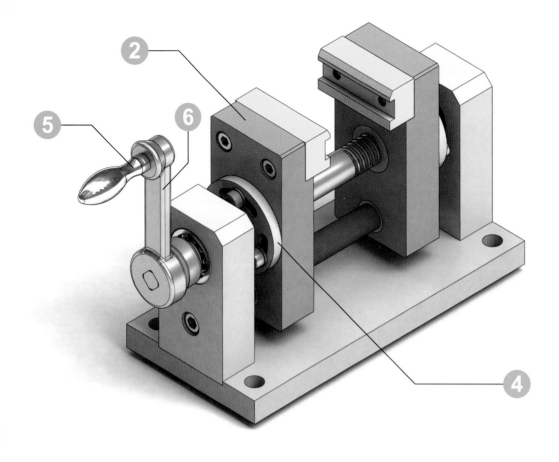

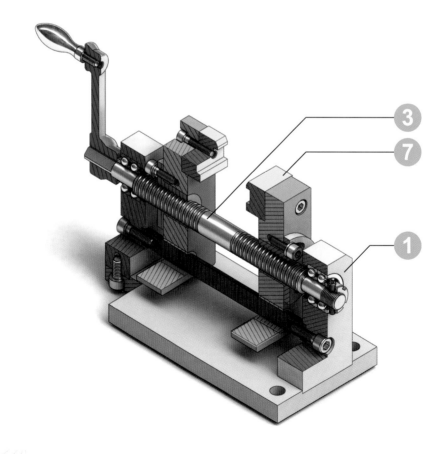

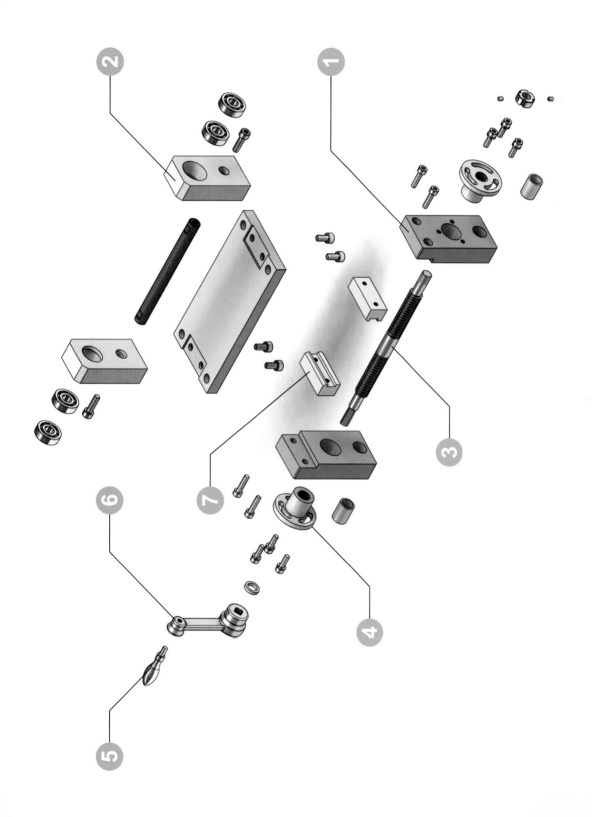

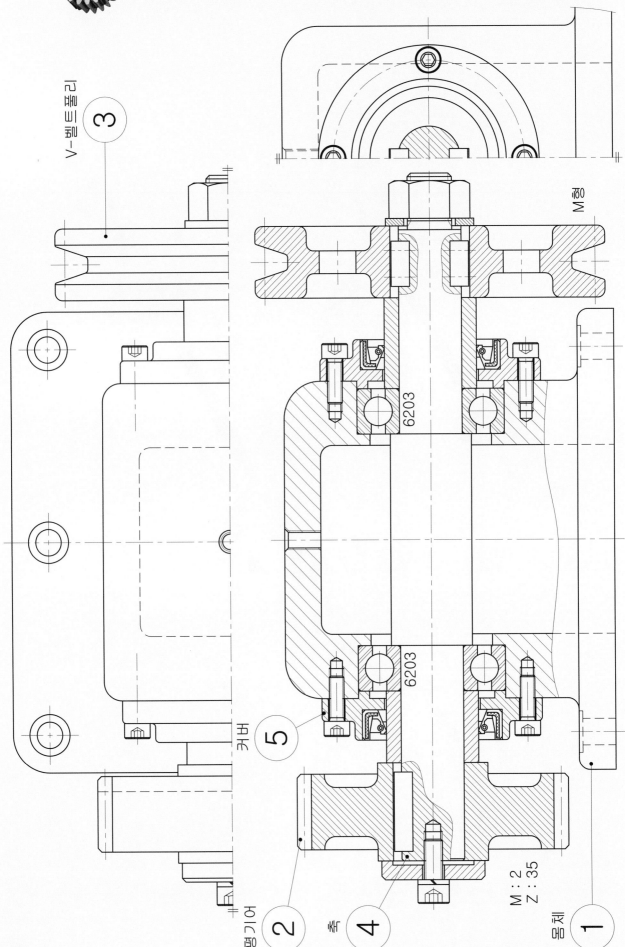

V-벨트풀리 ③

평 M

6203

6203

커버

⑤

기어

평 ②

축

④

M : 2
Z : 35

몸체 ①

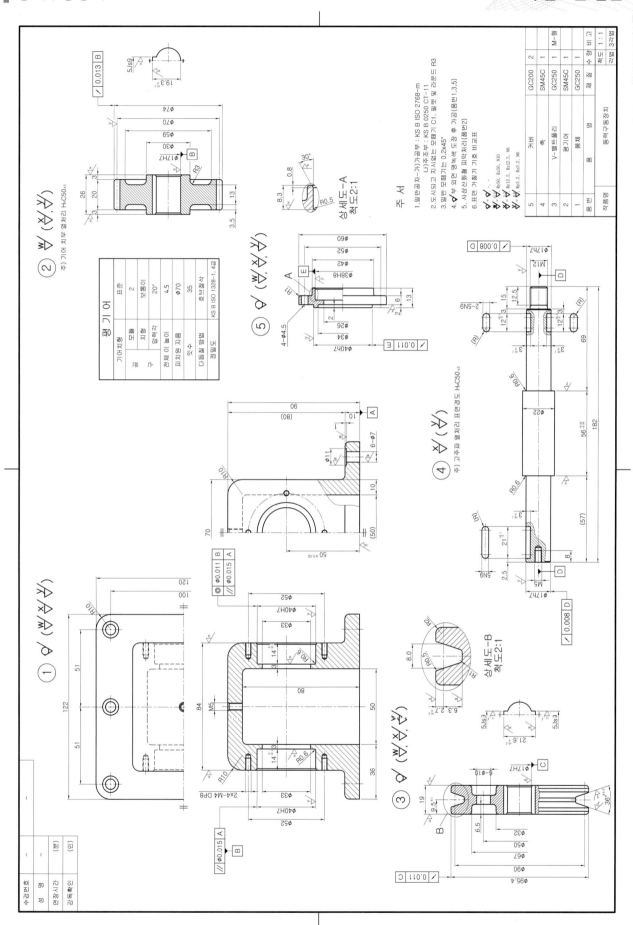

주 서

1. 일반공차-가) 가공부 : KS B ISO 2768-m
   나) 주조부 : KS B 0250 CT-11
2. 도시되고 지시없는 모떼기 C1, 필렛 및 라운드 R3
3. 일반 모떼기는 0.2×45°
4. ▽부 외면 명녹색 도장 후 가공(품번1,3,5)
5. 사상·산화철 피막처리(품번2)
6. 표면 거칠기 기호 비교표

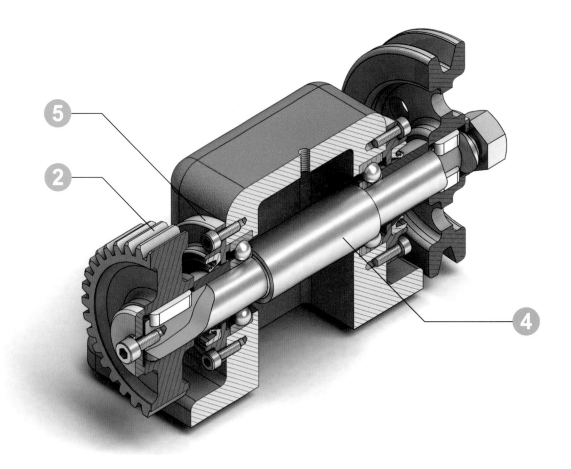

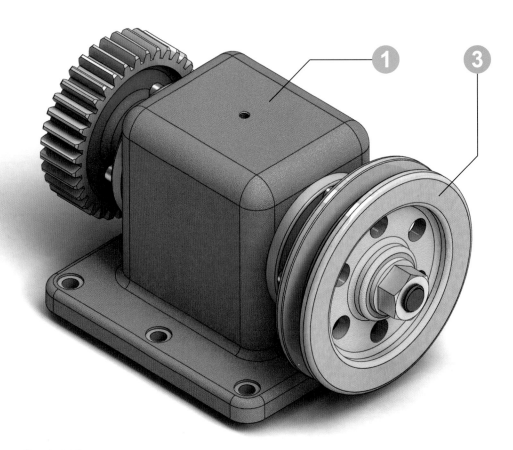

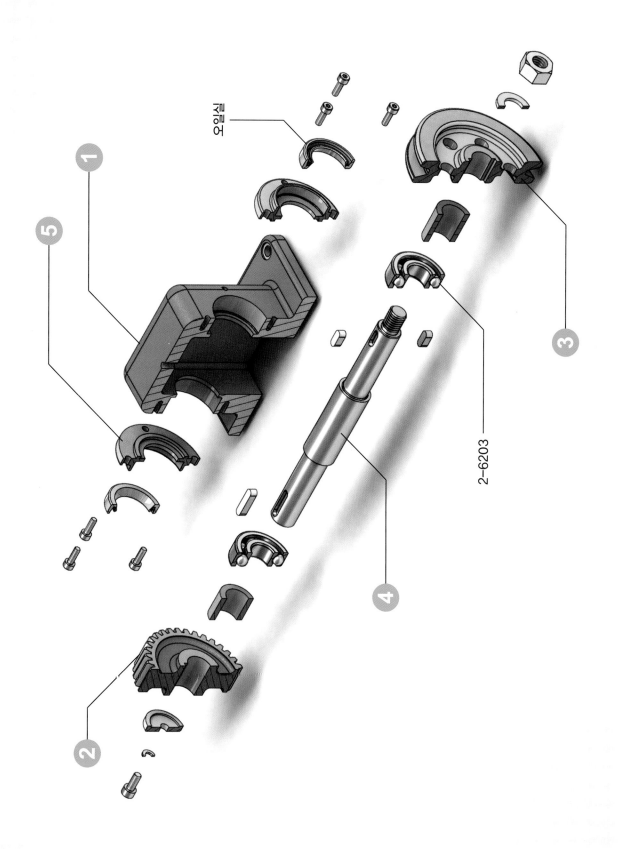

오링

2-6203

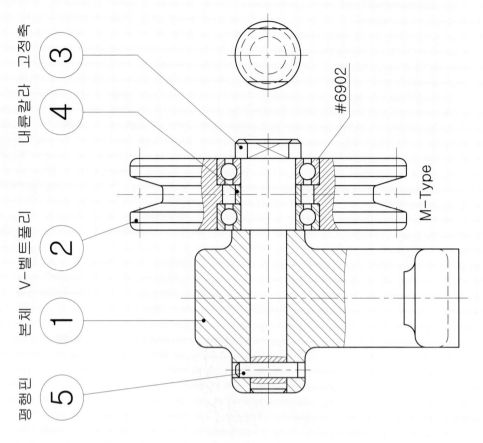

고정축 ③

내륜칼라 ④

V-벨트풀리 ②

본체 ①

평행핀 ⑤

#6902

M-Type

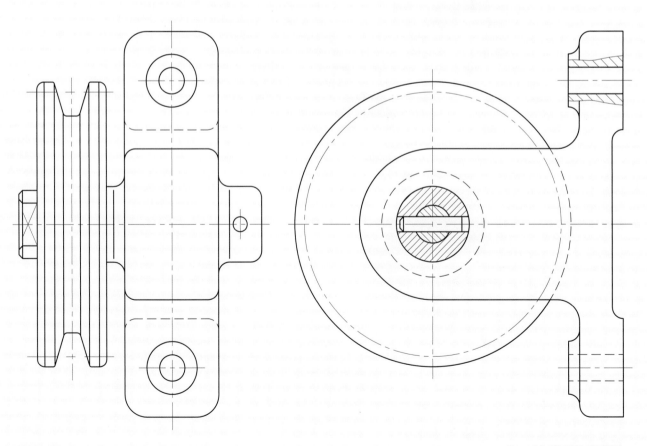

136

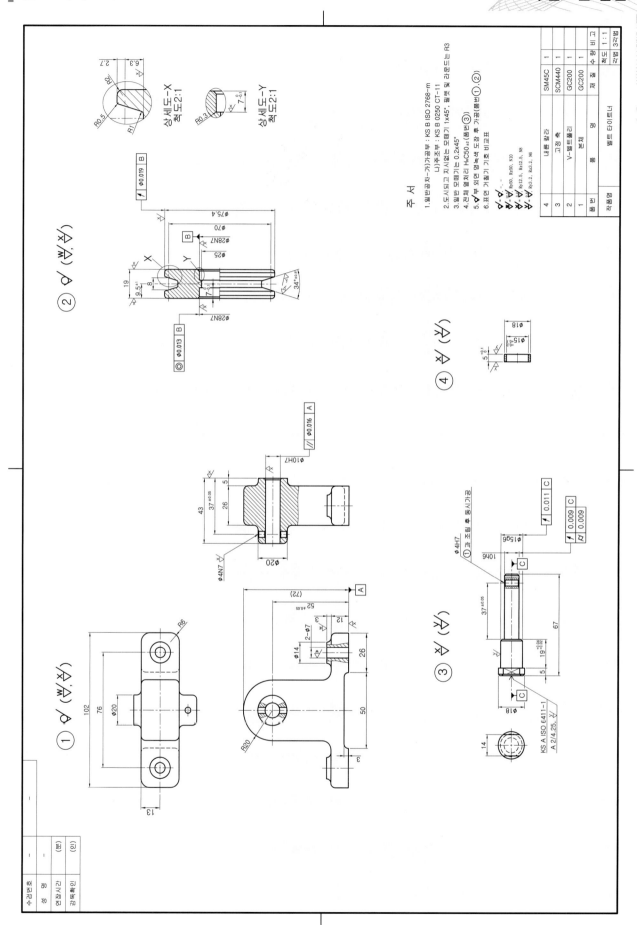

M형

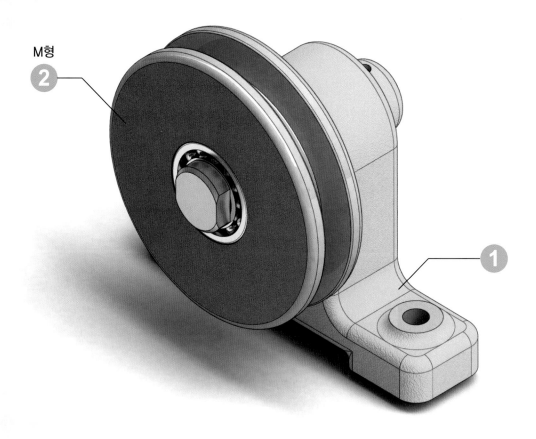

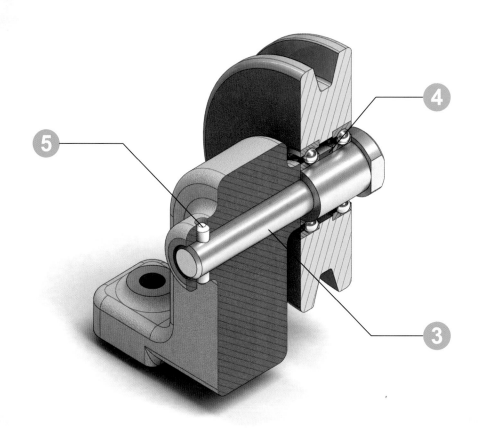

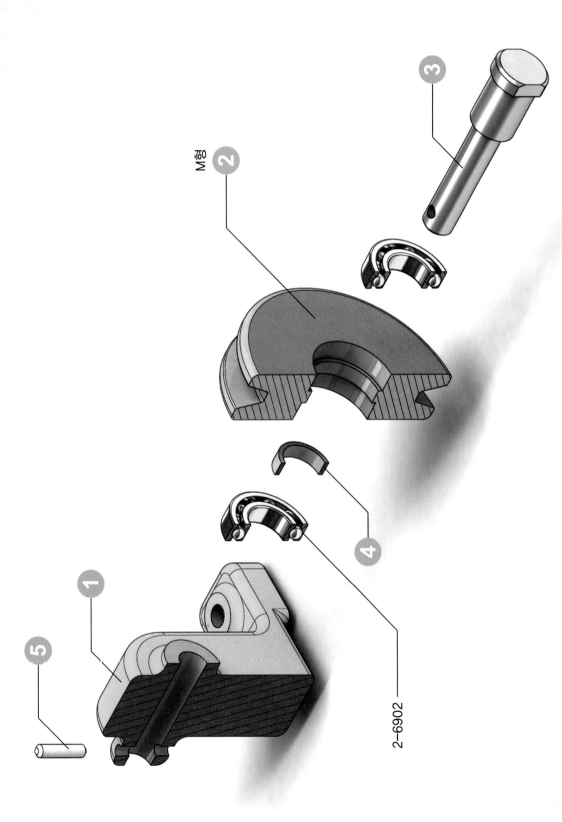

M형

2-6902

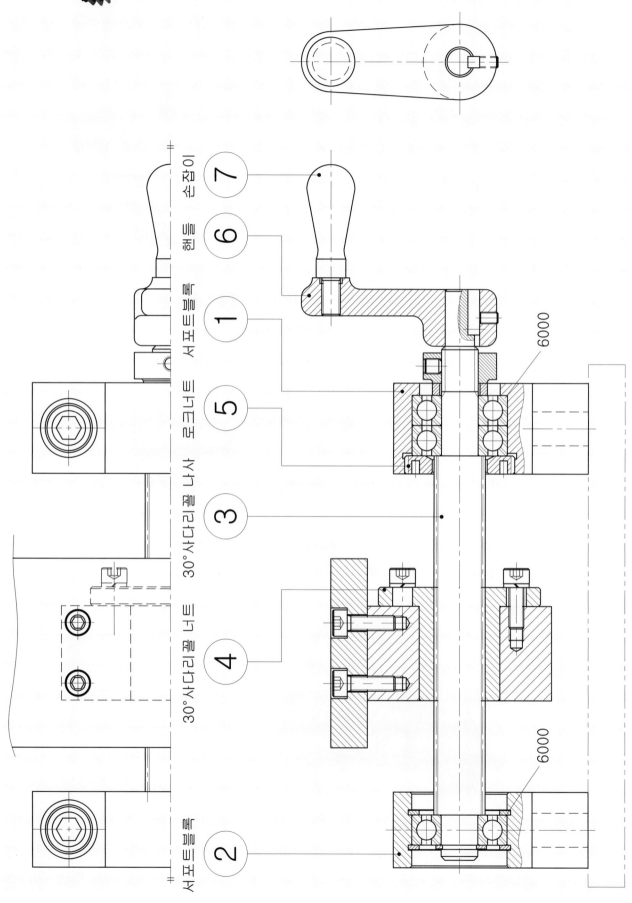

손잡이 ⑦

핸들 ⑥

서포트블록 ①

로크너트 ⑤

30°사다리꼴 나사 ③

30°사다리꼴 너트 ④

6000

6000

서포트블록 ②

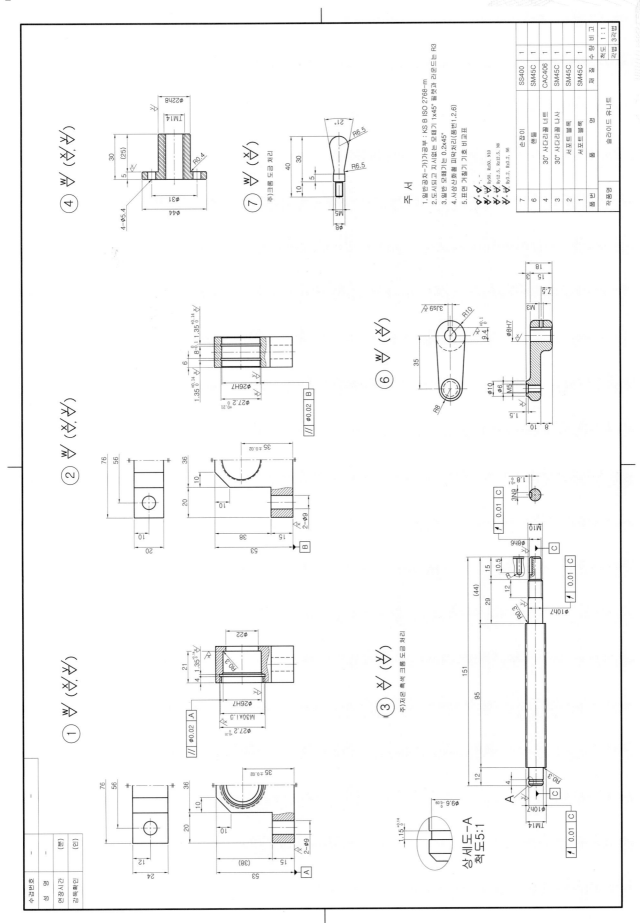

주 서

1. 일반공차-가)가공부 : KS B ISO 2768-m
2. 도시되고 지시없는 모떼기 1x45° 필렛과 라운드는 R3
3. 일반 모떼기는 0.2x45°
4. 사삼산화철 피막처리(품번1,2,6)
5. 표면 거칠기 기호 비교표

7		SS400	1	
6	핸들	SM45C	1	
4	30° 사다리꼴 너트	CAC406	1	
3	30° 사다리꼴 나사	SM45C	1	
2	서포트 블록	SM45C	1	
1	서포트 블록	SM45C	1	
품번	품 명	재 질	수 량	비 고

작품명 : 슬라이드 유니트   척도 1:1   각법 3각법

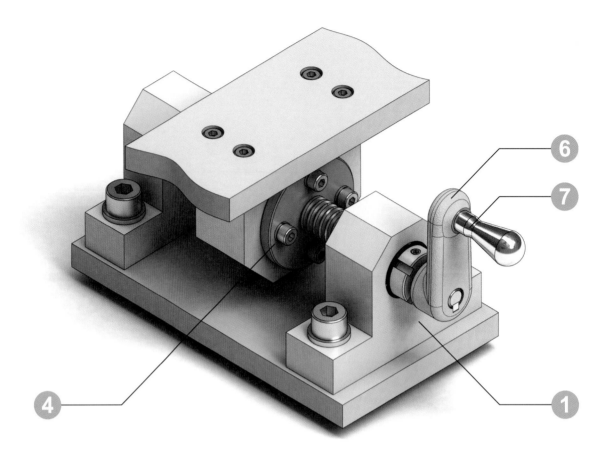

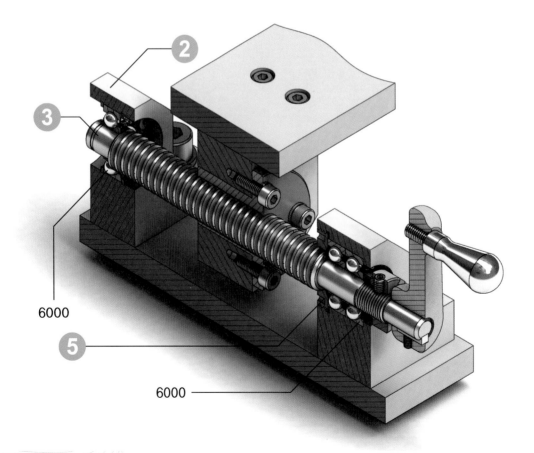

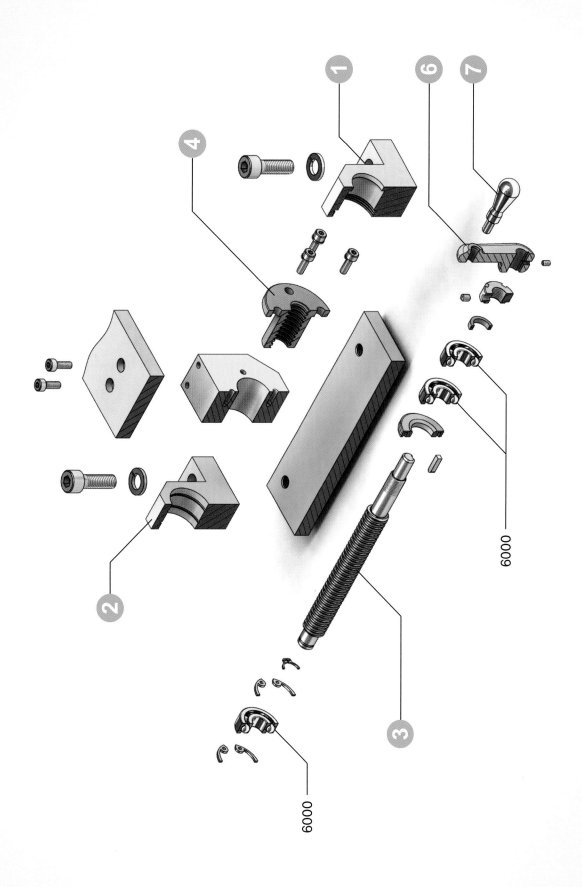

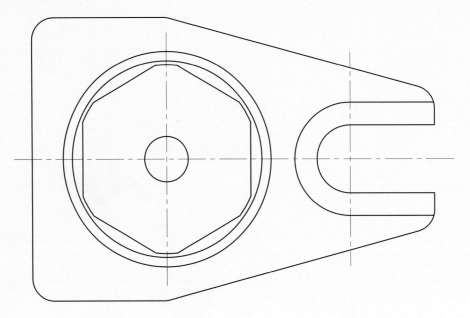

스크류

② ————•

Tr30x6

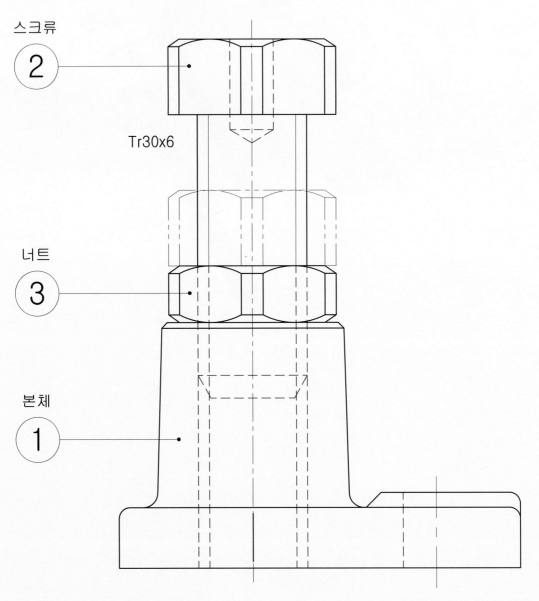

너트

③ ————•

본체

① ————•

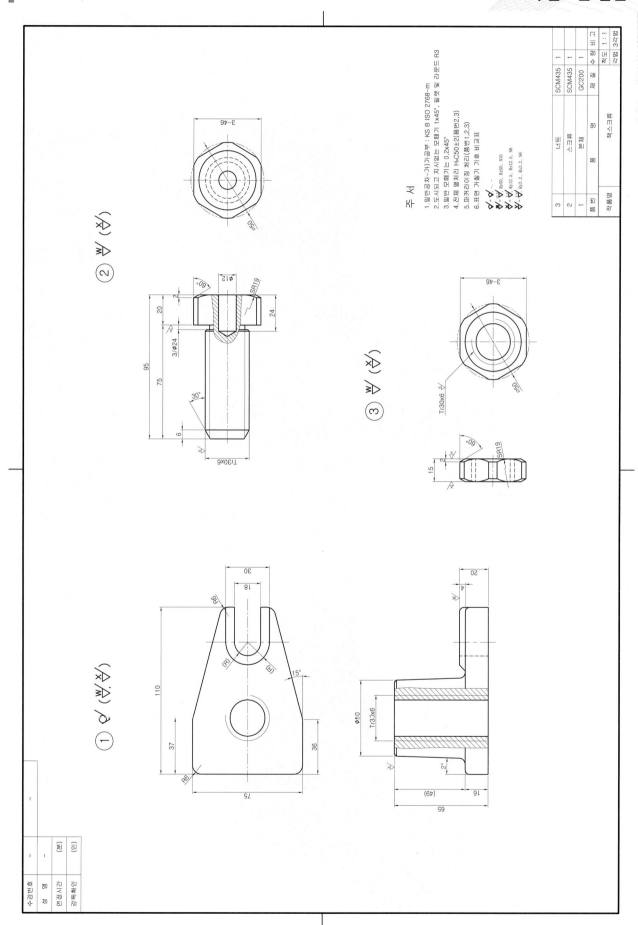

주 서

1. 일반공차-가공부 : KS B ISO 2768-m
2. 도시되고 지시없는 모떼기 1×45°, 필렛 및 라운드 R3
3. 일반 모떼기는 0.2×45°
4. 전체 열처리 H₂C50±2(품번2,3)
5. 파커라이징 처리(품번1,2,3)
6. 표면 거칠기 기호 비교표

3	너트	SCM435	1
2	스크류	SCM435	1
1	본체	GC200	1
품번	품명	재질	수량

잭스크류

작품명

척도 1:1
각법 3각법

Copyright ⓒ 2013 메카피아

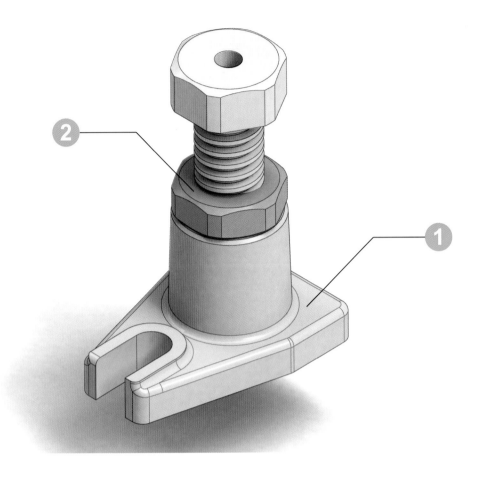

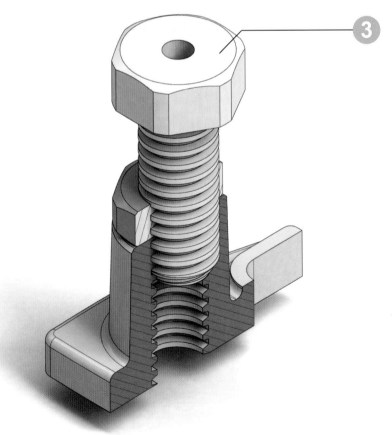

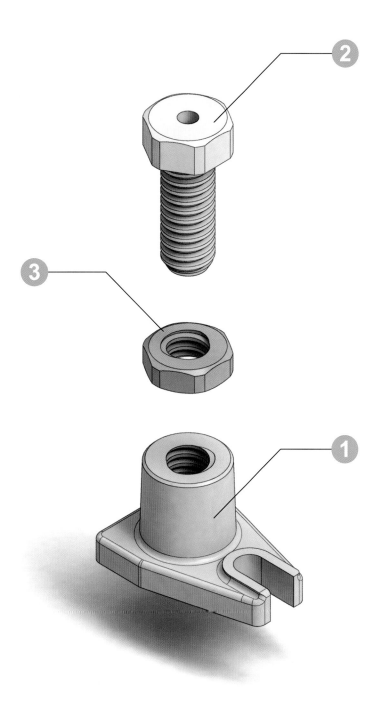

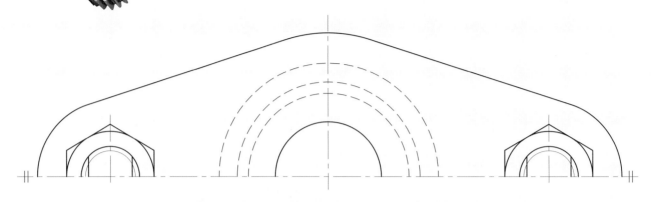

스터드 볼트   상부 플랜지   하부 플랜지

③   ②   ①

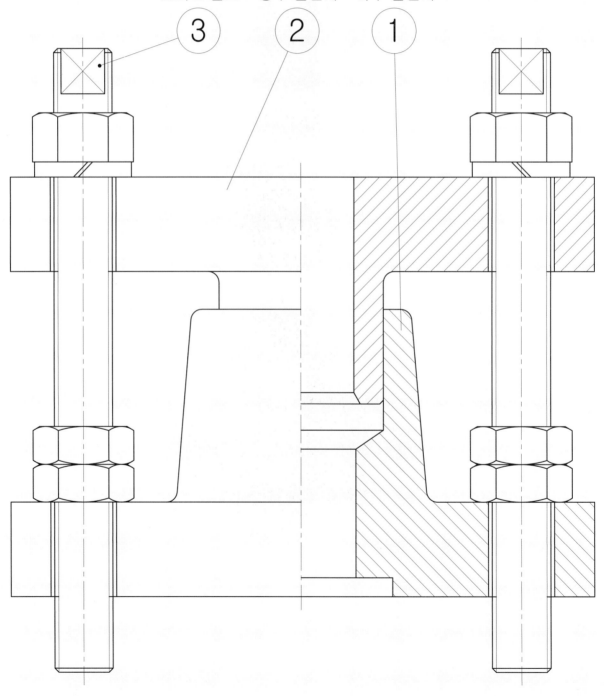

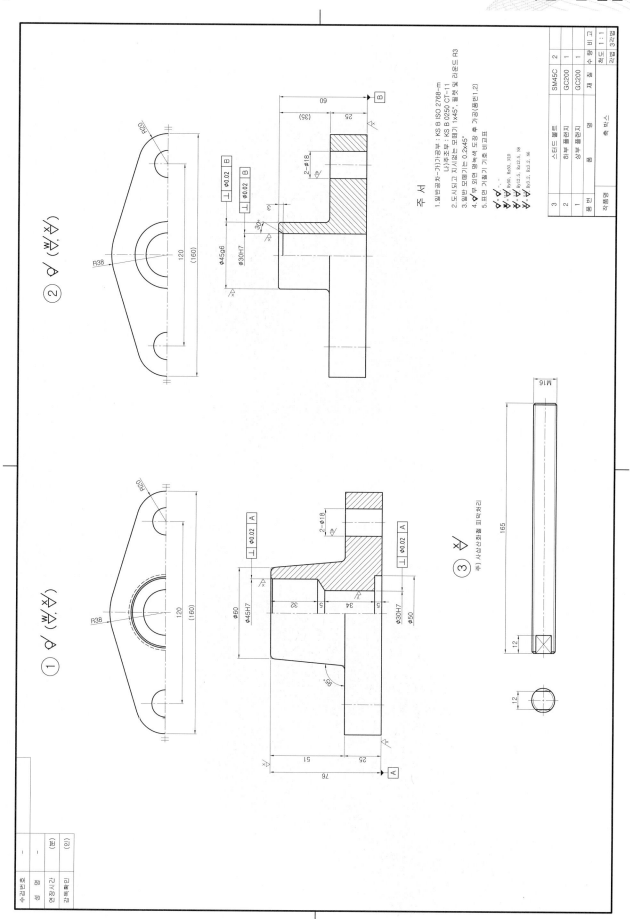

주 서

1. 일반공차-가)가공부 : KS B ISO 2768-m
   나)주조부 : KS B 0250 CT-11
2. 도시되고 지시없는 모떼기 1x45°, 필렛 및 라운드 R3
3. 일반 모떼기는 0.2x45°
4. ◊부 외면 명녹색 도장 후 가공(품번1,2)
5. 표면 거칠기 기호 비교표

품 번 | 품 명 | 재 질 | 수 량 | 비 고
3 | 스터드 볼트 | SM45C | 2 |
2 | 하부 플랜지 | GC200 | 1 |
1 | 상부 플랜지 | GC200 | 1 |

척 도 1:1
각 법 3각법

축박스

작품명

① ⟨ᵂ, ˣ̆⟩ ◊

② ⟨ˣ̆, ˣ̆⟩ ◊

③ ˣ̆
주) 사상 신하롤젤 피막처리

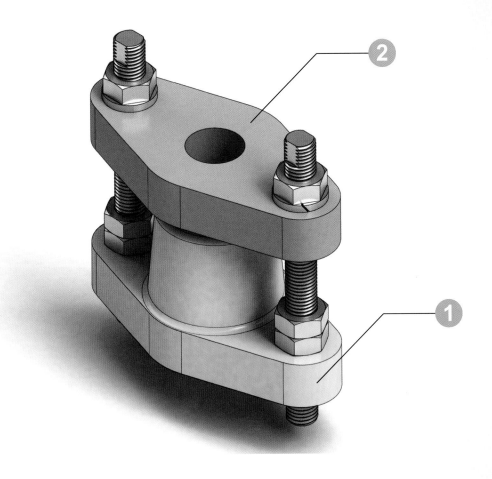

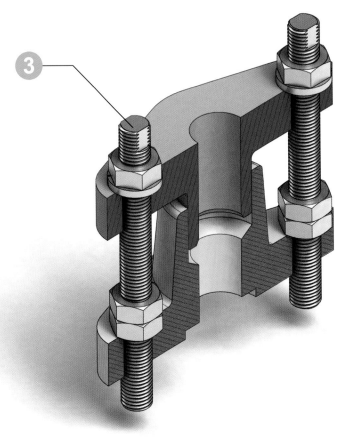

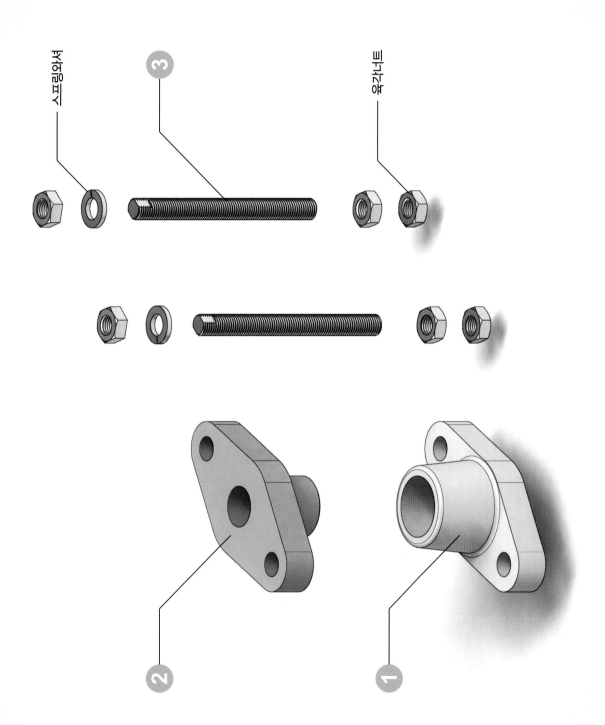

스프링와셔

육각너트

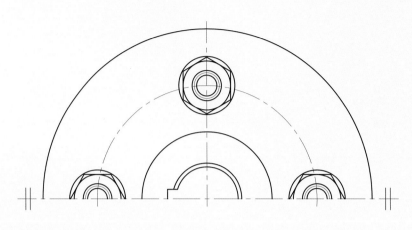

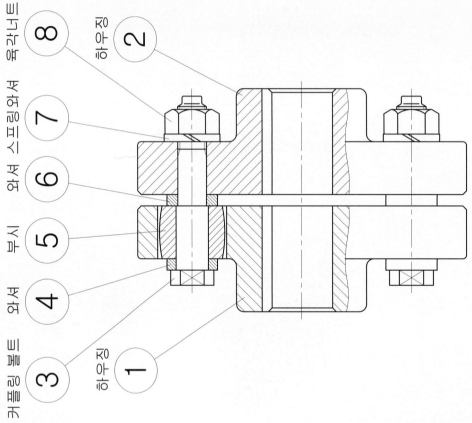

육각너트 **8**

와셔 스프링와셔 **7**

와셔 **6**

부시 **5**

와셔 **4**

커플링 볼트 **3**

하우징 **2**

하우징 **1**

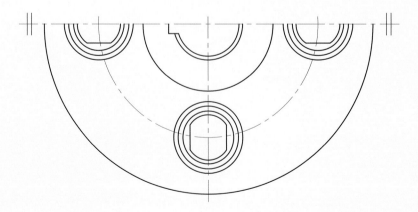

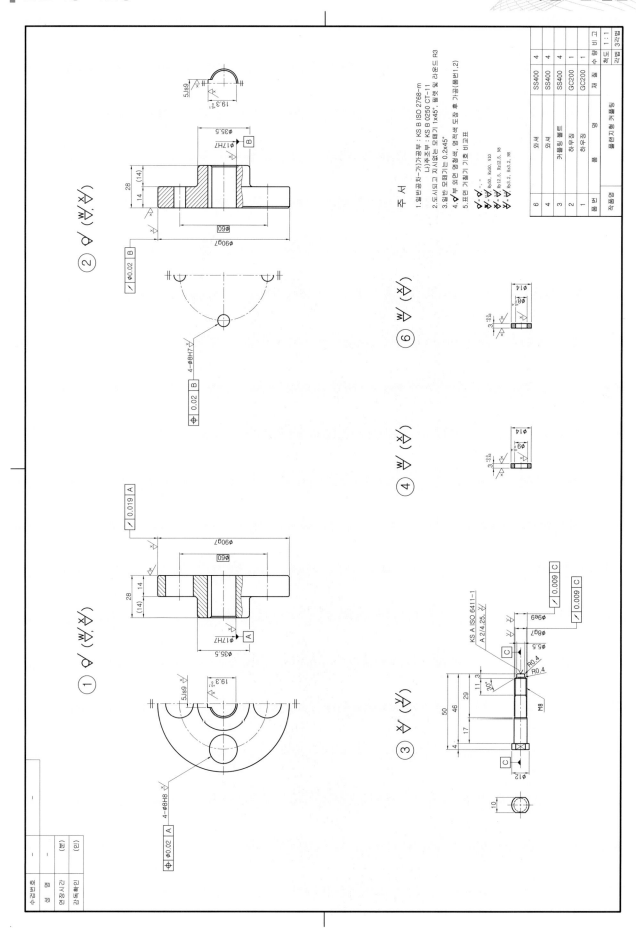

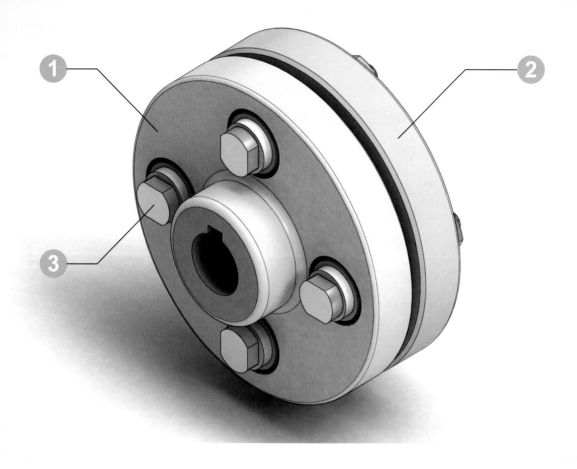

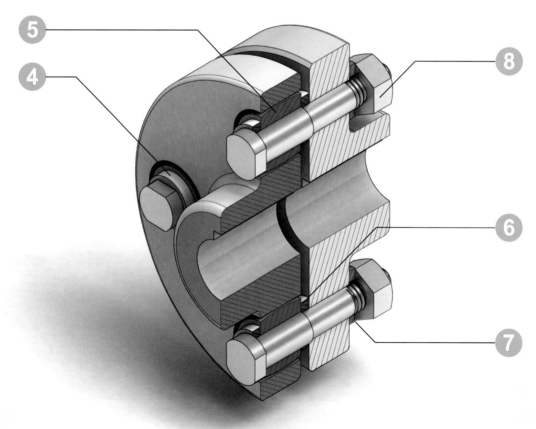

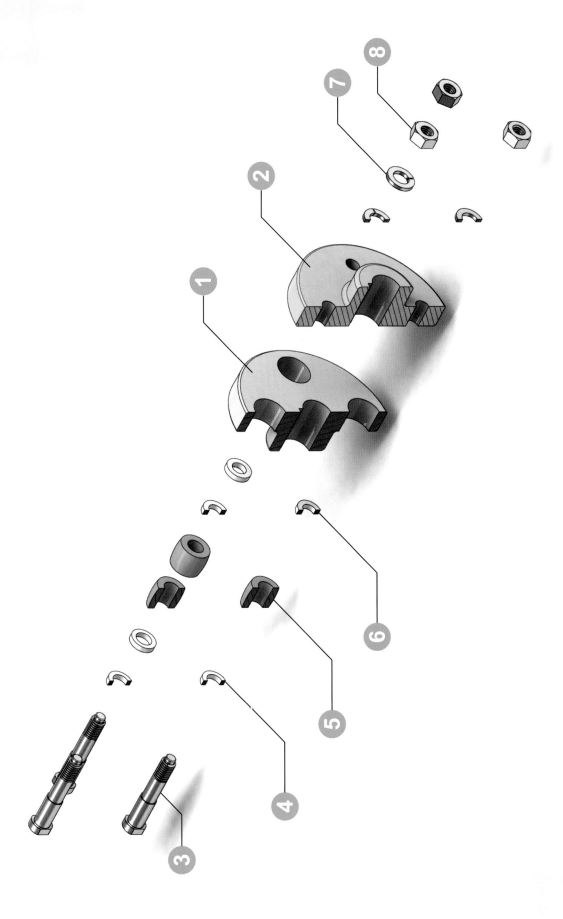

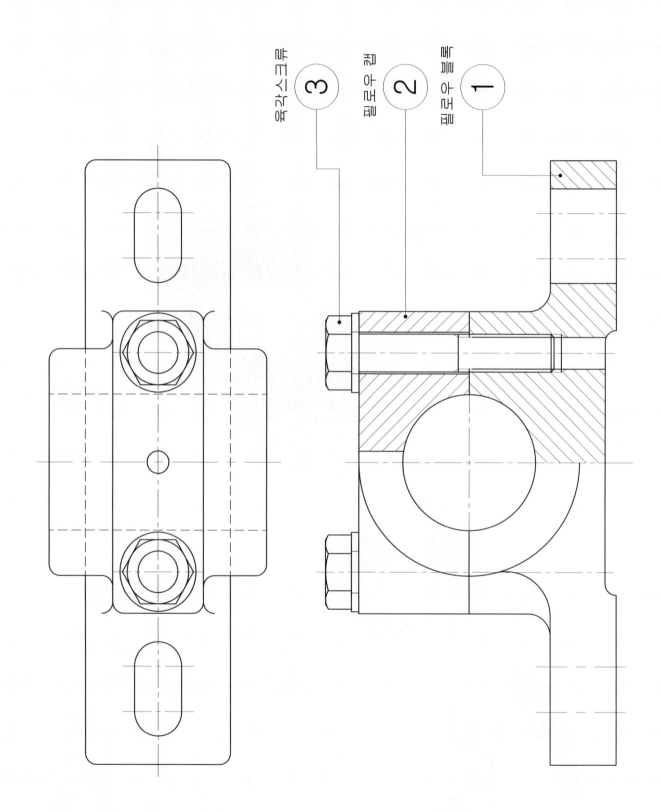

육각스크류 ③

필로우 캡 ②

필로우 블록 ①

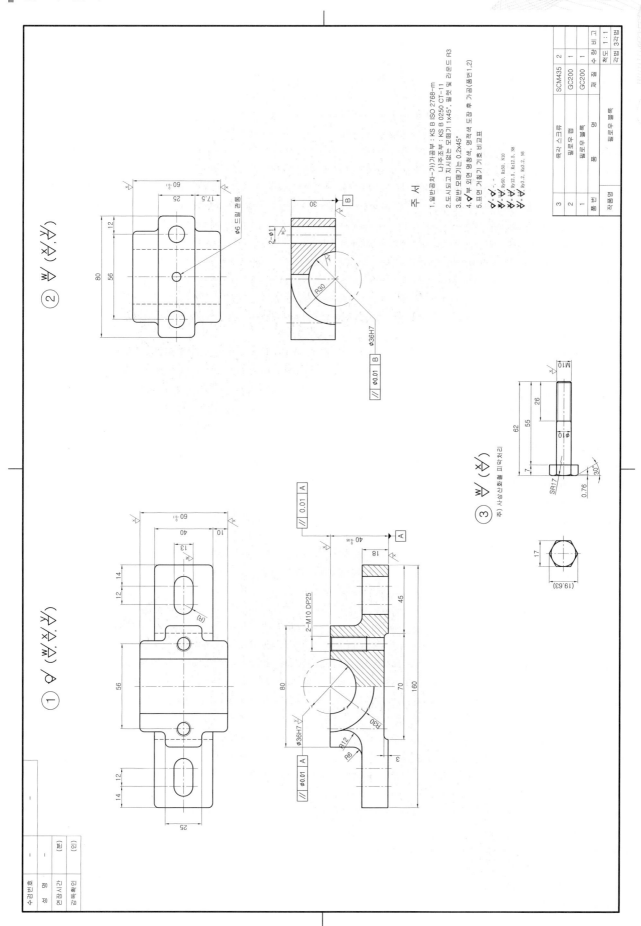

주 서

1. 일반공차-가)가공부 : KS B ISO 2768-m
   나)주조부 : KS B 0250 CT-11
2. 도시되고 지시없는 모떼기 1×45°, 필렛 및 라운드 R3
3. 일반 모떼기는 0.2×45°
4. ◯부 외면 명청색, 명적색 도장 후 가공(품번 1,2)
5. 표면 거칠기 기호 비교표

품번	품명	재질	수량	비고
3	필로우 볼트	SCM435	2	
2	필로우 캡	GC200	1	
1	필로우 블록	GC200	1	

주) 사염산화철 피막처리

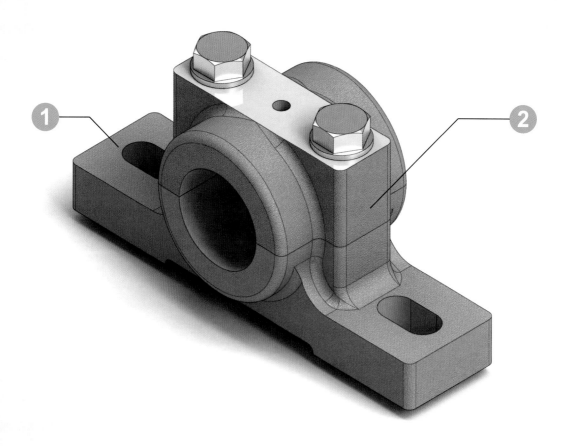

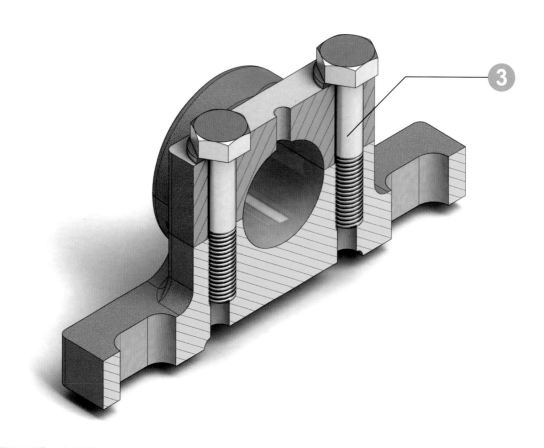

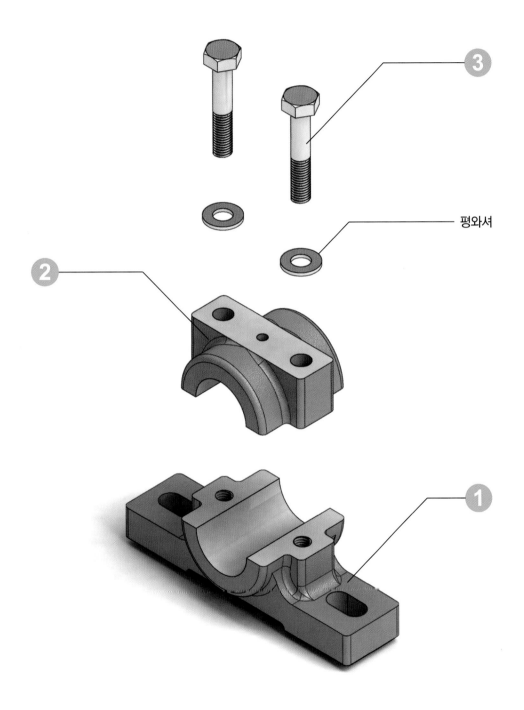

평와셔

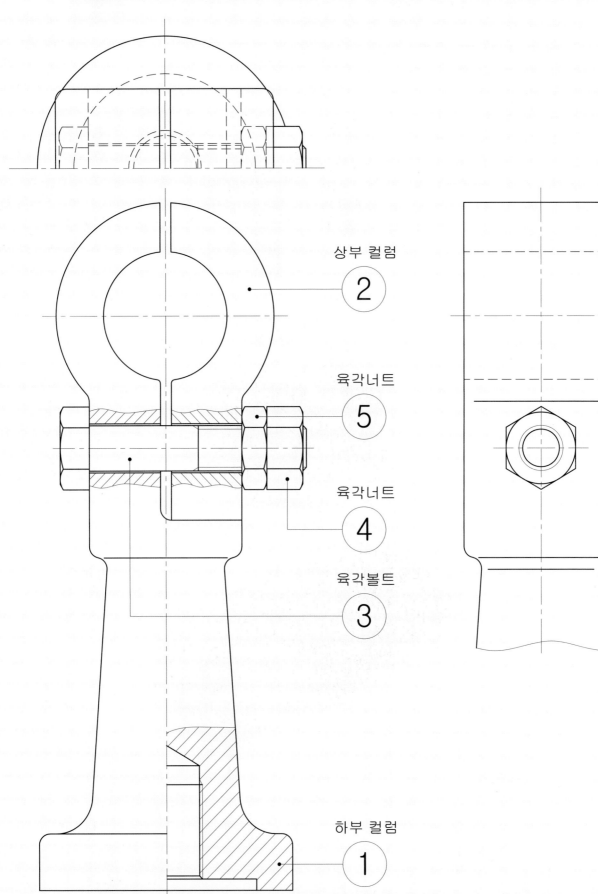

상부 컬럼
2

육각너트
5

육각너트
4

육각볼트
3

하부 컬럼
1

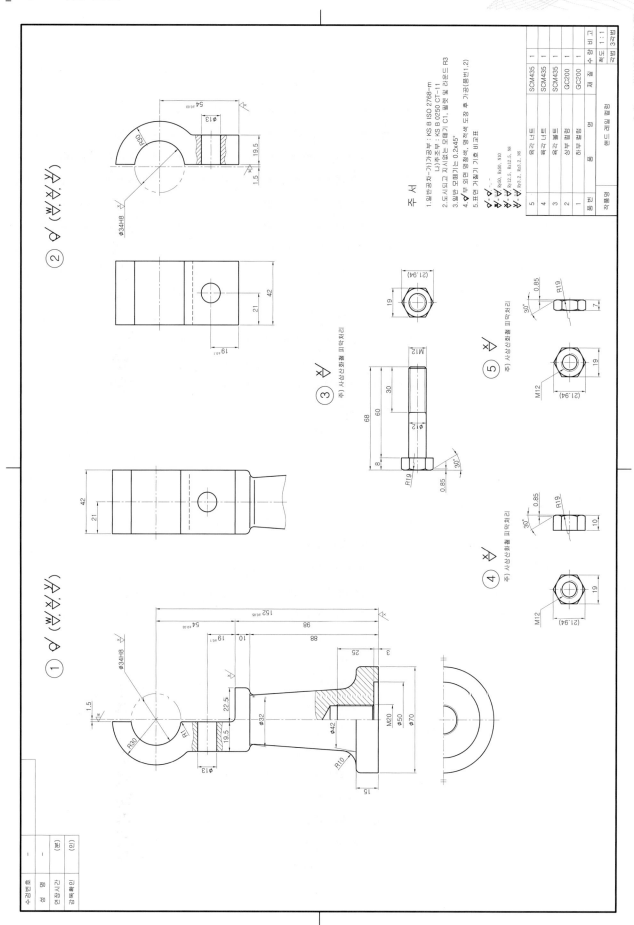

Copyright ⓒ 2013 메카피아

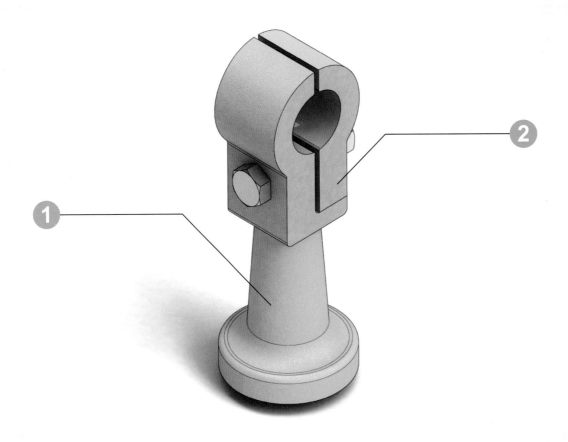

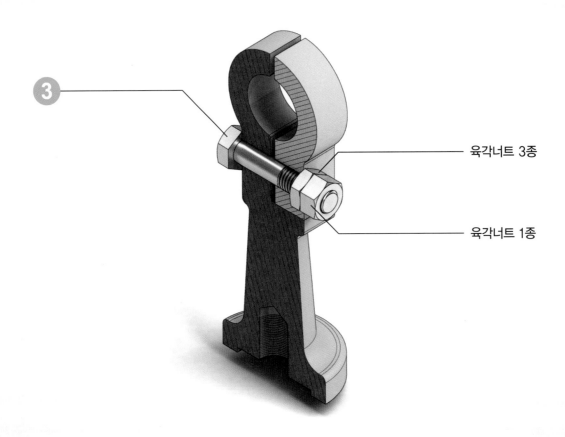

육각너트 3종

육각너트 1종

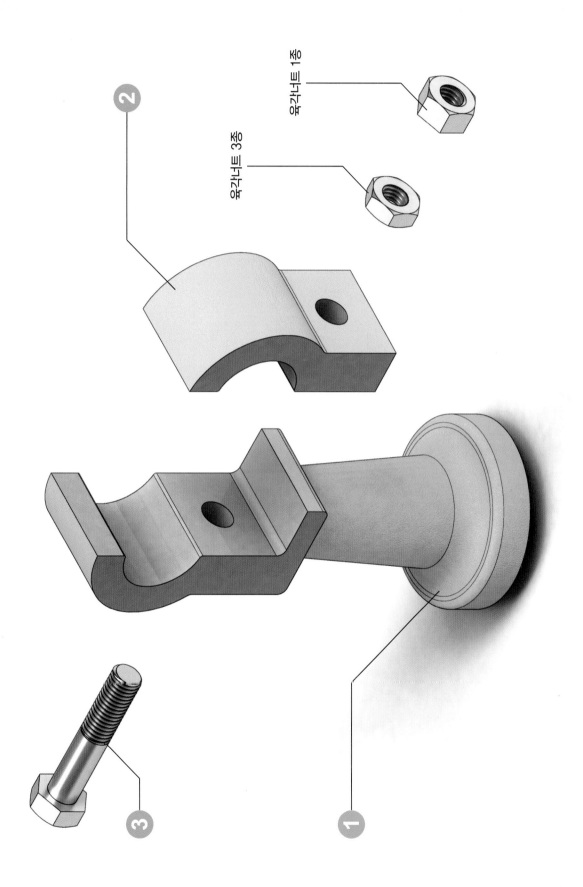

육각너트 1종

육각너트 3종

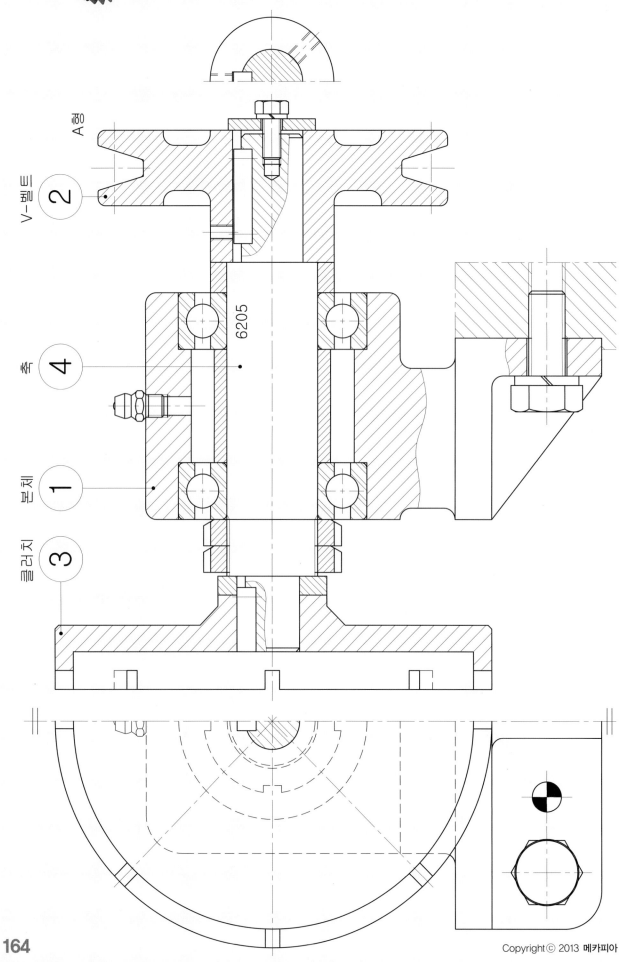

A향

V-벨트 ②

축 ④

본체 ①

클러치 ③

6205

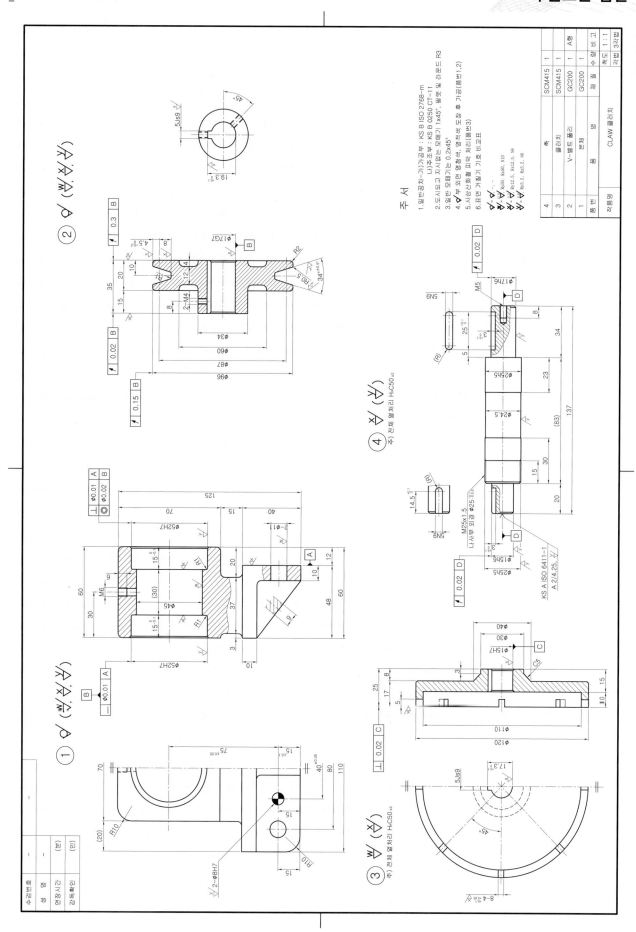

Copyright © 2013 메카피아

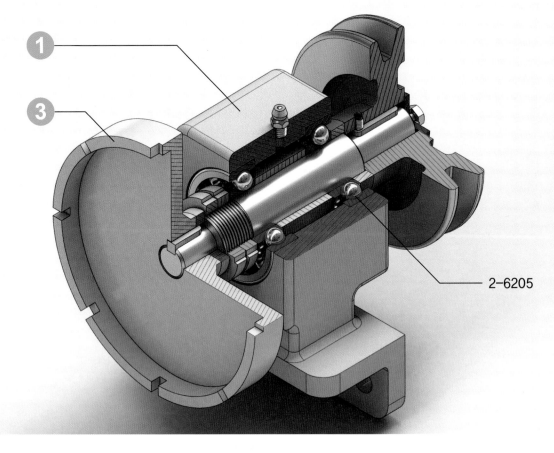

2-6205

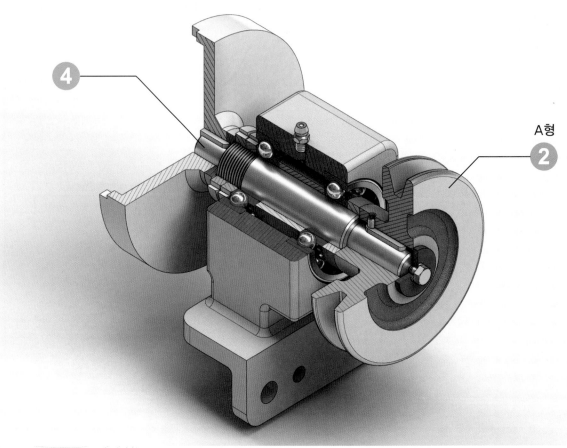

A형

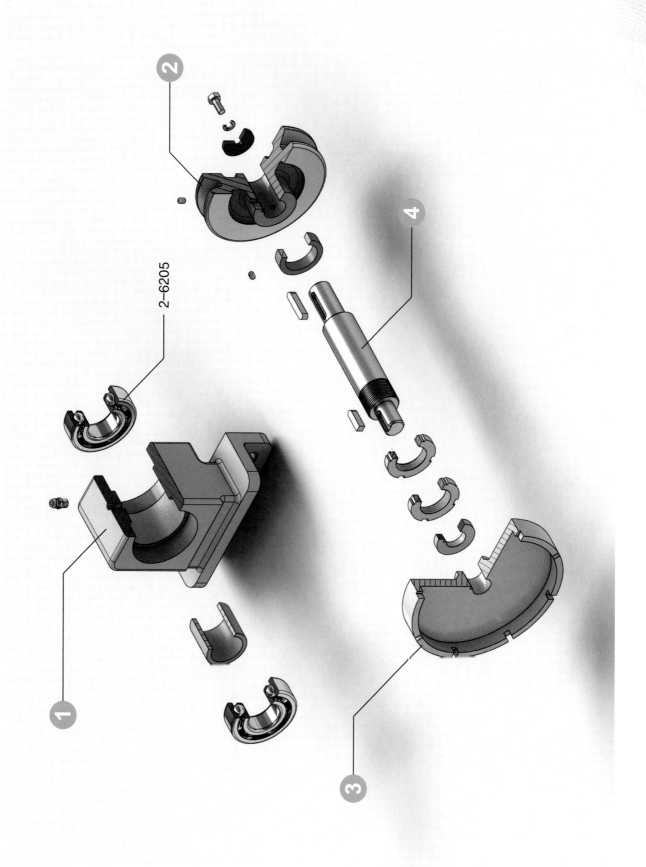

2-6205

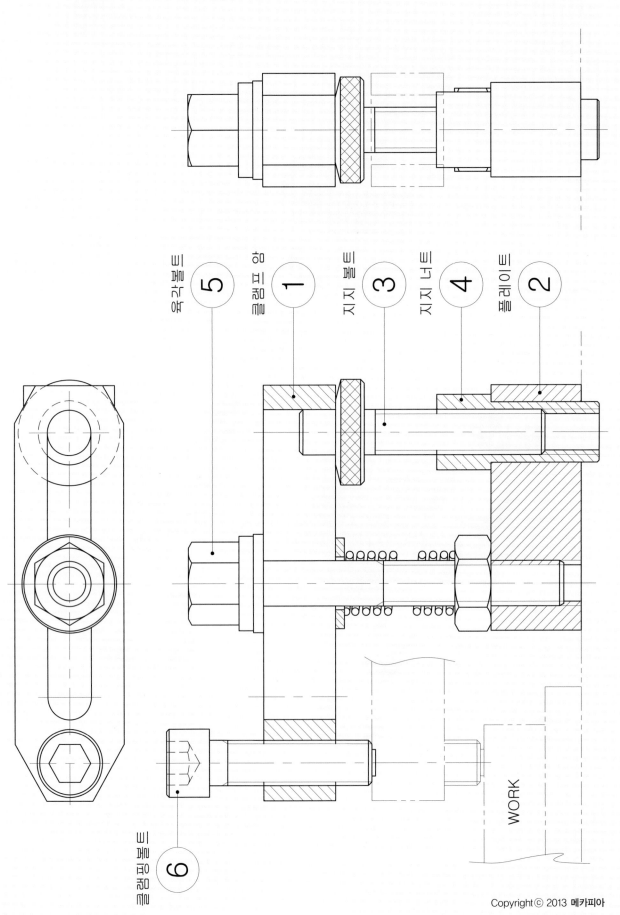

육각볼트 ⑤

맞춤핀 ①

지지볼트 ③

지지너트 ④

플레이트 ②

육각구멍붙이볼트 ⑥

WORK

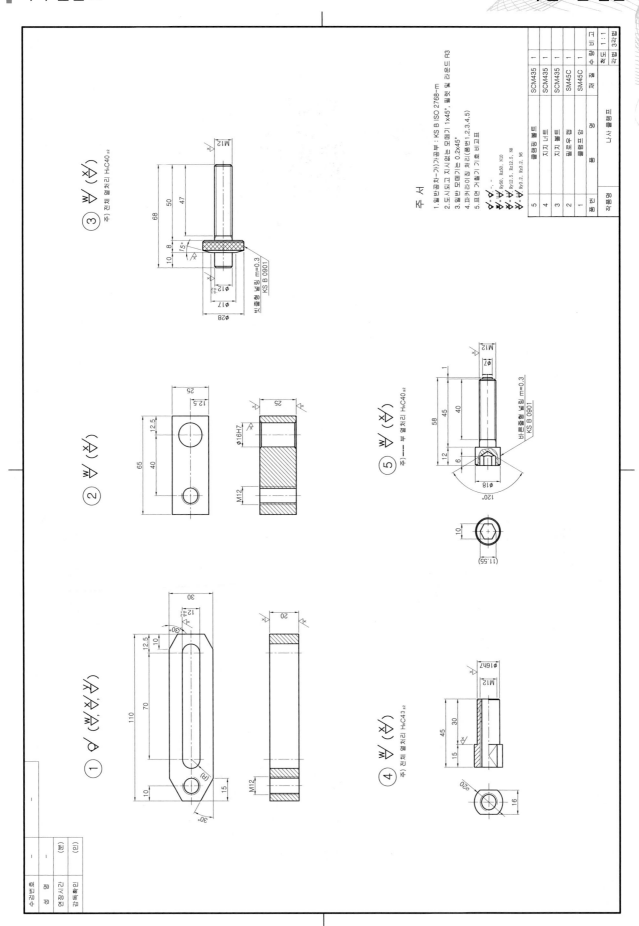

주 서

1. 일반공차-가공부 : KS B ISO 2768-m
2. 도시되고 지시없는 모떼기 1x45°, 필렛 및 라운드 R3
3. 일반 모떼기는 0.2x45°
4. 파커라이징 처리(흑면 1,2,3,4,5)
5. 표면 거칠기 기호 비교표

나사 클램프

품번	품명	재질	수량	비고
5	클램핑 볼트	SCM435	1	
4	지지 너트	SCM435	1	
3	지지 볼트	SCM435	1	
2	링 부시	SM45C	1	
1	클램프	SM45C	1	

작품명 : 나사 클램프

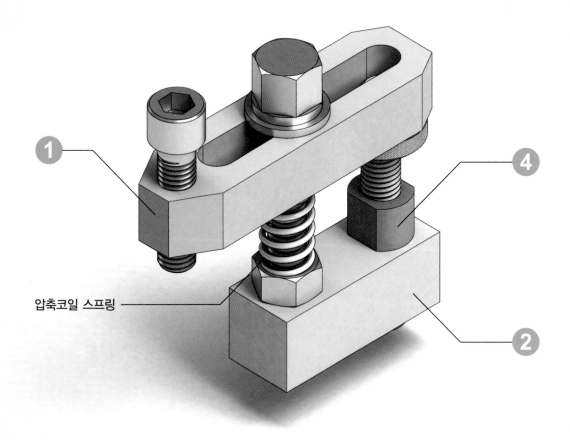

압축코일 스프링

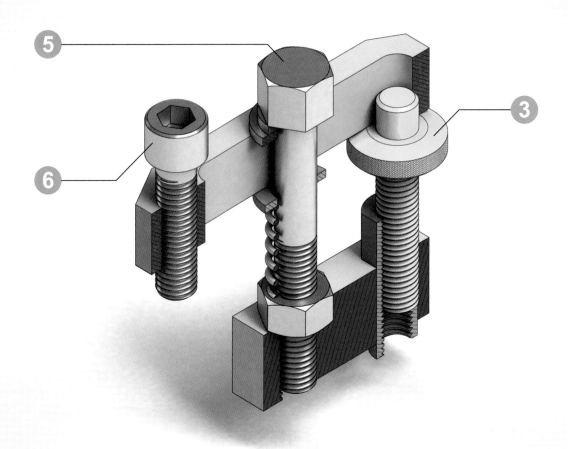

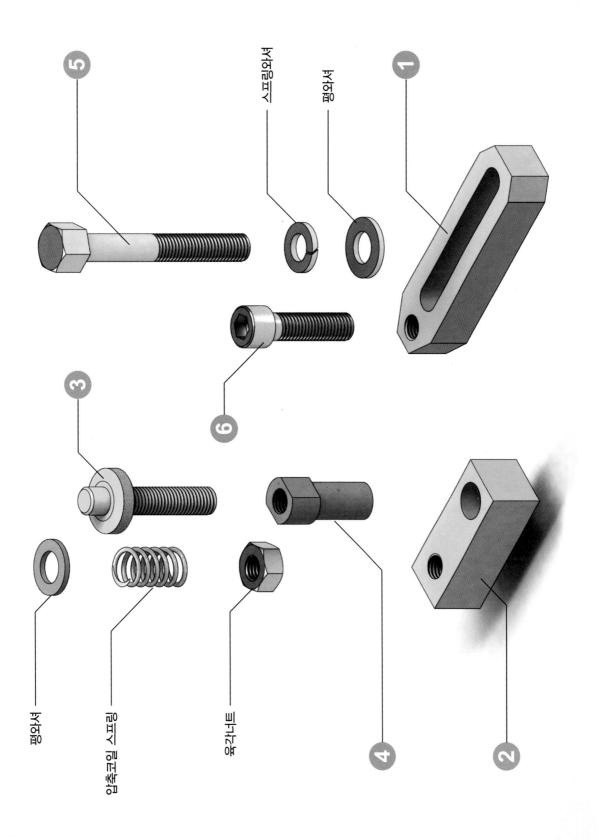

스프링와셔

평와셔

평와셔

압축코일 스프링

육각너트

전산응용기계제도 기능사, 기계설계 산업기사, 기계기사 실기 시험에서 출제 빈도가 높은 도면들을 선별하여 수험생들이 자기 주도적으로 학습할 수 있도록 2D 조립도, 부품도, 3D 모델링, 분해 등각 구조도의 순으로 나열하여 과제도면을 해독하고 이해하기 쉽도록 하였다. 참고적으로 실기 과제도면에 따른 부품도 답안 가이드는 기능사 실기시험 수준에 맞추어 치수기입 및 표면거칠기와 기하공차 기입, 재질 및 열처리 선정 등을 한 것으로 도면을 해독하고 작성하는 사람에 따라 다를 수 있다.

특히 끼워맞춤의 경우 일반적으로 자주 사용하는 구멍과 축의 끼워맞춤은 'IT5급~IT10급 : 주로 끼워맞춤(Fitting)을 적용하는 부분'을 따랐으며, 기하공차값의 경우 편의상 IT4급~IT7급의 범위내에서 기준길이에 따라 도면의 종류별로 규제해 주었다. 그리고 현장실무에서 많이 사용하는 기하공차값의 적용례도 수록하였으니 참고하기 바란다. 간혹 출제 과제도면으로 주어진 2D 조립도에 누락된 부분이나 잘못 작도된 부분도 발견할 수 있는데 이런 경우 수험자는 설계엔지니어의 입장에서 판단하고 결정하여 도면을 완성시켜야 한다.

■ 주요 학습내용 및 목표

• 과제도면의 분석 및 도면 해독 • KS규격 데이타의 활용 • 치수공차와 끼워맞춤의 선정 • 표면거칠기와 기하공차의 적용
• 2D 부품도 작성 및 재질선정 • 3D 모델링 및 도면 배치 • 주서 기입

DRAWING EXERCISE for
COMPUTER AIDED DESIGN

Chapter | 06

작업형 실기 대비 예제 도면의 분석과 해독(2D & 3D)

1. 동력전달장치-1

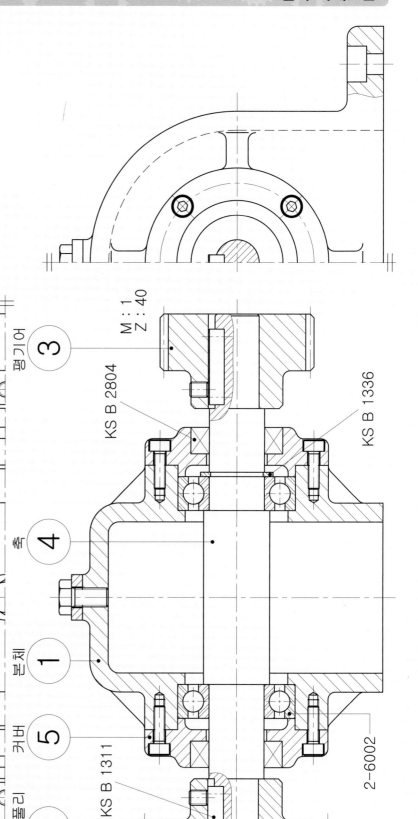

KS B 2804

KS B 1336

KS B 1311

2-6002

평기어 ③ M : 1 Z : 40

축 ④

본체 ①

커버 ⑤

V-벨트풀리 ②

M5공

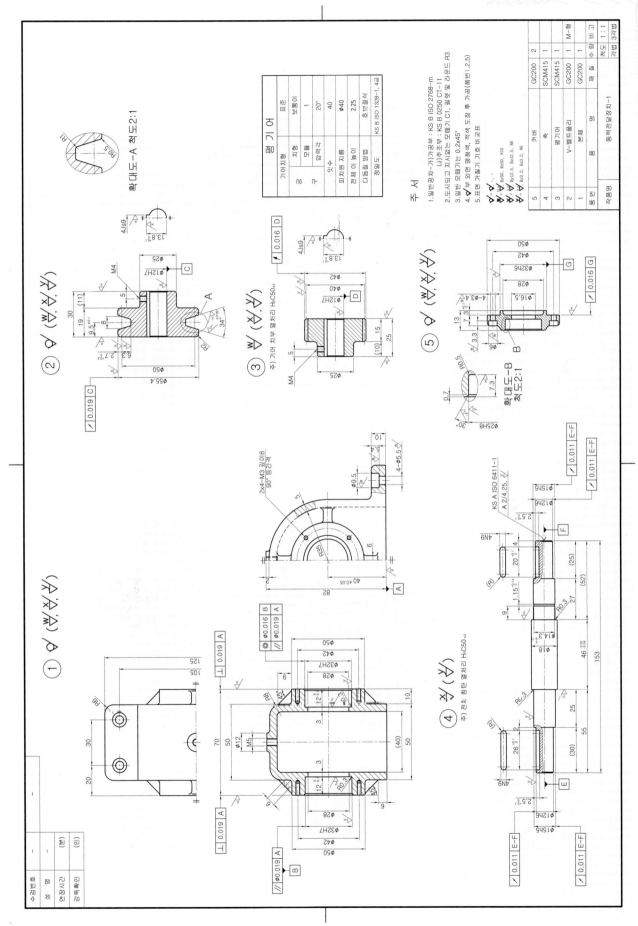

평 기 어

기어치형		표준
공구	치형	보통이
	모듈	1
	압력각	20°
잇수		40
피치원 지름		φ40
전체이 높이		2.25
다듬질 방법		호브절삭
정밀도		KS B ISO 1328-1, 4급

주 서

1. 일반공차 - 가)가공부 : KS B ISO 2768-m
　　　　　　나)주조부 : KS B 0250 CT-11
2. 도시되고 지시없는 모떼기는 C1, 필렛 및 라운드 R3
3. 일반 모떼기는 0.2×45°
4. ◊부 외면 명청색, 적색 도장 후 가공(품번1,2,5)
5. 표면 거칠기 기호 비교표

◊ ▽
◊/ ▽▽ Ry50, Rz50, N10
◊/ ▽▽▽ Ry12.5, Rz12.5, N8
◊/ ▽▽▽▽ Rz3.2, Rz3.2, N6

5	커버	GC200	2	
4	축	SCM415	1	
3	평기어	SCM415	1	
2	V-벨트풀리	GC200	1	M-형
1	본체	GC200	1	
품번	품명	재질	수량	비고

동력전달장치-1

작품명 | | 척도 1:1 | 각법 3각법

확대도-A 척도2:1

① ◊ (▽▽▽)

② ◊ (▽,▽,▽)

③ ▽ (▽,▽)
주) 기어 치부 열처리 H₄C50₂₂

④ ▽ (▽)
주) 전처리 침탄 열처리 H₄C50₂₂

⑤ ◊ (▽,▽,▽)

확대도-B 척도2:1

M형

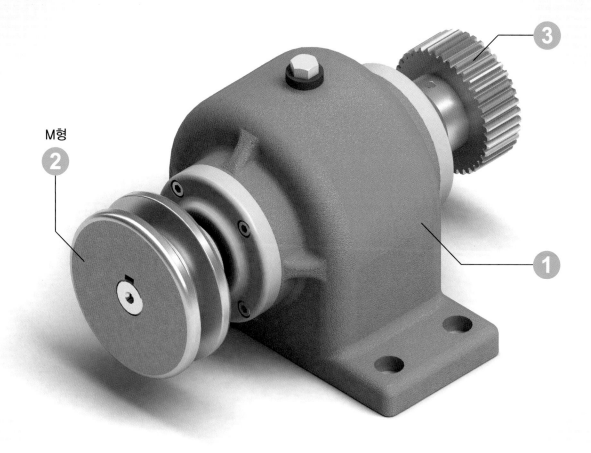

2-6002

스냅링

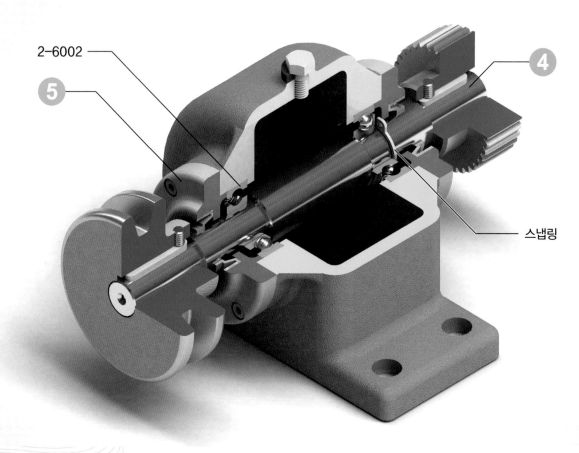

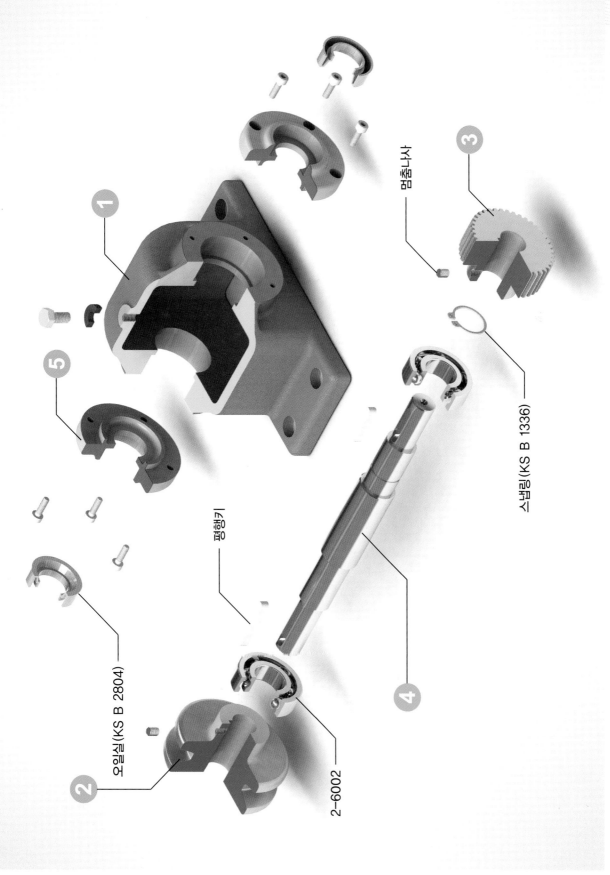

멈춤나사

③

스냅링(KS B 1336)

①

평행키

⑤

④

오일실(KS B 2804)

②

2-6002

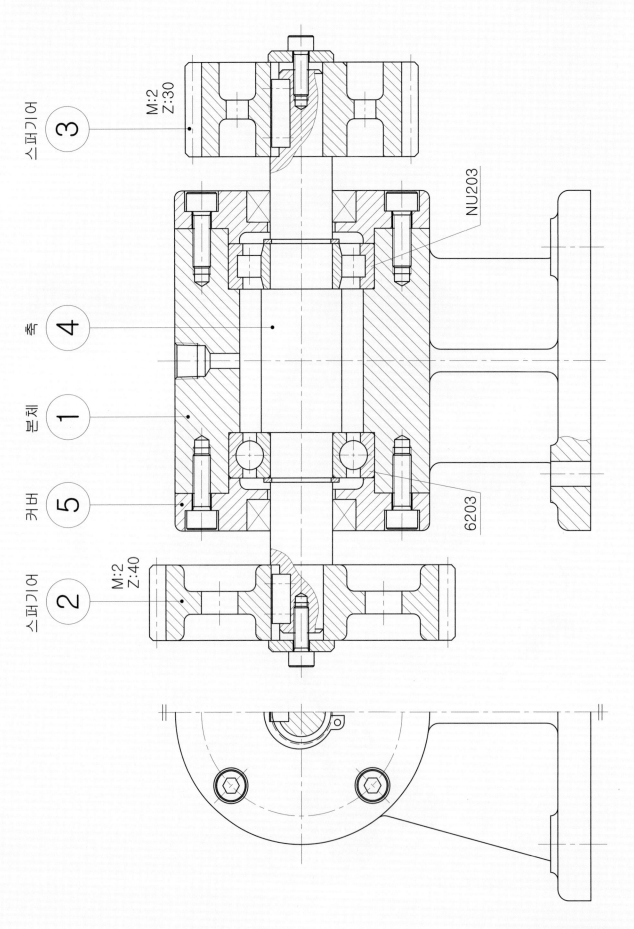

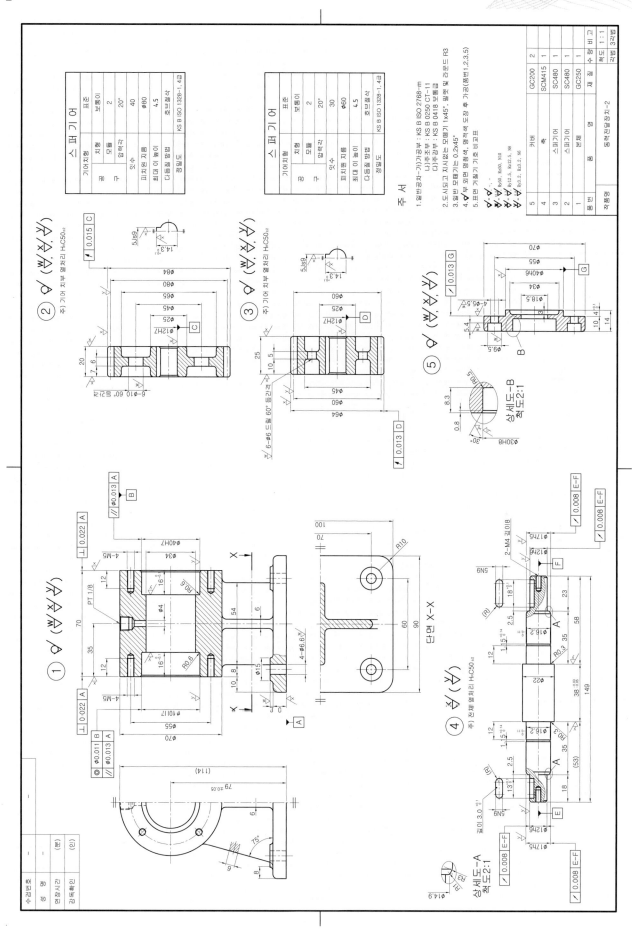

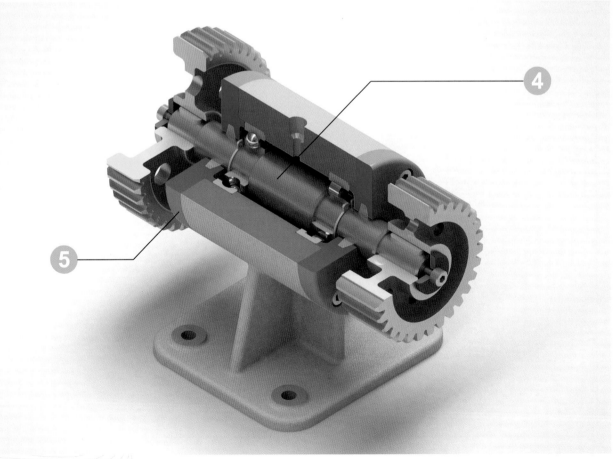

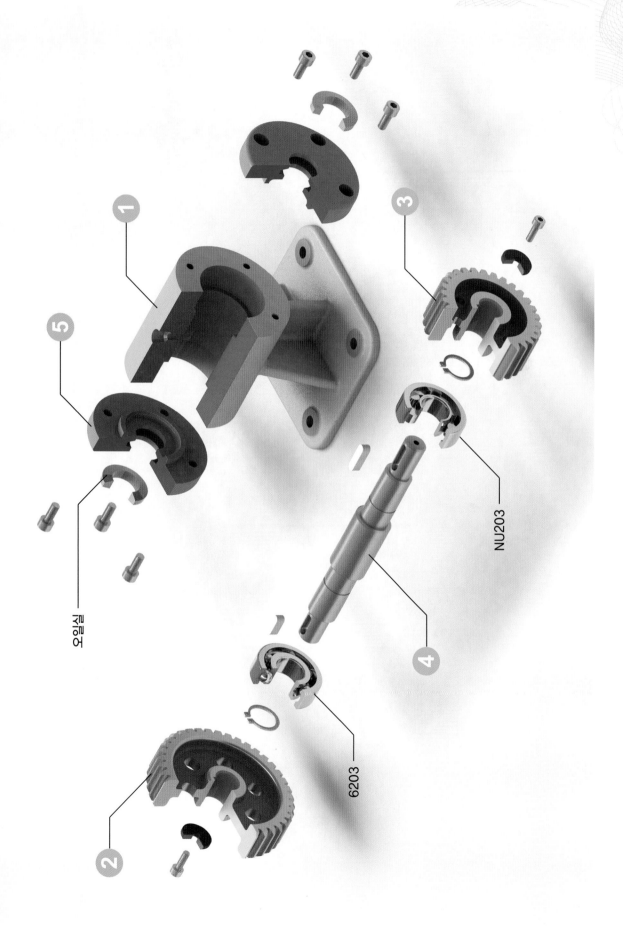

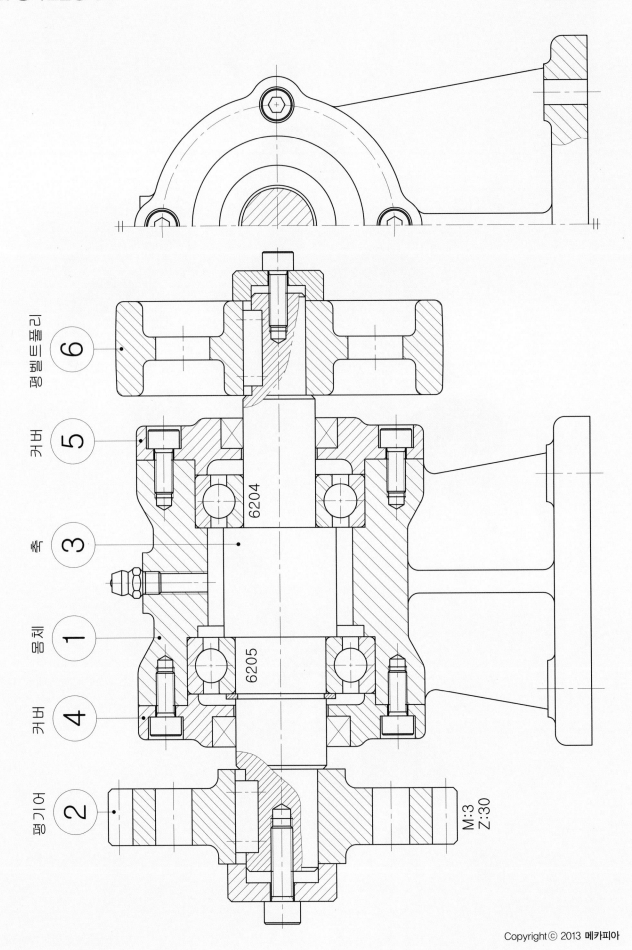

평벨트풀리 ⑥

커버 ⑤

축 ③

몸체 ①

커버 ④

평기어 ②

6204

6205

M:3
Z:30

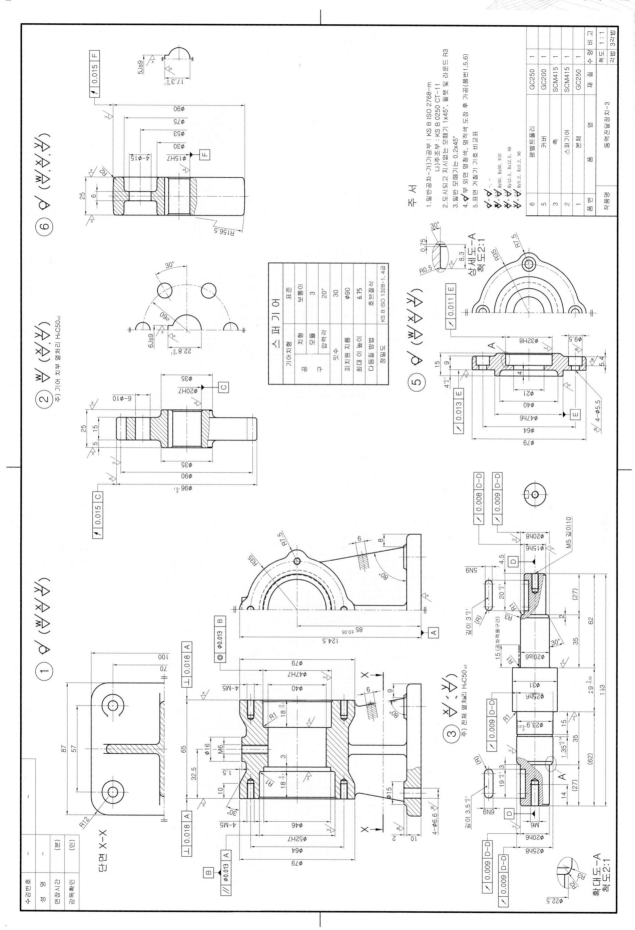

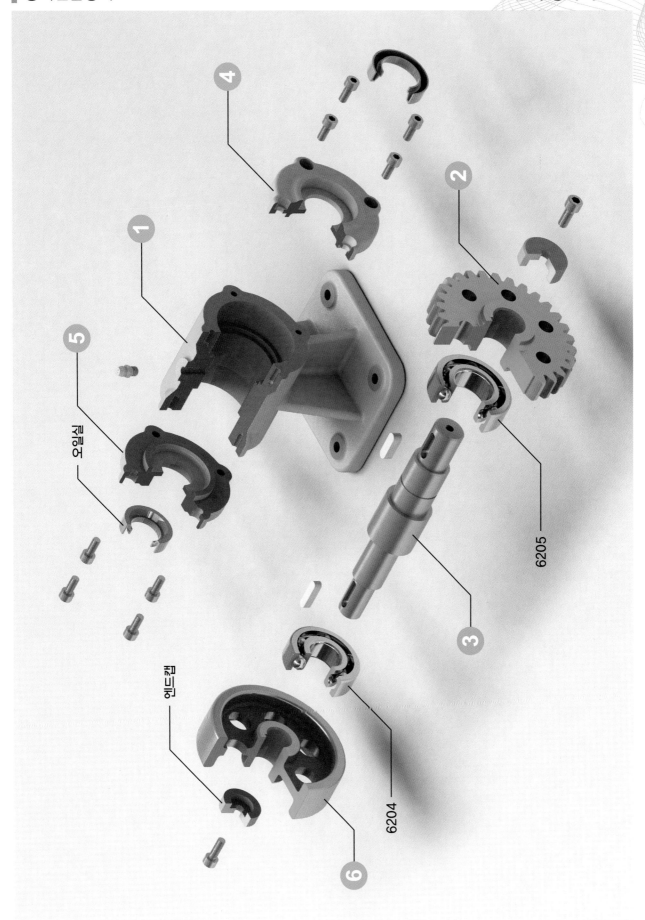

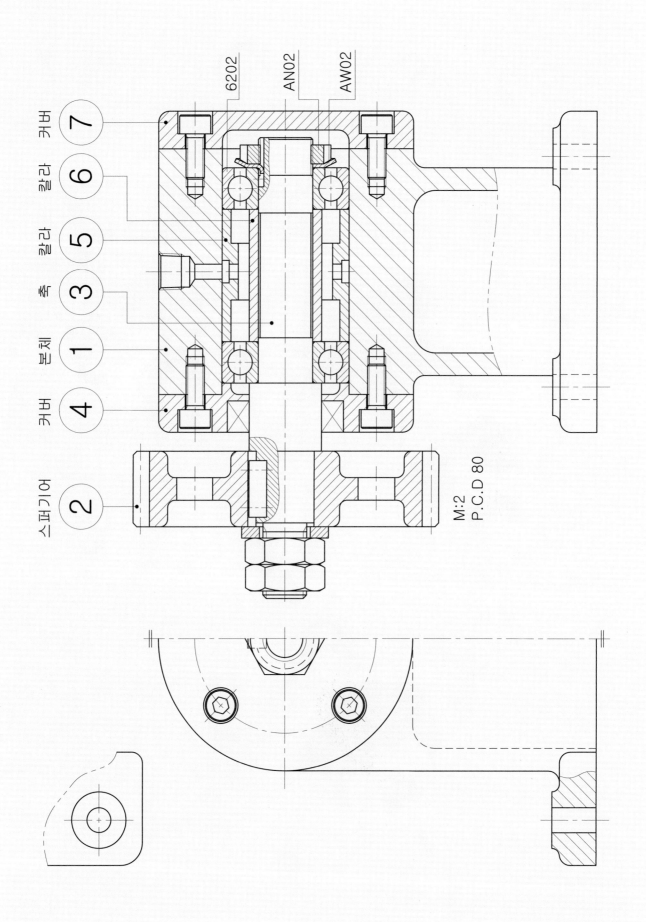

6202
AN02
AW02

7 커버
6 칼라
5 칼라
3 축
1 본체
4 커버
2 스퍼기어

M:2
P.C.D 80

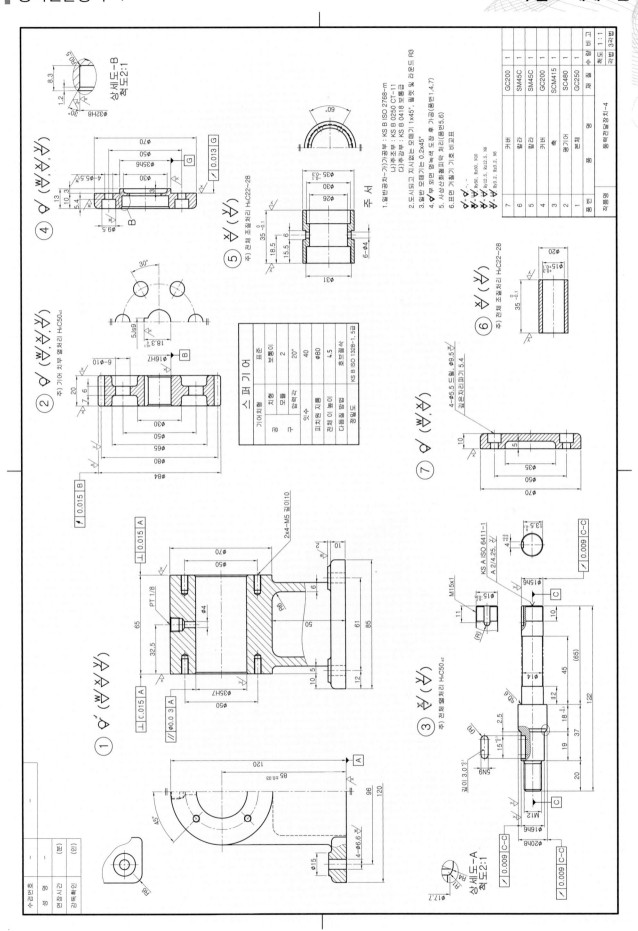

상세도-B
척도 2:1

주) 기어 치부 열처리 HrC50±2

스 퍼 기 어

기어치형		표준
공구	치형	보통이
	모듈	2
	압력각	20°
잇수		40
피치원 지름		φ80
전체 이 높이		4.5
다듬질 방법		호브절삭
정밀도		KS B ISO 1328-1,5급

주) 전체 조질처리 HrC22-28

주서

1. 일반공차-가)가공부 : KS B ISO 2768-m
　　　나)주조부 : KS B 0250 CT-11
　　　다)주강부 : KS B 0418 보통급
2. 도시되고 지시없는 모떼기 1x45°, 필렛 및 라운드 R3
3. 일반 모떼기는 0.2x45°
4. ▽부 외면 명녹색 도장 후 가공(품번1,4,7)
5. 사상산화흑철피막 처리(품번5,6)
6. 표면 거칠기 기호 비교표

주) 기어 치부 열처리 HrC50±2

주) 전체 조질처리 HrC22-28

주) 전체 열처리 HrC50±2

상세도-A
척도 2:1

7	커버	GC200	1
6	칼라	SM45C	1
5	칼라	SM45C	1
4	커버	GC200	1
3	축	SCM415	1
2	평기어	SC480	1
1	본체	GC250	1
품번	품명	재질	수량

동력전달장치-4

척도 1:1
3각법

Copyright © 2013 메카피아

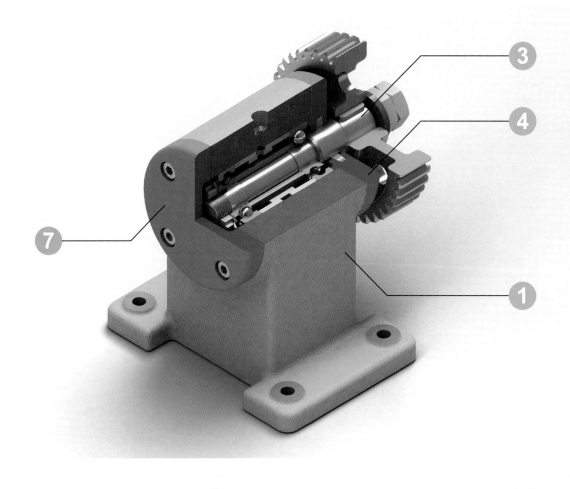

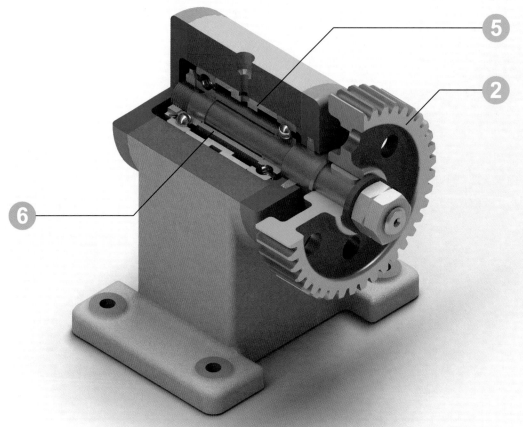

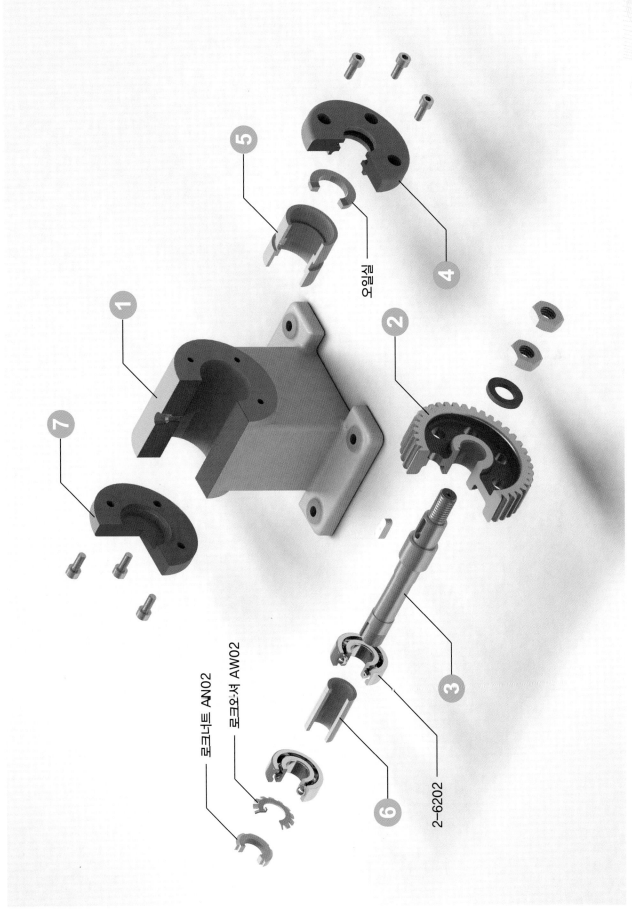

어셈블

로크너트 AN02

로크와셔 AW02

2-6202

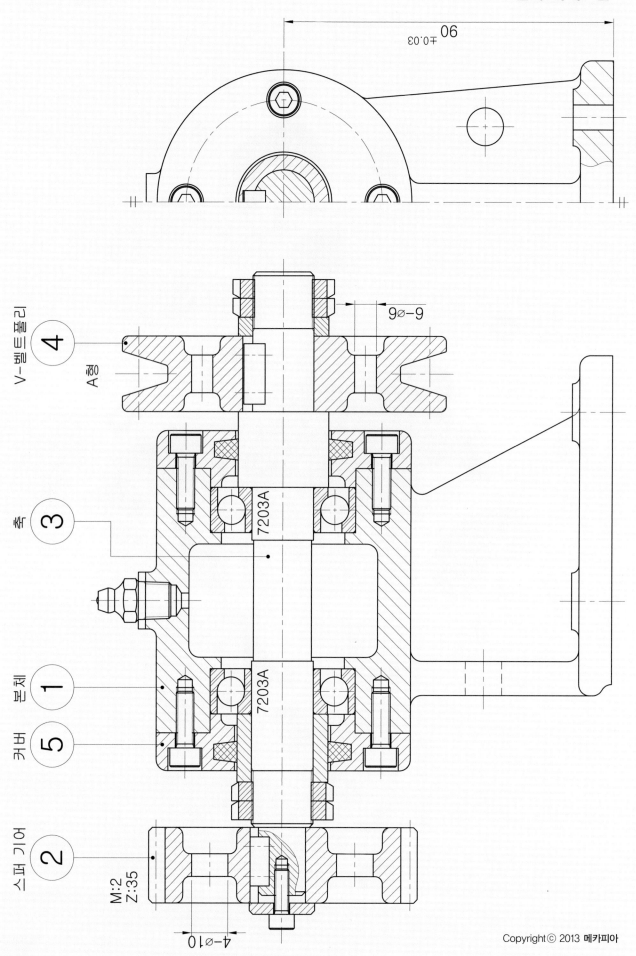

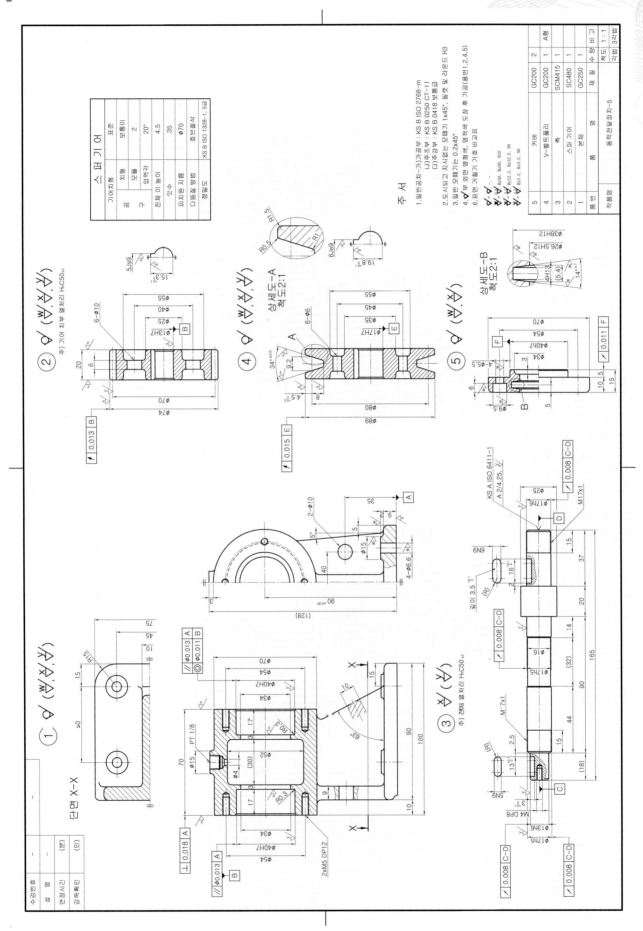

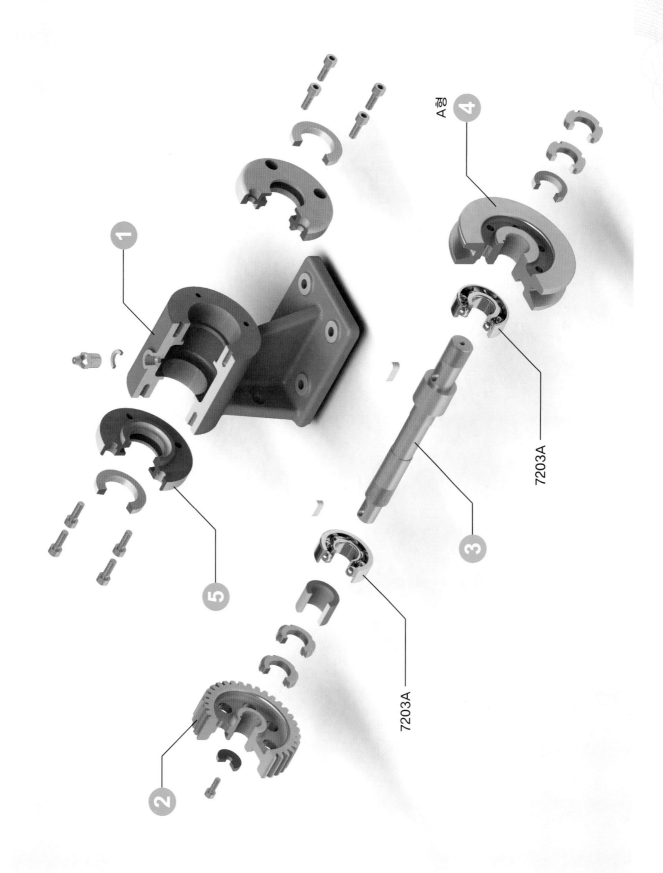

7203A

7203A

A향

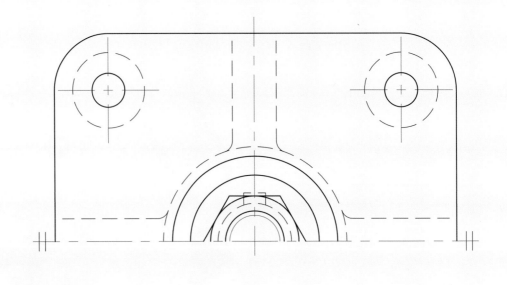

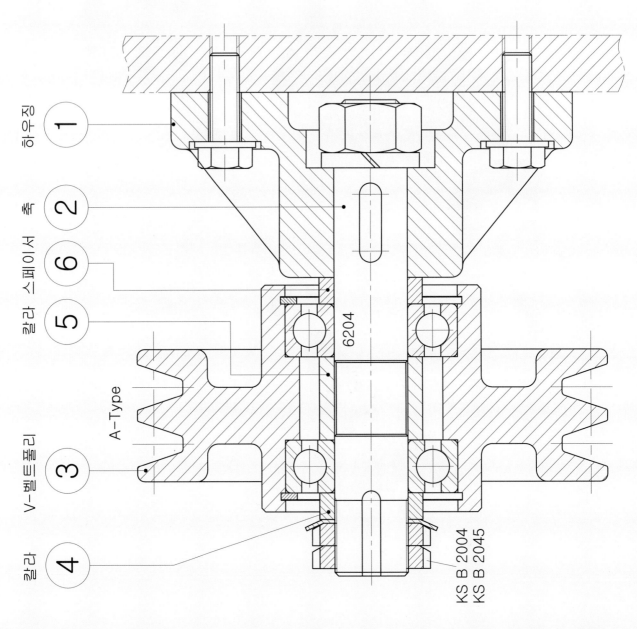

하우징 ①

축 ②

스페이서 ⑥

칼라 ⑤

V-벨트풀리 ③

A-Type

칼라 ④

6204

KS B 2004
KS B 2045

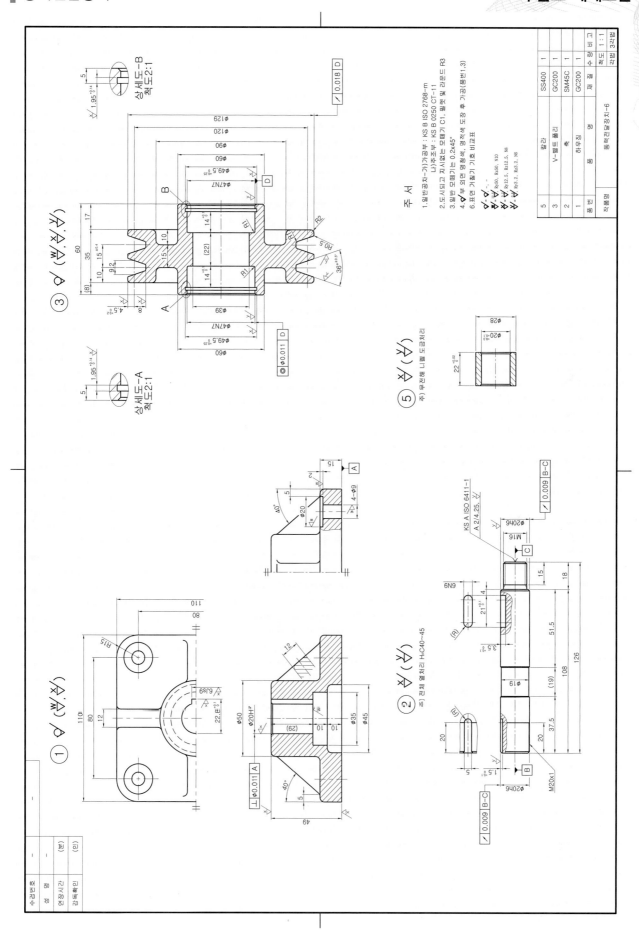

주 서

1.일반공차-가)가공부 : KS B ISO 2768-m
　　　　　나)주조부 : KS B 0250 CT-11
2.도시되고 지시없는 모떼기 C1, 필렛 및 라운드 R3
3.일반 모떼기는 0.2x45°
4.내 외면 영청색, 명적색 도장 후 가공(품번1,3)
6.표면 거칠기 기호 비교표

재 질	수 량
SS400	1
GC200	1
SM45C	1
GC200	1

동력전달장치-6

품 번	품 명
5	칼라
3	V-벨트 풀리
2	축
1	하우징

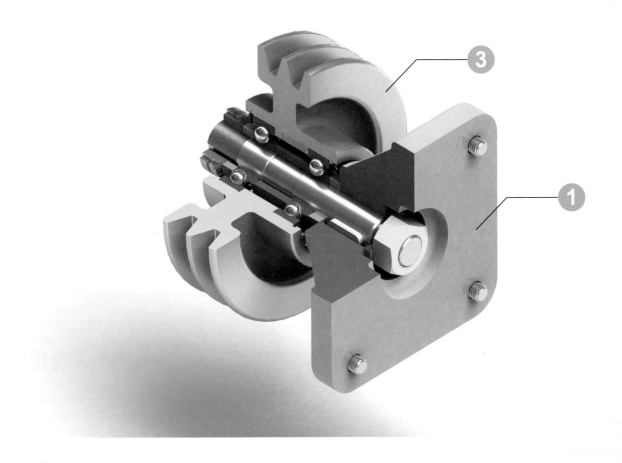

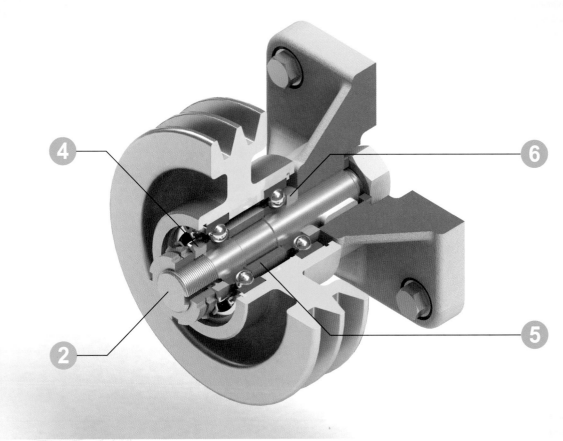

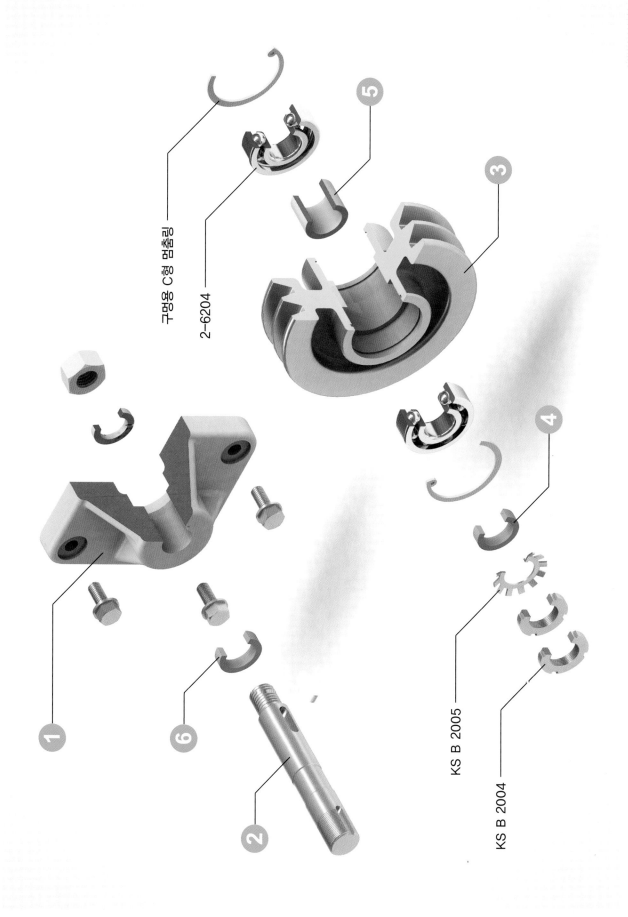

구멍용 C형 멈춤링

2-6204

KS B 2005

KS B 2004

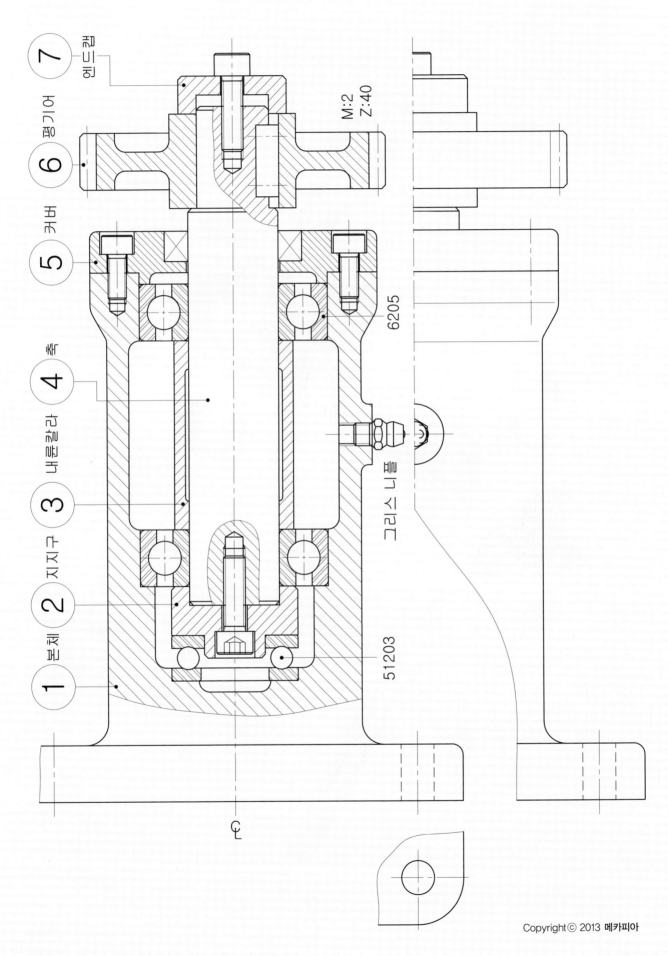

7	멈춤링
6	평기어
5	커버
4	축
3	내륜칼라
2	지지구
1	본체

M:2
Z:40

6205

그리스 니플

51203

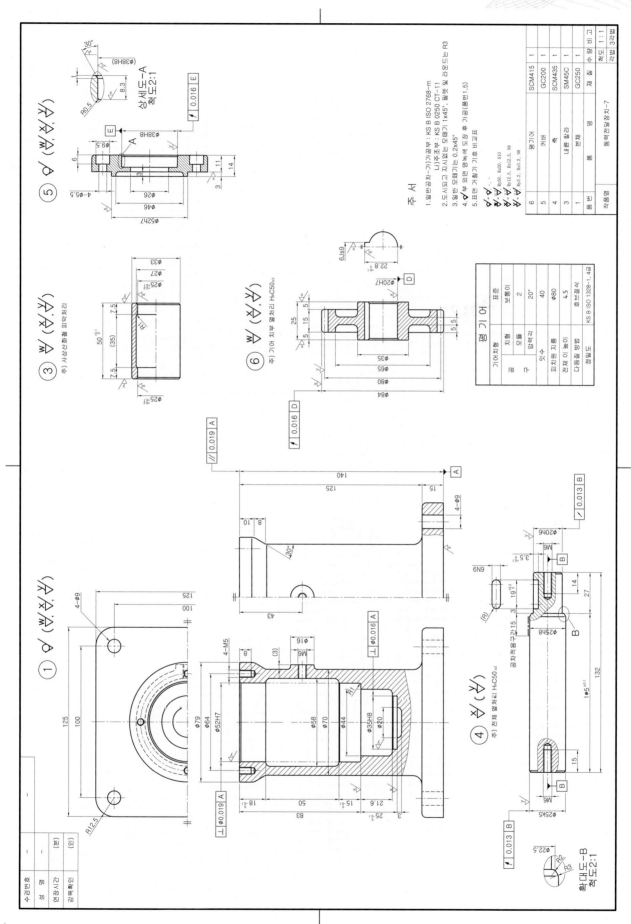

주 서

1. 일반공차-가)가공부 : KS B ISO 2768-m
　　　　　나)주조부 : KS B 0250 CT-11
2. 도시되고 지시없는 모깎기 1×45°, 필렛 및 라운드는 R3
3. 일반 모떼기는 0.2×45°
4. ◇부 외면 명녹색 도장 후 가공(품번1.5)
5. 표면의 거칠기 기호 비교표

평기어		표준
기어치형		보통이
공구	치형	20°
	모듈	2
	압력각	20°
잇수		40
피치원 지름		Φ80
전체 이 높이		4.5
다듬질방법		호브절삭
정밀도		KS B ISO 1328-1, 4급

32p째
척도 1 : 1

6	평기어		SCM415	1
5	커버		GC200	1
4	축		SCM435	1
3	내륜 칼라		SM45C	1
1	본체		GC250	1
품번	품 명		재 질	수량

동력전달장치-7

작품명

Copyright ⓒ 2013 메카피아

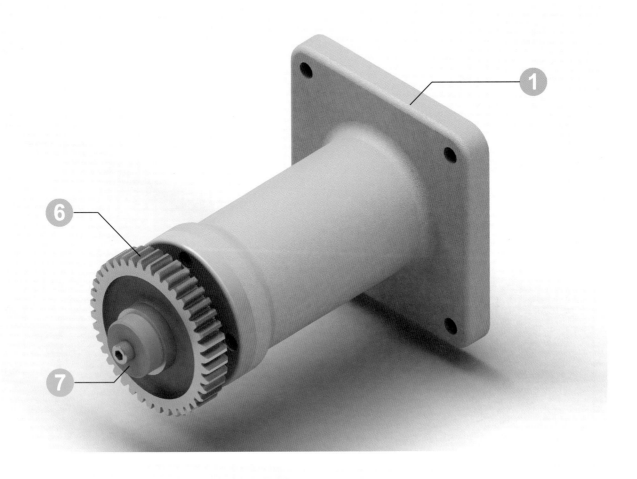

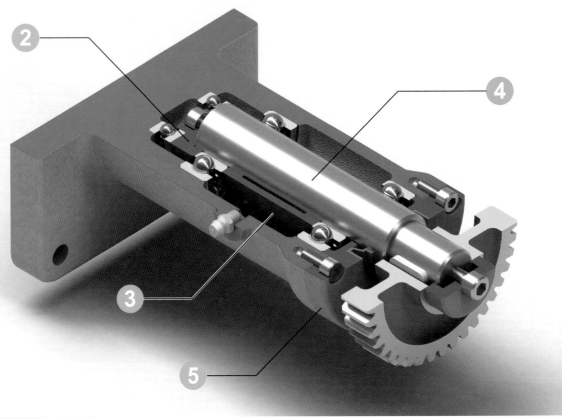

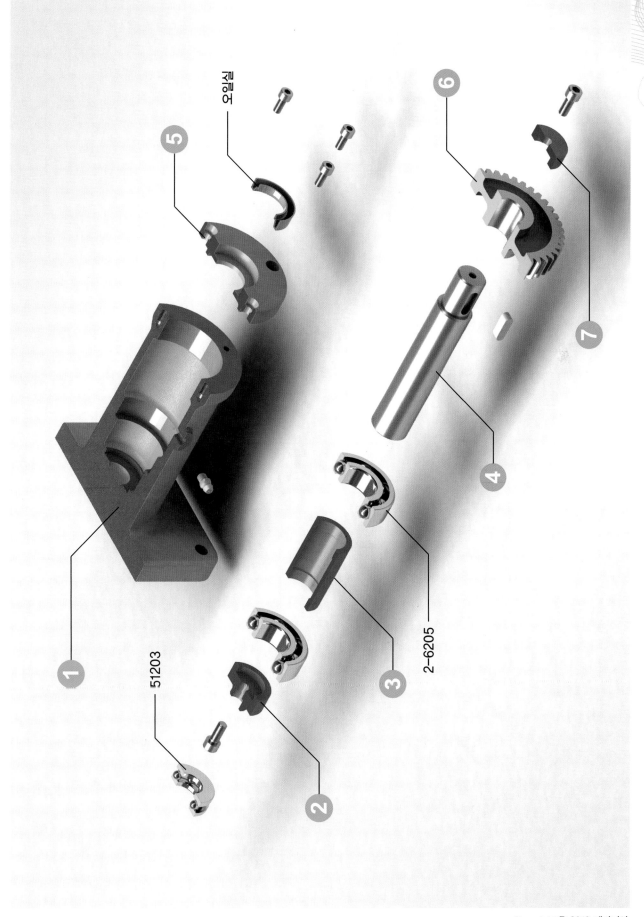

커플링

5

51203

1

2

3

2-6205

4

6

7

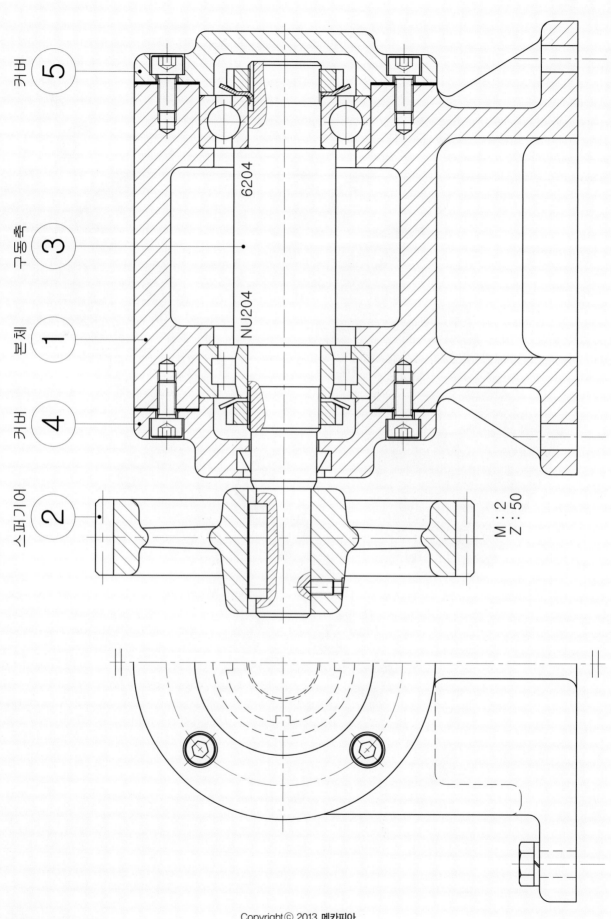

커버 ⑤

구동축 ③

6204

본체 ①

NU204

커버 ④

스퍼기어 ②

M : 2
Z : 50

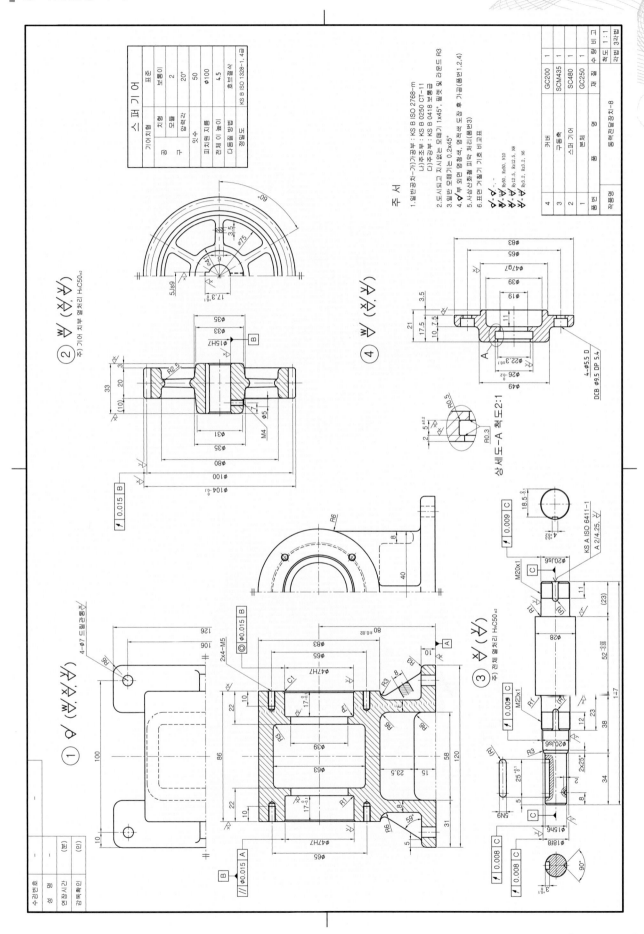

스퍼기어

기어치형		표준
치형		보통이
공구	모듈	2
	압력각	20°
잇수		50
피치원 지름		Φ100
전체 이높이		4.5
다듬질방법		호브절삭
정밀도		KS B ISO 1328-1, 4급

주 서

1. 일반공차-가)가공부 : KS B ISO 2768-m
   나)주조부 : KS B 0250 CT-11
   다)주강부 : KS B 0418 보통급
2. 도시되고 지시없는 모떼기 1×45°, 필렛 및 라운드 R3
3. 일반 모떼기는 0.2×45°
4. ⎏부 외면 명청색, 명적색 도장 후 가공(품번1.2.4)
5. 사상산화철 피막 처리(품번3)
6. 표면 거칠기 기호 비교표

품번	품명	재질	수량	비고
4	커버	GC200	1	
3	구동축	SCM435	1	
2	스퍼기어	SC480	1	
1	본체	GC250	1	

작품명	동력전달장치-8	척도	1:1
		각법	3각법

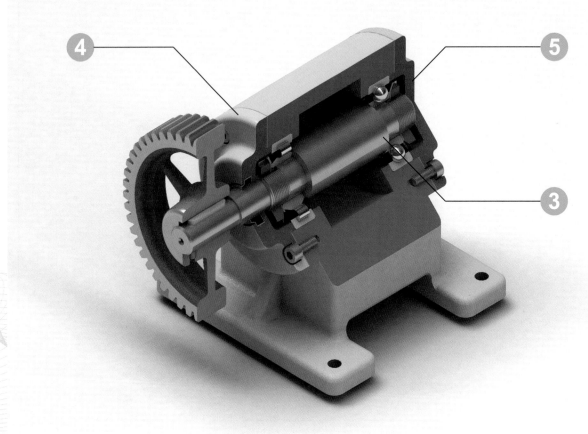

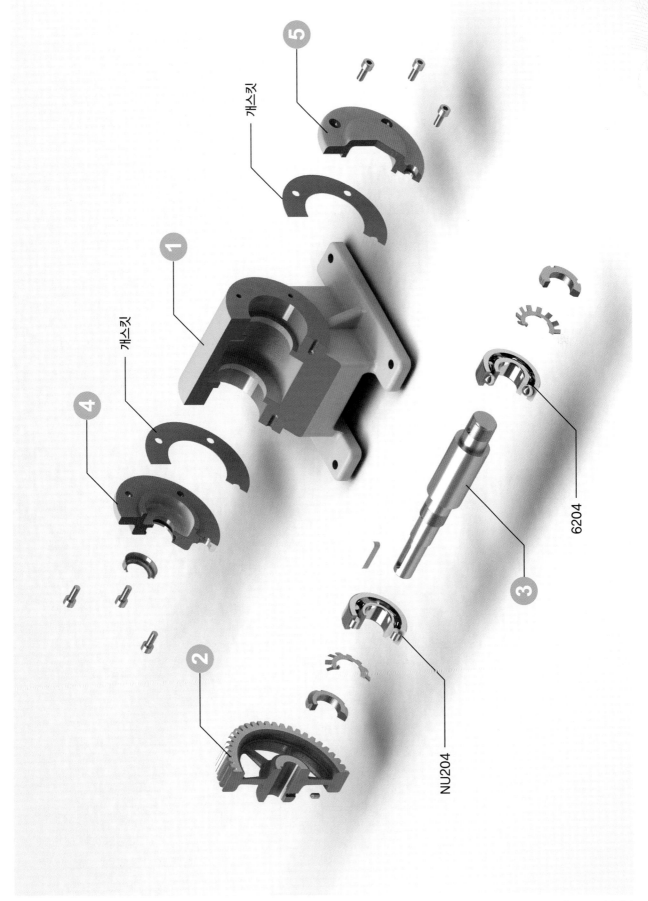

개스킷

개스킷

6204

NU204

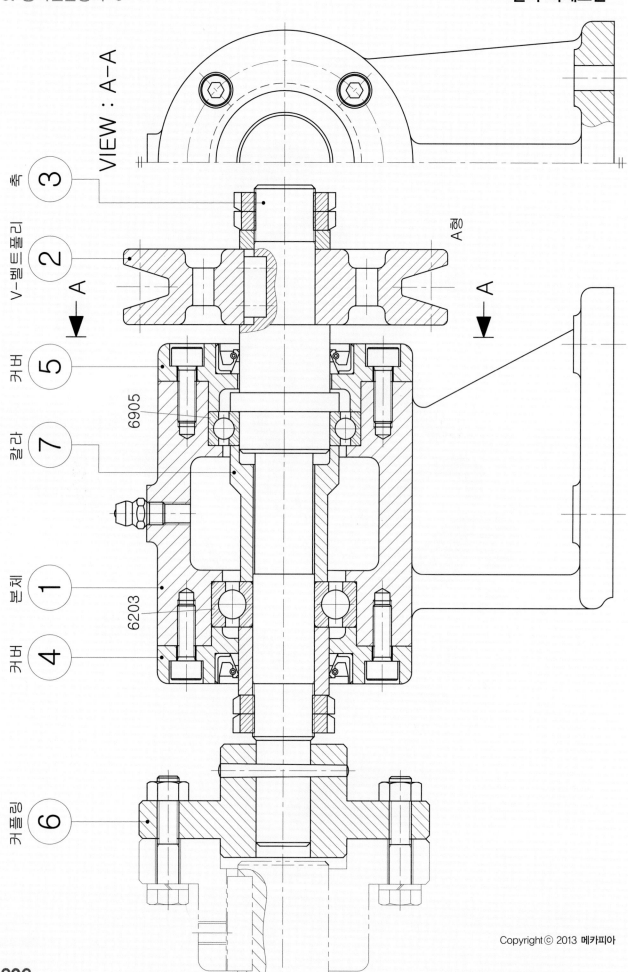

VIEW : A-A

축 ③
V-벨트풀리 ②
A
커버 ⑤
6905
칼라 ⑦
본체 ①
6203
커버 ④
커플링 ⑥
A향
A

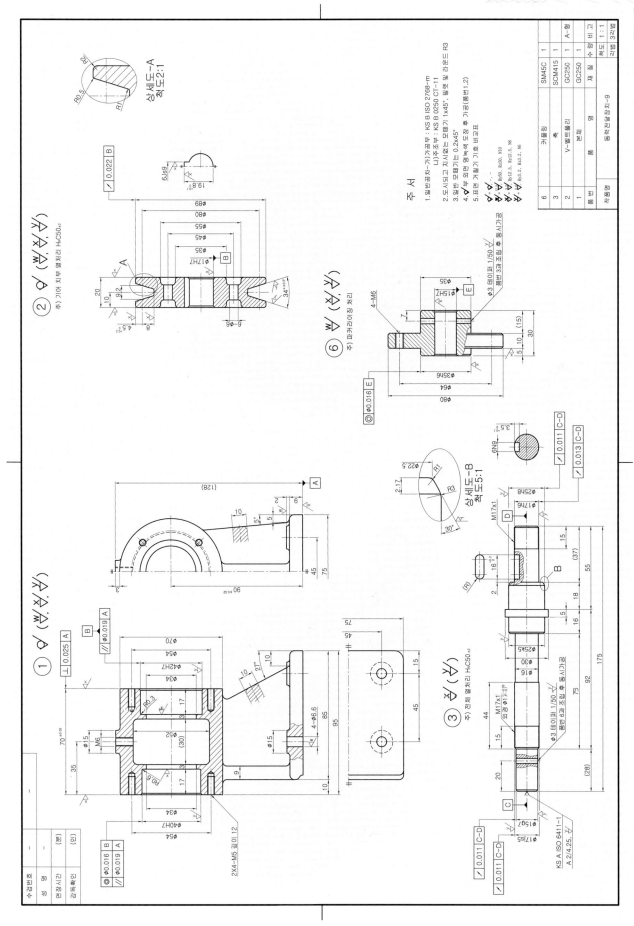

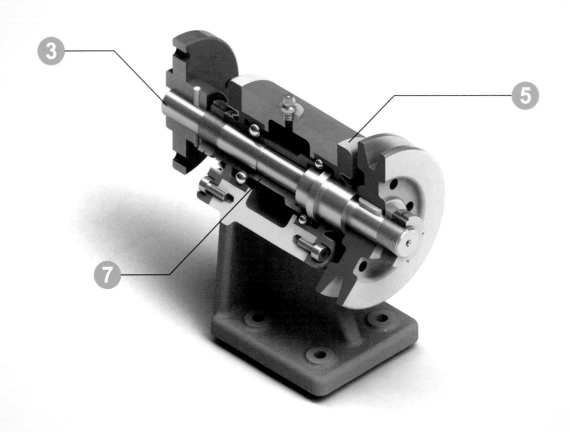

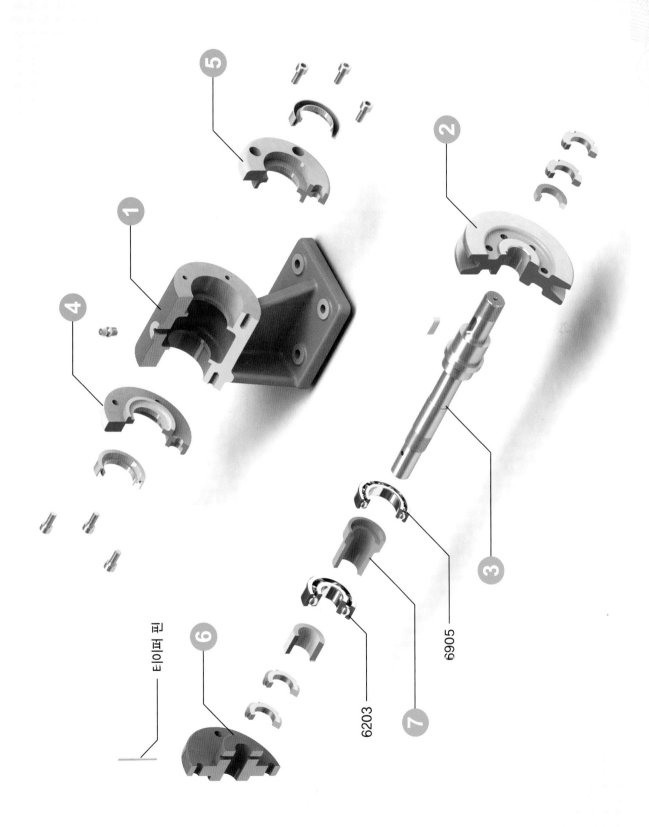

테이퍼 핀

6905

6203

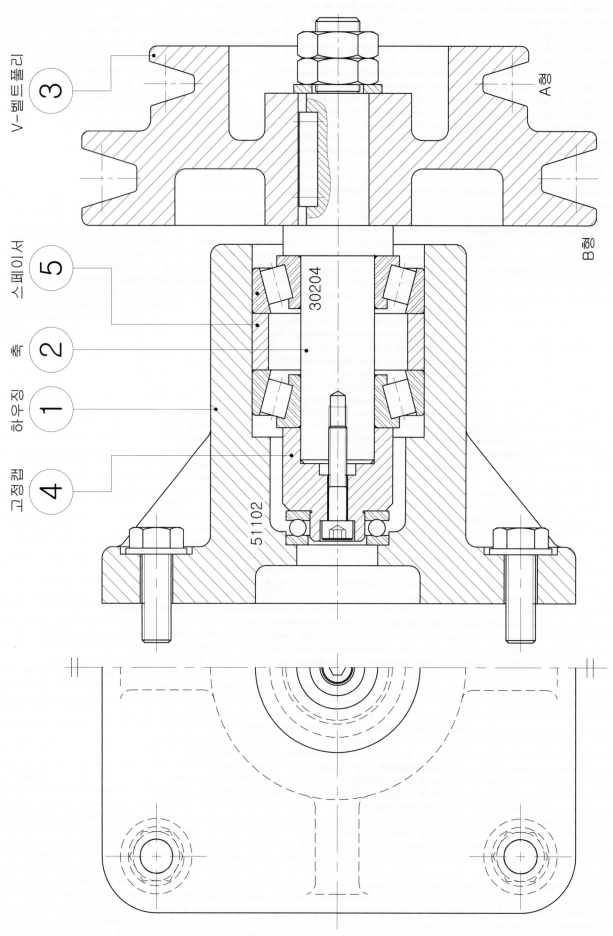

V-벨트풀리 ③

스페이서 ⑤

축 ②

하우징 ①

고정캡 ④

A형

B형

30204

51102

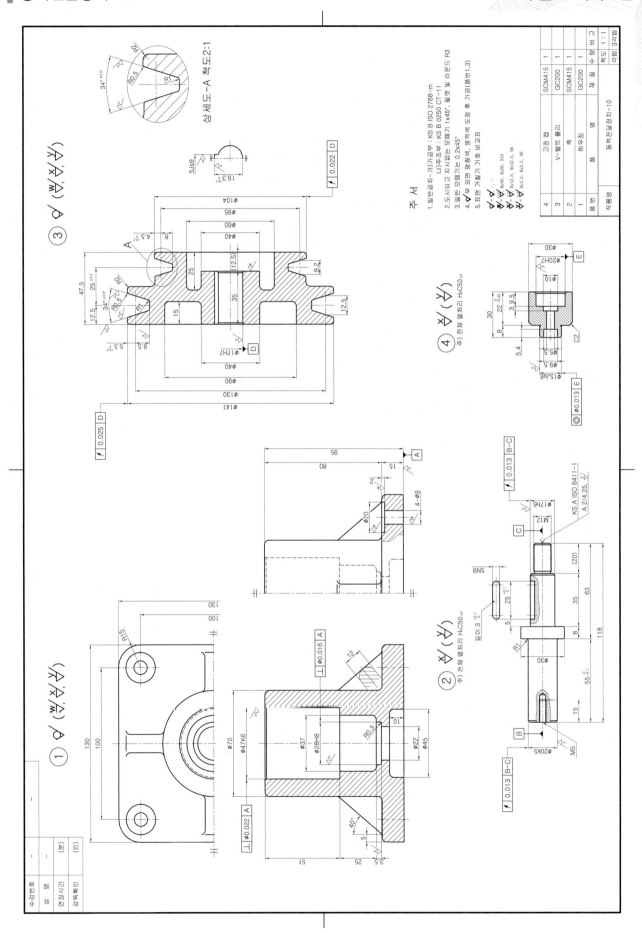

주 서

1. 일반공차-가)가공부 : KS B ISO 2768-m
   나)주조부 : KS B 0250 CT-11
2. 도시되고 지시없는 모떼기는 1x45°, 필렛 및 라운드 R3
3. 일반 모떼기는 0.2x45°
4. ◁부 외면 명청색, 명적색 도장 후 가공(품번 1,3)
5. 표면거칠기 기호 비교표

◁ = ∇-∇-∇-
◁ = ∇, Ry50, Rz50, N10
◁ = ∇∇, Ry12.5, Rz12.5, N8
◁ = ∇∇∇, Ry3.2, Rz3.2, N6

4	고정 핀		SCM415	1	
3	V-벨트 풀리		GC200	1	
2	축		SCM415	1	
1	하우징		GC200	1	
품번	품 명		재 질	수량	비고
작품명	동력전달장치-10		척도	1 : 1	
			각법	3각법	

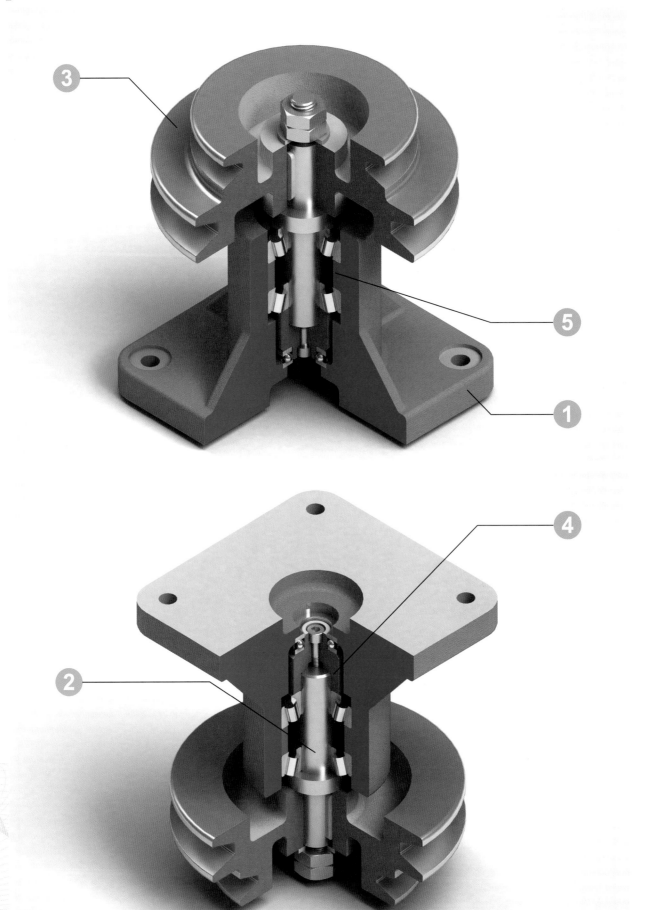

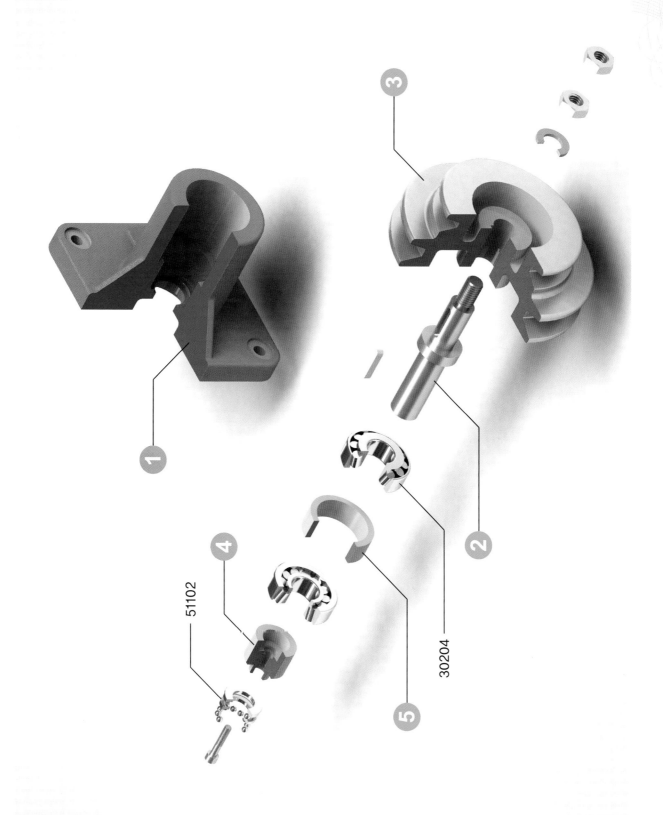

51102

30204

1. 드릴지그-1

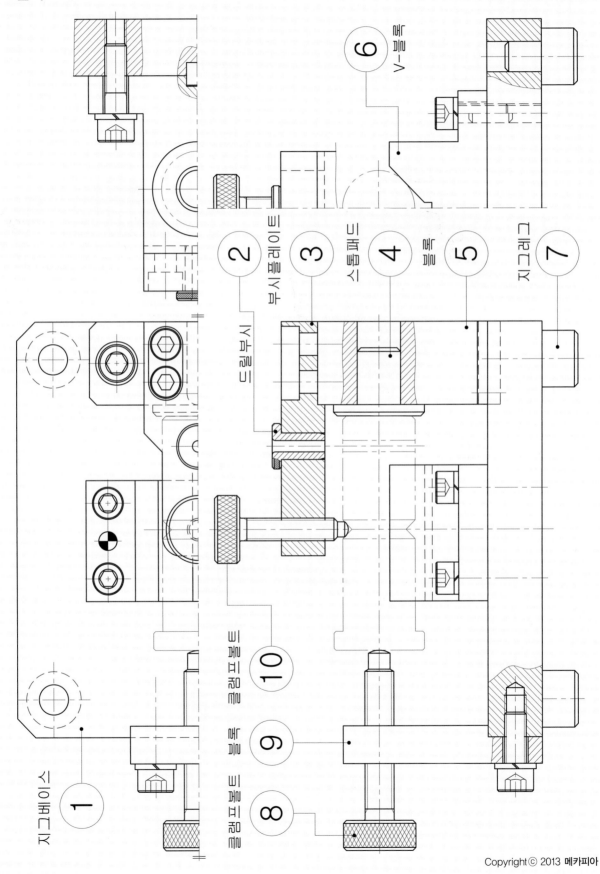

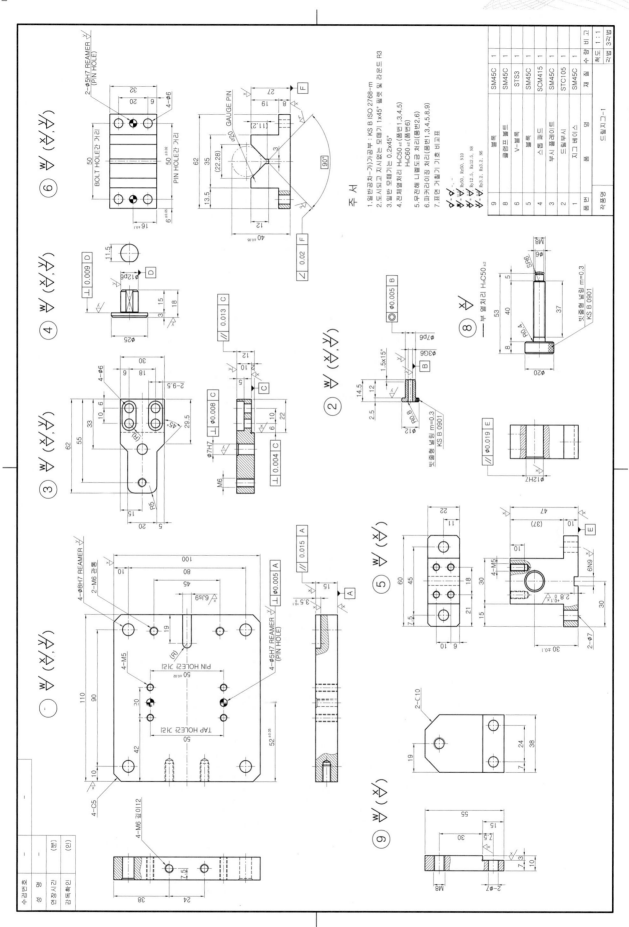

주 서

1. 일반공차-가) 가공부 : KS B ISO 2768-m
2. 도시되고 지시없는 모떼기 1x45° 필렛 및 라운드 R3
3. 일반 모떼기는 0.2x45°
4. 전체열처리 HℓC50±2(품번1,3,4,5)
   HℓC60±2(품번6)
5. 부르넨 니켈도금 처리(품번2,6)
6. 파커라이징 처리(품번1,3,4,5,8,9)
7. 표면 거칠기 기호 비교표

품 번	품 명	재 질	수 량	비 고
9	플랜지 플레이트	SM45C	1	
8	V-블록	SM45C	1	
6	부 시	STS3	1	
5	슬라이드	SM45C	1	
4	드릴 부시 플레이드	SCM415	1	
3	드릴부시	SM45C	1	
2	지그 베이스	STC105	1	
1		SM45C	1	

드릴지그-1

척도 1 : 1
각법 3각법

작품명

Copyright ⓒ 2013 메카피아

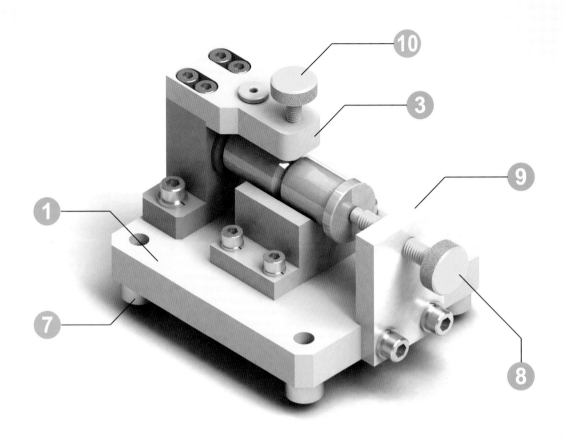

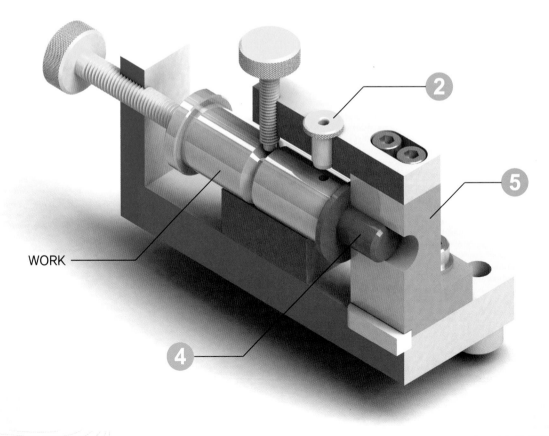

WORK

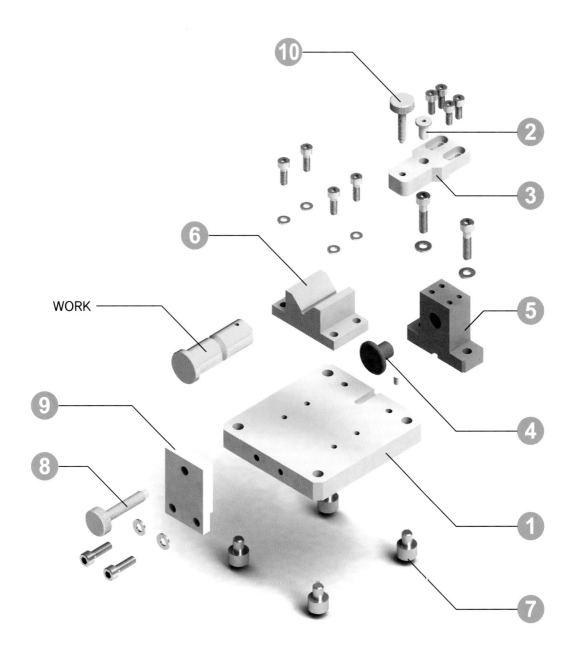

WORK

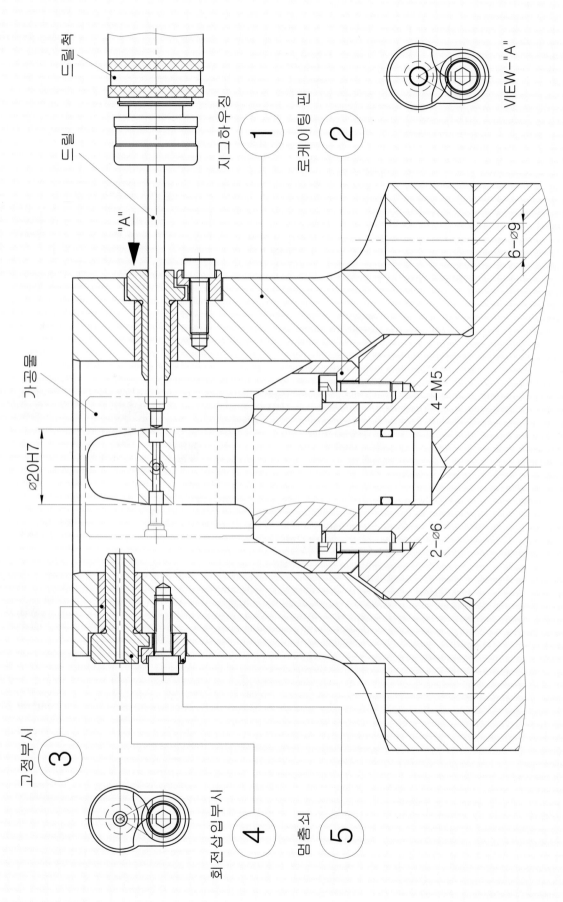

드릴척

드릴

"A"

지그하우징 ①

로케이팅 핀 ②

VIEW-"A"

6-∅9

4-M5

2-∅6

가공물

∅20H7

고정부시 ③

회전삽입부시 ④

멈춤쇠 ⑤

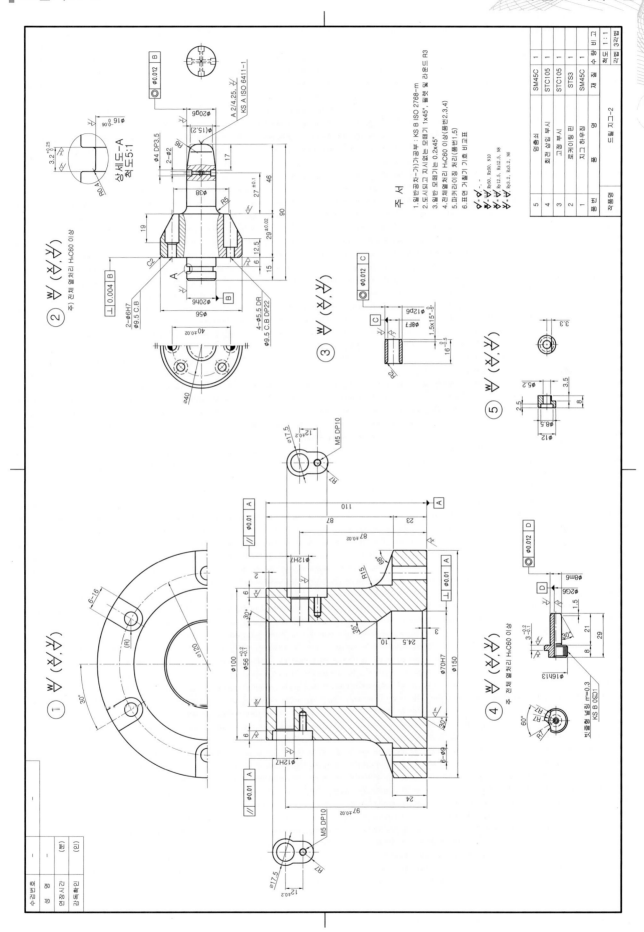

Copyright ⓒ 2013 메카피아

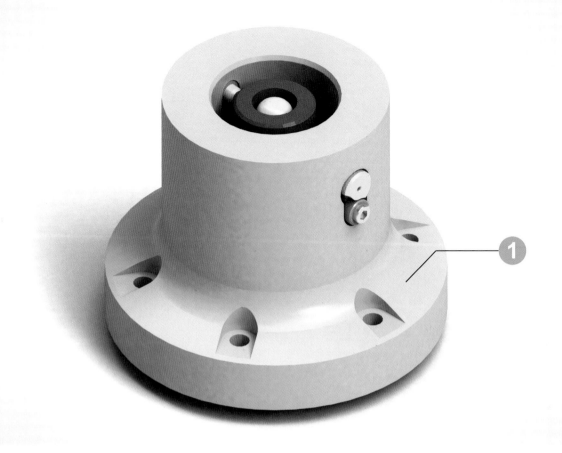

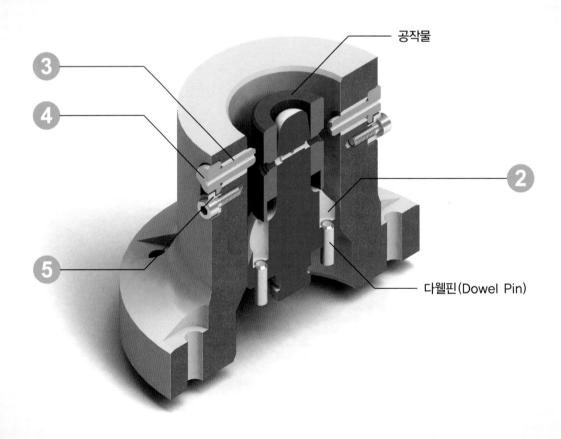

공작물

다웰핀(Dowel Pin)

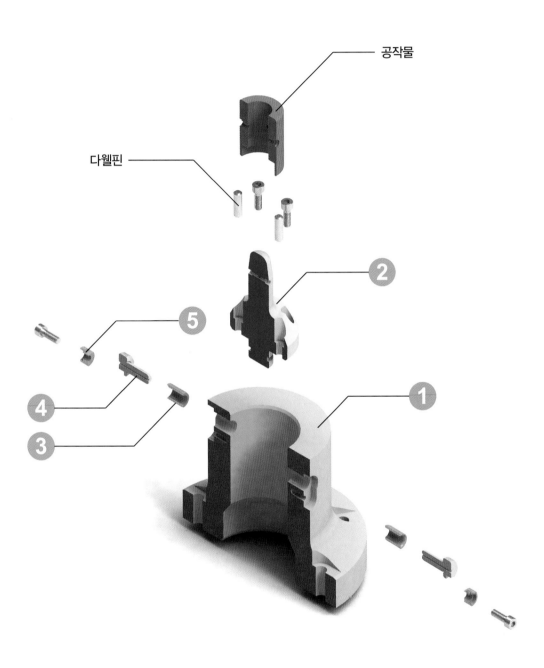

공작물

다웰핀

①
②
③
④
⑤

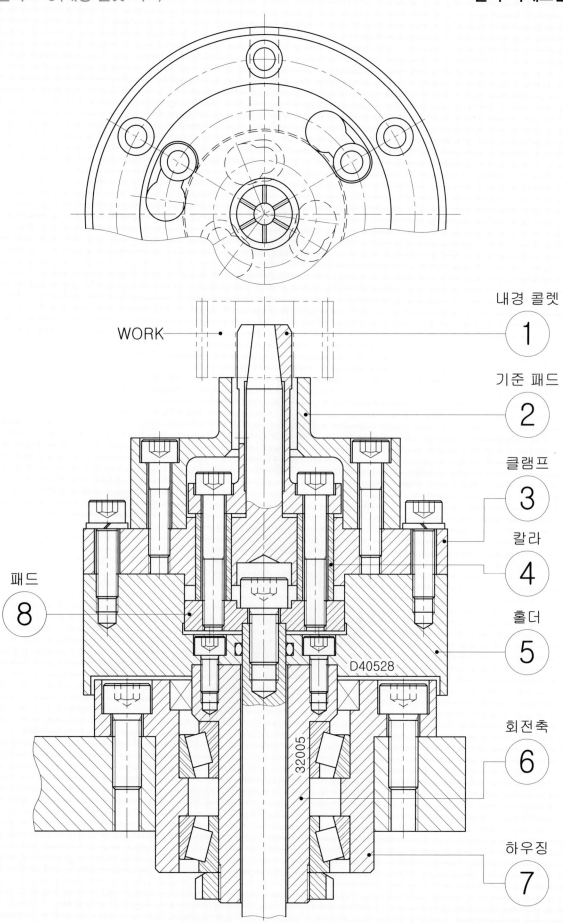

WORK

내경 콜렛
①

기준 패드
②

클램프
③

칼라
④

홀더
⑤

패드
⑧

D40528

32005

회전축
⑥

하우징
⑦

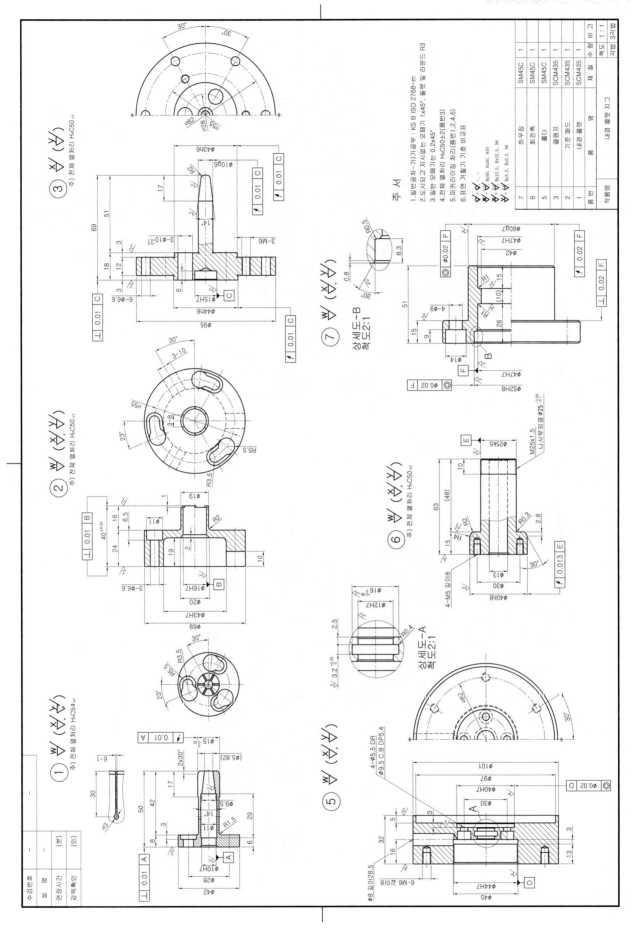

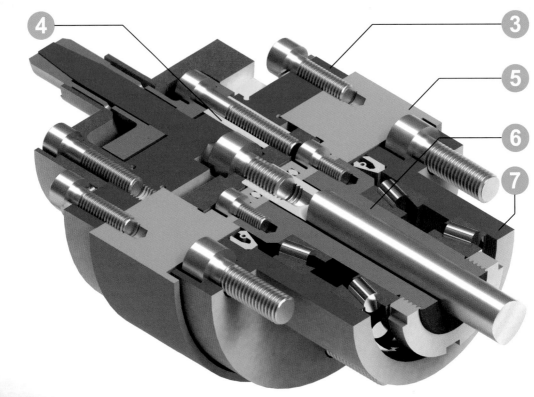

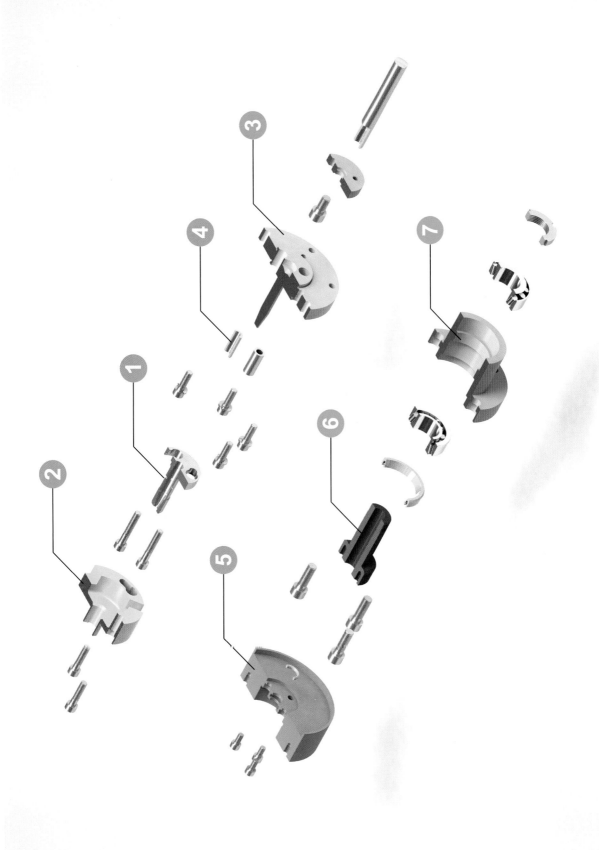

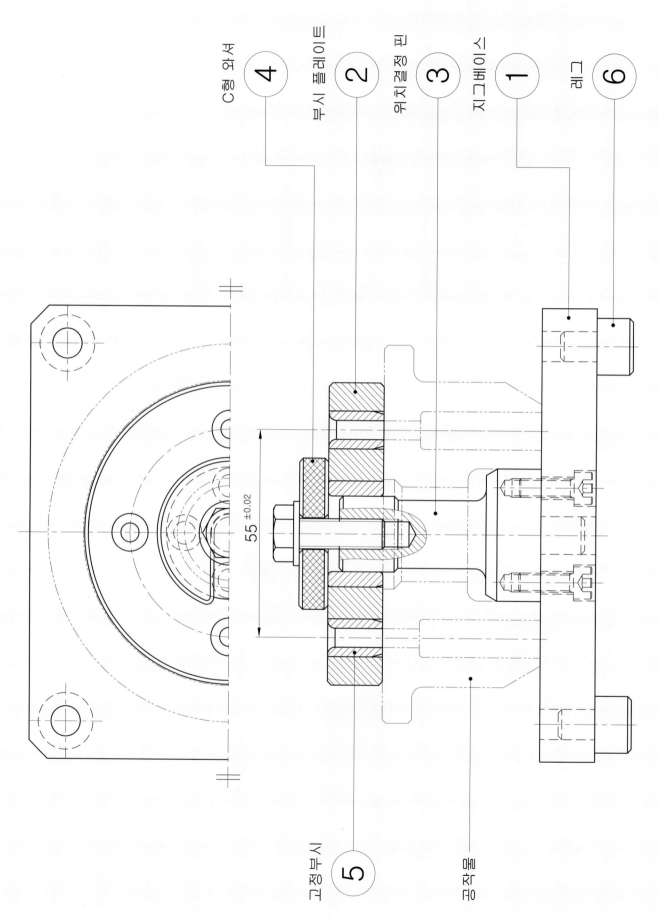

C형 와셔 ④

부시 플레이트 ②

위치결정 판 ③

지그베이스 ①

레그 ⑥

고정부시 ⑤

55 ±0.02

클램프

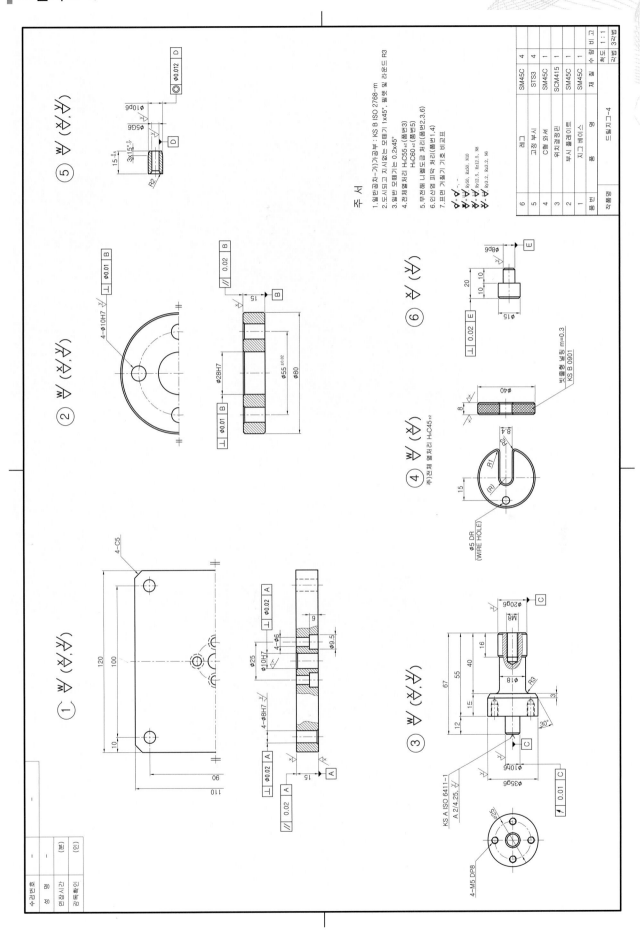

주 서

1. 일반공차-가)가공부 : KS B ISO 2768-m
2. 도시되고 지시없는 모떼기 1x45°, 필렛 및 라운드 R3
3. 일반 모떼기는 0.2x45°
4. 전체열처리 H₃C55±₁(품번3)
   H₃C60±₁(품번5)
5. 무전해 니켈도금 처리(품번2,3,6)
6. 인산염 피막 처리(품번1,4)
7. 표면 거칠기 기호 비교표

품번	품 명	재 질	수 량	비 고
6	레 그	SM45C	4	
5	고정부시	STS3	4	
4	C형 와셔	SM45C	1	
3	위치결정핀	SCM415	1	
2	부시 플레이트	SM45C	1	
1	지그 베이스	SM45C	1	
작품명	드릴지그-4			척 도 1:1 도 면 3각법

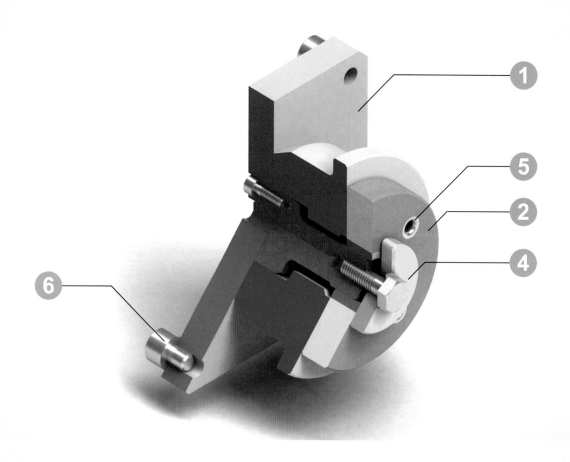

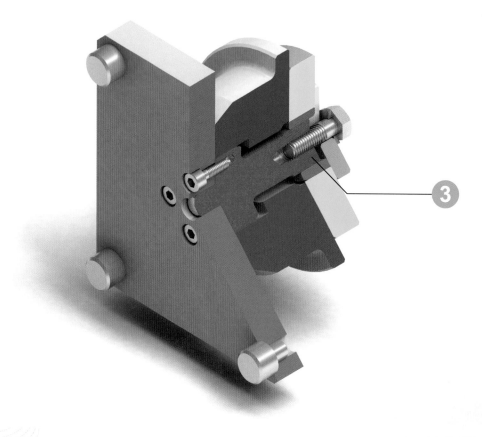

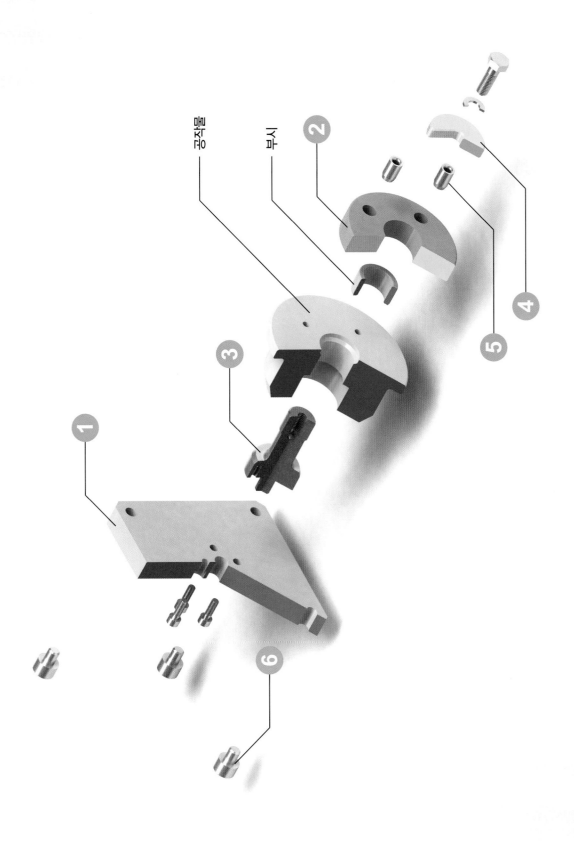

공작물

부시

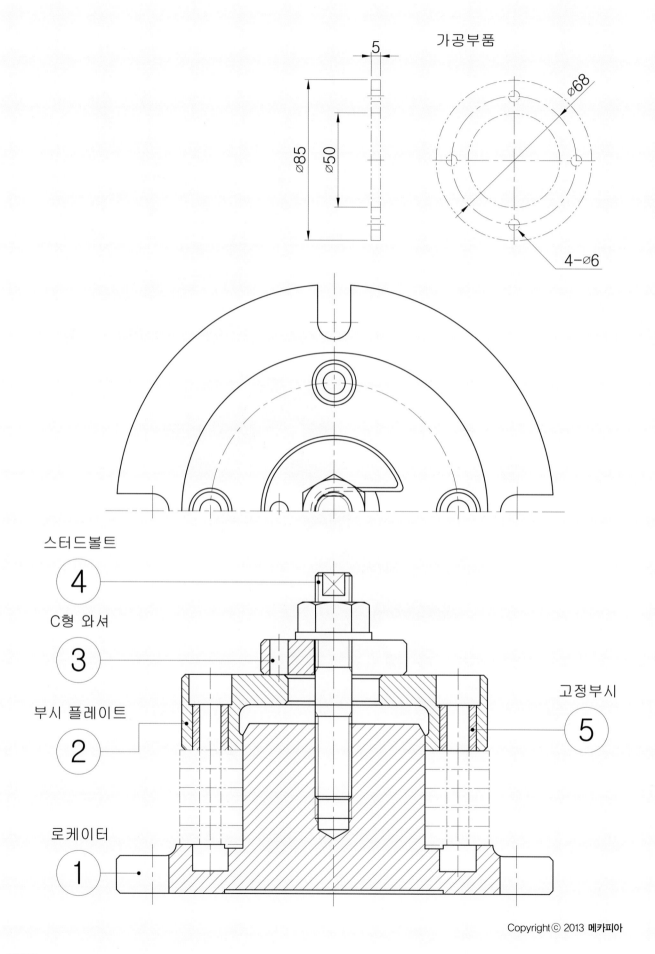

가공부품

5

⌀85

⌀50

⌀68

4-⌀6

스터드볼트

4

C형 와셔

3

부시 플레이트

2

고정부시

5

로케이터

1

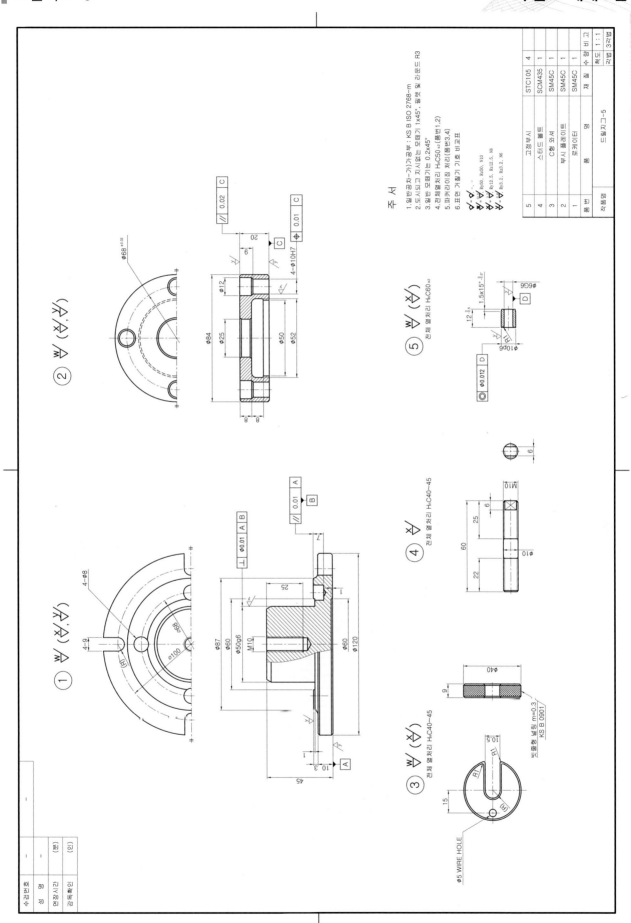

주 서

1. 일반공차-가기가공부 : KS B ISO 2768-m
2. 도시되고 지시없는 모떼기 1x45°, 필렛 및 라운드 R3
3. 일반 모떼기는 0.2x45°
4. 전체열처리 H₂C50±2(품번1,2)
5. 파커라이징 처리(품번3,4)
6. 표면거칠기 기호 비교표

		Ry50, Rz50, N10
		Ry12.5, Rz12.5, N8
		Ry3.2, Rz3.2, N6

5	STC105	4
4	SCM435	1
3	SM45C	1
2	SM45C	1
1	SM45C	1

품번	재 질	수량

5	고정부시	
4	스터드 볼트	
3	C형 와셔	
2	부시 홀더 플레이트	
1	로케이터	

| 품번 | 품 명 | |

작품명 드릴지그-5

척도 1:1
도번 3-2

① ∇ (x.y)

② ∇ (x.y)

③ ∇ (x/) 전체 열처리 H₂C40~45

④ ∇ (x/) 전체 열처리 H₂C40~45

⑤ ∇ (x/) 전체 열처리 H₂C60±2

φ68 ⁺⁰·⁰²

4-φ10H7
φ84
φ12
φ25
φ50
φ52

0.02 C
// 0.01 C
▶ C
20
9
8 8

4-φ8
4-9
φ68
φ100
φ120
φ87
φ60
φ50g6
M10
25
45
10.3
7

// 0.01 A B
⊥ 0.01 A
A
B

φ6G6
φ10g6
D
φ0.012 D
12 ⁰·³
1.5x15° ⁻⁰·³

φ40
6
빗줄형 널링 m=0.3
KS B 0901

φ5 WIRE HOLE
R1
R1
R2
15
10.5

M10
φ10
6
60
25
22

Chapter 06 │ 작업형 실기 대비 예제 도면의 분석과 해독(2D & 3D)

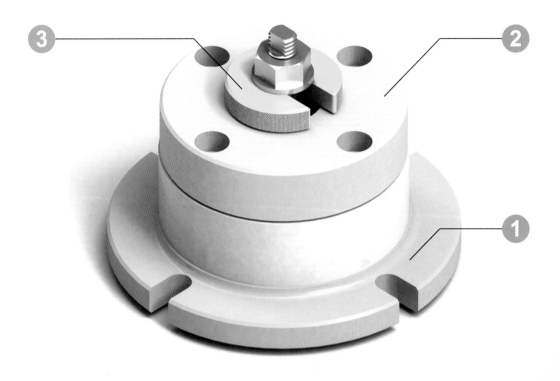

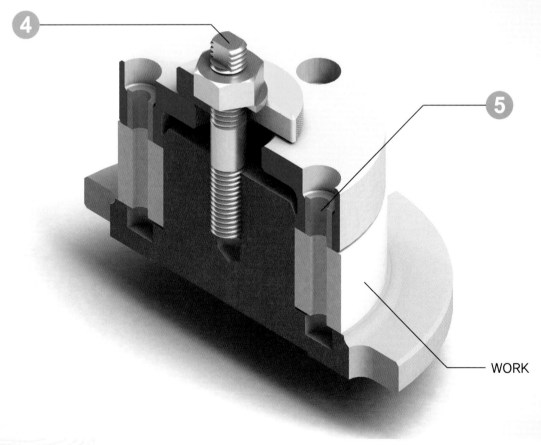

WORK

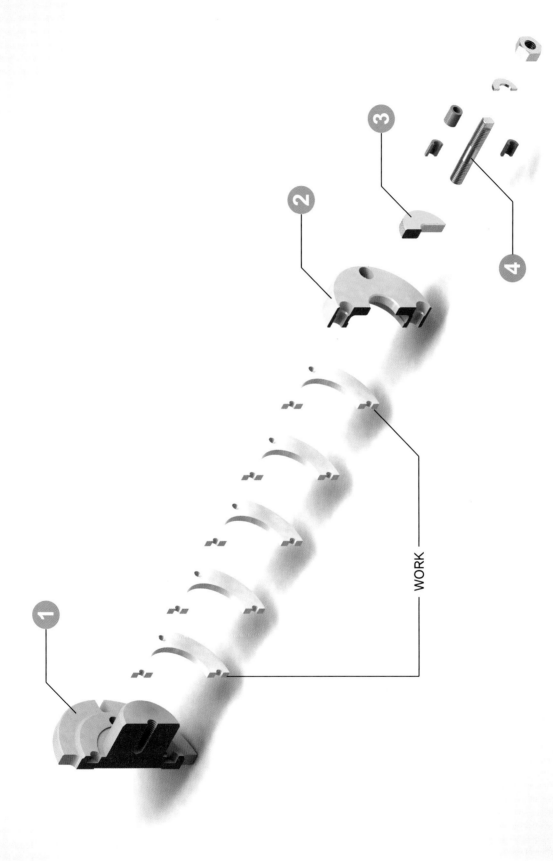

WORK

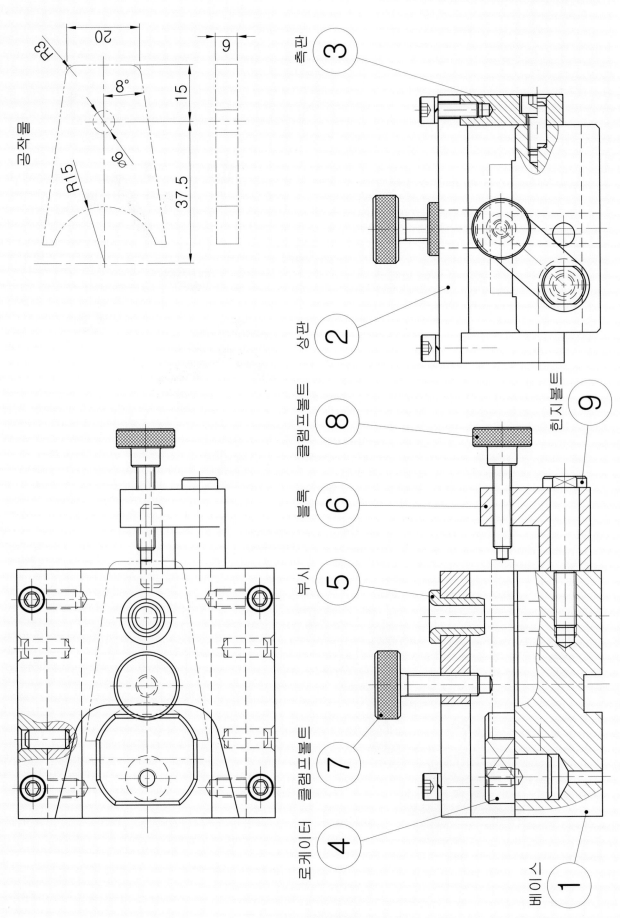

공작물

R3

20

8°

15

Ø9

R15

37.5

6

③ 측판

② 상판

⑧ 클램프볼트

⑥ 볼트

⑤ 부시

⑨ 힌지볼트

⑦ 클램프볼트

④ 로케이터

① 베이스

234

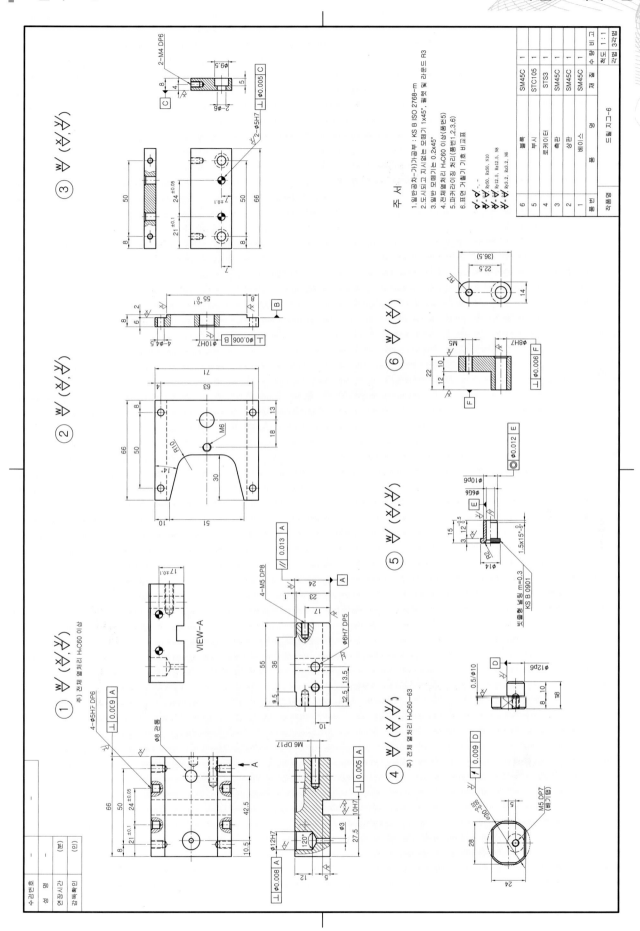

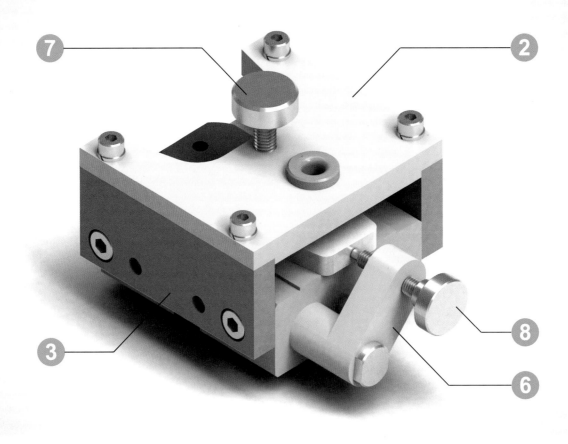

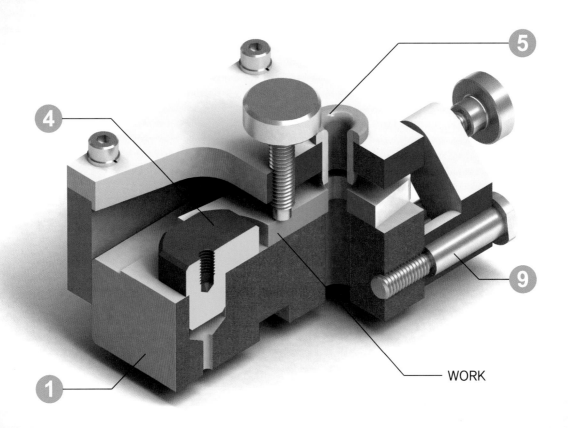

WORK

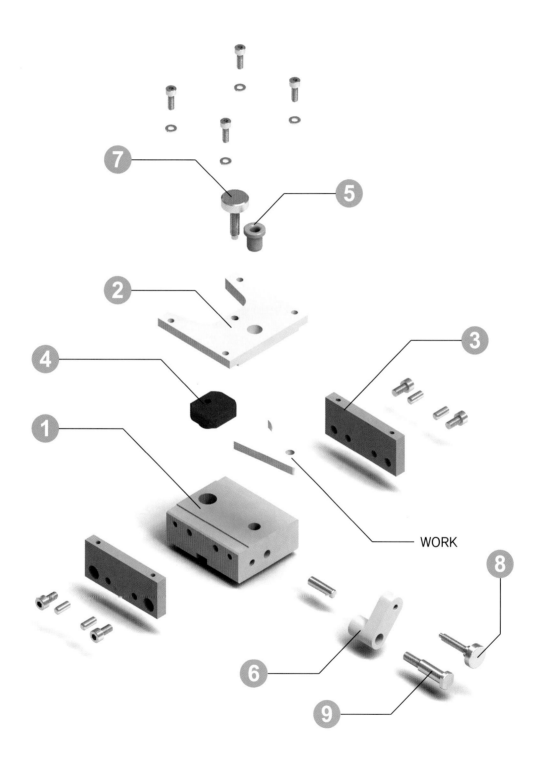

WORK

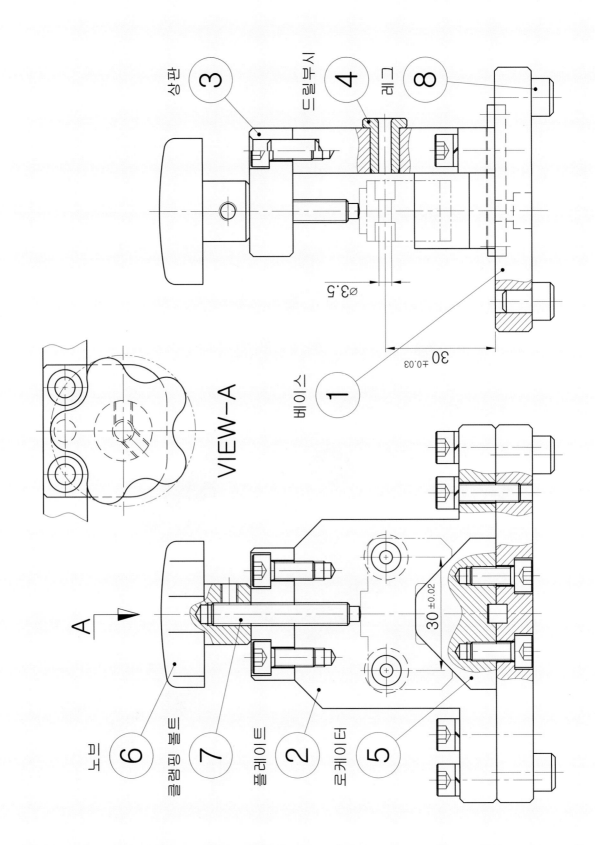

VIEW-A

상판 ③

드릴부시 ④

레그 ⑧

ø3.5

30 ±0.03

베이스 ①

A

노브 ⑥

클램프볼트 ⑦

플레이트 ②

로케이터 ⑤

30 ±0.02

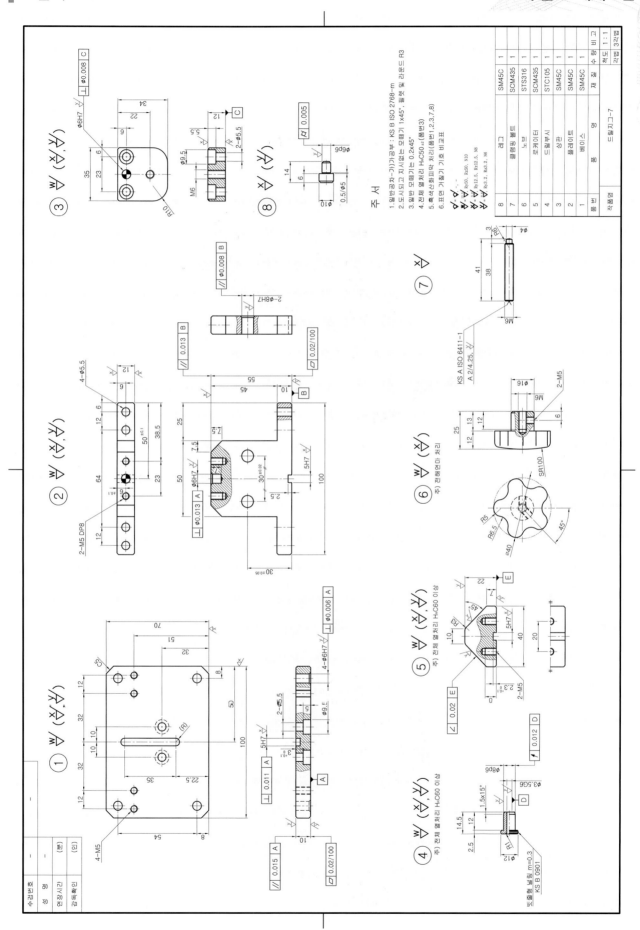

주 서

1. 일반공차-가)가공부 : KS B ISO 2768-m
2. 도시되고 지시없는 모떼기 1×45°, 필렛 및 라운드 R3
3. 일반 모떼기는 0.2×45°
4. 전체 열처리 HₐC50±2 (품번3)
5. 특수산화피막 처리(품번1,2,3,7,8)
6. 표면 거칠기 기호 비교표

작품명   드릴지그-7

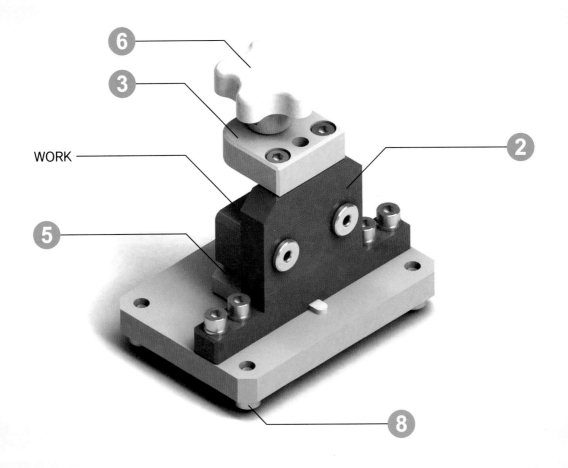

WORK

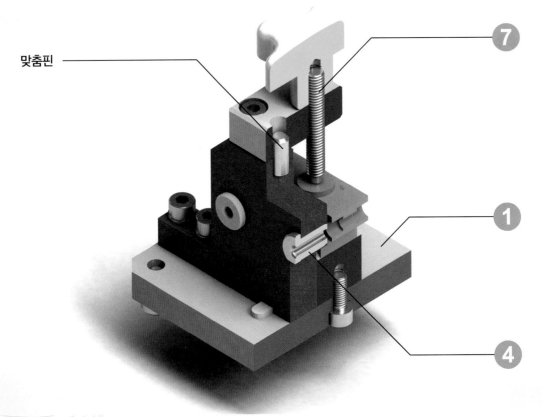

맞춤핀

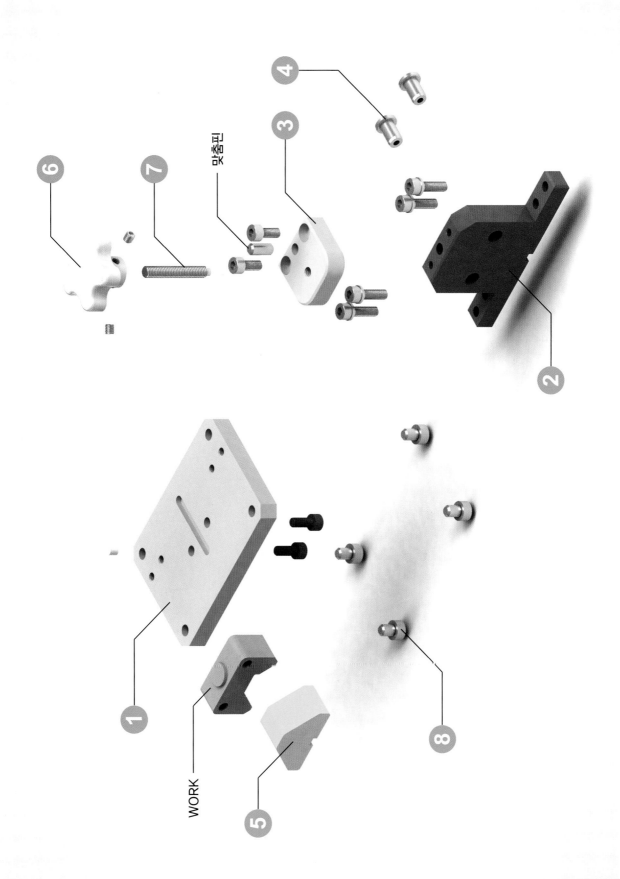

맞춤핀

WORK

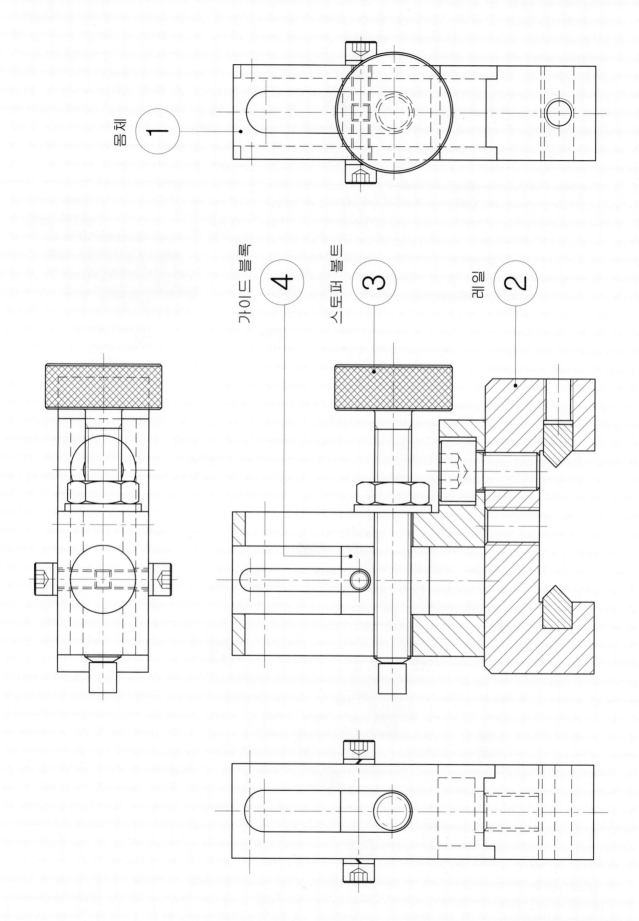

몸체 ①

가이드 볼트 ④

스토퍼 볼트 ③

레일 ②

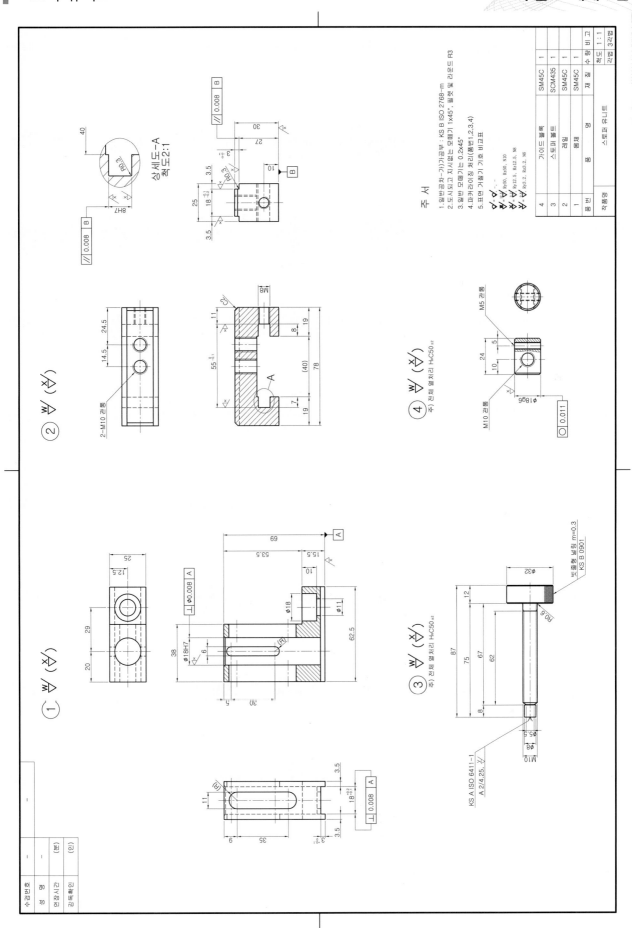

주 서

1. 일반공차-가)가공부 : KS B ISO 2768-m
2. 도시되고 지시없는 모떼기는 1x45°, 필렛 및 라운드 R3
3. 일반 모떼기는 0.2x45°
4. 파커라이징 처리(품번1,2,3,4)
5. 표면 거칠기 기호 비교표

4	가이드 블록		SM45C	1
3	스토퍼 볼트		SCM435	1
2	레버		SM45C	1
1	몸체		SM45C	1
품 번	품 명		재 질	수 량

스토퍼 유니트

척도 1:1
제 3과

작품명

② ▽ (▽/▽/)

2-M10 관통

상세도-A
척도 2:1

주) 전체 열처리 HₑC50₂₂

④ ▽ (▽/▽/)

M5 관통

M10 관통

① ▽ (▽/▽/)

③ ▽ (▽/▽/)

주) 전체 열처리 HₑC50₂₂

바깥형 널링 m=0.3
KS B 0901

KS A ISO 6411-1
A 2/4.25, ▽

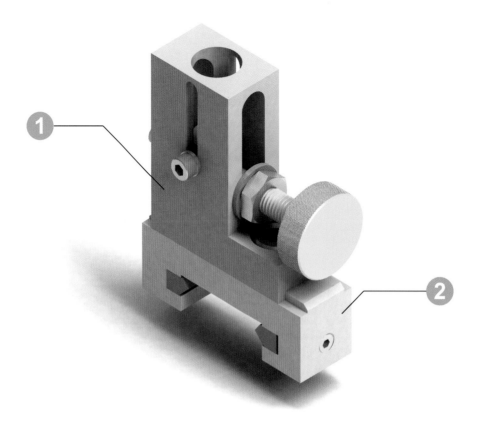

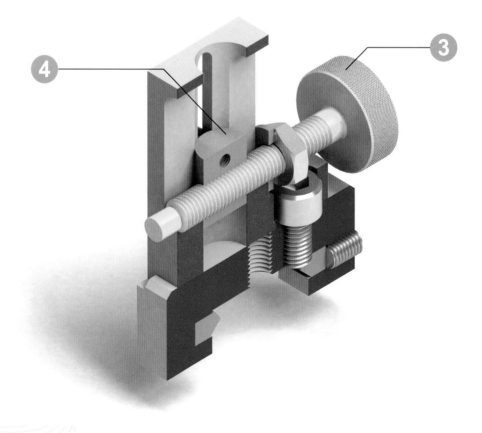

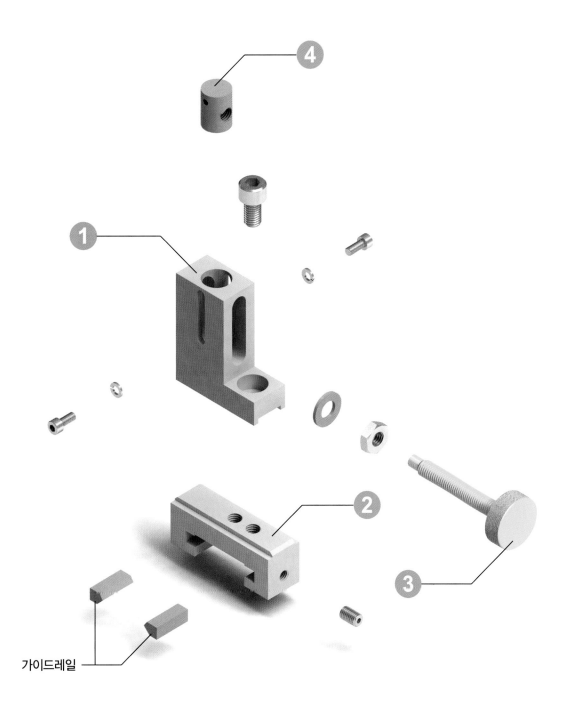

가이드레일

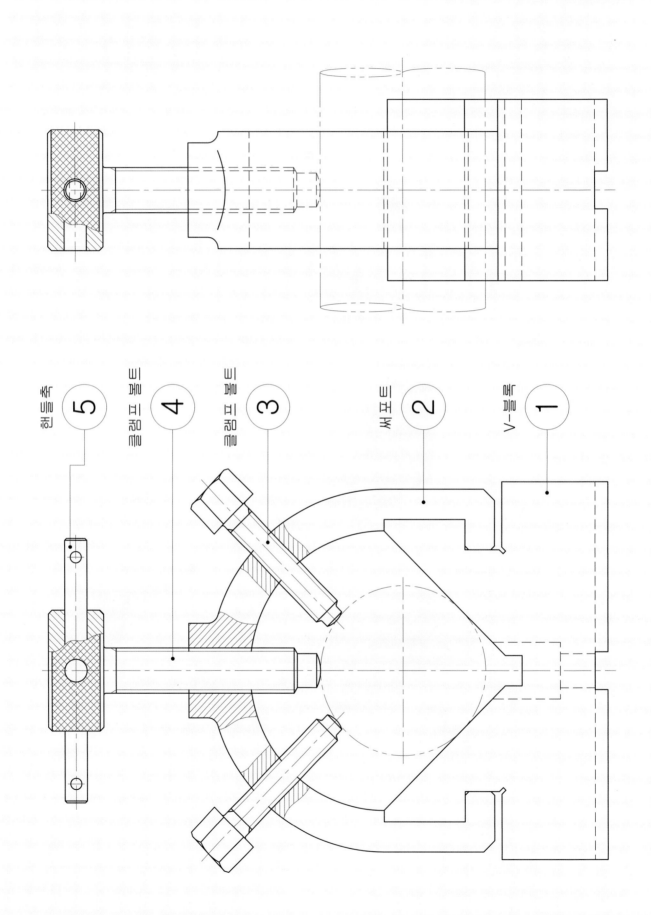

⑤ 핸들 축

④ 조임 볼트

③ 조임 볼트

② 써포트

① V-블록

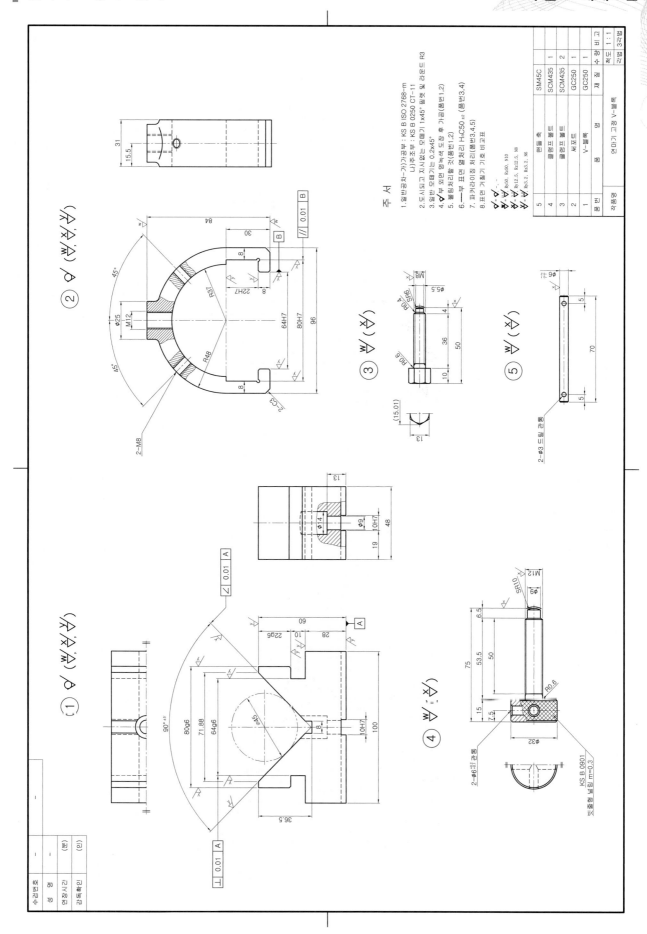

주 서

1. 일반공차-가)가공부 : KS B ISO 2768-m
   나)주조부 : KS B 0250 CT-11
2. 도시되고 지시없는 모떼기는 1x45° 필렛 및 라운드 R3
3. 일반 모떼기는 0.2x45°
4. ✓부 외면 명녹색 도장 후 가공(품번1,2)
5. 볼참처리할 것(품번1,2)
6. ─┴─ 부 표면 열처리 HₐC50±2 (품번3,4)
7. 파커라이징 처리(품번3,4,5)
8. 표면 거칠기 기호 비교표

품번	품명	재질	수량	비고
5	핸들 축	SM45C	1	
4	클램프 볼트	SCM435	1	
3	클램프 볼트	SCM435	2	
2	써포트	GC250	1	
1	V-블록	GC250	1	

작품명 연마기 고정 V-블록
척도 1:1
제 3각법

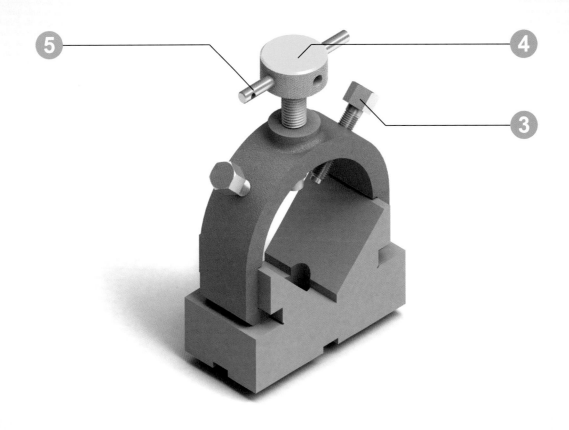

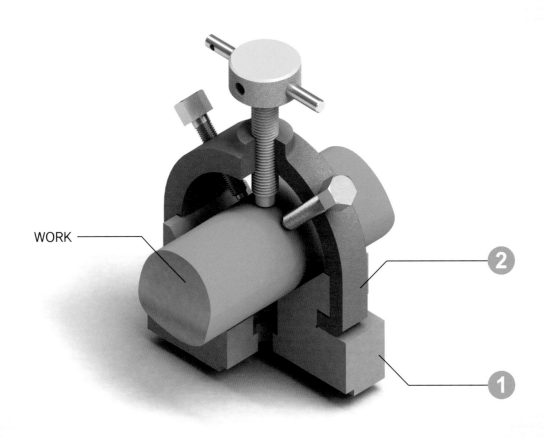

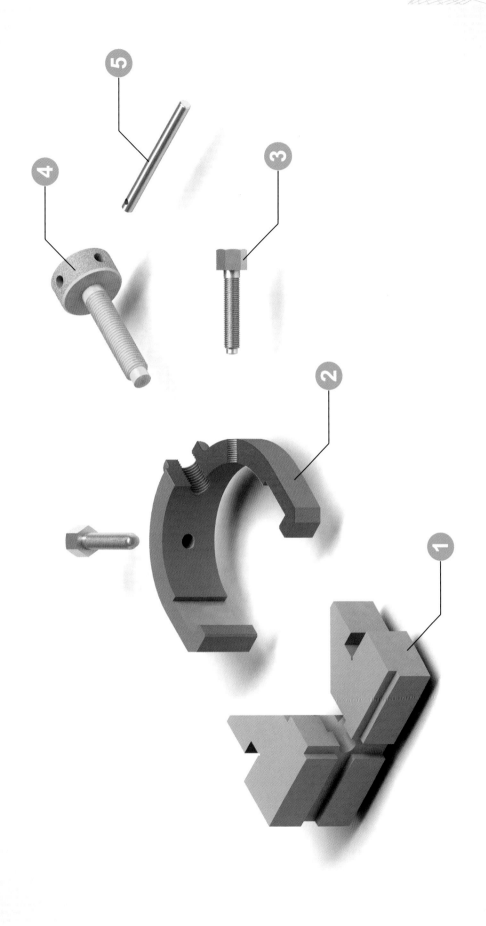

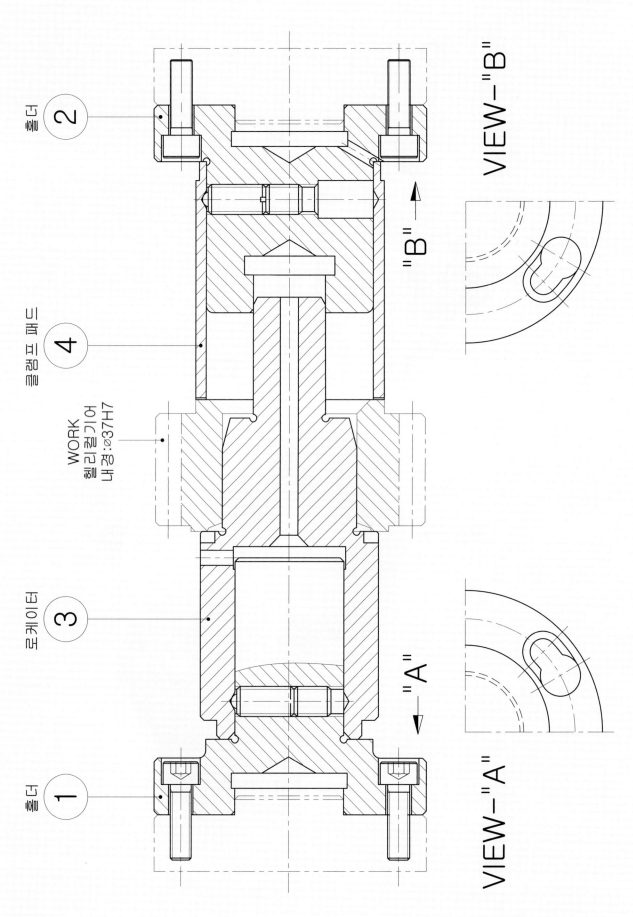

VIEW-"B"

VIEW-"A"

"B"

"A"

홀더 ②

플랜지 ④

WORK
헬리컬기어
내경:⌀37H7

로케이터 ③

홀더 ①

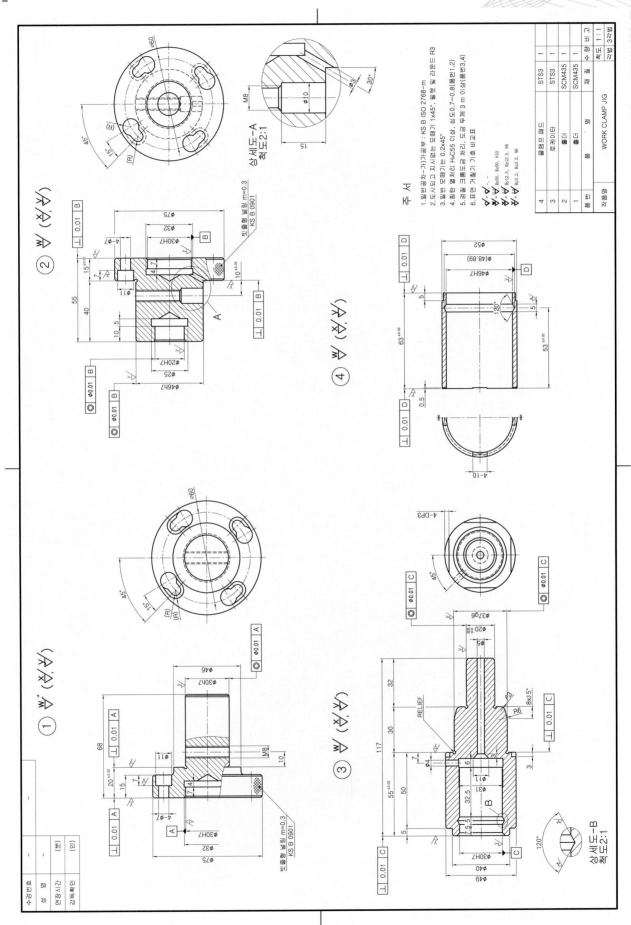

상세도-A
척도2:1

상세도-B
척도2:1

주 서

1. 일반공차-가)가공부 : KS B ISO 2768-m
2. 도시되고 지시없는 모떼기 1×45°, 필렛 및 라운드 R3
3. 일반 모떼기는 0.2×45°
4. 침탄 열처리 HrC55 이상, 심도0.7~0.8(품번1,2)
5. 경질 크롬도금 처리, 도금 두께 3 m 이상(품번3,4)
6. 표면거칠기 기호 비교표

품 번	품 명	재 질	수량	비 고
4		STS3	1	
3	클램프 패드	STS3	1	
2	로케이터	SCM435	1	
1	홀더	SCM435	1	
품 번	품 명	재 질	수량	비 고

작품명 WORK CLAMP JIG

척도 1:1
도 면 3권째

WORK

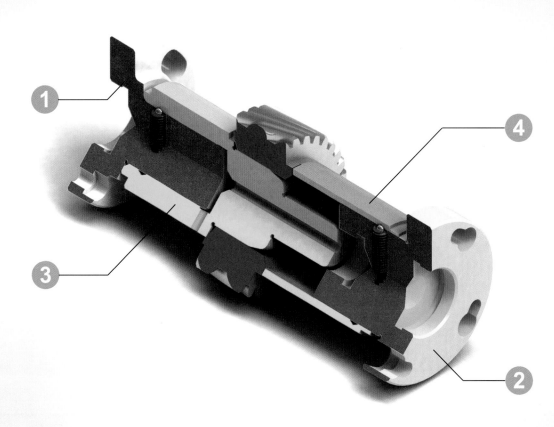

Chapter 06 | 작업형 실기 대비 예제 도면의 분석과 해독(2D & 3D)

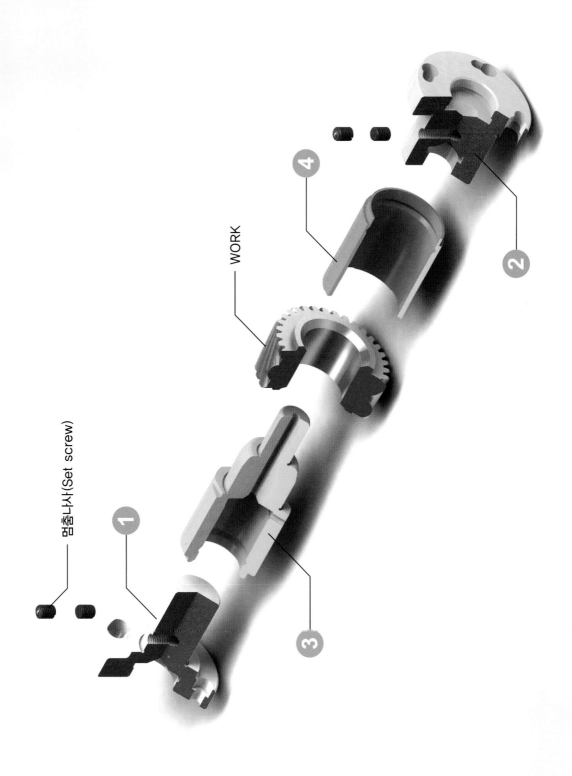

WORK

멈춤나사(Set screw)

1. 더브테일 클램프

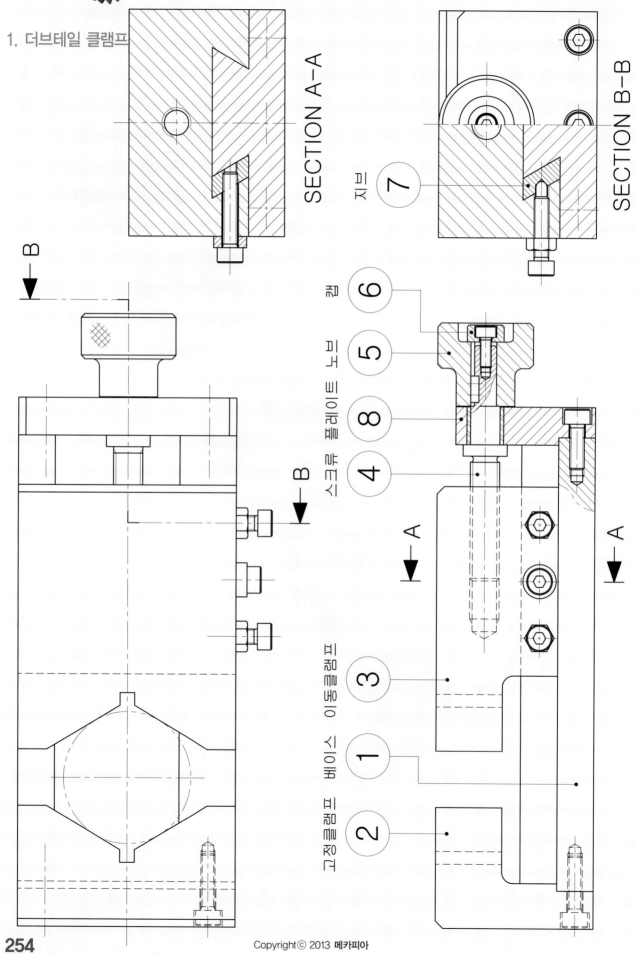

SECTION A-A

SECTION B-B

지브 ⑦

덮개 ⑥

노브 ⑤

⑧

스크류 ④

플레이트 ⑧

이동클램프 ③

베이스 ①

고정클램프 ②

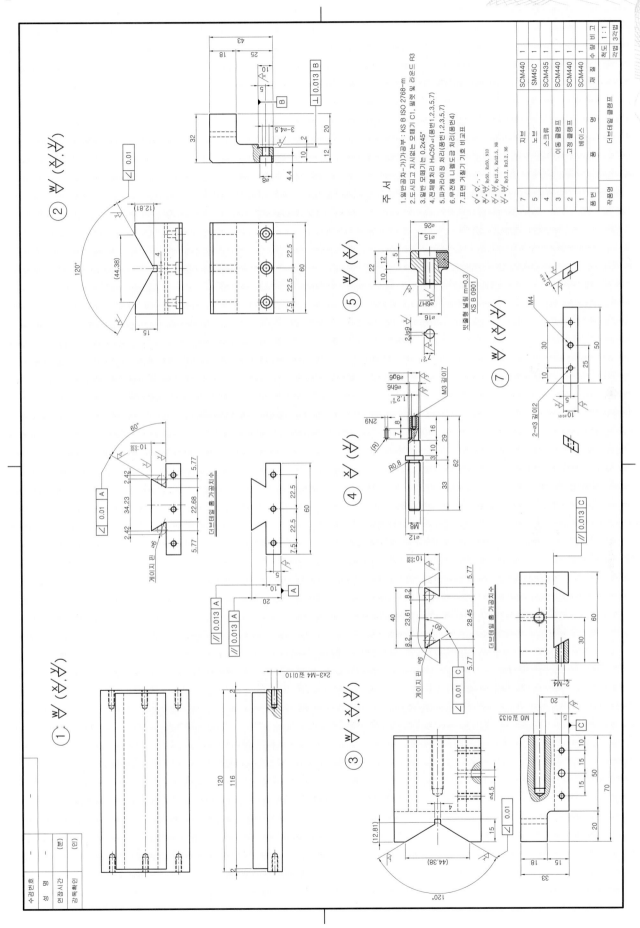

주 서
1. 일반공차-가가공부 : KS B ISO 2768-m
2. 도시되고 지시없는 모떼기 C1, 필렛 및 라운드 R3
3. 일반 모떼기는 0.2x45°
4. 전체열처리 HrC50±2(품번1,2,3,5,7)
5. 파커라이징 처리(품번1,2,3,5,7)
6. 무전해 니켈도금 처리(품번4)
7. 표면 거칠기 기호 비교표

작품번호	품 번	품 명	재 질	수량	비 고
	7	지 브	SCM440	1	
	5	노브	SM45C	1	
	4	스크류	SCM435	1	
	3	이동 클램프	SCM440	1	
	2	고정 클램프	SCM440	1	
	1	베이스	SCM440	1	

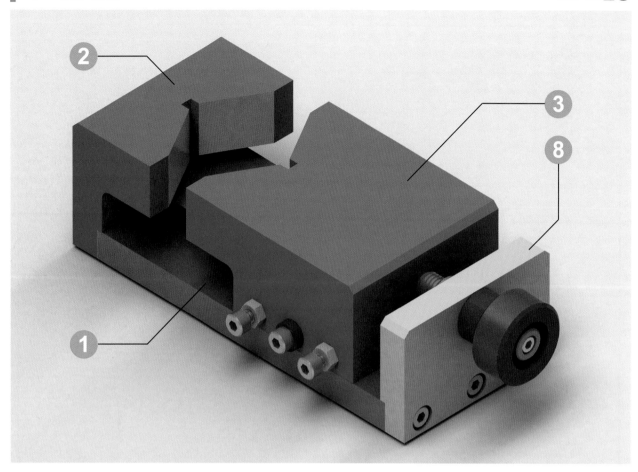

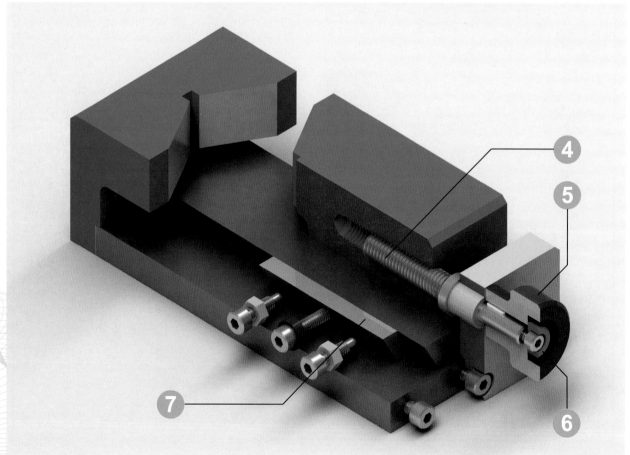

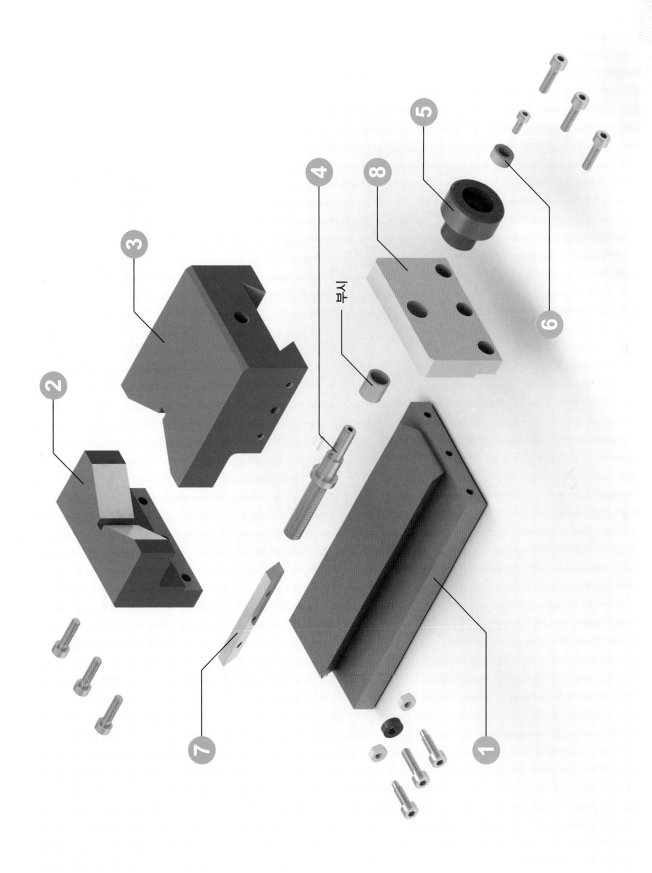

급지

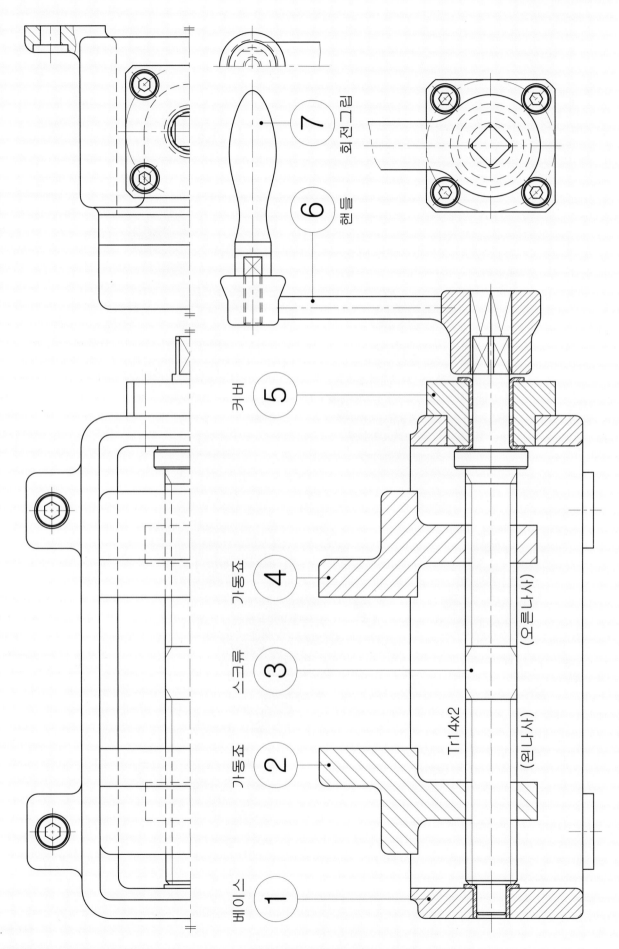

회전고정

7

핸들

6

커버

5

가동조

4

스크류

3

가동조

2

베이스

1

Tr14x2

(암나사)

(수나사)

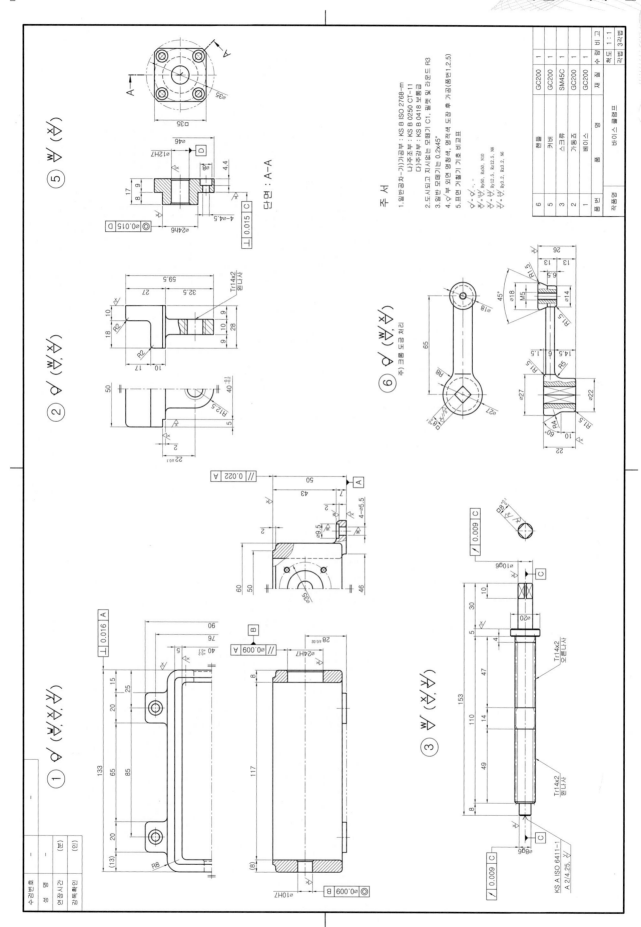

Copyright ⓒ 2013 메카피아

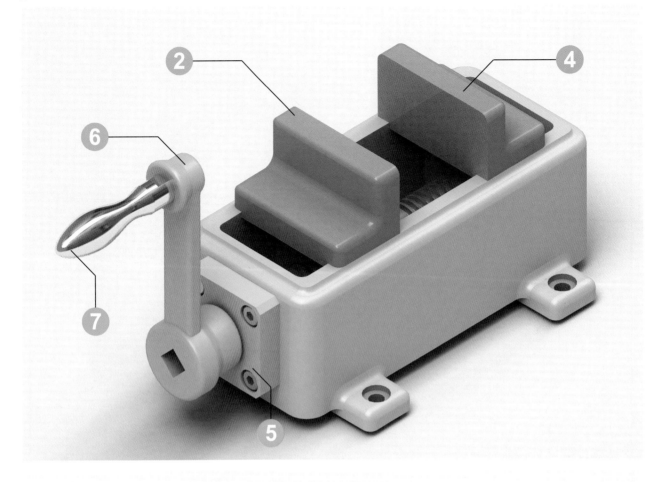

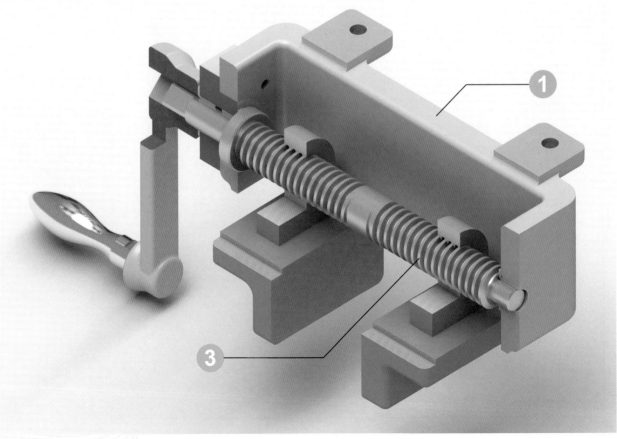

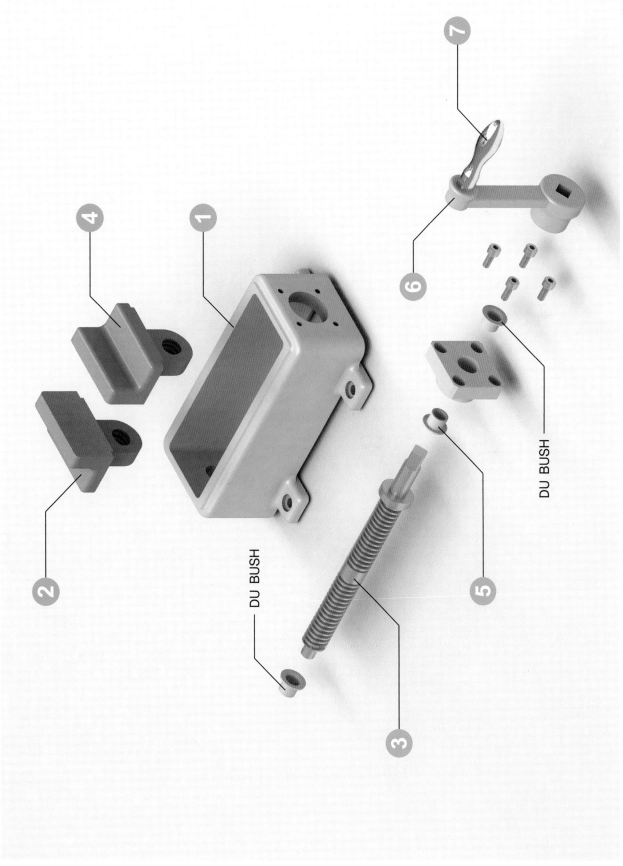

DU BUSH

DU BUSH

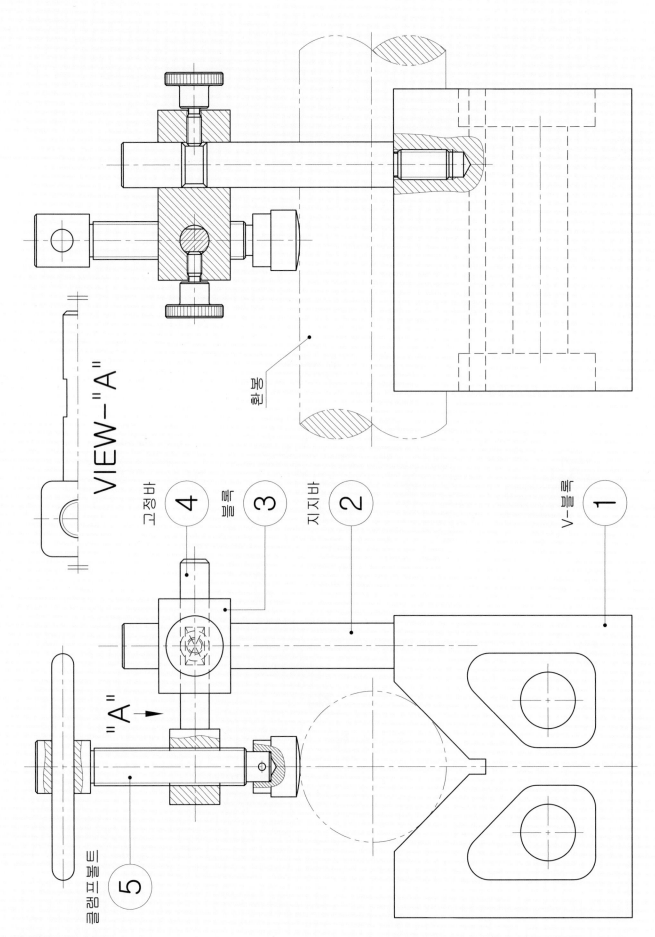

VIEW–"A"

고정바 ④

널링 ③

지지바 ②

V–블록 ①

"A"→

콜릿프트 ⑤

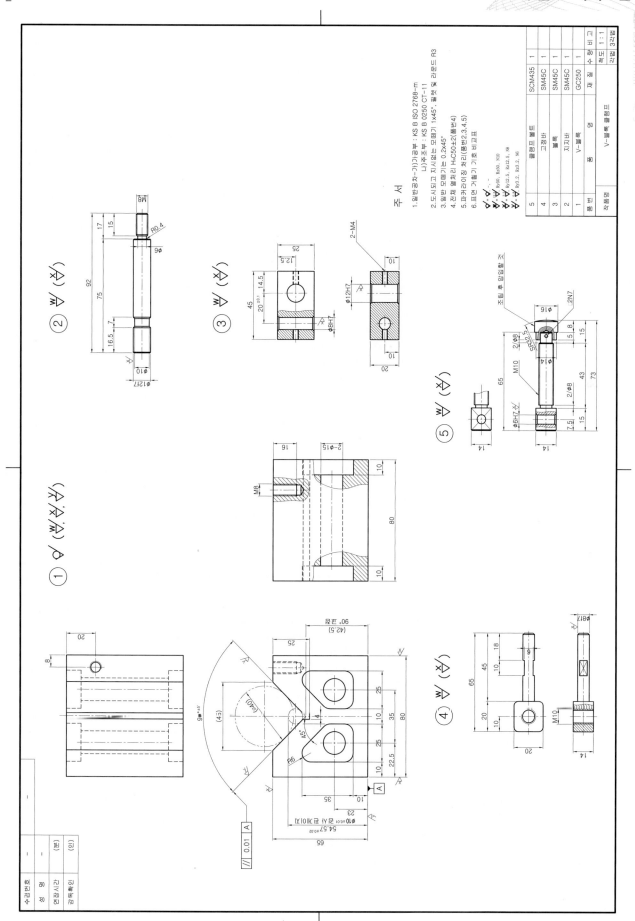

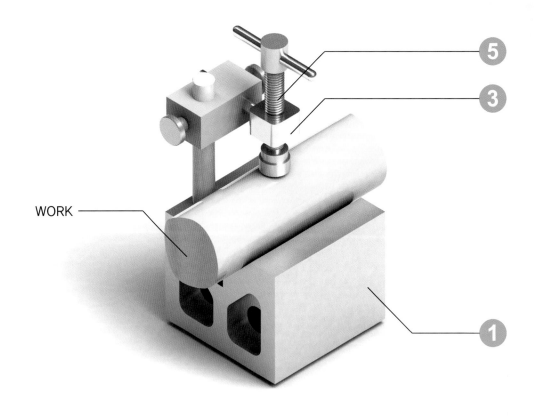

WORK

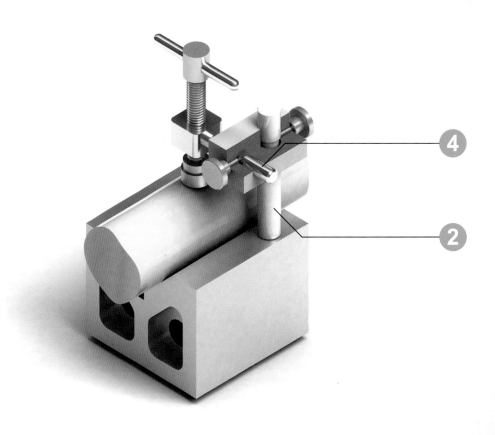

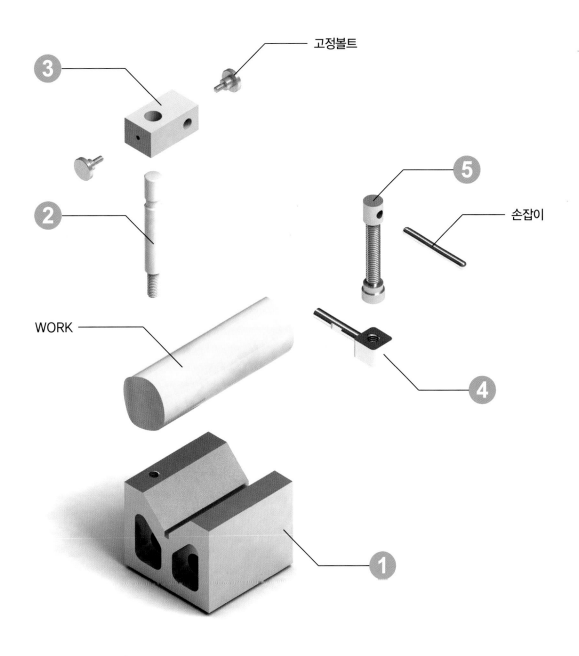

고정볼트

③

⑤

손잡이

②

WORK

④

①

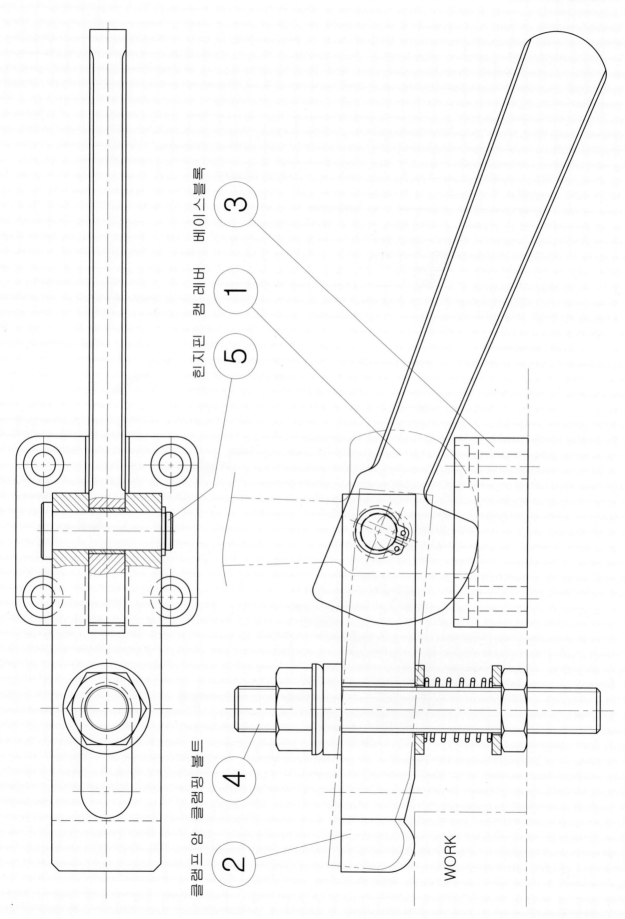

베이스블록

캠 레버

힌지핀

4

2

WORK

조립용볼트

용 포볼트

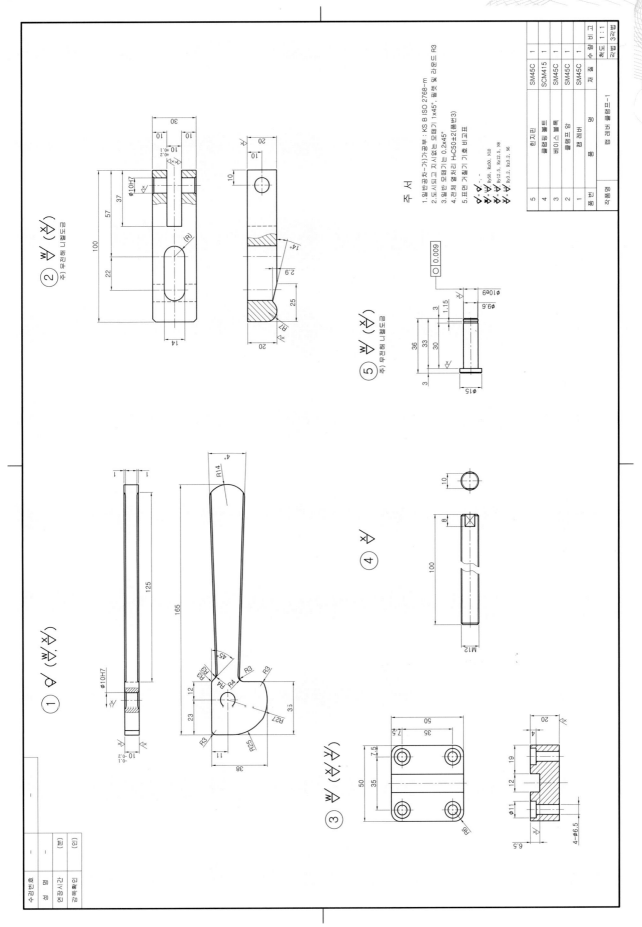

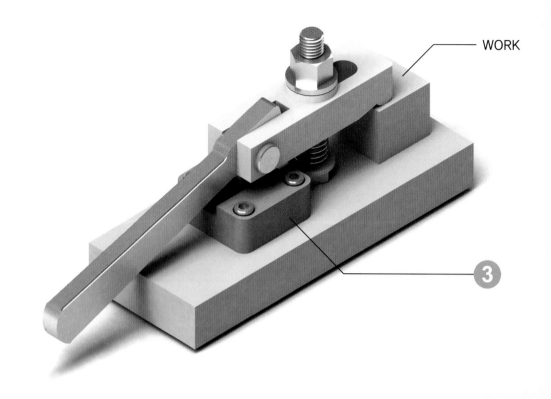

WORK

③

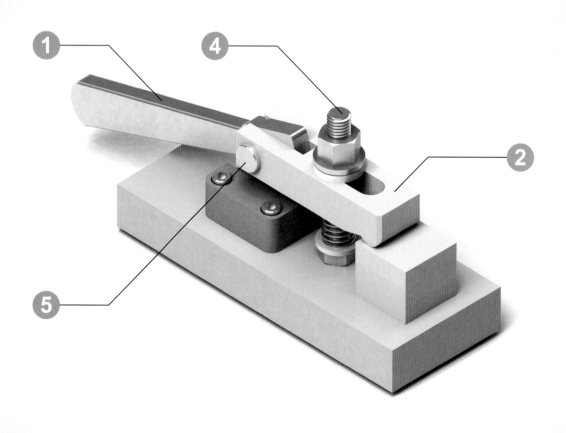

① ④ ②

⑤

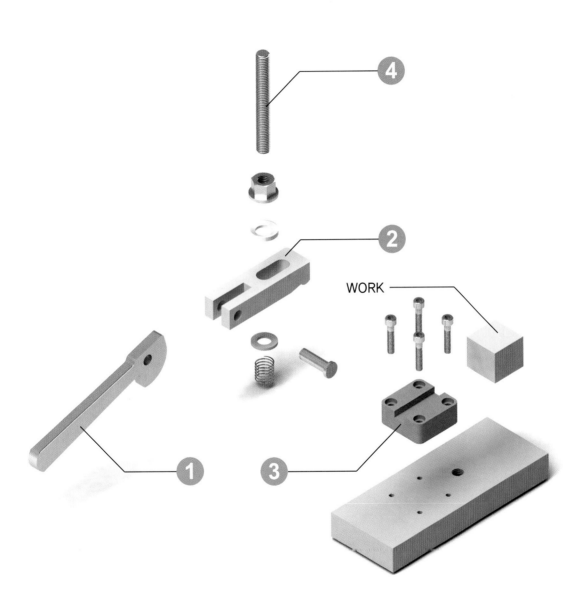

WORK

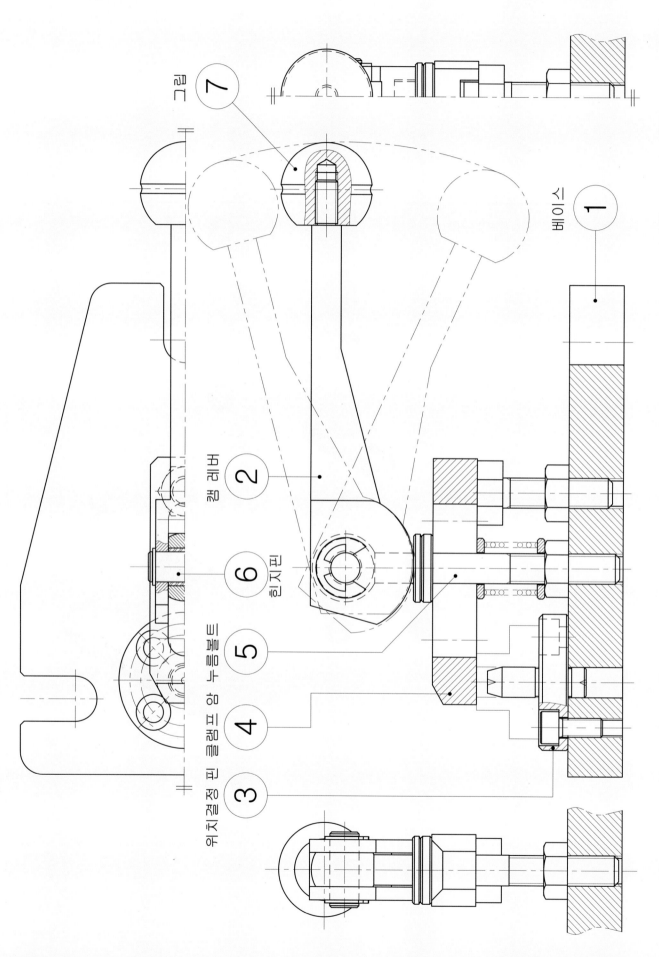

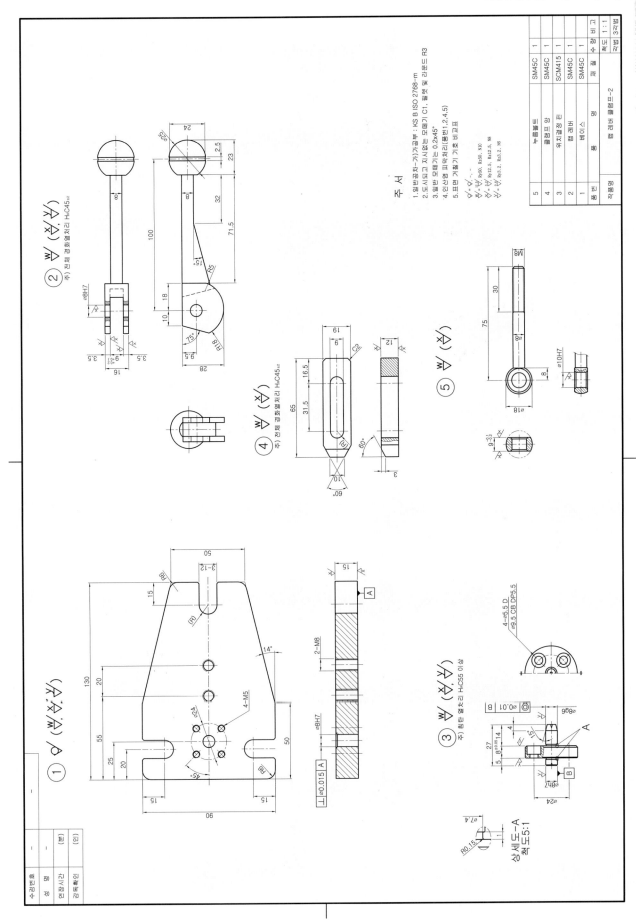

E형 멈춤링

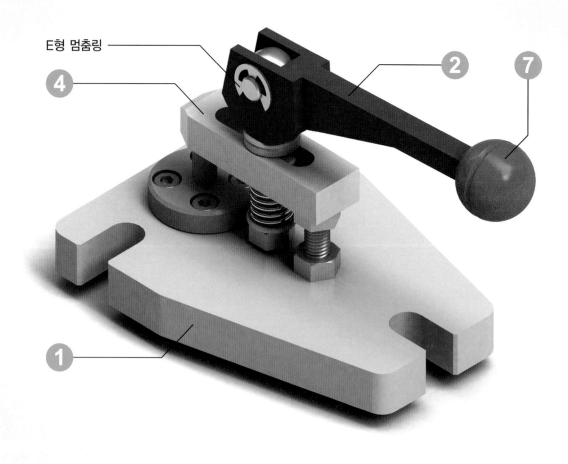

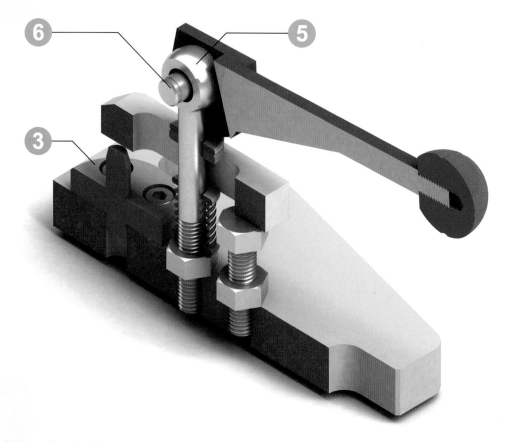

E형 멈춤링

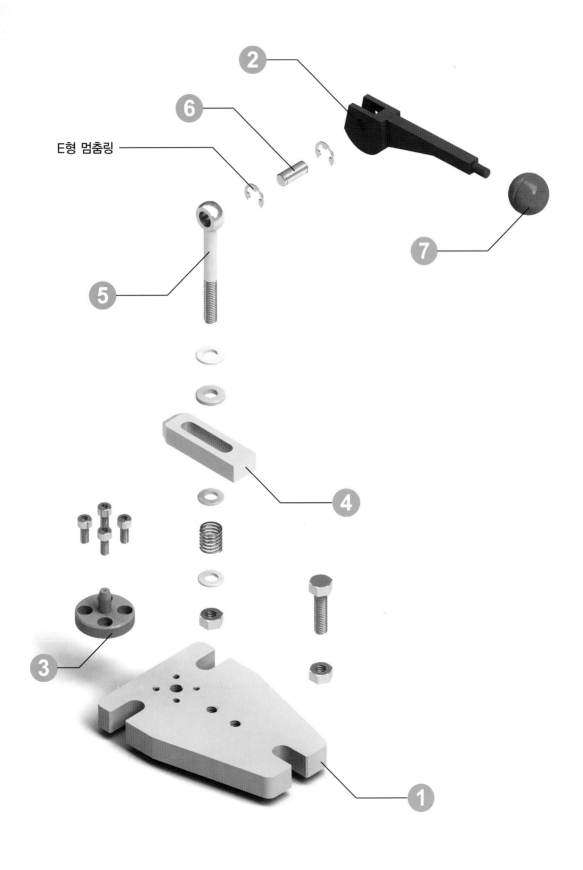

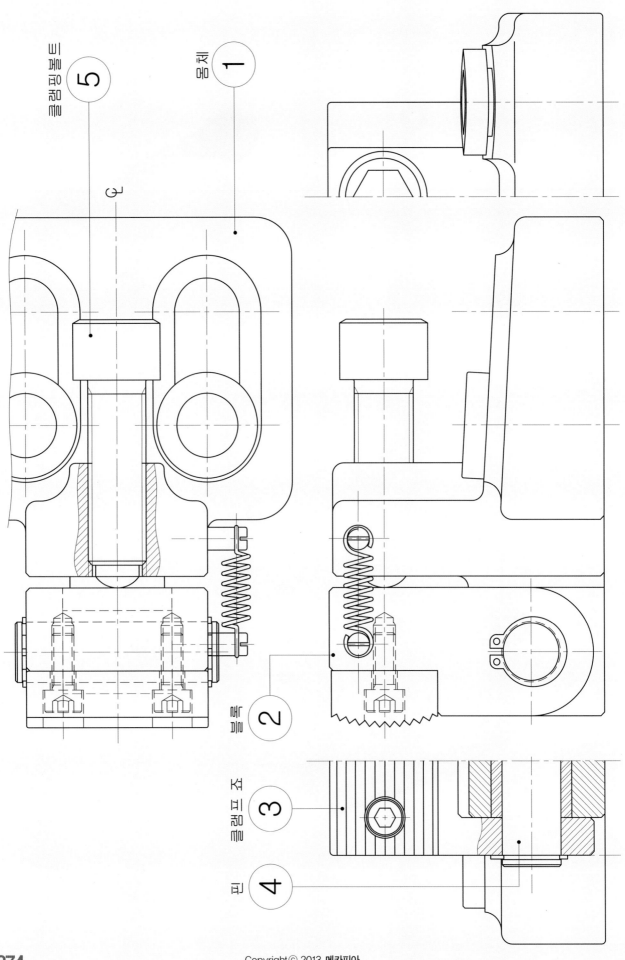

클램프블록 5

몸체 1

c

블록 2

클램프 조 3

핀 4

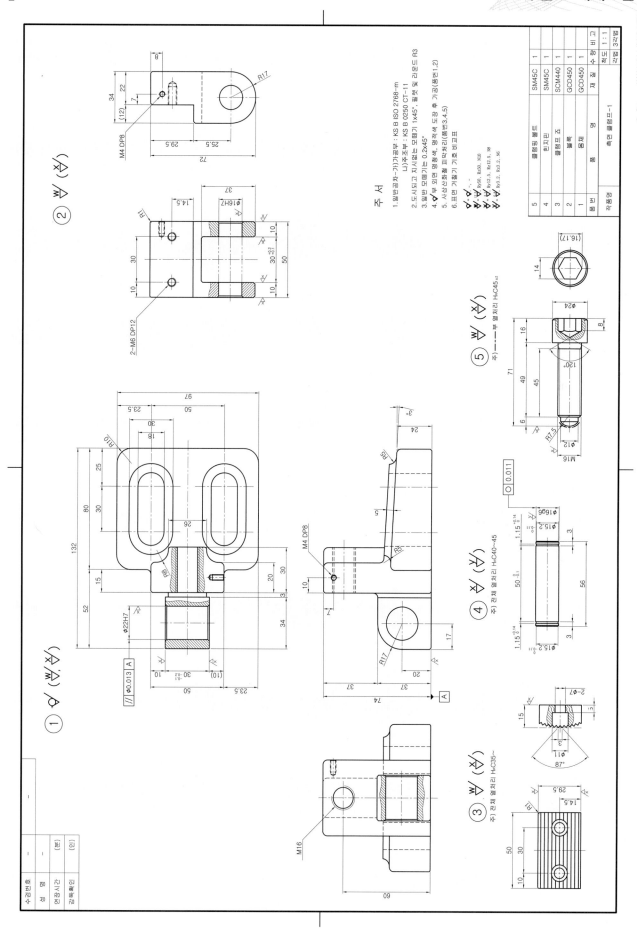

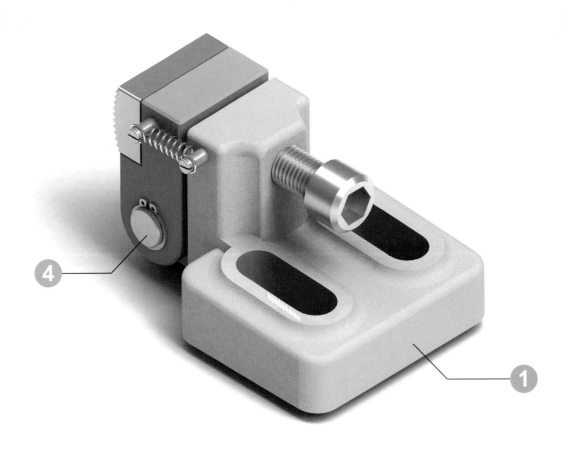

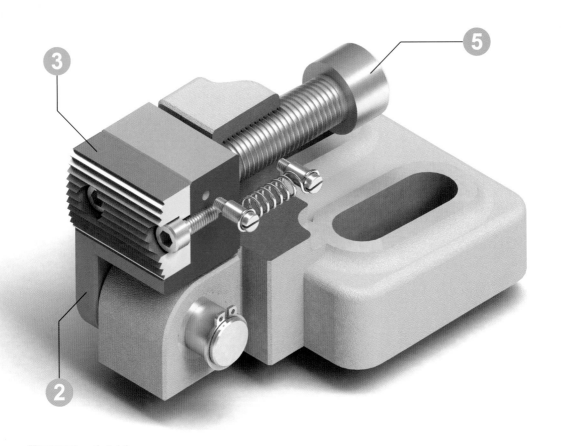

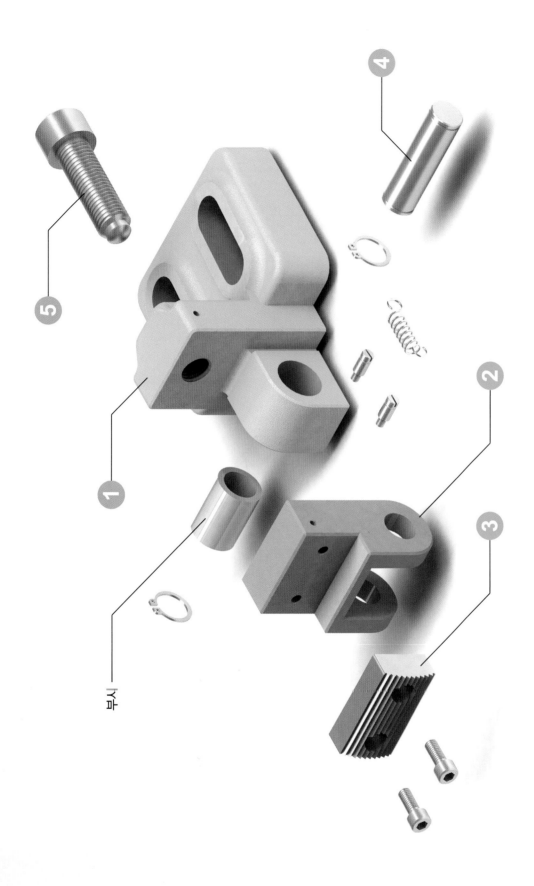

부시

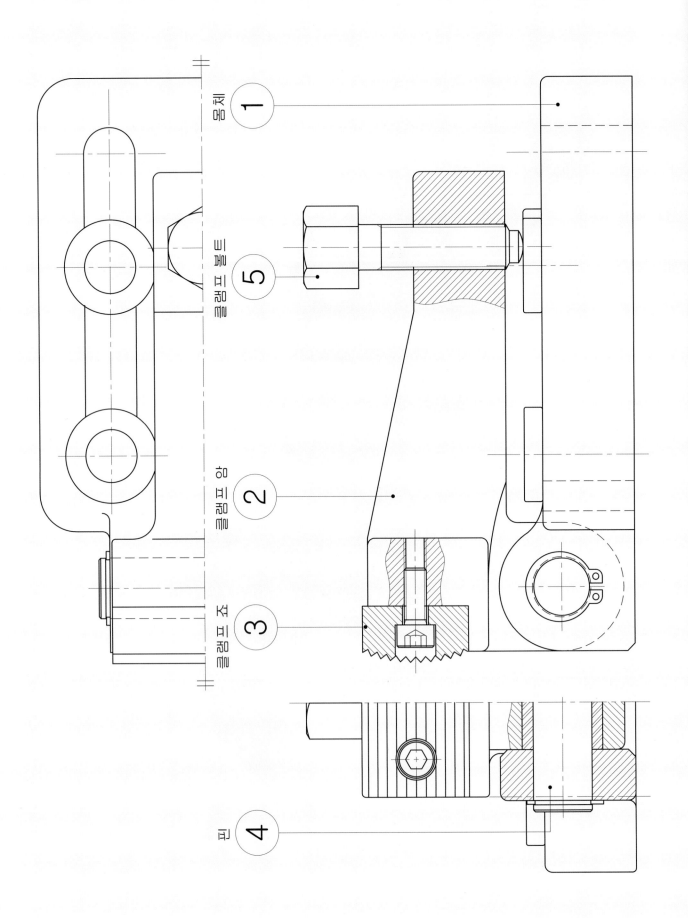

몸체 ①

클램프 로드 ⑤

클램프 몸체 ②

클램프 조 ③

핀 ④

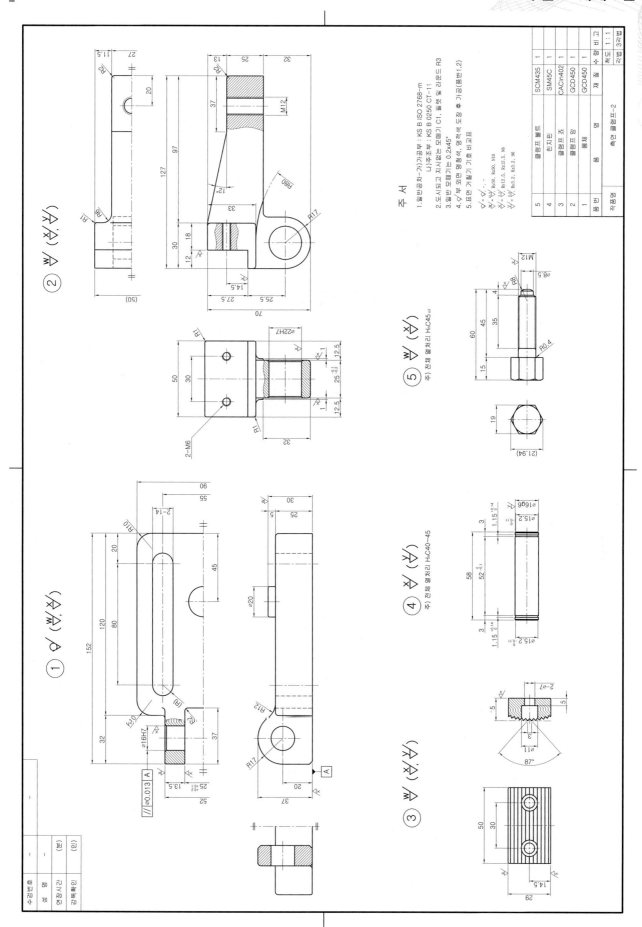

주 서

1. 일반공차-가)가공부 : KS B ISO 2768-m
   나)주조부 : KS B 0250 CT-11
2. 도시되고 지시없는 모떼기 C1, 필렛 및 라운드 R3
3. 일반 모떼기는 0.2x45°
4. ▽부 외면 명청색, 명적색 도장 후 기공(품번1,2)
5. 표면 거칠기 기호 비교표

품번	품명	재질	수량
5	클램프볼트	SCM435	1
4	힌지핀	SM45C	1
3	클램프조	CACin402	1
2	클램프 하	GCD450	1
1	몸체	GCD450	1

작품명 측면 클램프-2
척도 1 : 1
각법 3각법

Copyright © 2013 메카피아

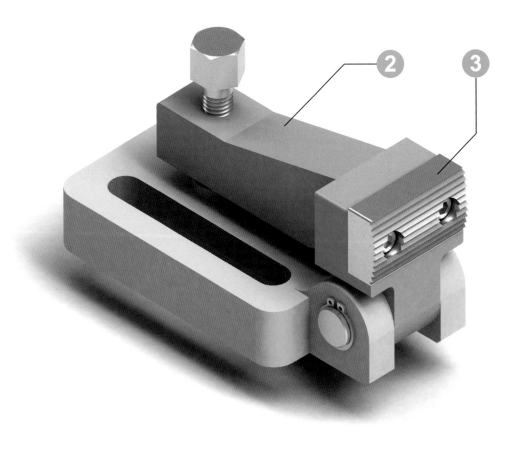

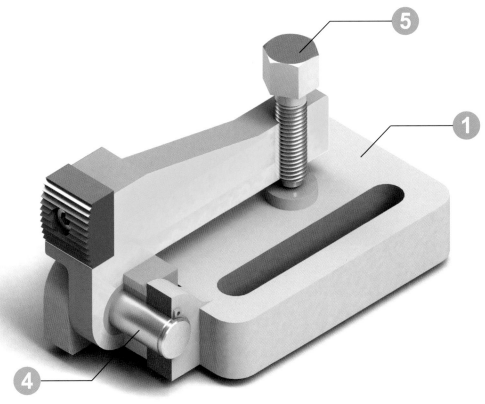

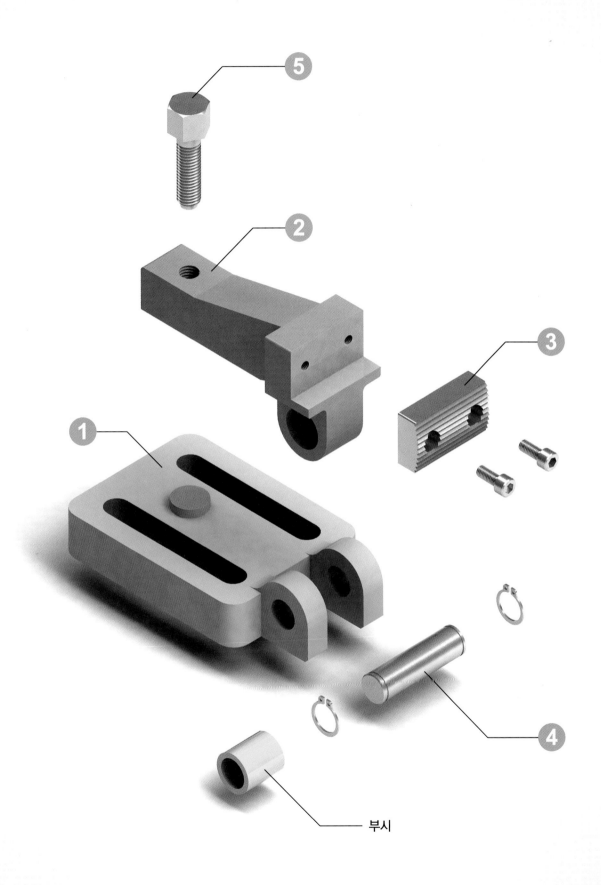

부시

1. 편심구동장치-1

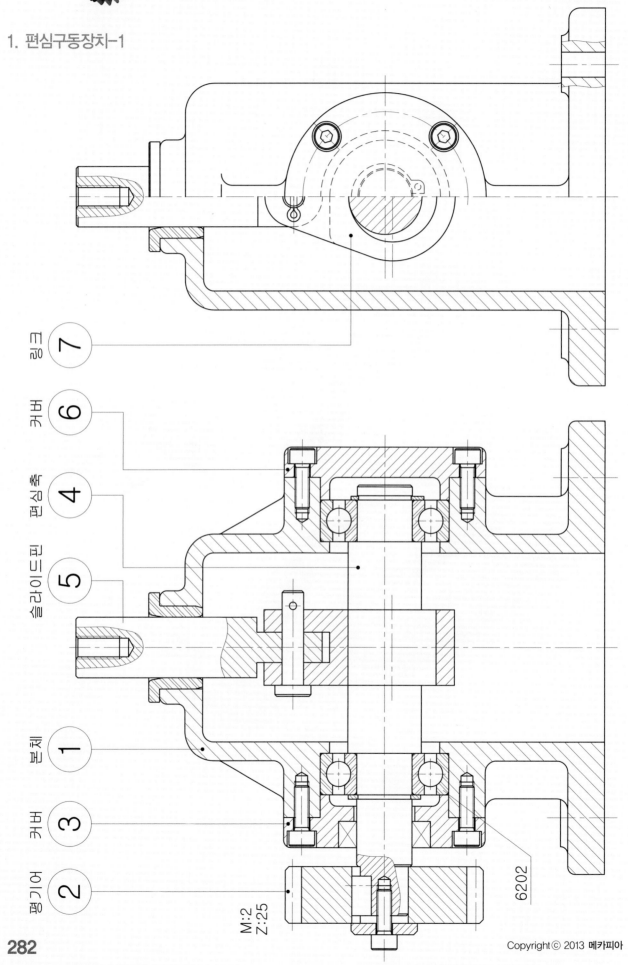

링크 7

커버 6

편심축 4

슬라이드핀 5

본체 1

커버 3

평기어 2

M:2
Z:25

6202

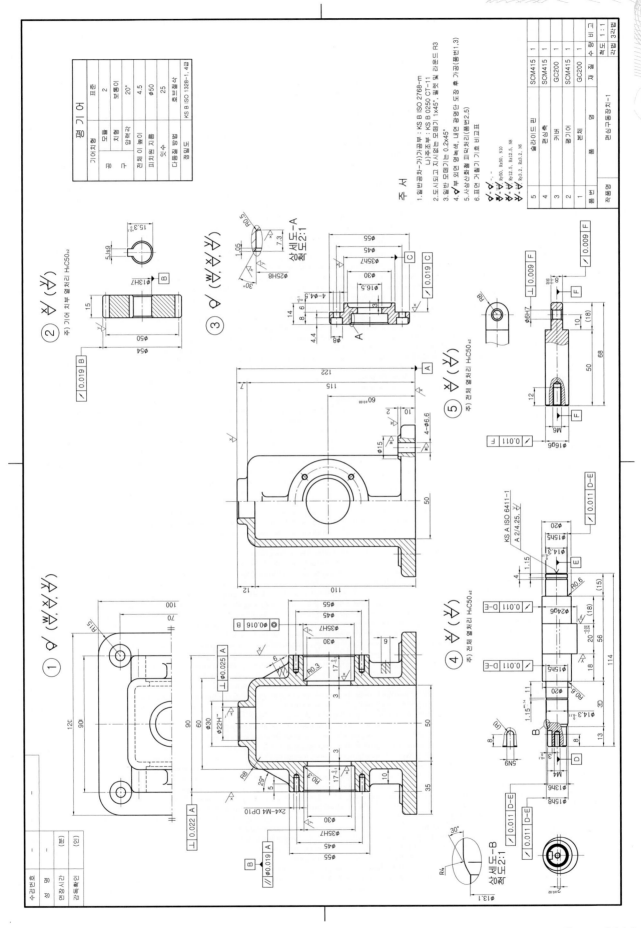

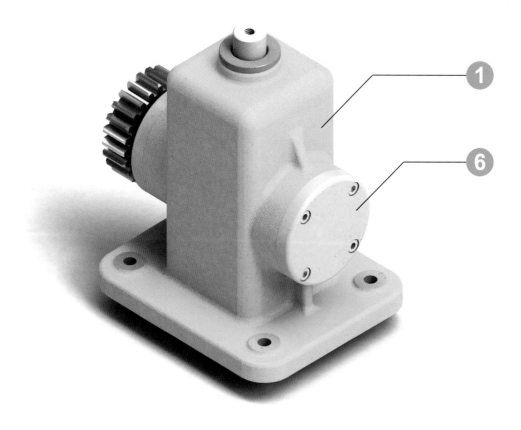

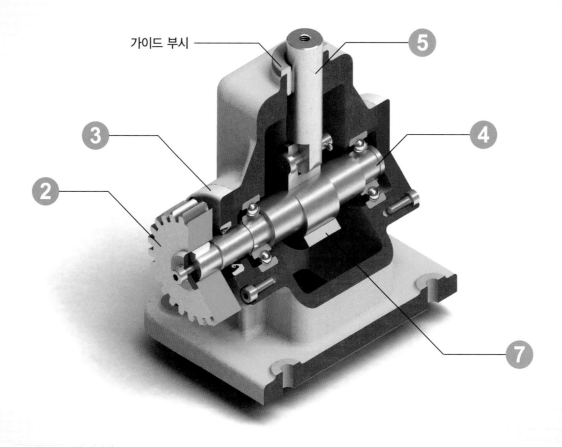

가이드 부시

2-6202

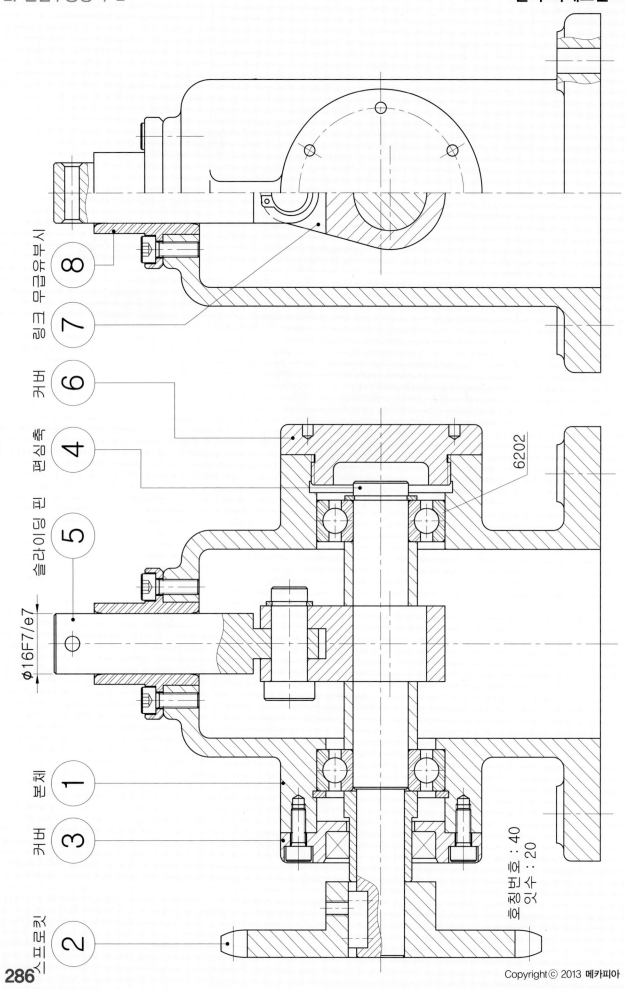

링크 무급유부시 ⑧

⑦

커버 ⑥

편심축 ④

슬라이딩 핀 ⑤

φ16F7/e7

6202

본체 ①

커버 ③

모듈 : 40
잇수 : 20

스프로킷 ②

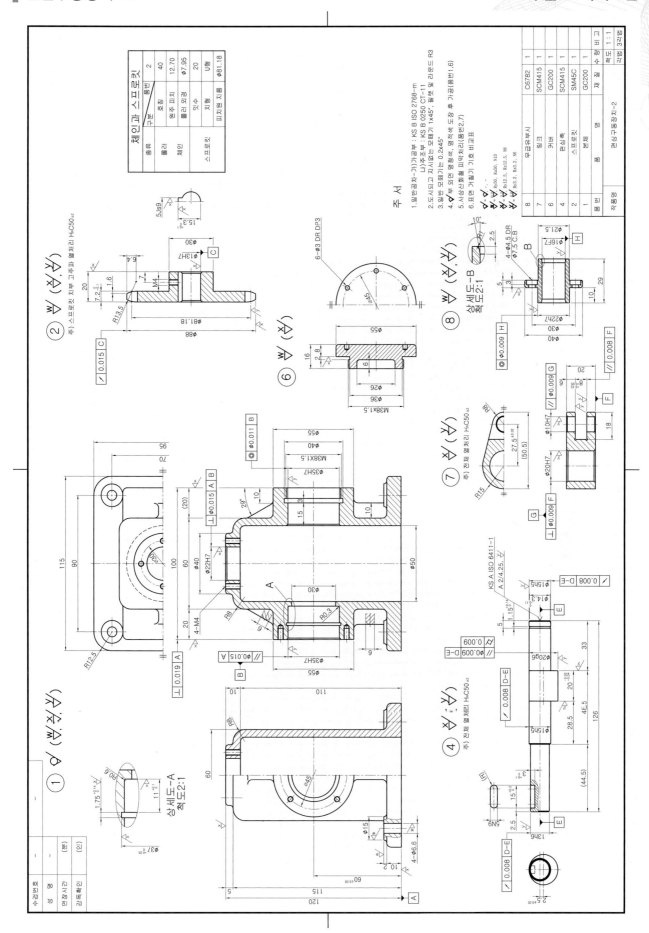

Copyright ⓒ 2013 메카피아

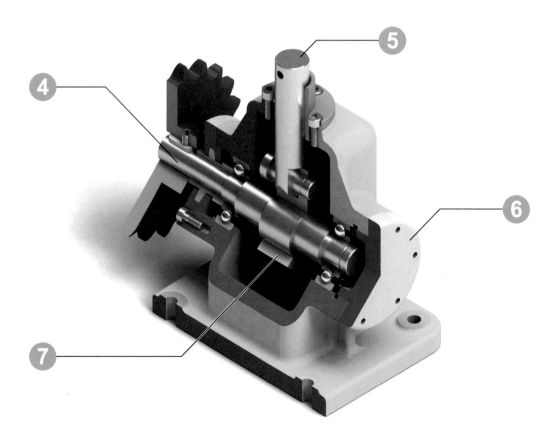

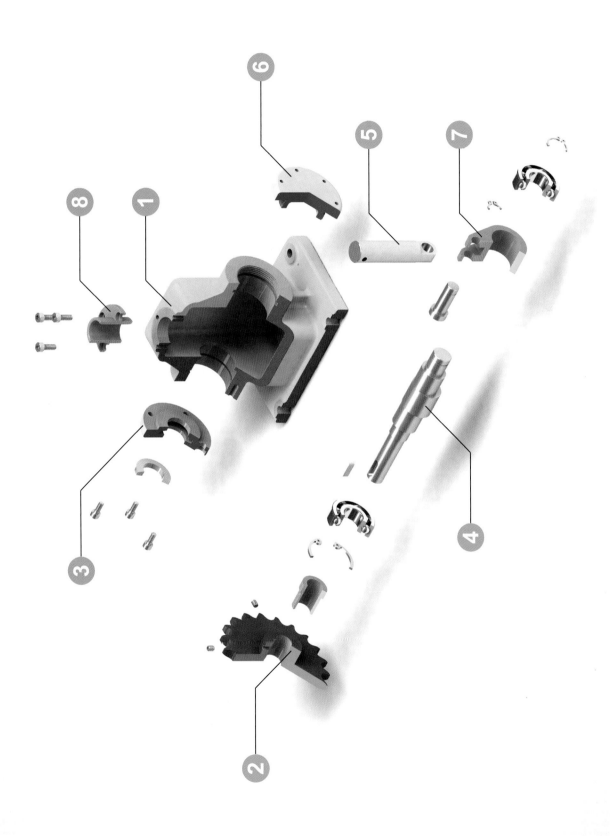

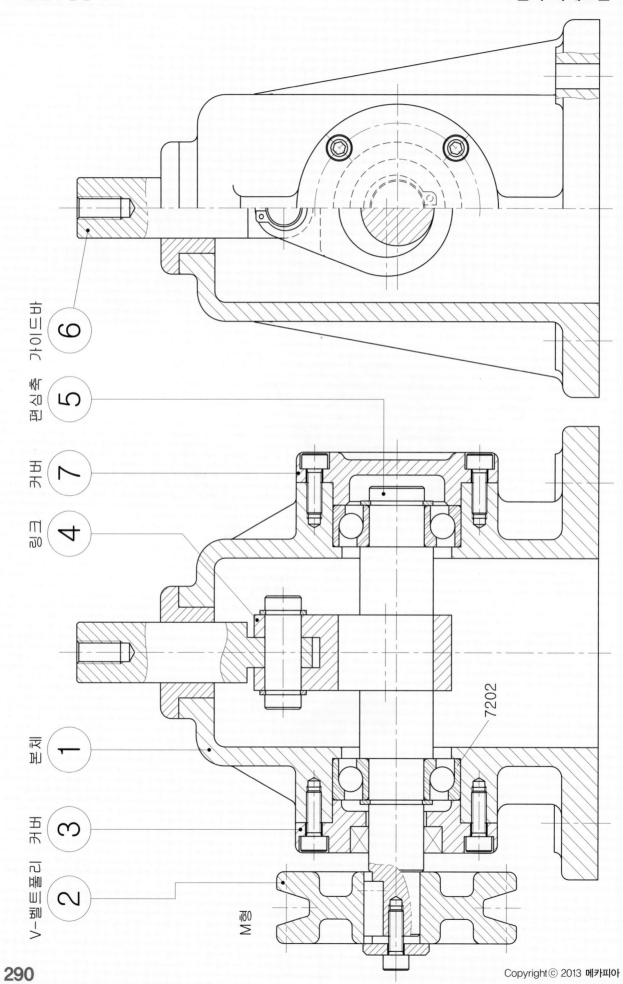

가이드바 6

편심축 5

커버 7

링크 4

본체 1

커버 3

V-벨트풀리 2

7202

M8

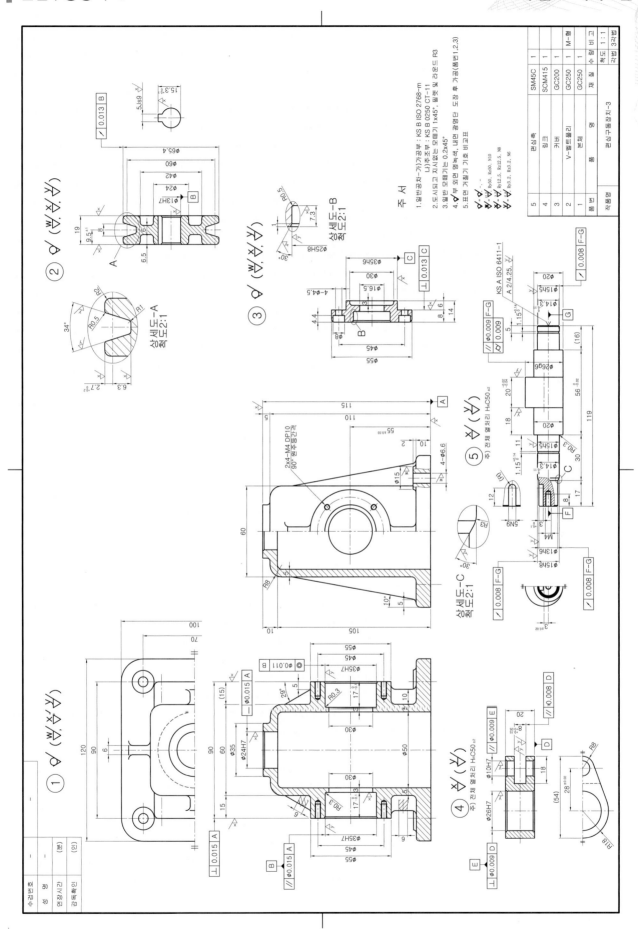

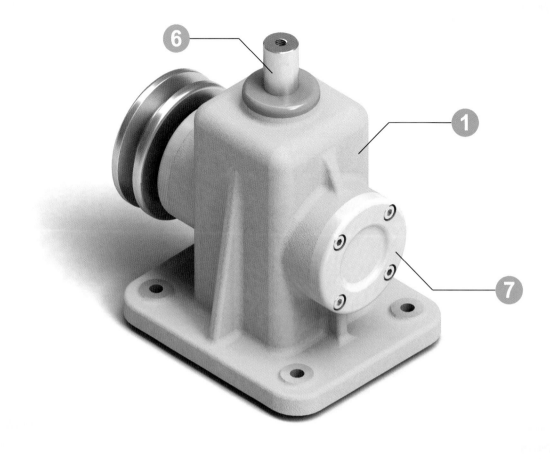

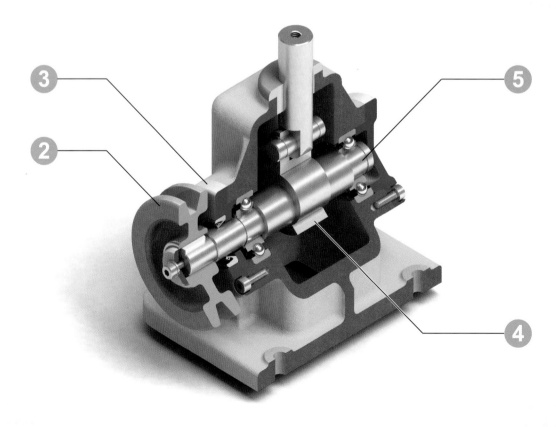

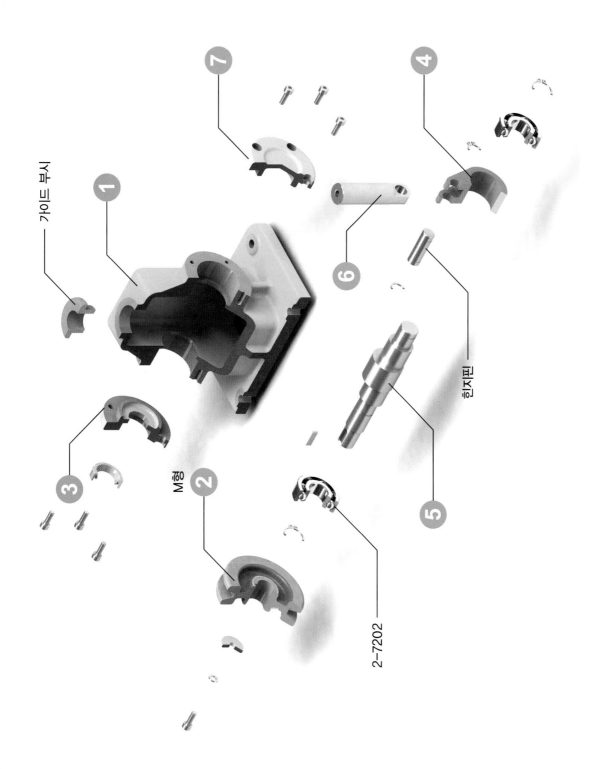

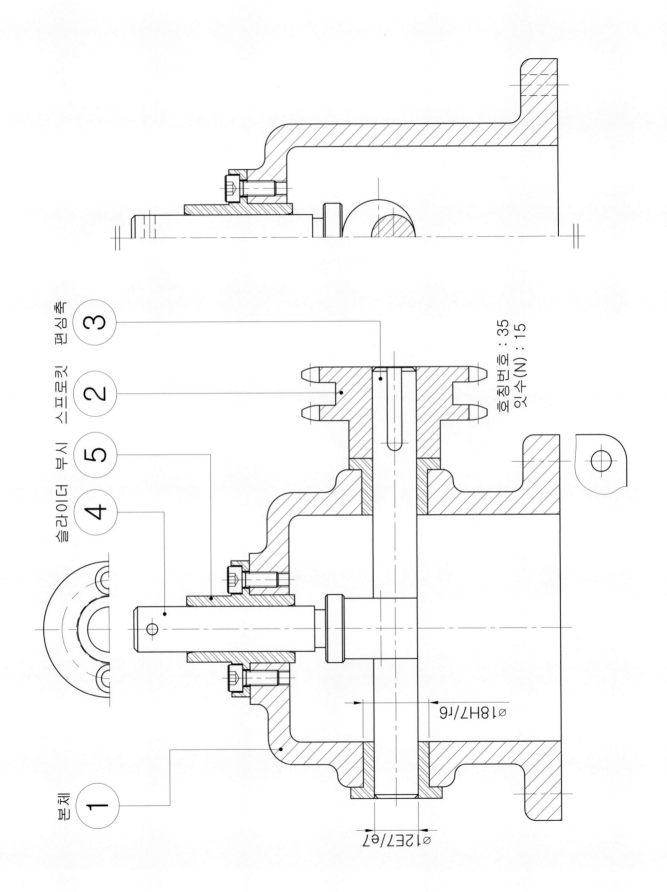

편심축 3

스프로킷 2

부시 5

슬라이더 4

본체 1

홈형번호 : 35
잇수(N) : 15

⌀18H7/r6

⌀12E7/e7

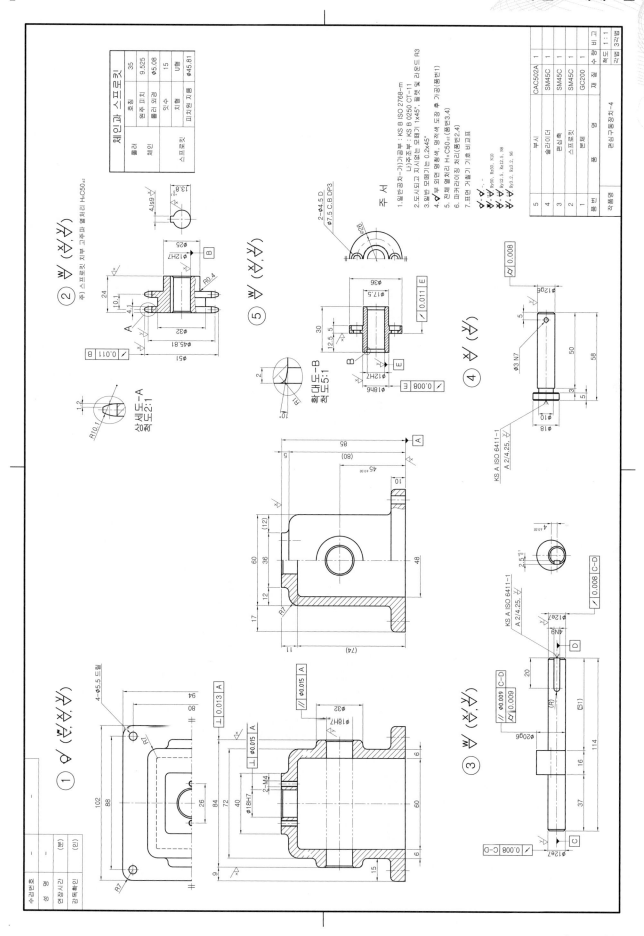

체인과 스프로킷

롤러	명칭	35
	원주 피치	9.525
체인	롤러 외경	Φ5.08
	잇수	15
스프로킷	치형	U형
	피치원 지름	Φ45.81

주) 스프로킷 치부 고주파 열처리 H₂C50₂₂

주 서

1. 일반공차-가)가공부 : KS B ISO 2768-m
　　　　　　　나)주조부 : KS B 0250 CT-11
2. 도시되고 지시없는 모떼기 1×45°, 필렛 및 라운드 R3
3. 일반 모떼기는 0.2×45°
4. ◇부 외면 명청색, 열적색 도장 후 가공(품번1)
5. 전체 열처리 H₂C50₂₂(품번3,4)
6. 파커라이징 처리(품번2,4)
7. 표면 거칠기 기호 비교표

주서 거칠기 기호:
∇ = Ry50, Rz50, N10
∇∇ = Ry12.5, Rz12.5, N8
∇∇∇ = Ry3.2, Rz3.2, N6

5	솔라이더	CAC502A	1
4	편심축	SM45C	1
3	스프로킷	SM45C	1
1	본체	GC200	1
품번	품 명	재 질	수량 비 고

작품명 : 편심구동장치-4
척도 1:1
각법 3각법

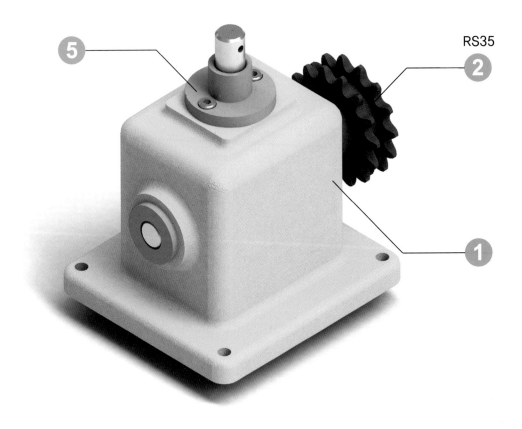

RS35

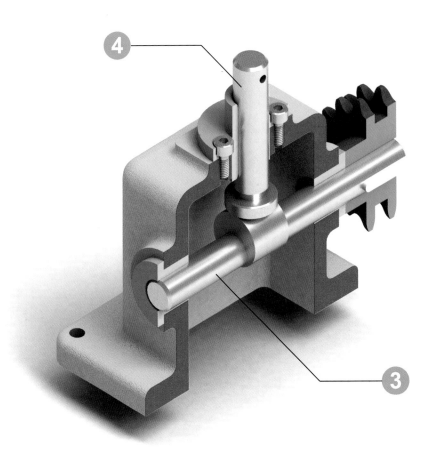

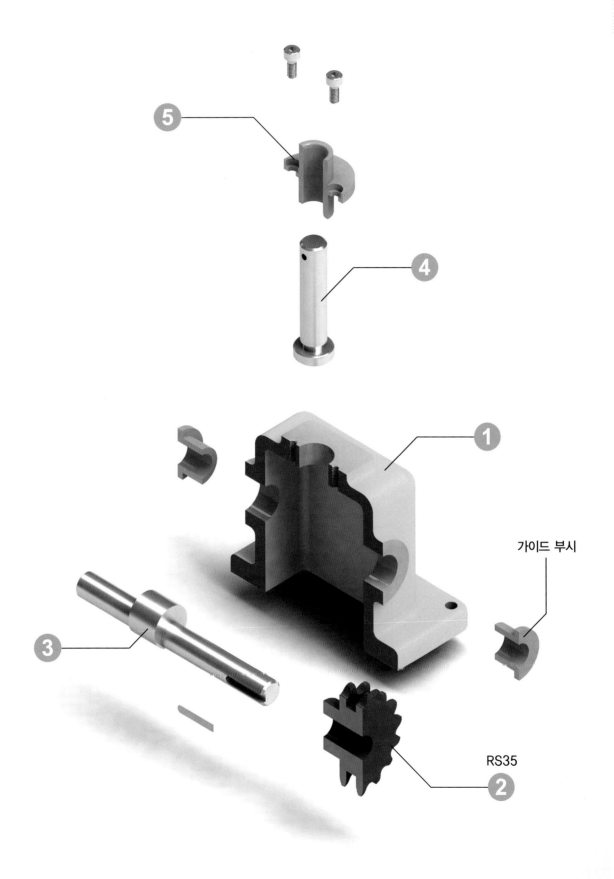

가이드 부시

RS35

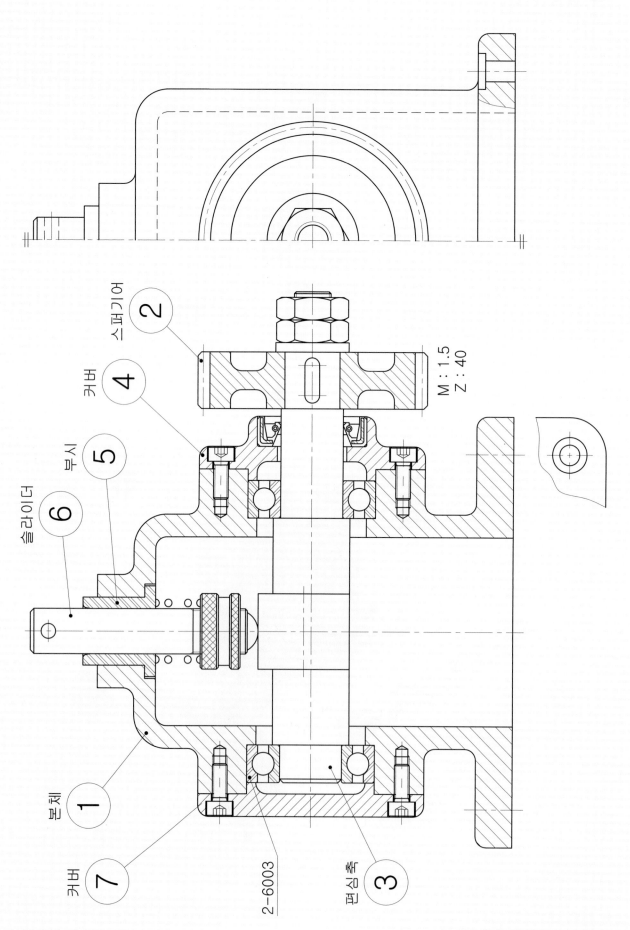

스퍼기어 ②

커버 ④

부시 ⑤

슬라이더 ⑥

본체 ①

커버 ⑦

2-6003

편심축 ③

M : 1.5
Z : 40

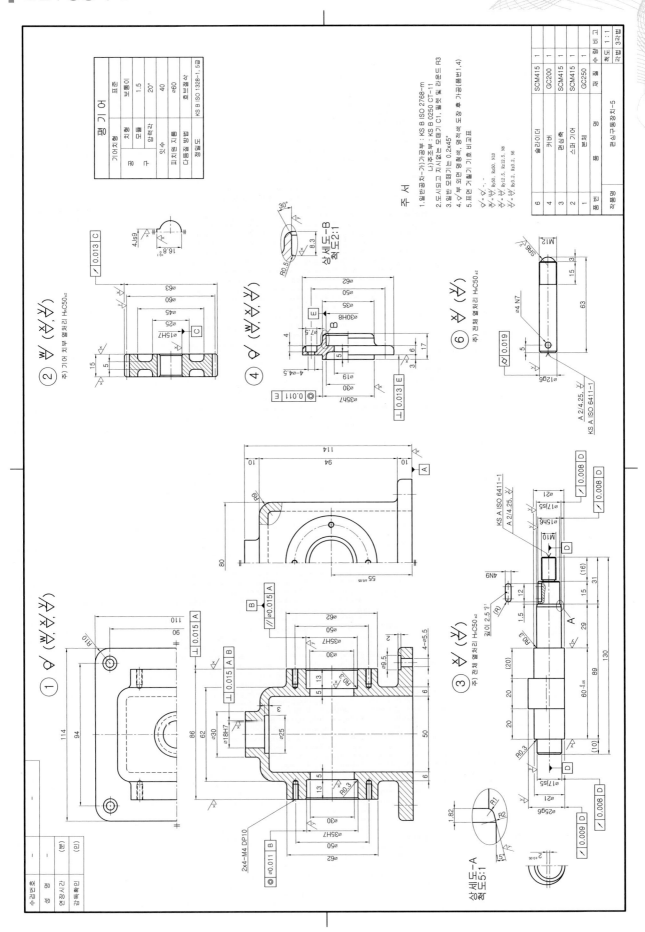

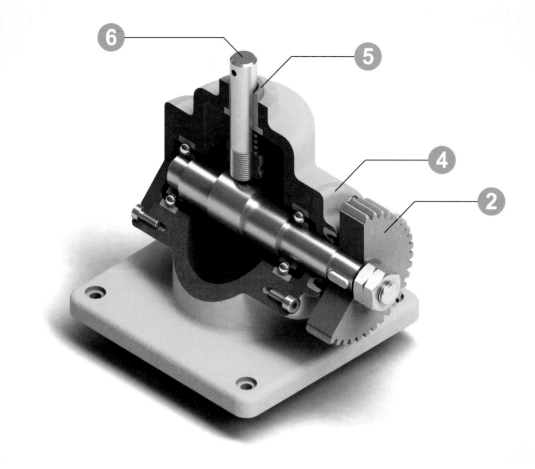

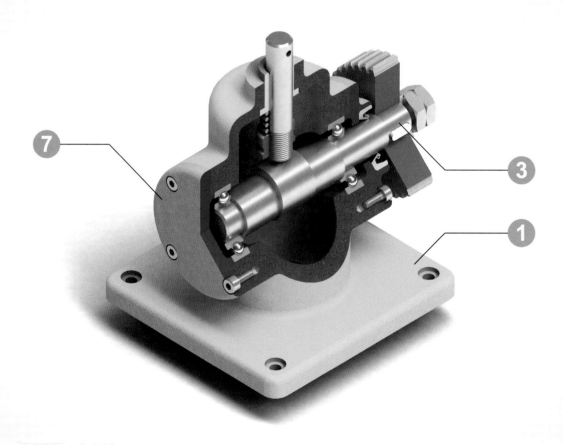

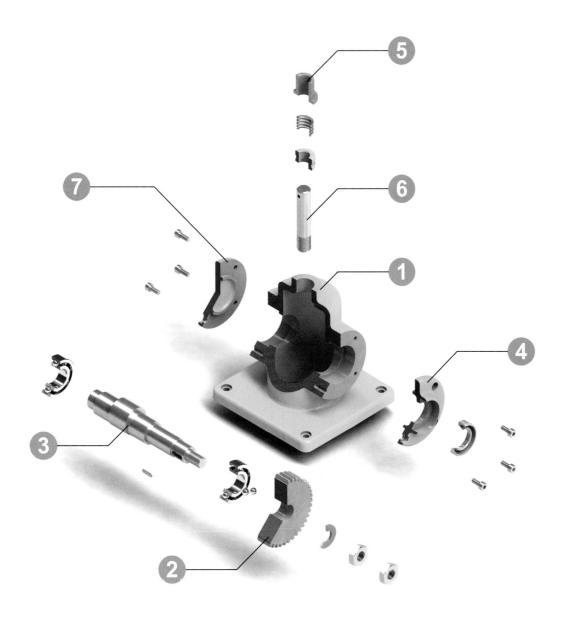

1. 벨트전동장치-1

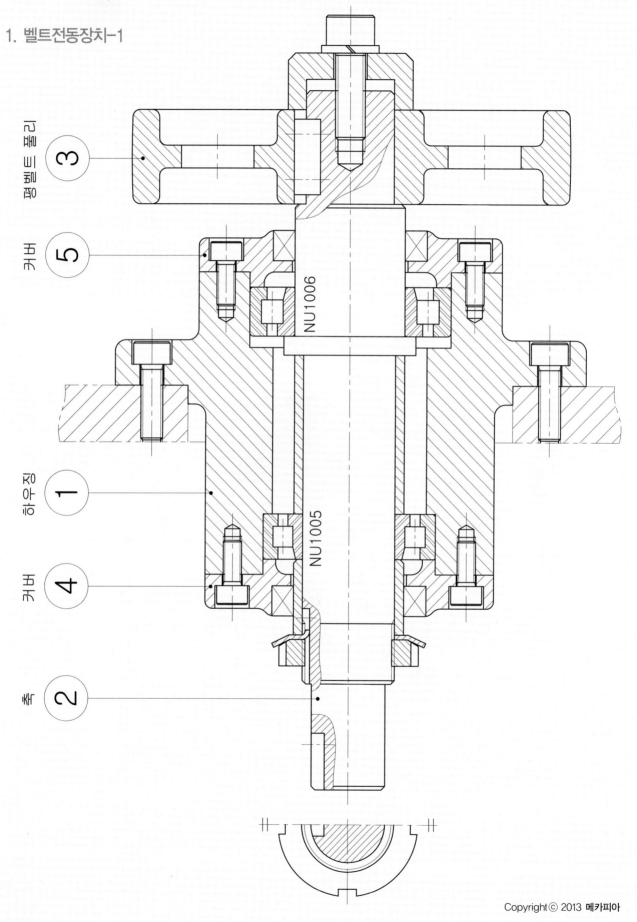

평벨트 풀리 ③

커버 ⑤

하우징 ①

커버 ④

축 ②

NU1006

NU1005

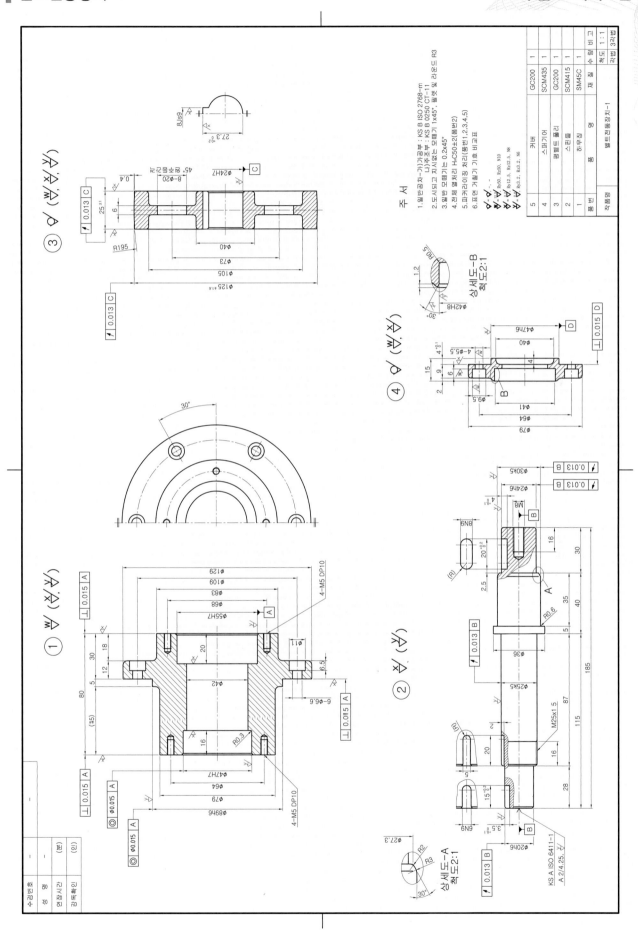

Copyright ⓒ 2013 메카피아

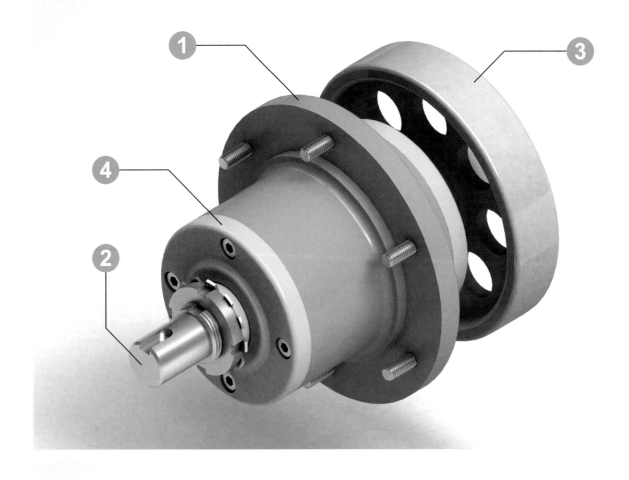

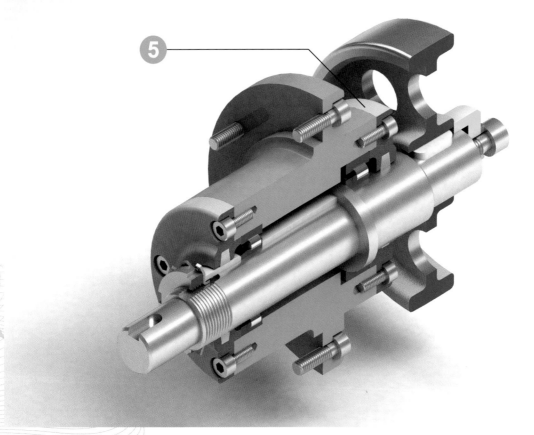

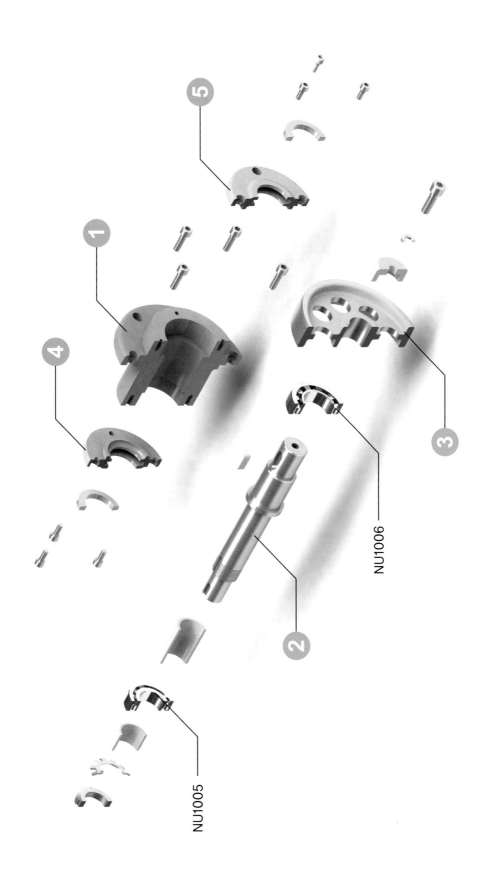

NU1006

NU1005

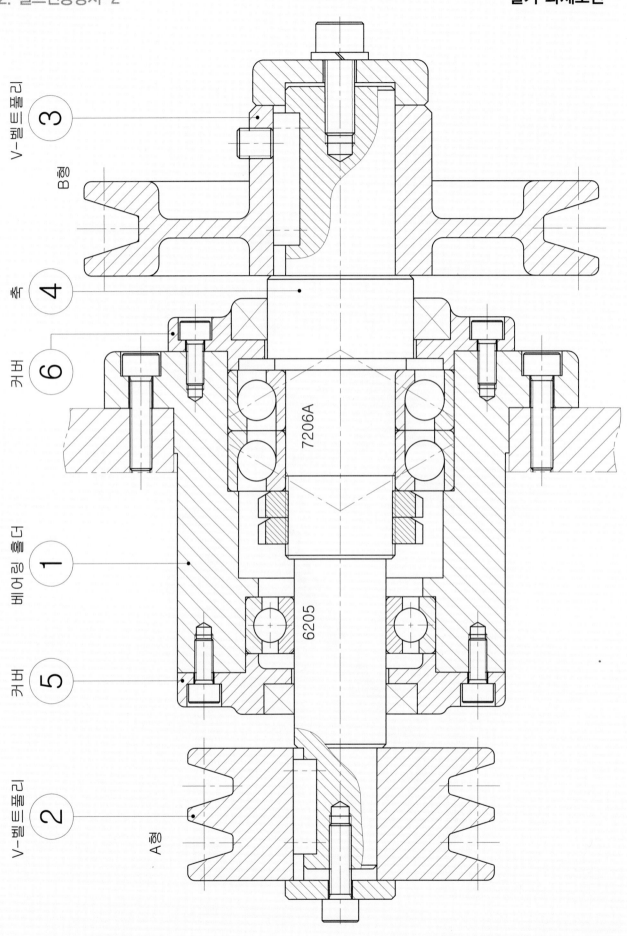

V-벨트풀리 ③

B광

축 ④

커버 ⑥

베어링 홀더 ①

커버 ⑤

7206A

6205

V-벨트풀리 ②

A광

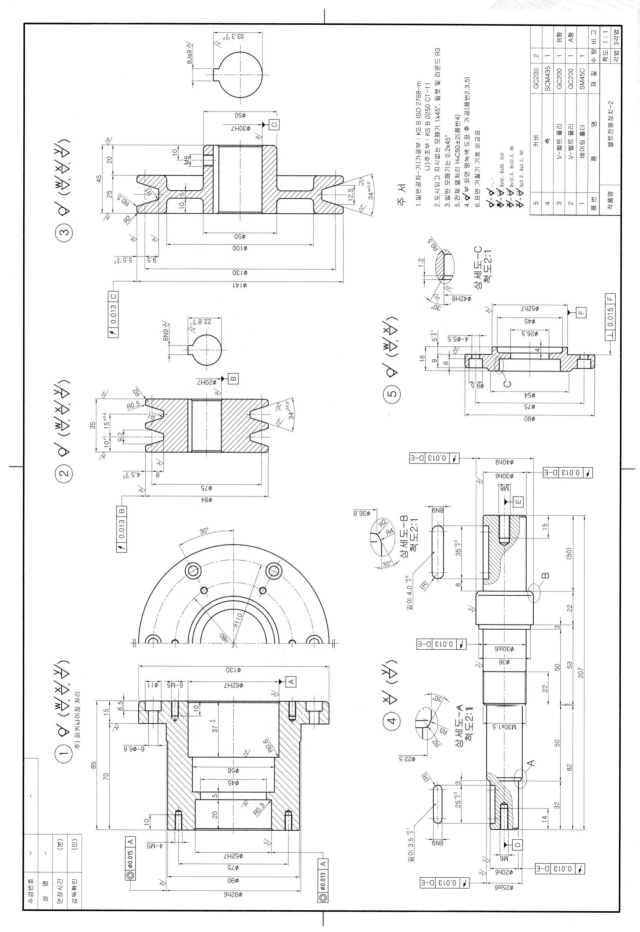

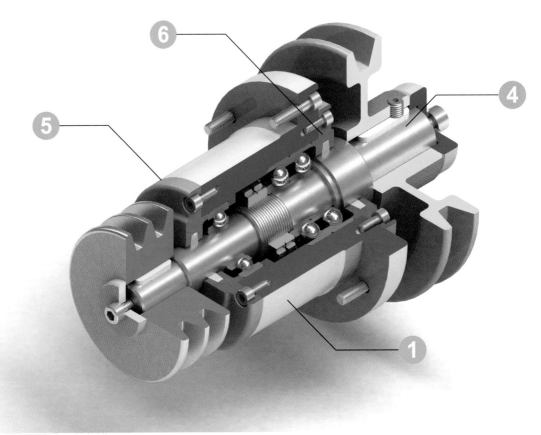

7206A

6205

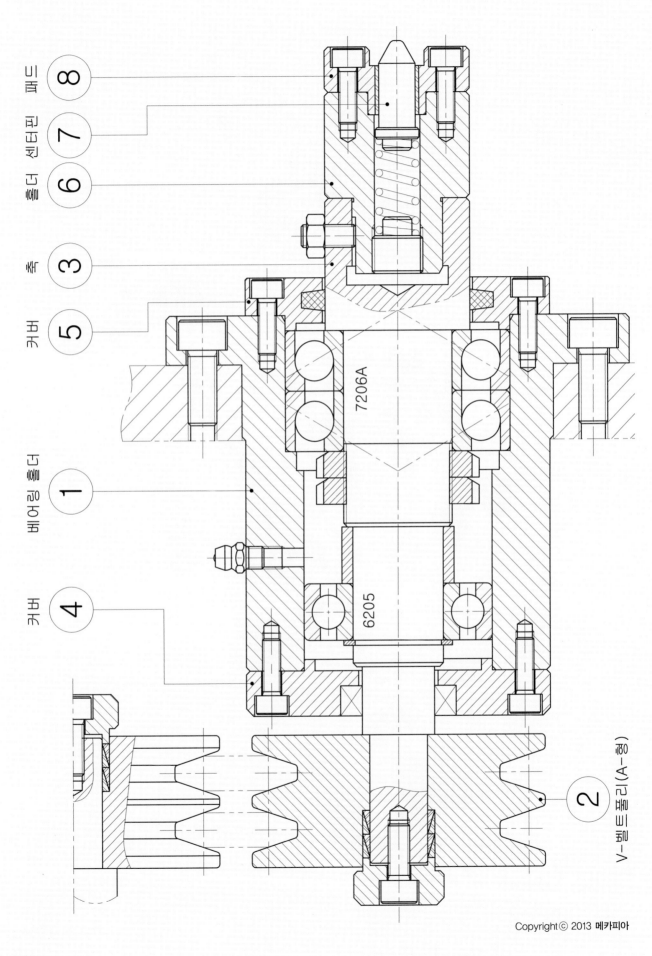

8 푸시 버튼

7 센터핀

6 홀더

3 축

5 커버

1 베어링 홀더

4 커버

2 V-벨트 풀리(A-형)

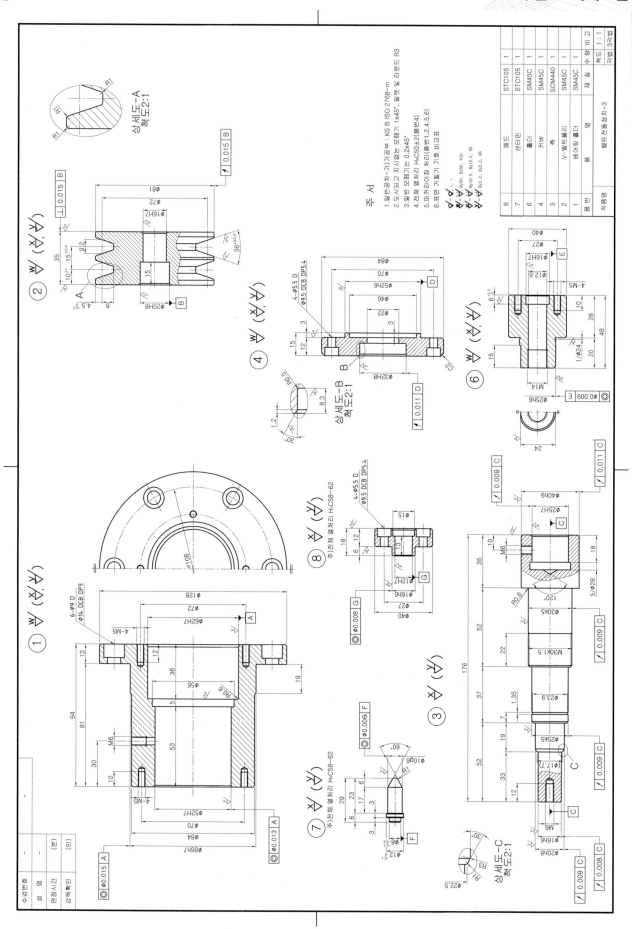

Copyright ⓒ 2013 메카피아

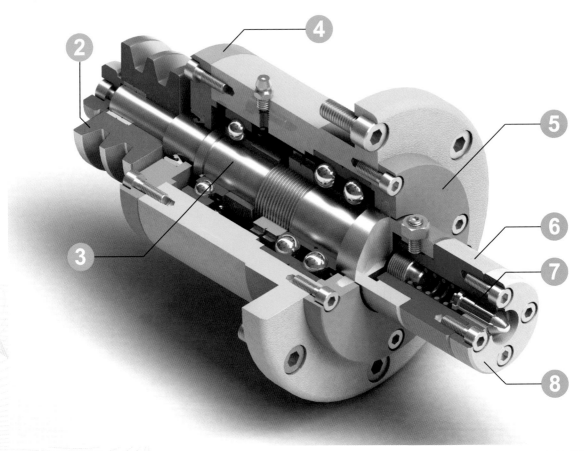

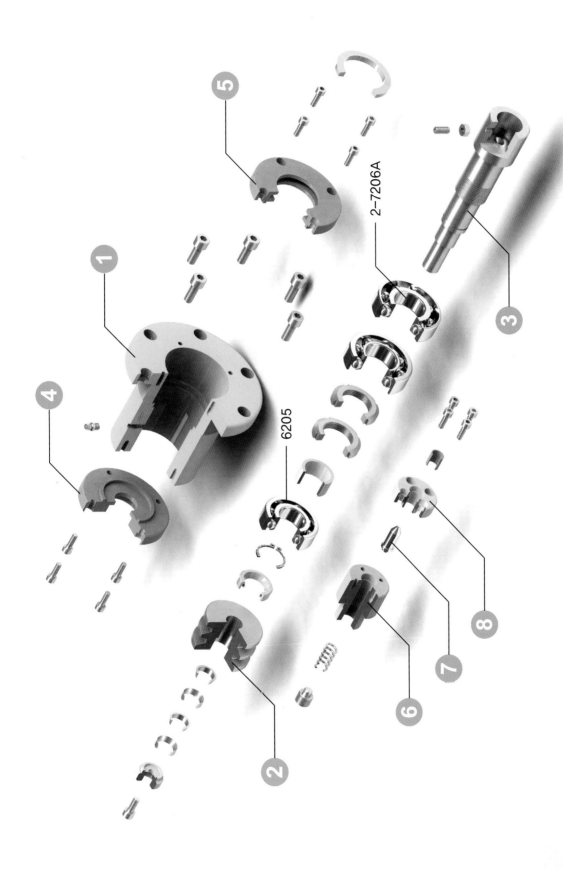

2-7206A

6205

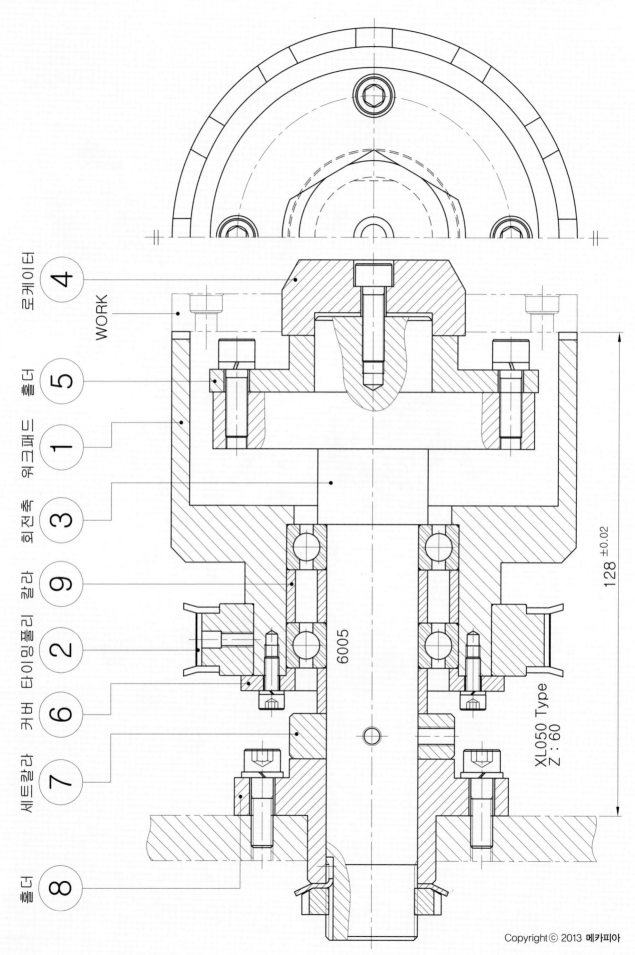

로케이터 ④

WORK

홀더 ⑤

워크패드 ①

회전축 ③

칼라 ⑨

타이밍풀리 ②

커버 ⑥

세트칼라 ⑦

홀더 ⑧

128 ±0.02

6005

XL050 Type
Z : 60

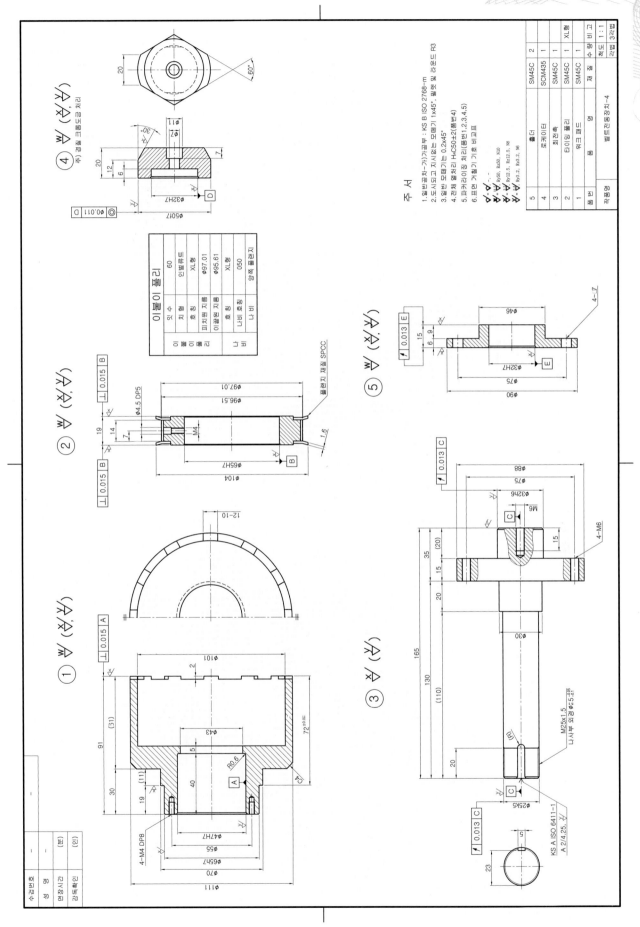

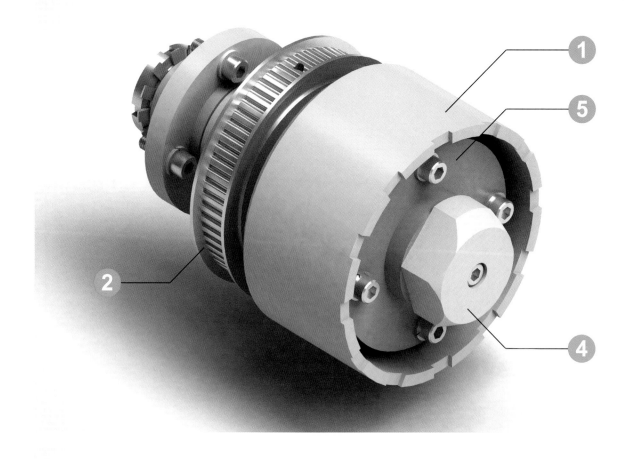

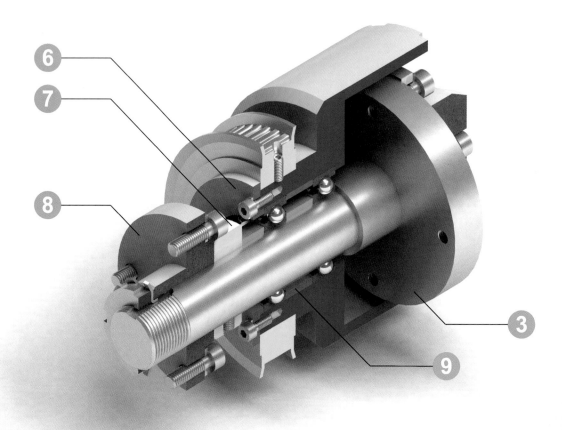

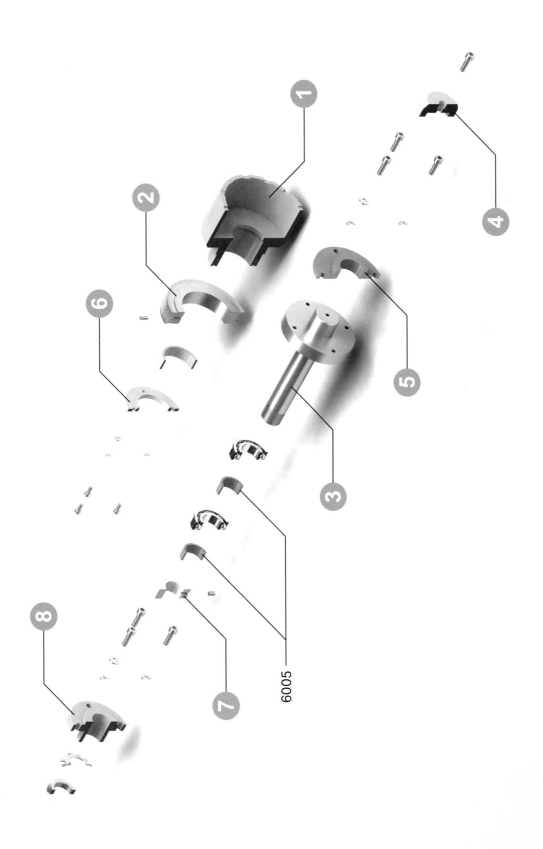

6005

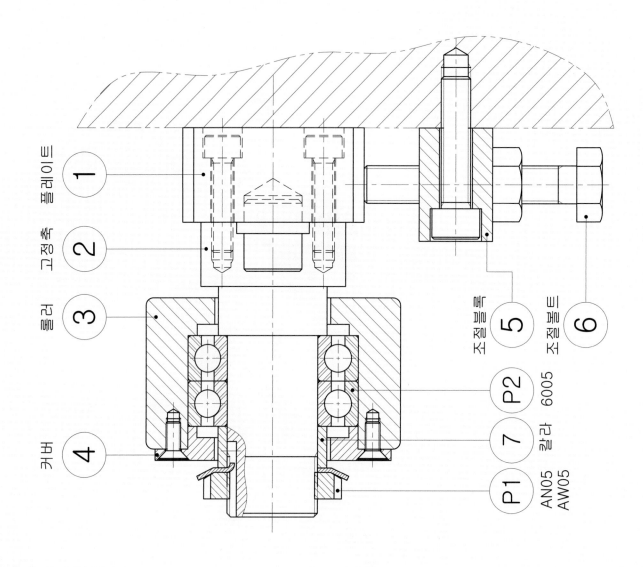

플레이트 ① 고정축 ② 롤러 ③ 커버 ④

조절블록 ⑤ 조절볼트 ⑥

P2 6005 7 칼라 P1 AN05 AW05

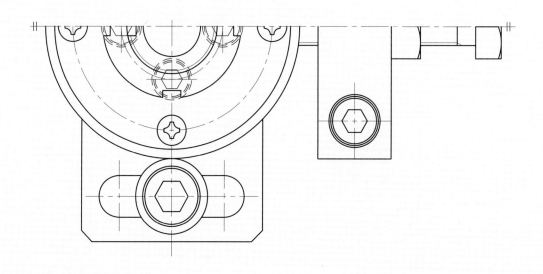

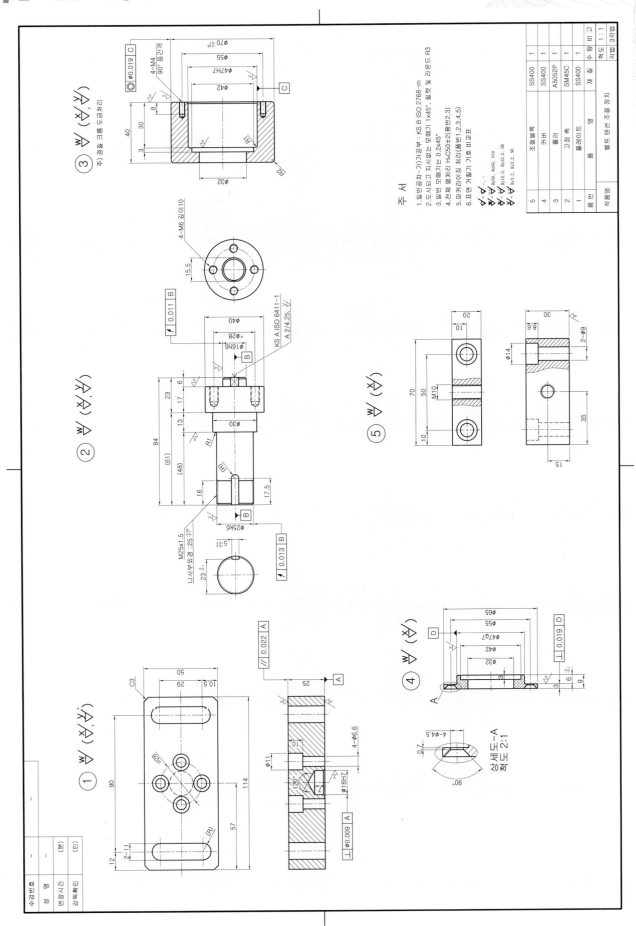

① ⩗ (⩘,⩘,⩘)

② ⩗ (⩘,⩘) ⩘

③ ⩗ (⩘,⩘)
주) 열절 크롬도금처리

④ ⩗ (⩘,⩘)

⑤ ⩗ (⩘)

상세도-A
척도 2:1

주 서

1. 일반공차-가)가공부 : KS B ISO 2768-m
2. 도시되고 지시없는 모떼기는 1x45°, 필렛 및 라운드 R3
3. 일반 모떼기는 0.2x45°
4. 전체 열처리 HrC50±2(품번2,3)
5. 파커라이징 처리(품번1,2,3,4,5)
6. 표면 거칠기 기호 비교표

작품명	품번	품명	수량	재질	비고
벨트 텐션 조절장치	5	조절블록	1	SS400	
	4	커버	1	SS400	
	3	풀리	1	A5052P	
	2	고정축	1	SM45C	
	1	플레이트	1	SS400	

재 척 : 1 : 1
제 32라

Copyright ⓒ 2013 메카피아

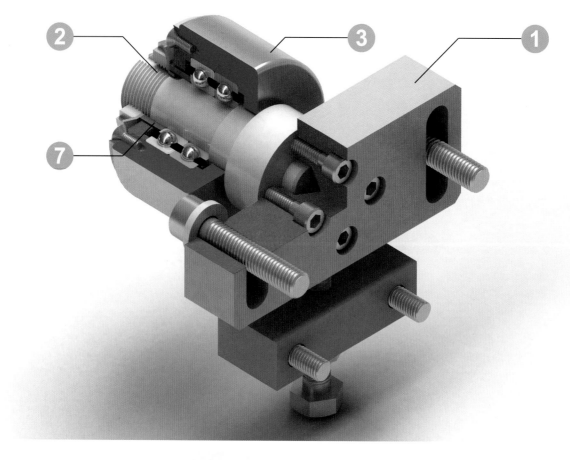

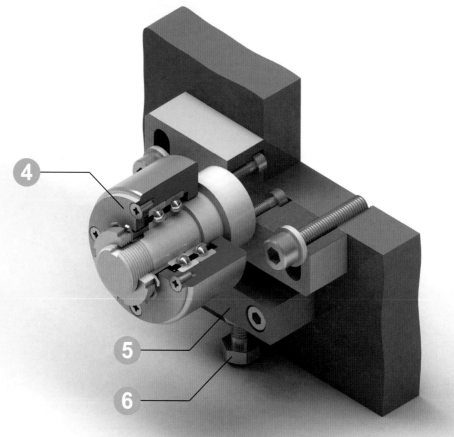

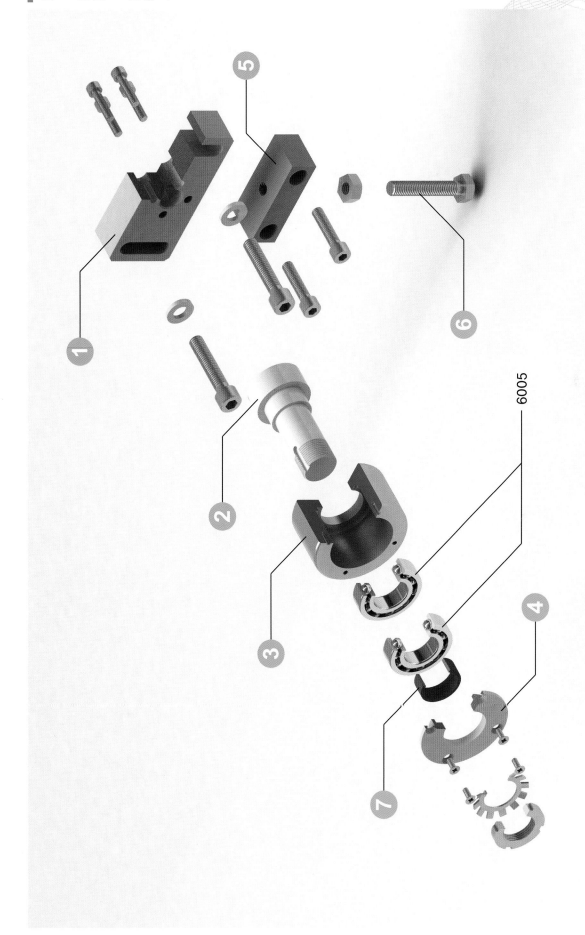

1. 기어구동장치-1

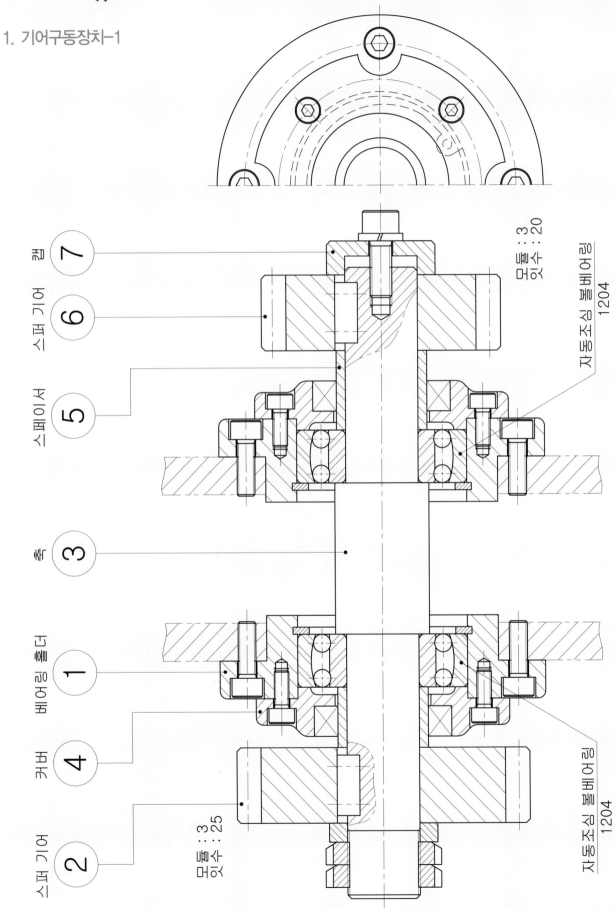

7 캡

6 스퍼 기어

5 스페이서

3 축

1 베어링 홀더

4 커버

2 스퍼 기어

모듈 : 3
잇수 : 20

자동조심 볼베어링
1204

모듈 : 3
잇수 : 25

자동조심 볼베어링
1204

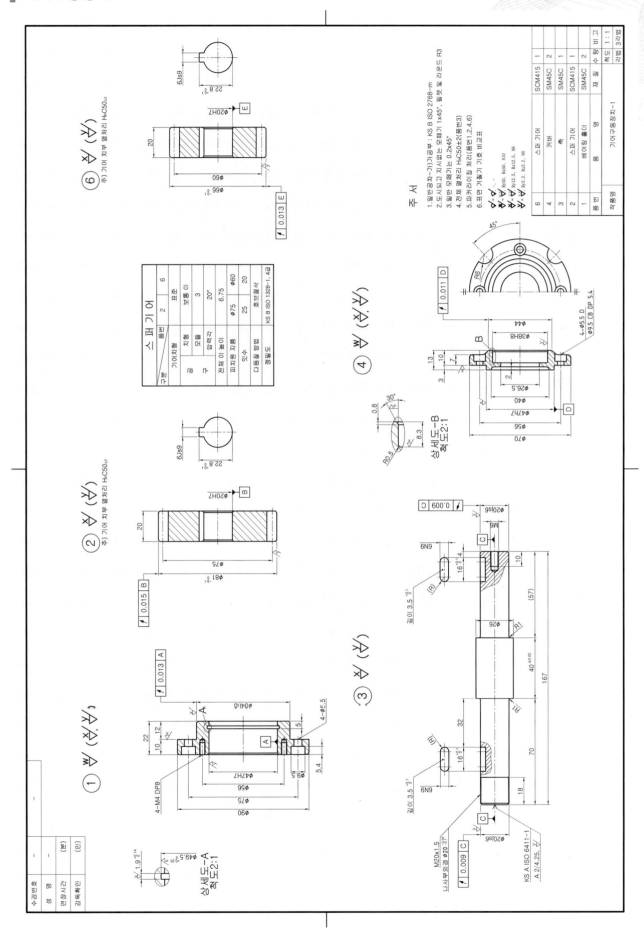

Copyright ⓒ 2013 메카피아

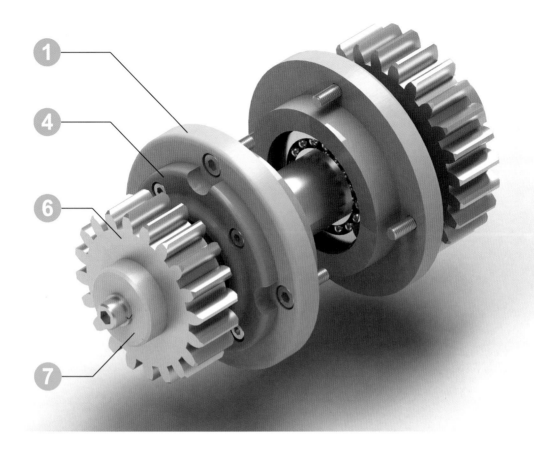

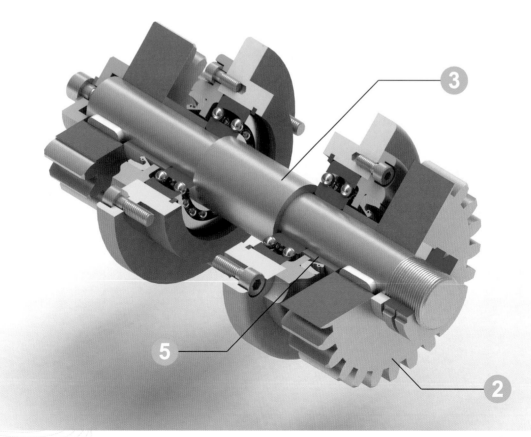

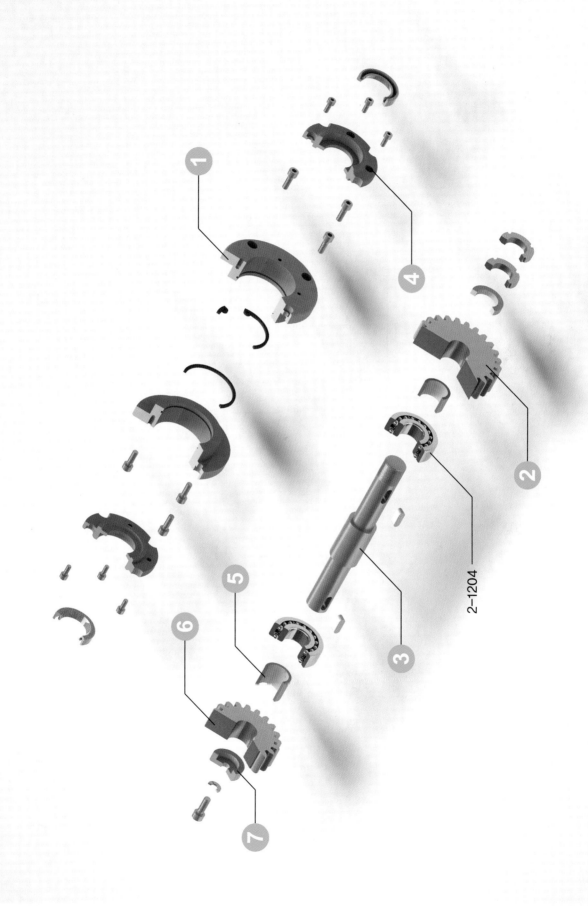

2-1204

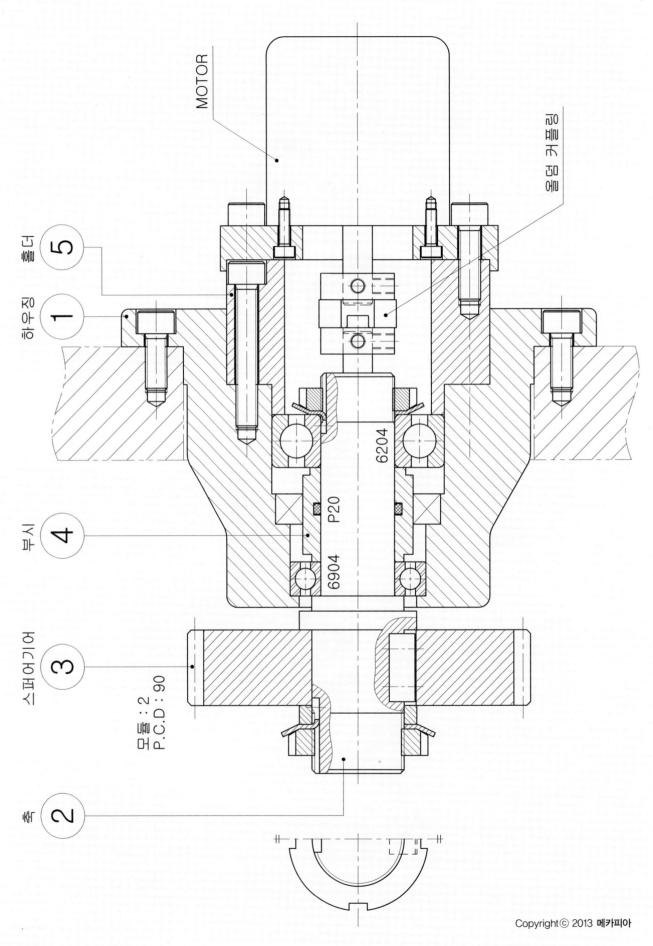

MOTOR

올덤 커플링

홀더 5

하우징 1

부시 4

스퍼어기어 3

잇수 : 2
P.C.D : 90

축 2

6204

P20

6904

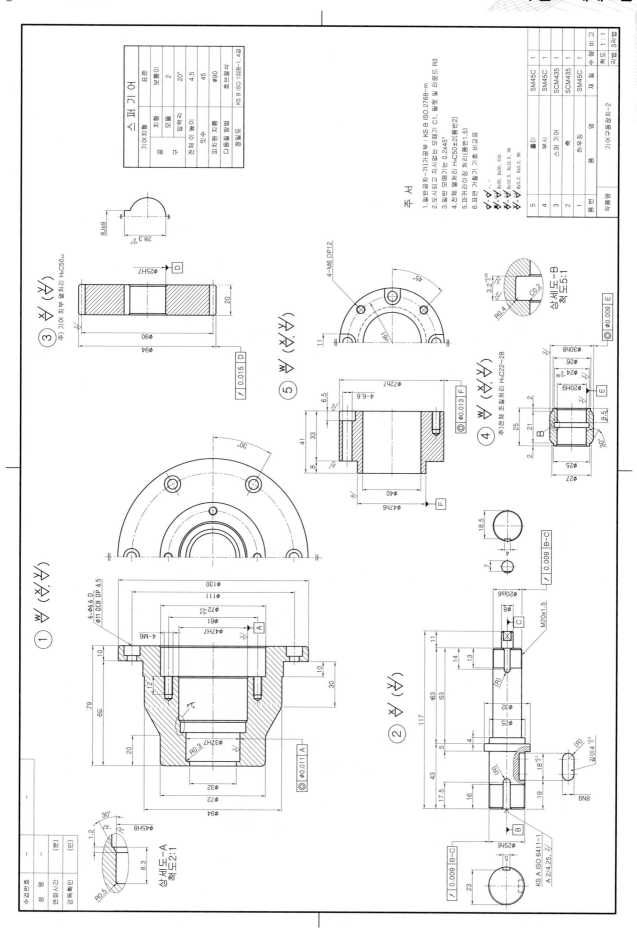

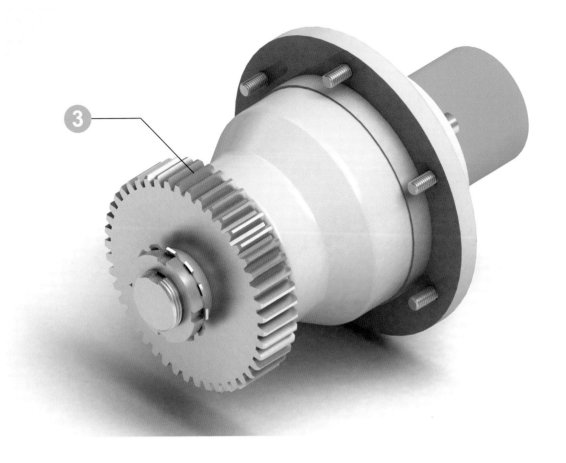

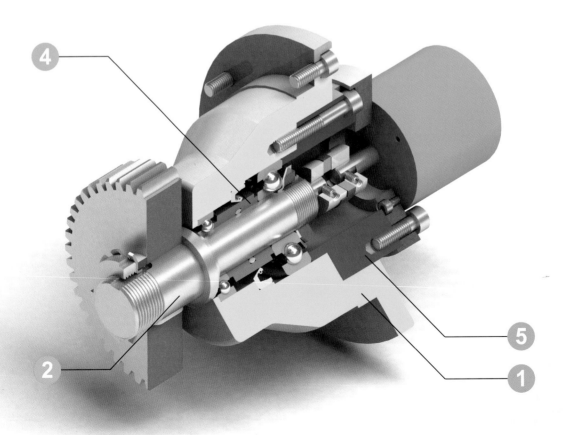

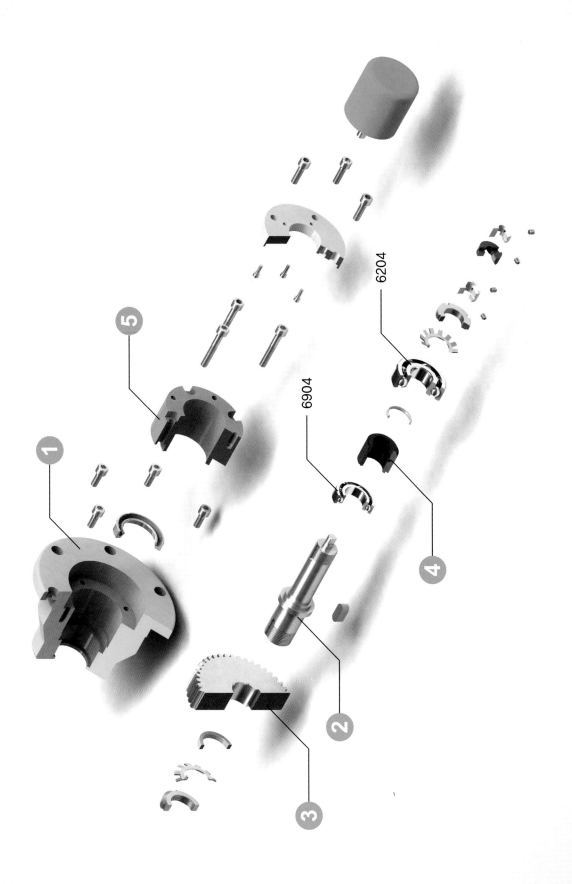

6204

6904

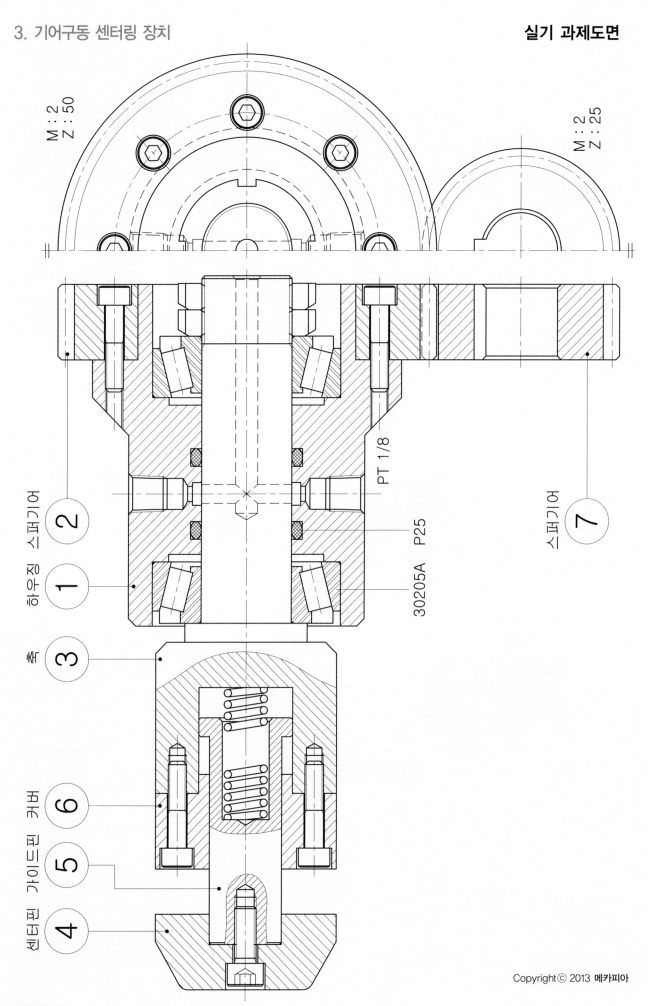

M : 2
Z : 50

M : 2
Z : 25

하우징 스퍼기어

1 2

축

3

센터핀 가이드핀 커버

4 5 6

스퍼기어

7

PT 1/8

30205A P25

Copyright © 2013 메카피아

330

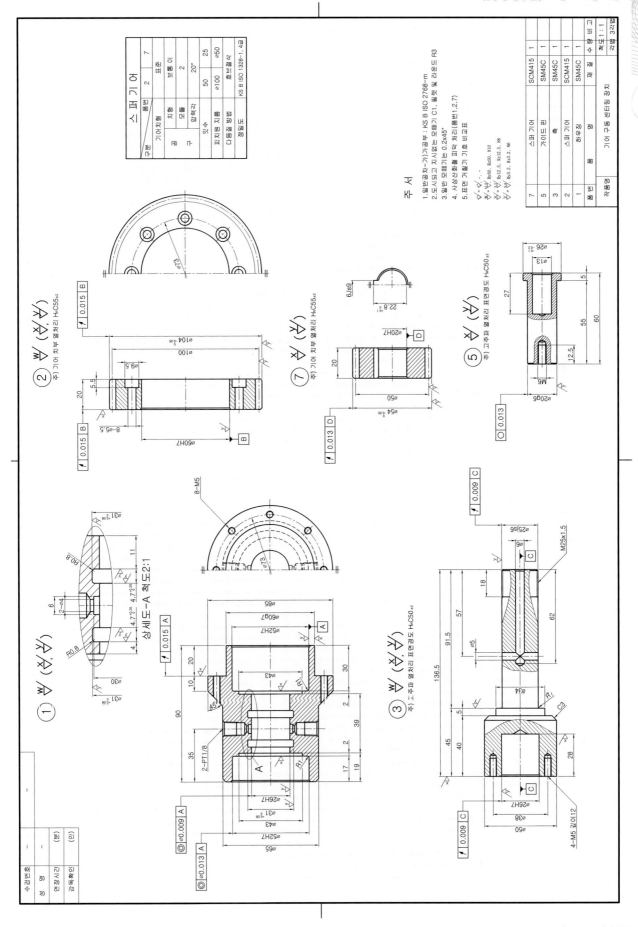

주 서

1. 일반공차-가) 가공부 : KS B ISO 2768-m
2. 도시되고 지시없는 모떼기는 C1, 필렛 및 라운드 R3
3. 일반 모떼기는 0.2x45°
4. 사선삼화살 피막 처리(품번1,2,7)
5. 표면경화 거칠기 기호 비교표

 ▽ = ▽, -, -
 ▽ = ▽, Ry50, Rz50, N10
 ▽▽ = ▽, Ry12.5, Rz12.5, N8
 ▽▽▽ = ▽, Ry3.2, Rz3.2, N6

품번	품 명	재 질	수량
7	스퍼 기어	SCM415	1
5	가이드 핀	SM45C	1
3	축	SM45C	1
2	스퍼 기어	SCM415	1
1	하우징	SM45C	1

작품명 기어 구동 센터링 장치

척도 1:1 3각법

구분			
	스퍼 기어		
기어치형	표준		
치형	보통 이		
공구	모듈	2	
	압력각	20°	
잇수	50	25	
피치원 지름	ø100	ø50	
다듬질방법	호브절삭		
정밀도	KS B ISO 1328-1, 4급		

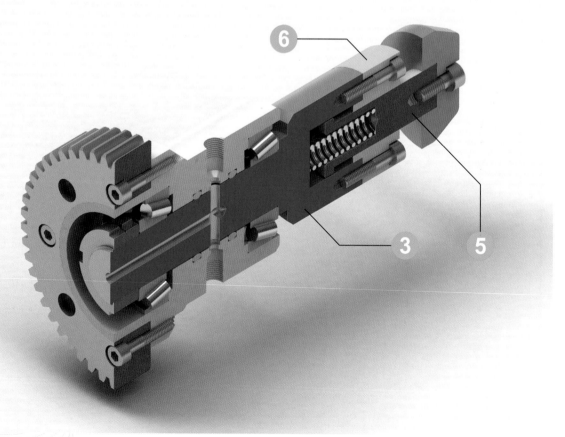

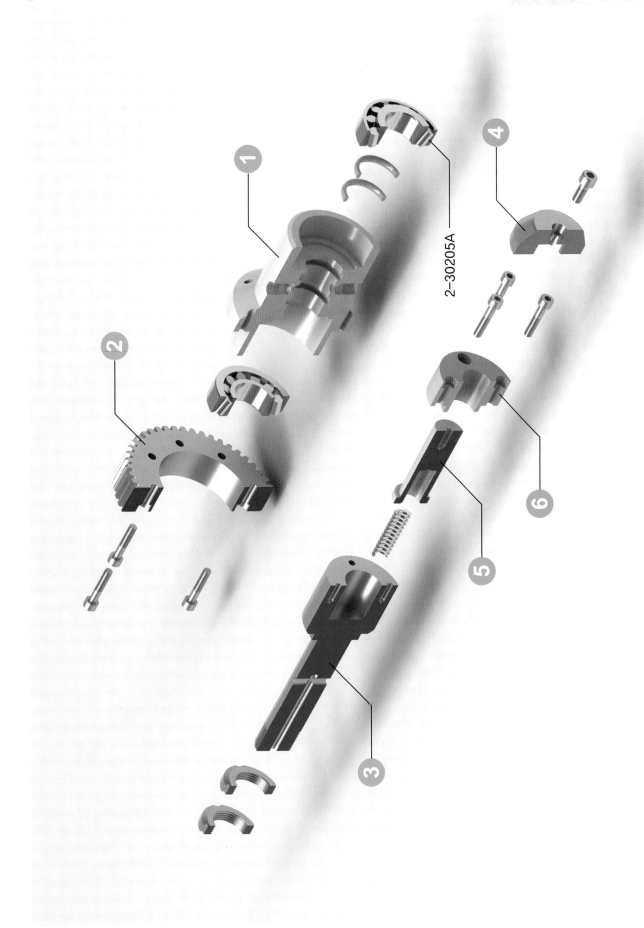

2-30205A

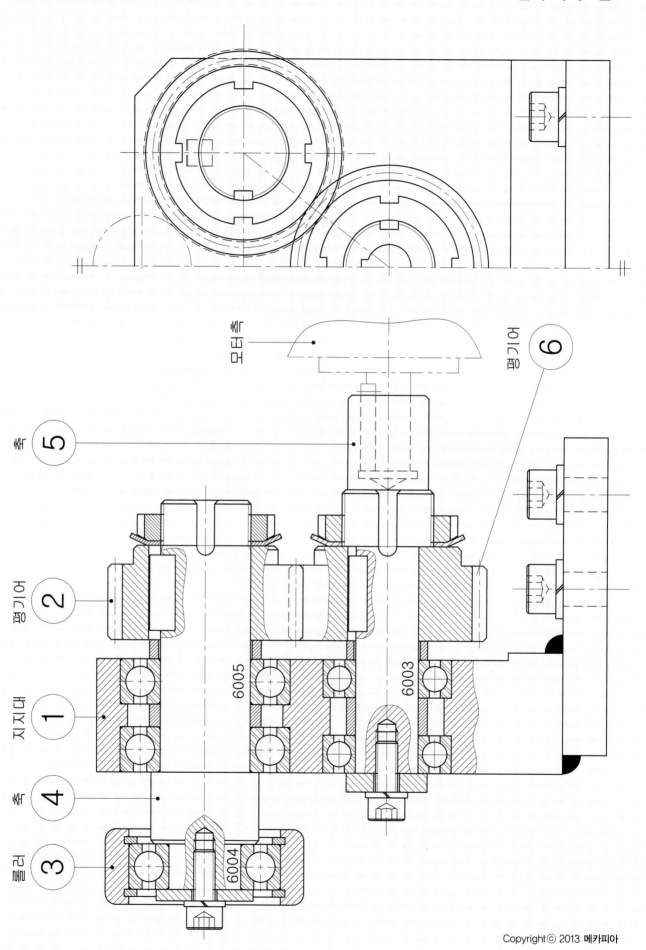

모터축

펴기어 ⑥

축 ⑤

펴기어 ②

지지대 ①

6005

6003

축 ④

롤러 ③

6004

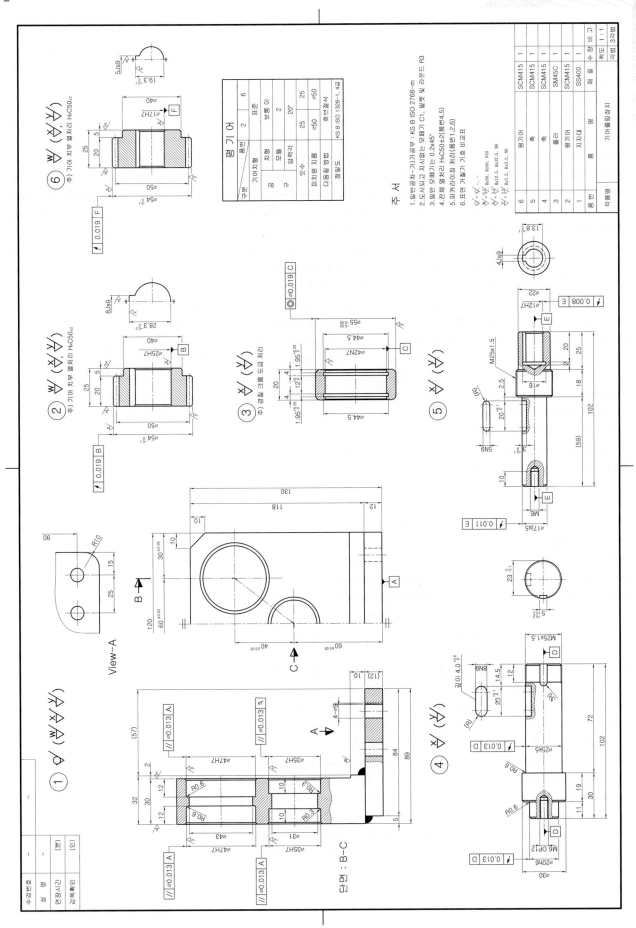

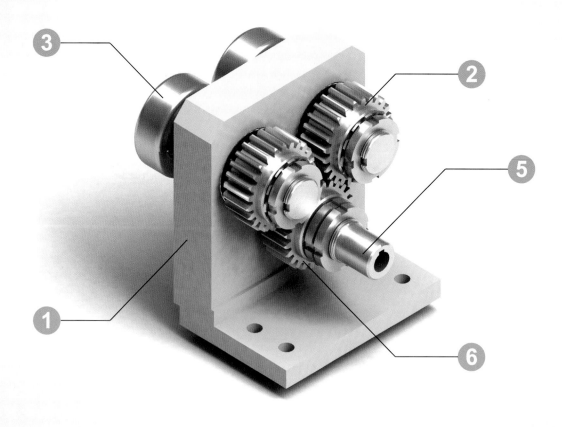

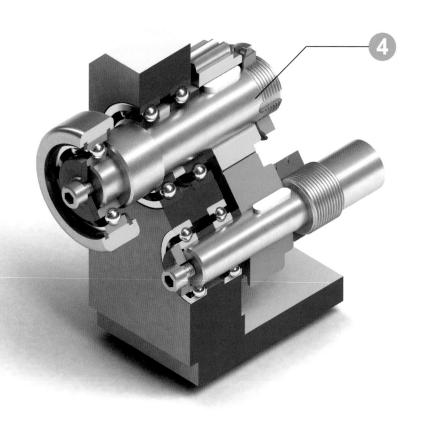

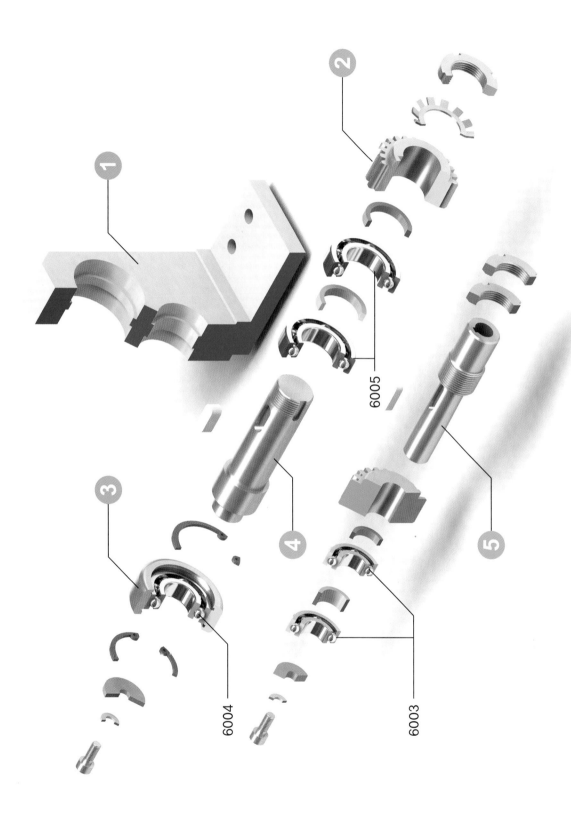

1. 공압 실린더

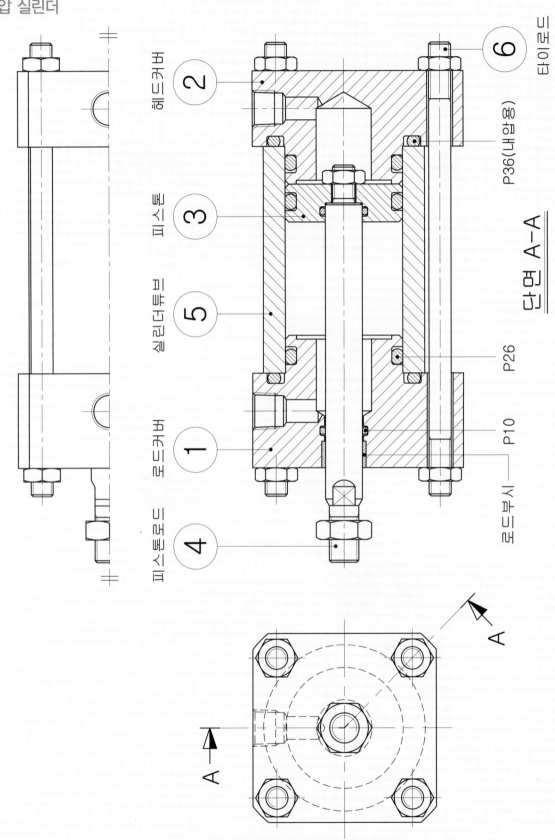

헤드커버 ② 피스톤 ③ 실린더튜브 ⑤ 로드커버 ① 피스톤로드 ④ 타이로드 ⑥

P36(내압용)

단면 A-A

P26

P10

로드부시

A

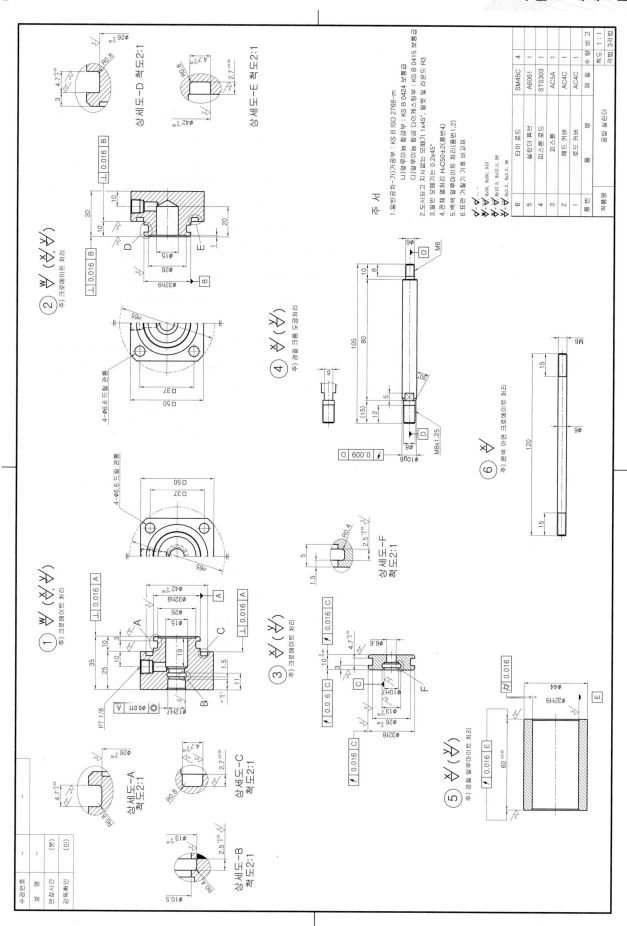

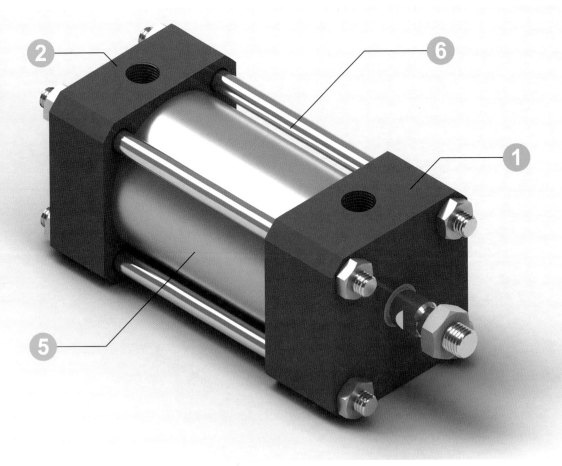

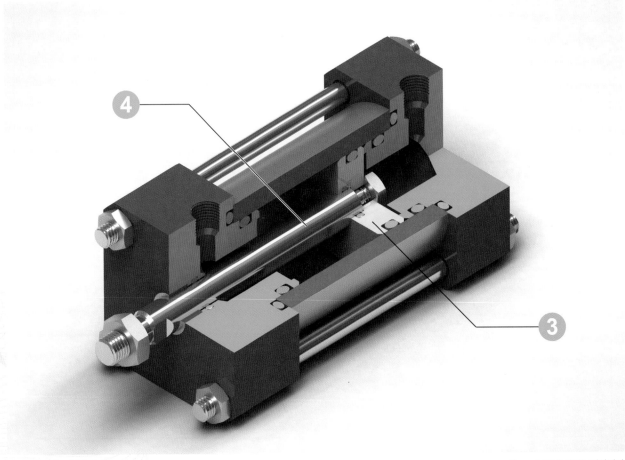

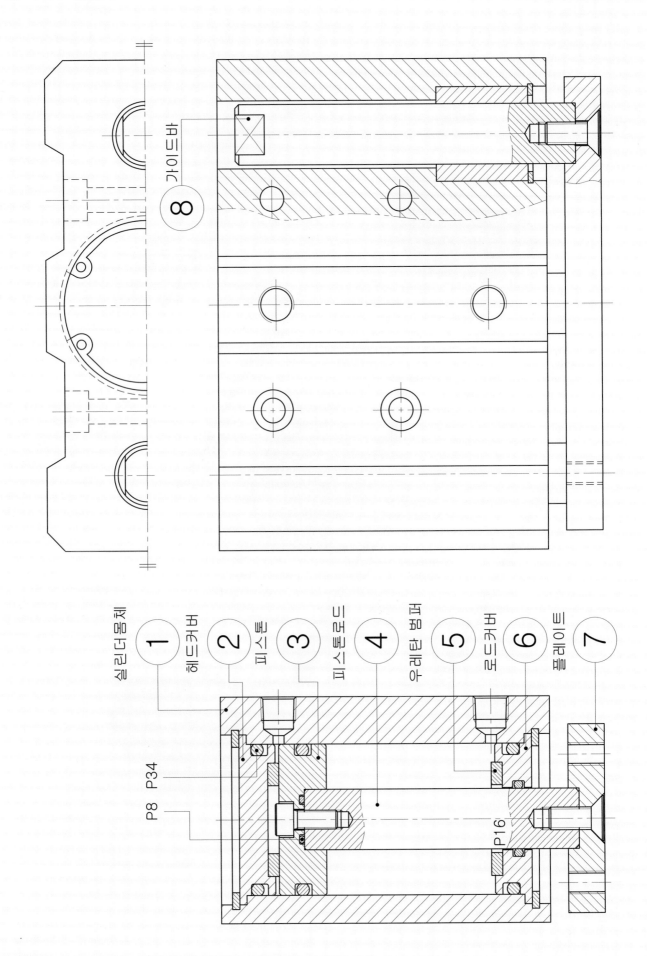

실린더몸체 ①

헤드커버 ②

피스톤 ③

피스톤로드 ④

우레탄 범퍼 ⑤

로드커버 ⑥

플레이트 ⑦

가이드바 ⑧

P8 P34

P34

P16

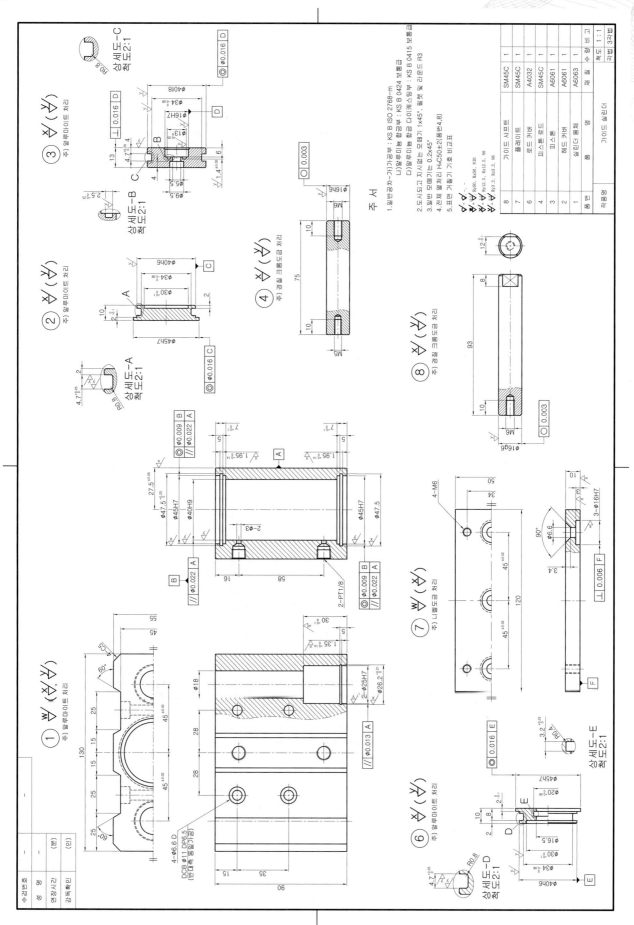

주 서

1. 일반공차-가기공부 : KS B ISO 2768-m
   가)알루미늄 합금부 : KS B 0424 보통급
   다)알루미늄 합금 다이캐스팅부 : KS B 0415 보통급
2. 도시되고 지시없는 모떼기 1×45°, 필렛 및 라운드 R3
3. 일반 모떼기는 0.2×45°
4. 전체 열처리 HₐC50±2(2종처리4.8)
5. 표면 거칠기 기호 비교표

품번	품명	재질	수량	비고
8	가이드 샤프트	SM45C	1	
7	플레이트	SM45C	1	
6	로드 커버	A4032	1	
4	피스톤로드	SM45C	1	
3	피스톤	A6061	1	
2	헤드 커버	A6061	1	
1	실린더 몸체	A6063	1	

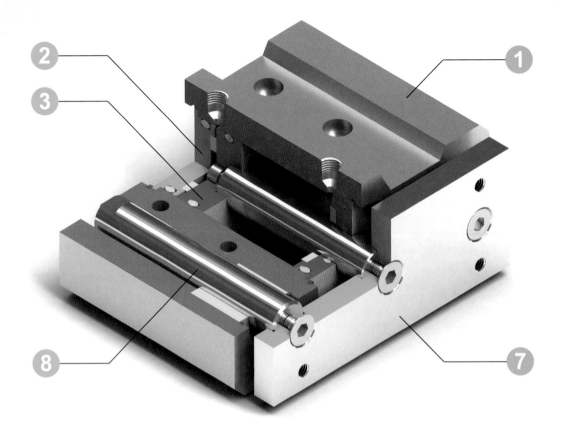

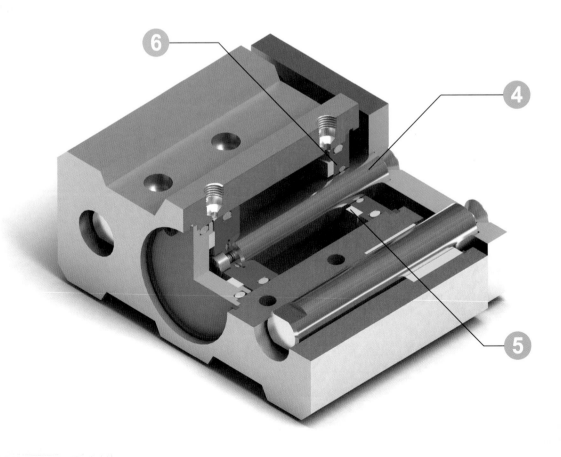

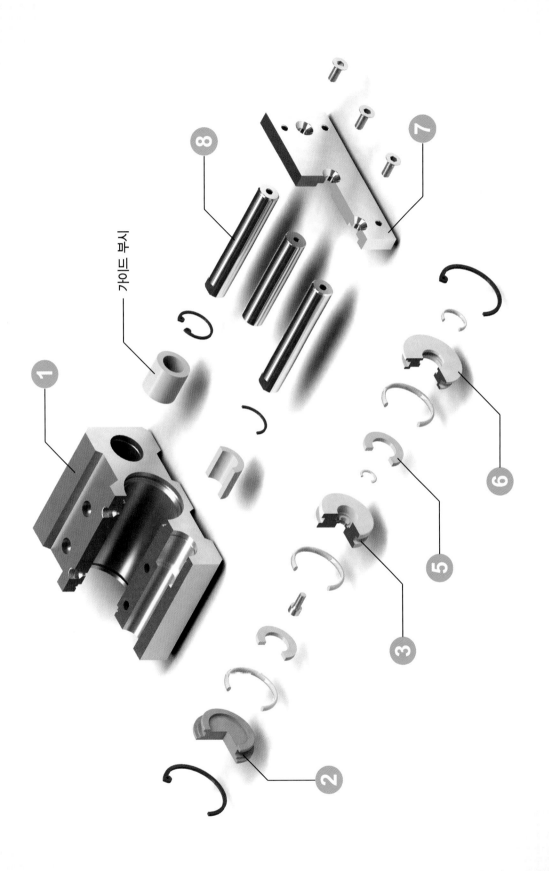

가이드 부시

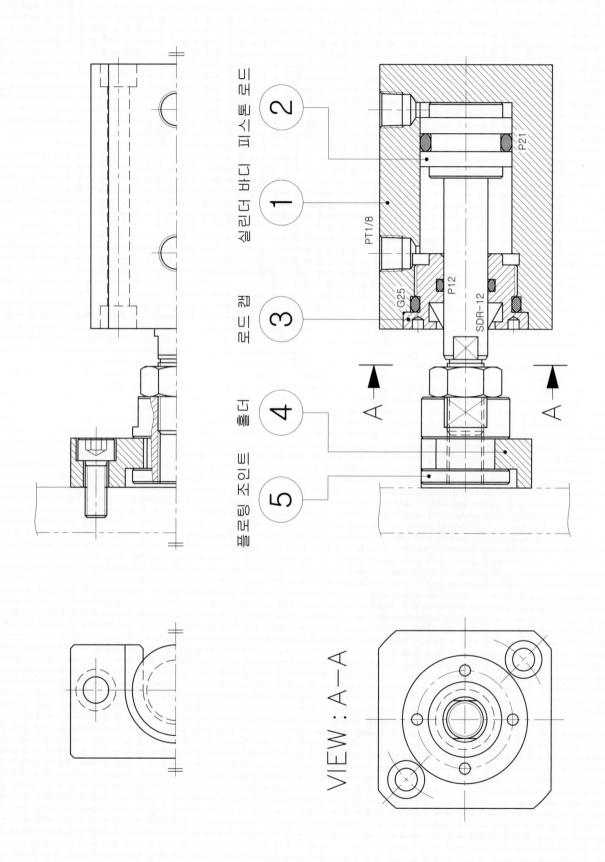

플로팅 조인트 ⑤

홀더 ④

로드 캡 ③

실린더 바디 ① 피스톤 로드 ②

PT1/8

G25 P12 SDR-12

P21

A

A

VIEW : A-A

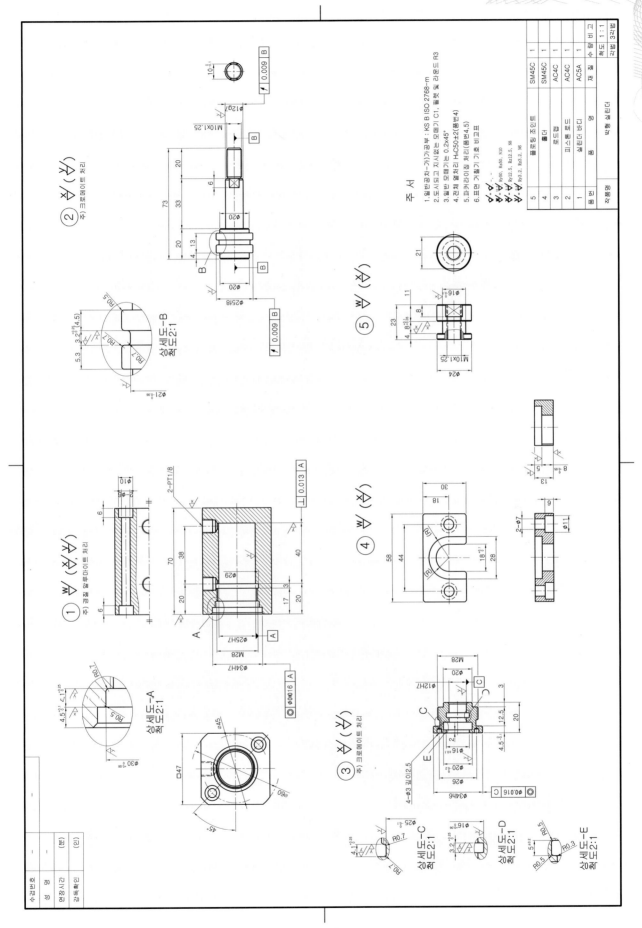

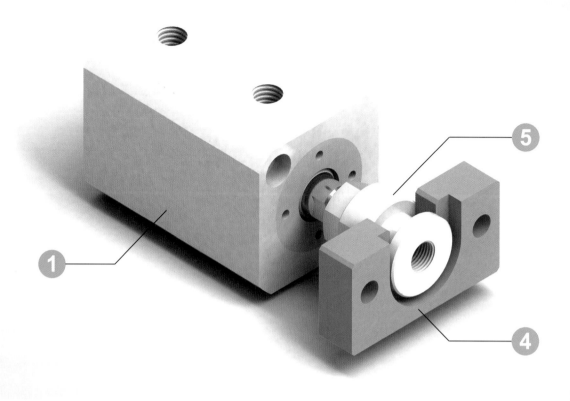

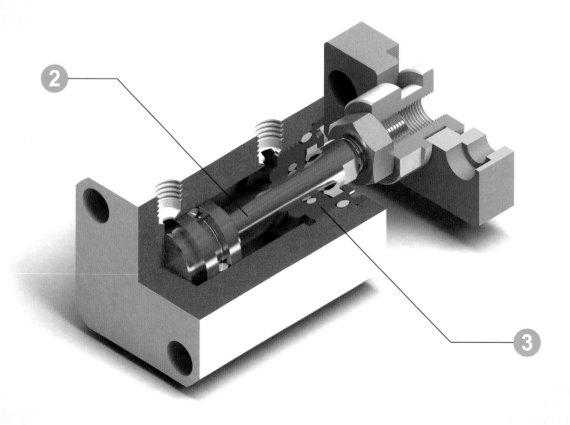

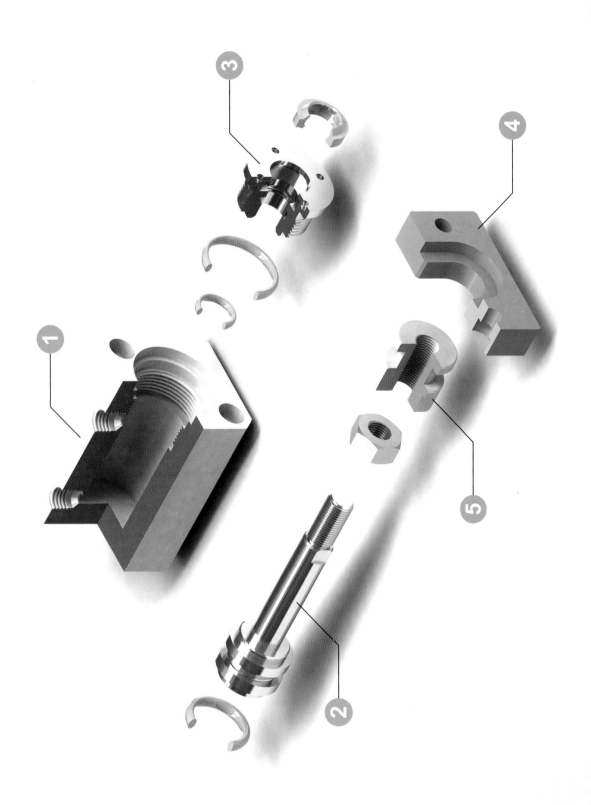

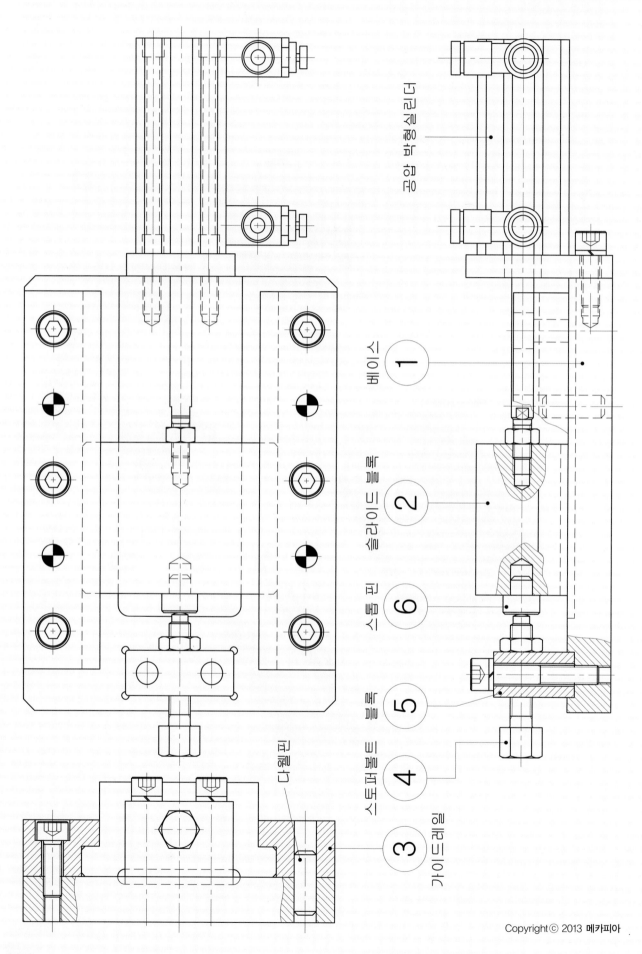

베이스 ①

슬라이드 블록 ②

스톱 핀 ⑥

스토퍼블록 블록 ⑤

④

가이드레일 ③

공압 박형실린더

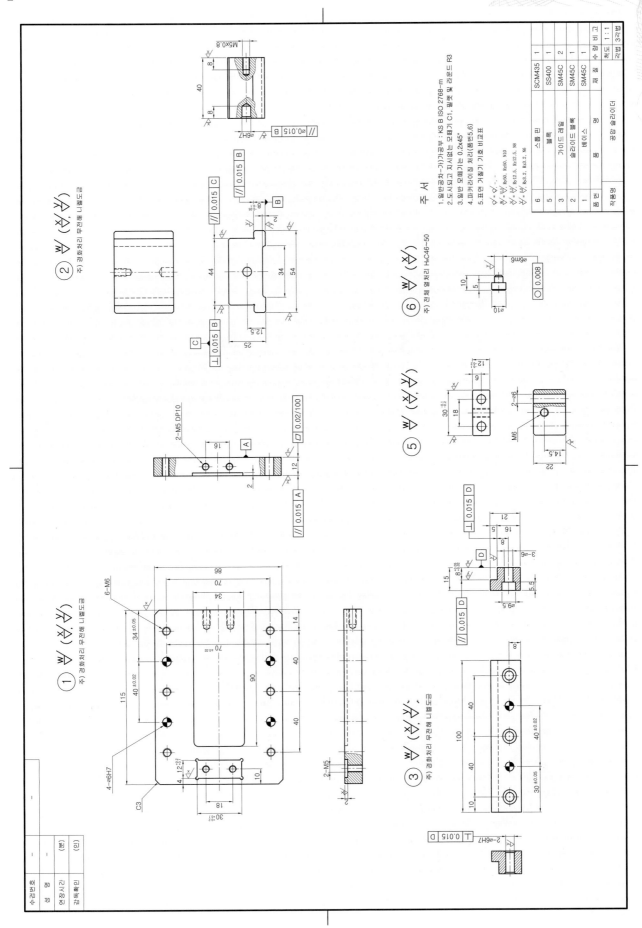

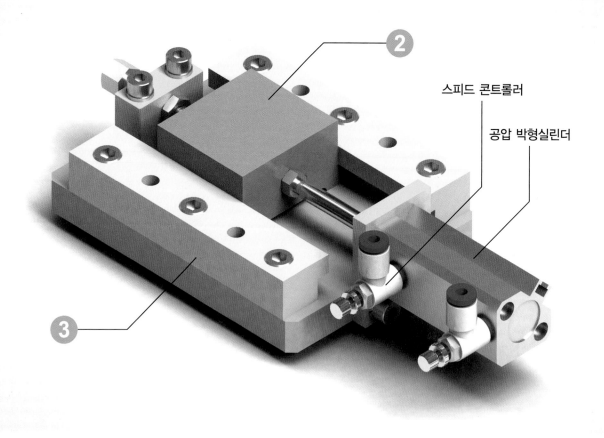

스피드 콘트롤러

공압 박형실린더

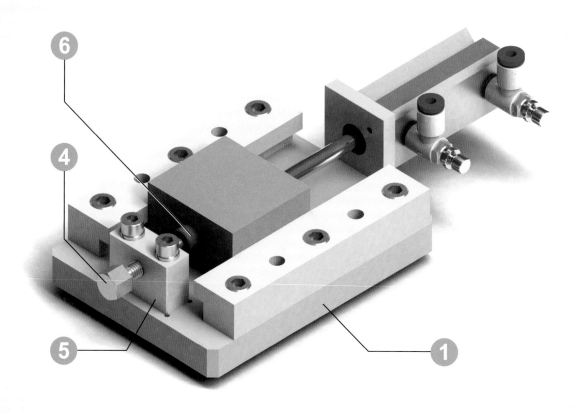

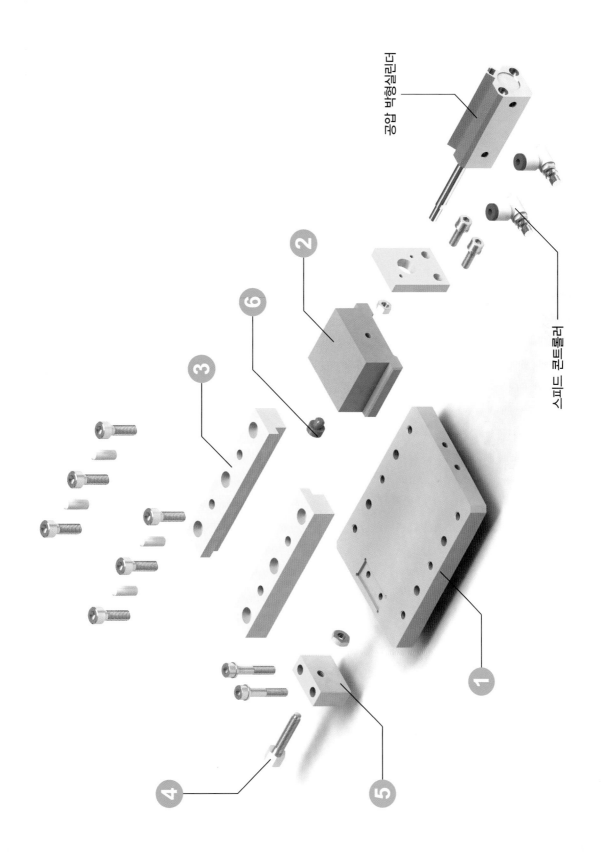

공압 박형실린더

스피드 콘트롤러

1. 기어박스-1

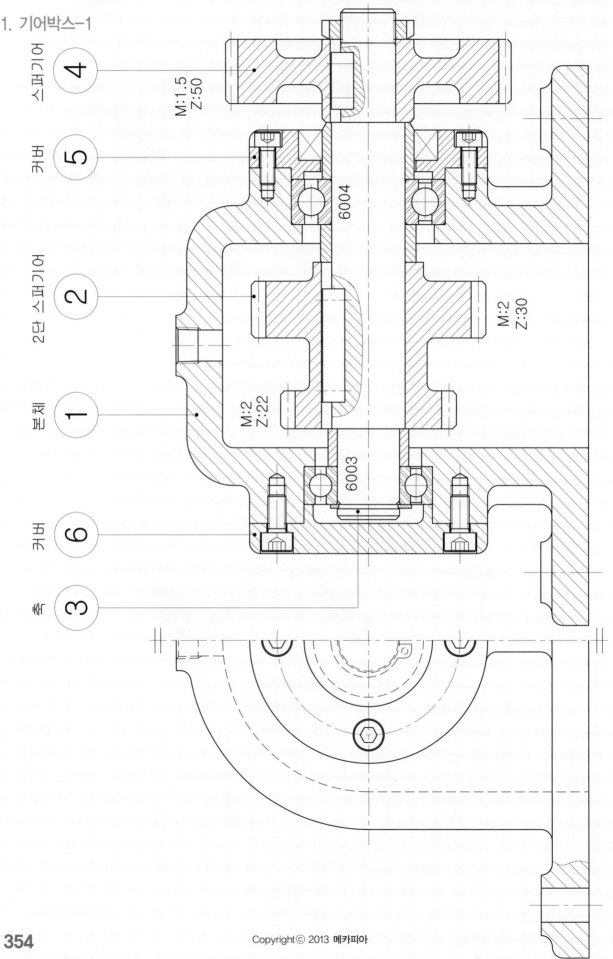

스퍼기어 ④

M:1.5
Z:50

커버 ⑤

6004

2단 스퍼기어 ②

M:2
Z:30

본체 ①

M:2
Z:22

6003

커버 ⑥

축 ③

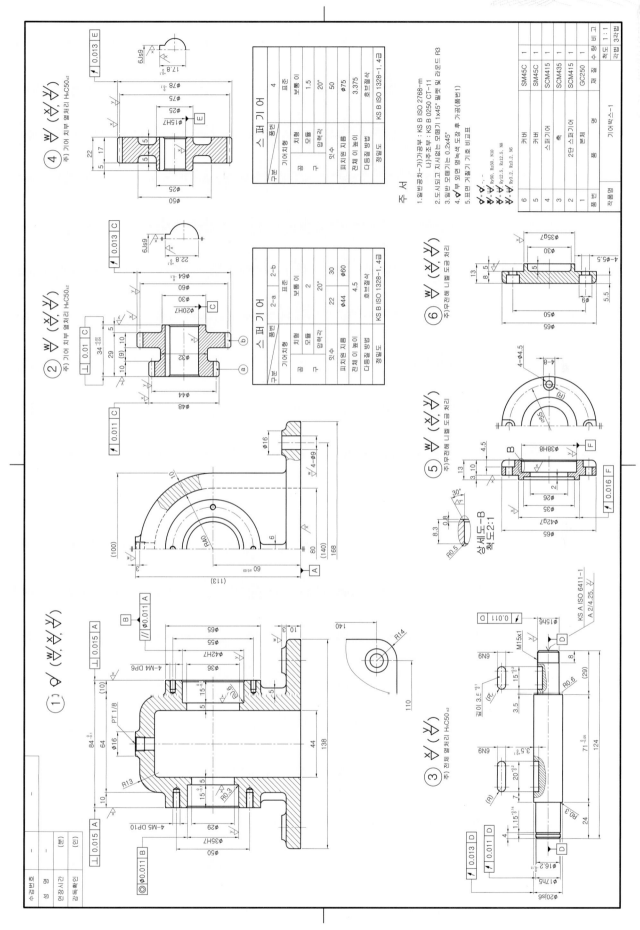

Copyright ⓒ 2013 **메카피아**

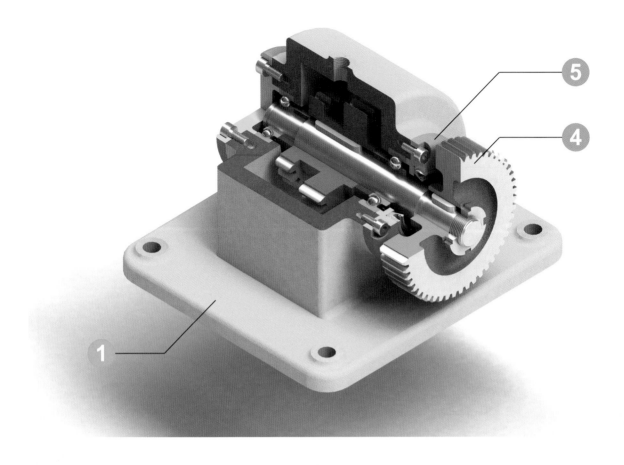

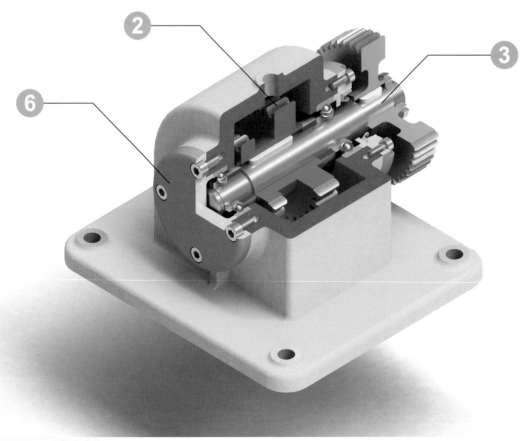

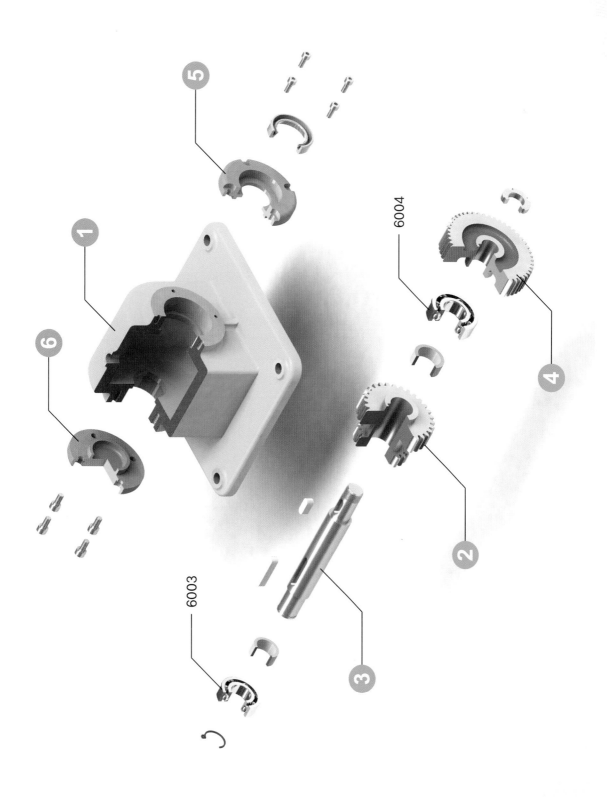

6004

6003

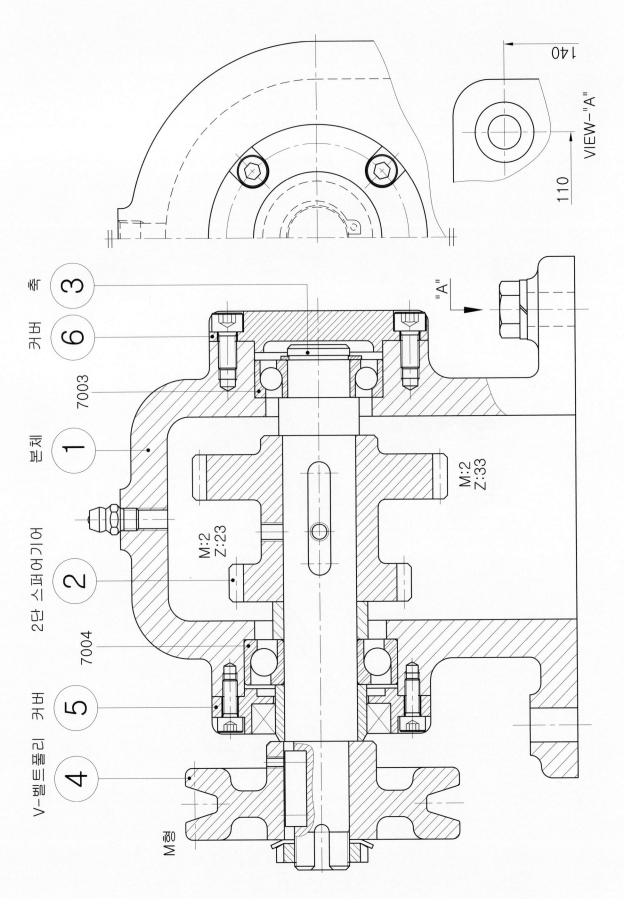

축 ③

커버 ⑥

7003

본체 ①

2단 스퍼기어 ②

M:2
Z:23

M:2
Z:33

7004

V-벨트풀리 커버 ⑤

④

M향

VIEW-"A"

"A"

140

110

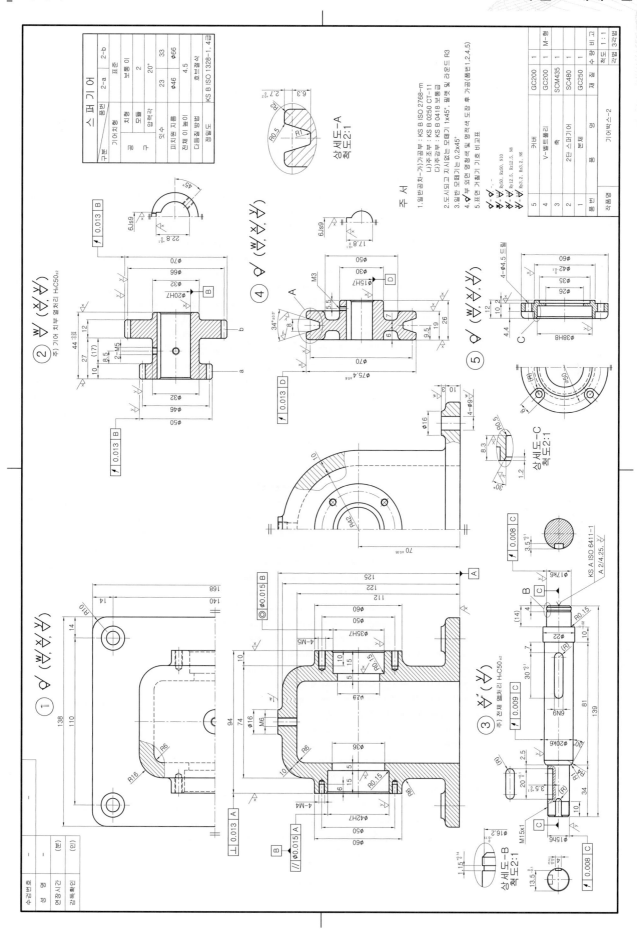

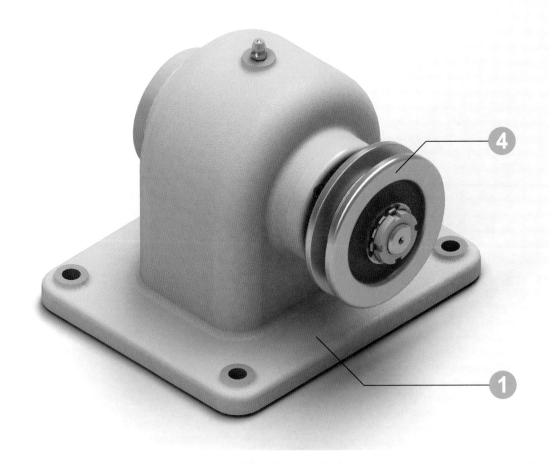

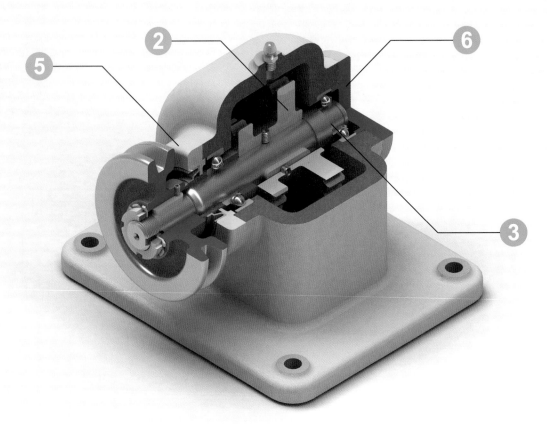

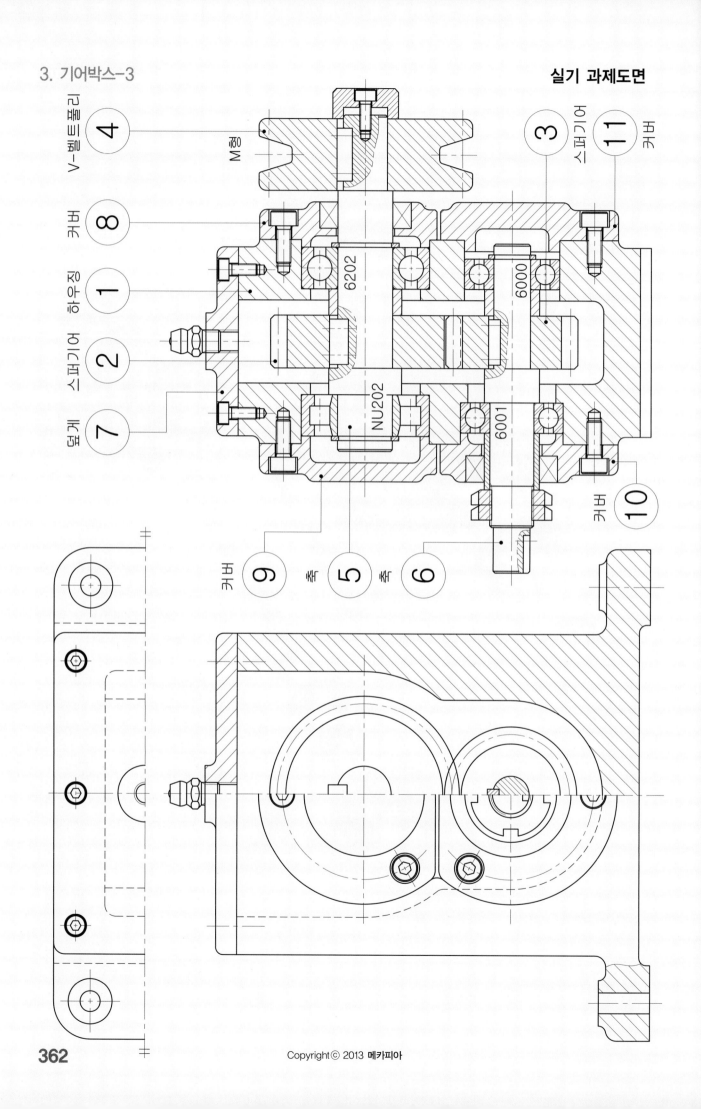

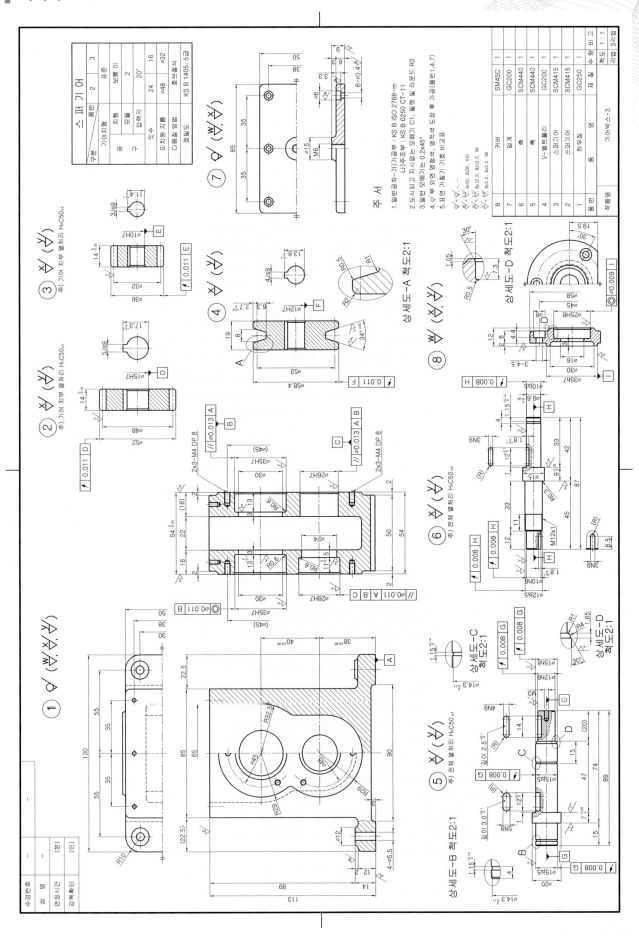

M형

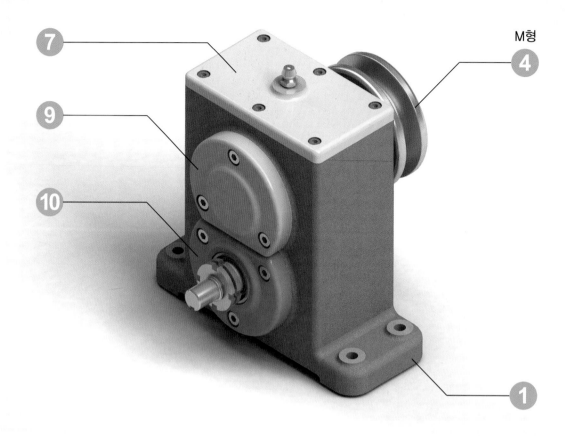

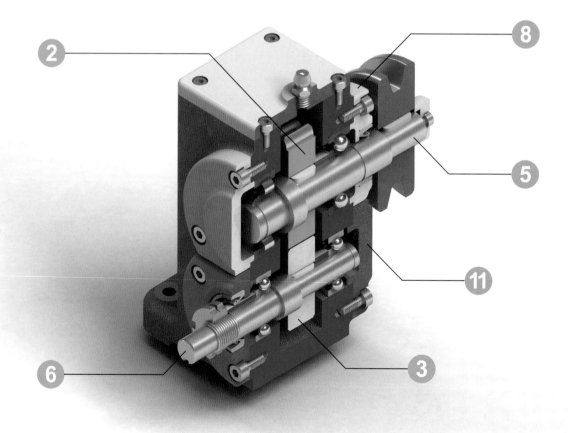

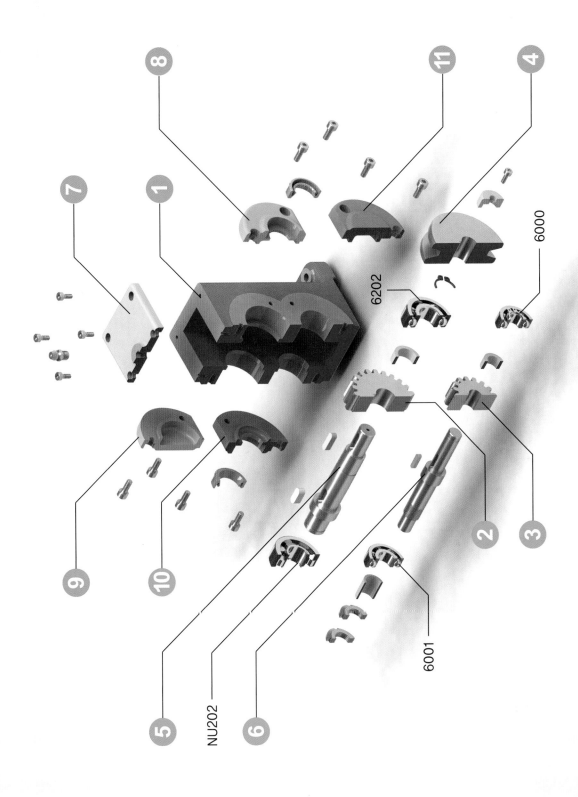

6202

6000

6001

NU202

1. 베어링 홀더

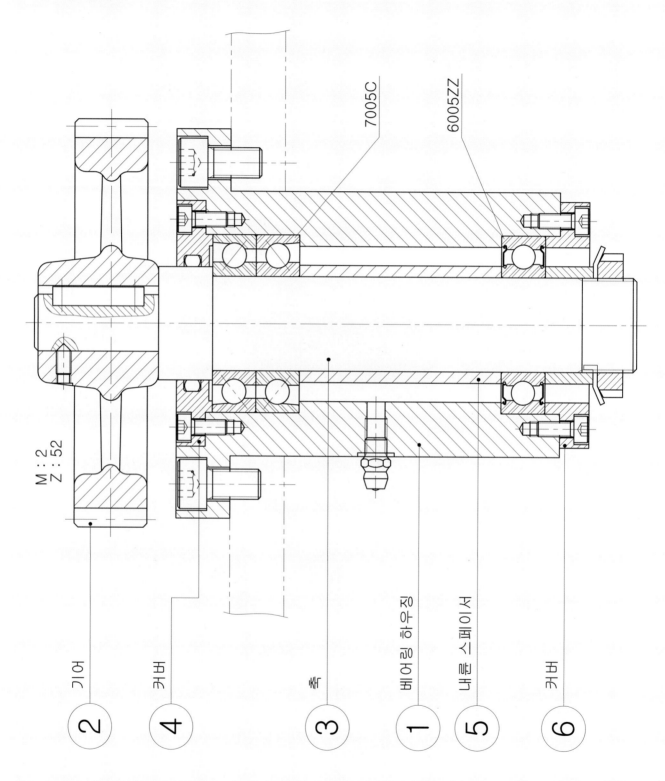

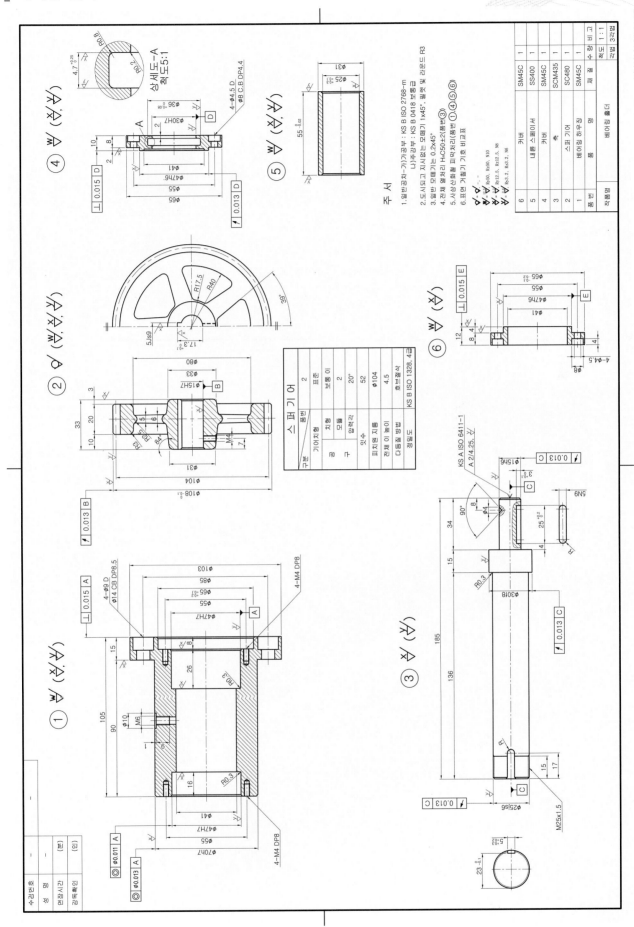

Copyright ⓒ 2013 메카피아

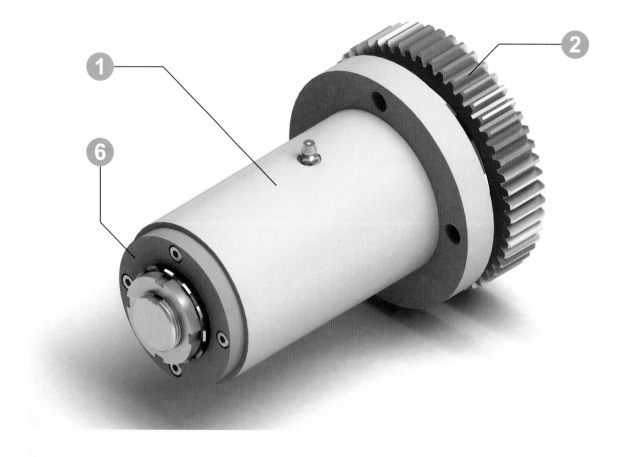

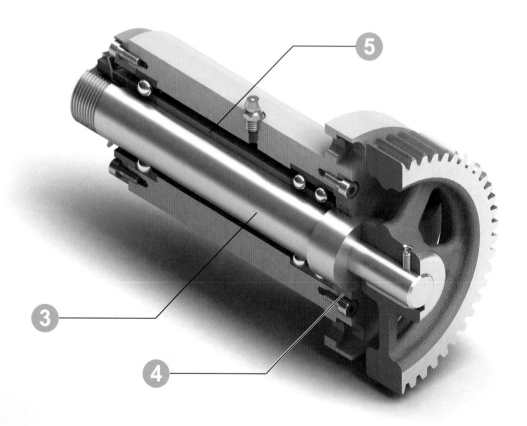

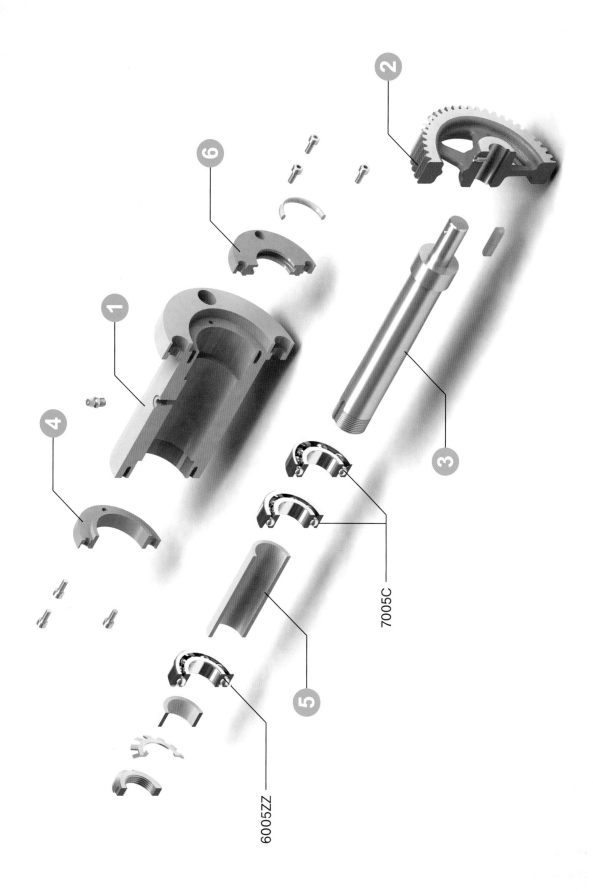

7005C

6005ZZ

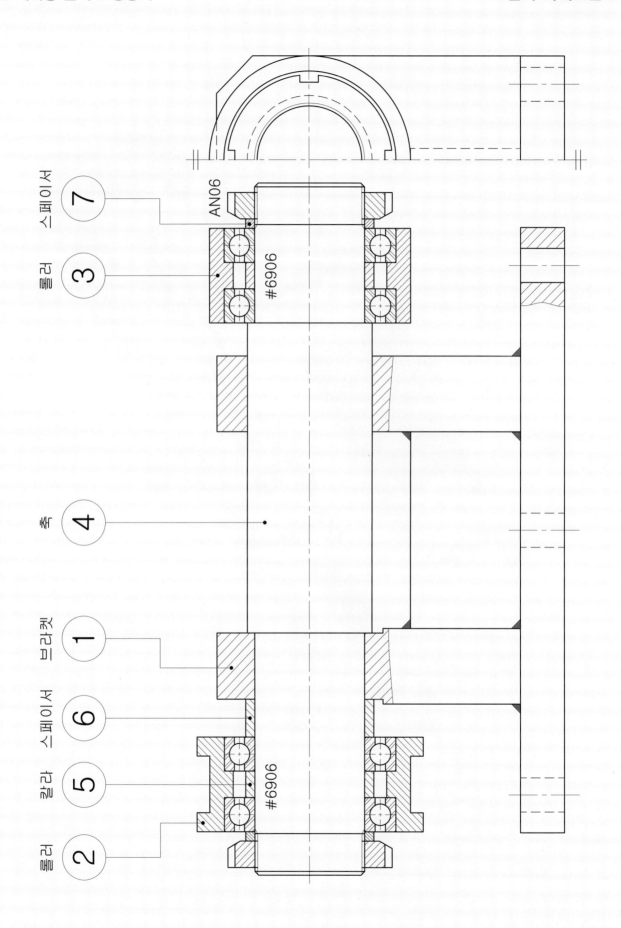

스페이서 ⑦ AN06

롤러 ③ #6906

축 ④

브라켓 ①

스페이서 ⑥

칼라 ⑤ #6906

롤러 ②

370

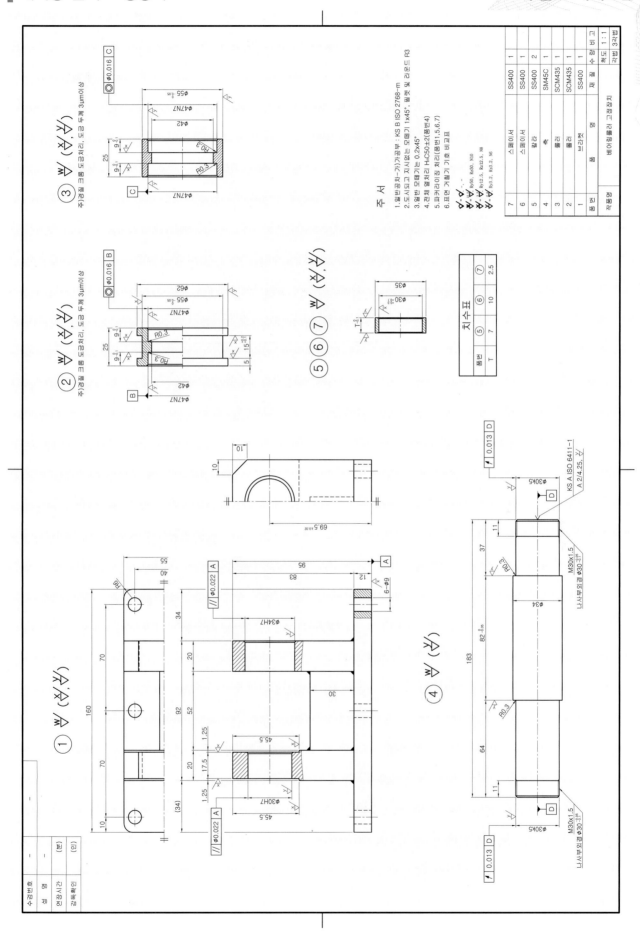

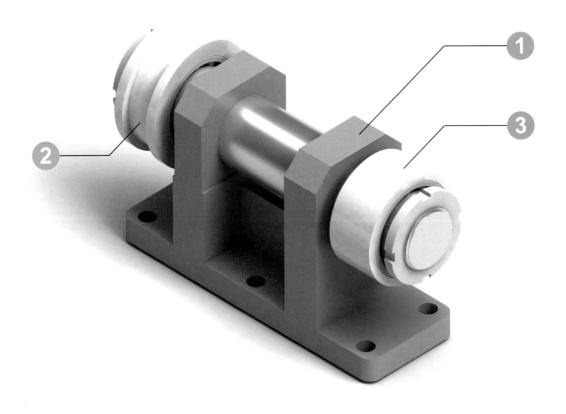

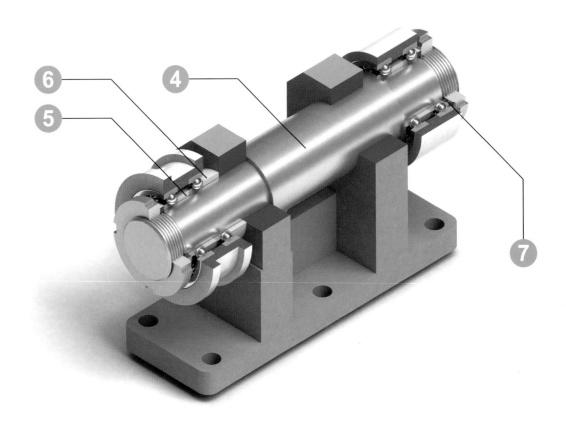

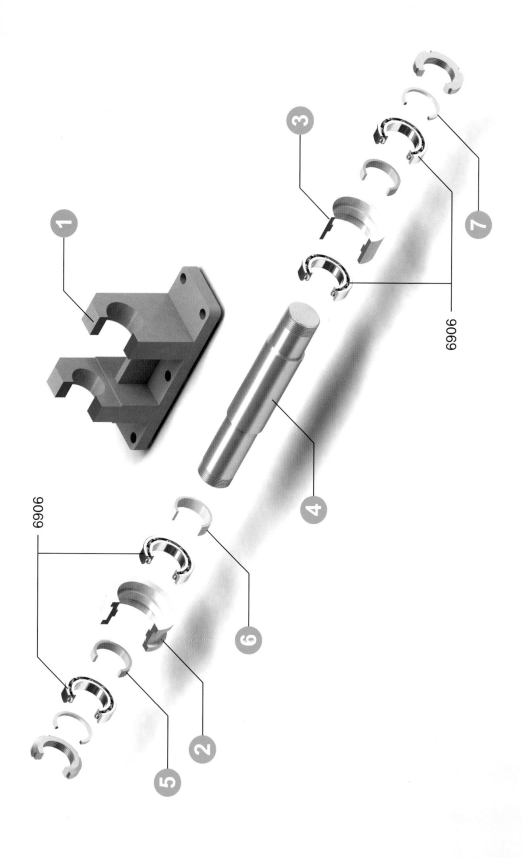

6906

6906

1. 센터링 유니트

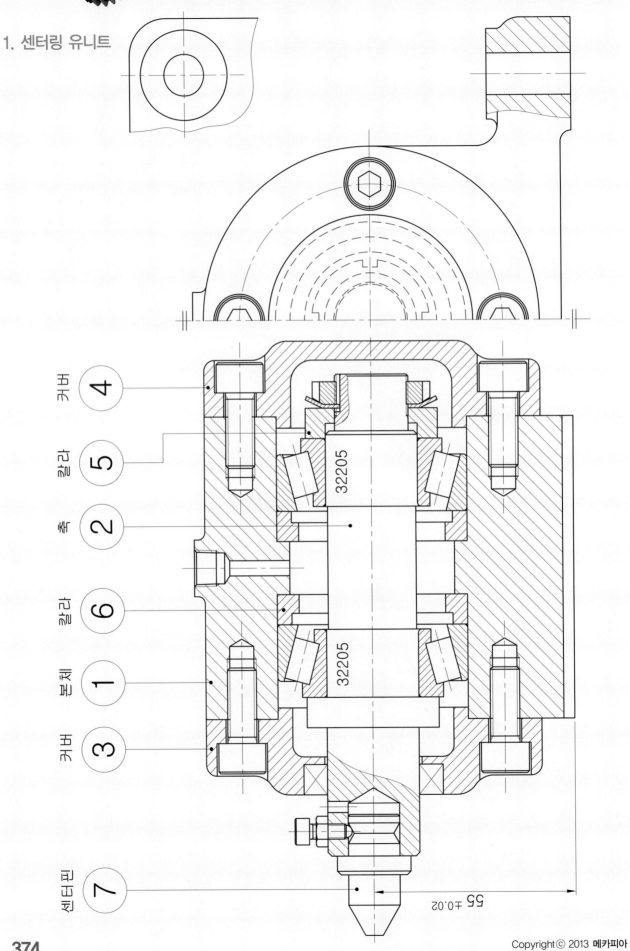

커버 ④

칼라 ⑤

축 ②

칼라 ⑥

본체 ①

커버 ③

회전판 ⑦

32205

32205

55 ±0.02

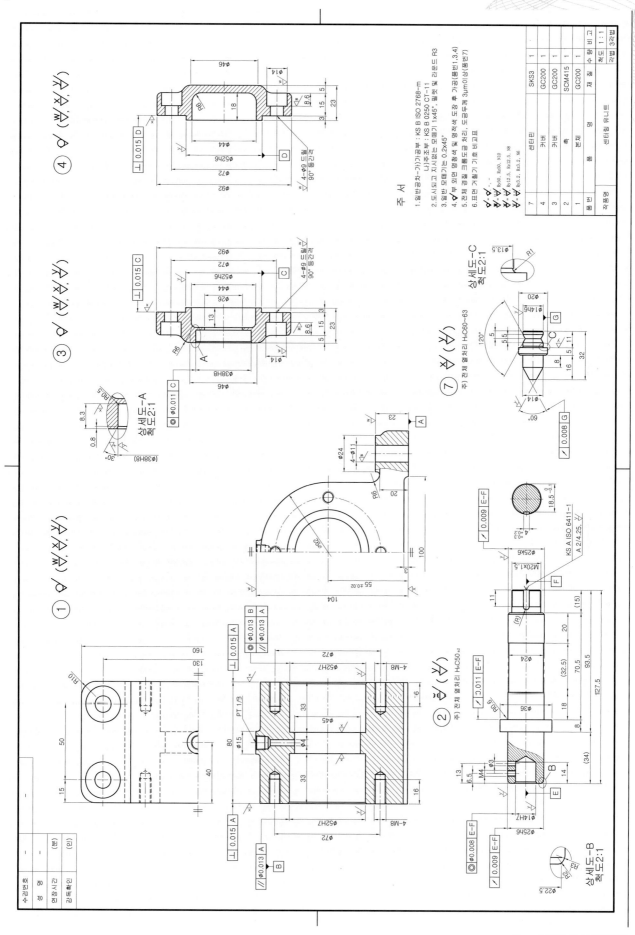

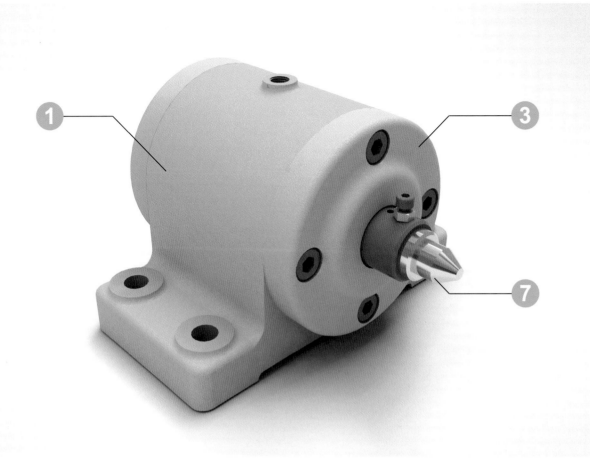

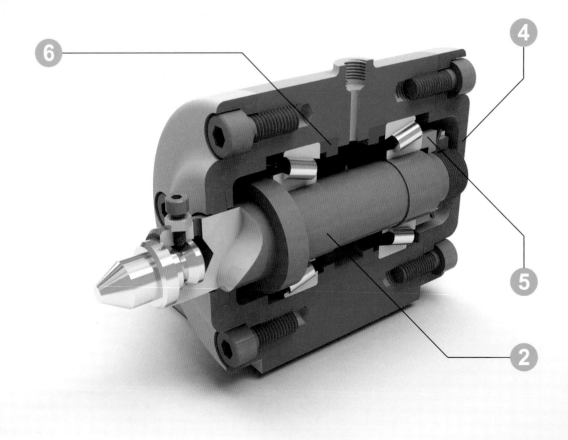

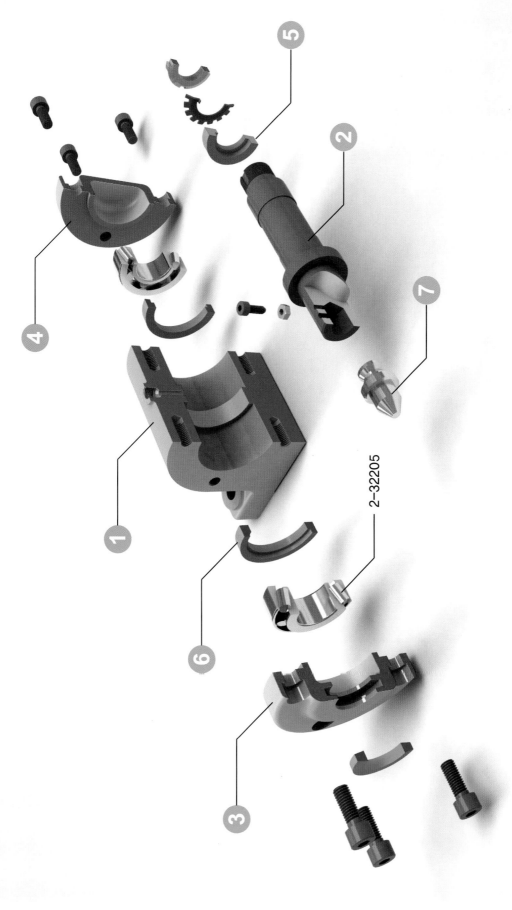

2-32205

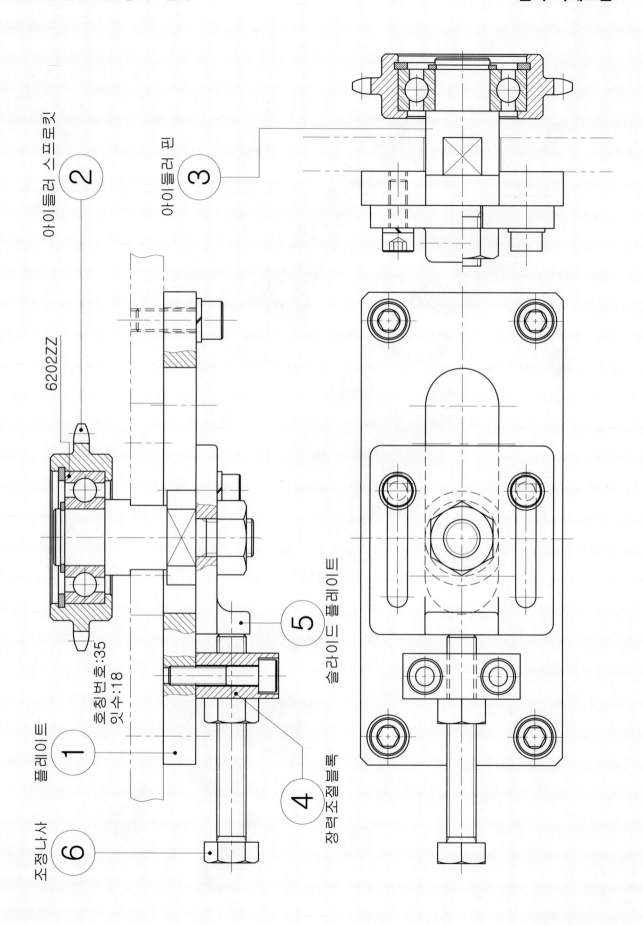

아이들러 스프로킷

② 6202ZZ

아이들러 핀

③

홈 칭 번 호:35
잇수:18

플레이트

① 슬라이드 플레이트

⑤ 장력 조절블록

④

조정나사

⑥

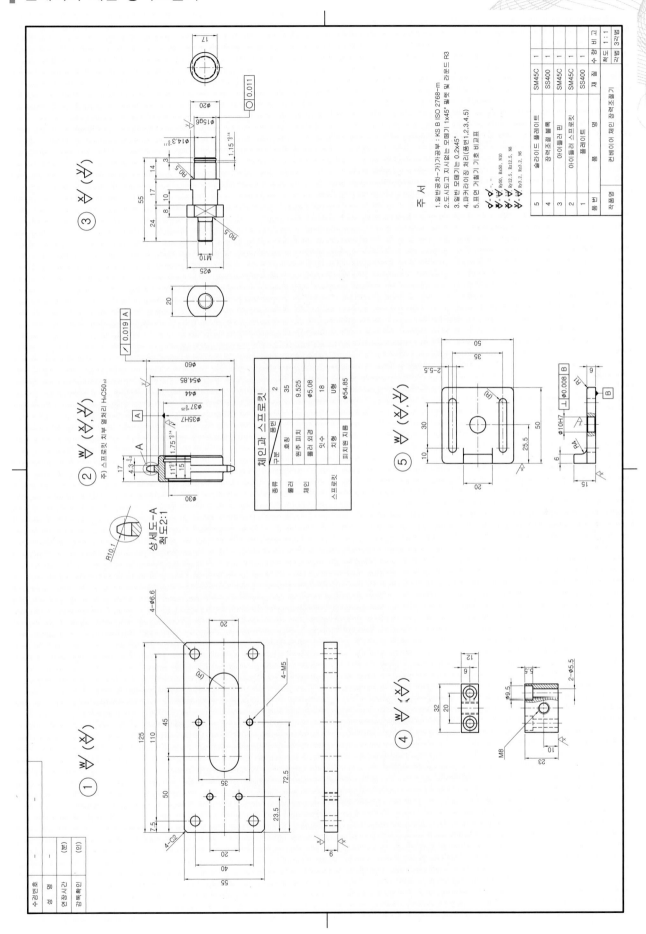

주 서

1. 일반공차-가) 가공부 : KS B ISO 2768-m
2. 도시되고 지시없는 모떼기는 1×45° 필렛 및 라운드 R3
3. 일반 모떼기는 0.2×45°
4. 파커라이징 처리(품번1,2,3,4,5)
5. 표면 거칠기 기호 비교표

5	슬라이드 블레이트	SM45C	1	
4	장력조절 블록	SS400	1	
3	아이들러 핀	SM45C	1	
2	아이들러 스프로킷	SM45C	1	
1	블레이트	SS400	1	
품번	품 명	재 질	수량	비고
작품명	컨베이어 체인 장력조절기		척도	1:1
			각법	3각법

체인과 스프로킷

종류	품번		
롤러	호칭		2
	호칭		35
체인	원주 피치		9.525
	롤러 외경		Φ5.08
	잇수		18
스프로킷	치형		U형
	피치원 지름		Φ54.85

상세도-A
척도2:1
R10.1

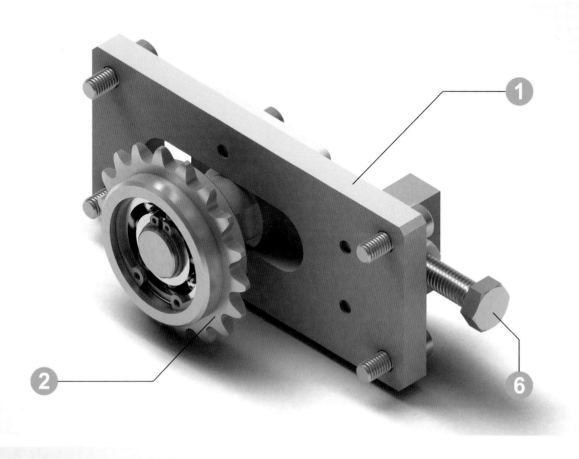

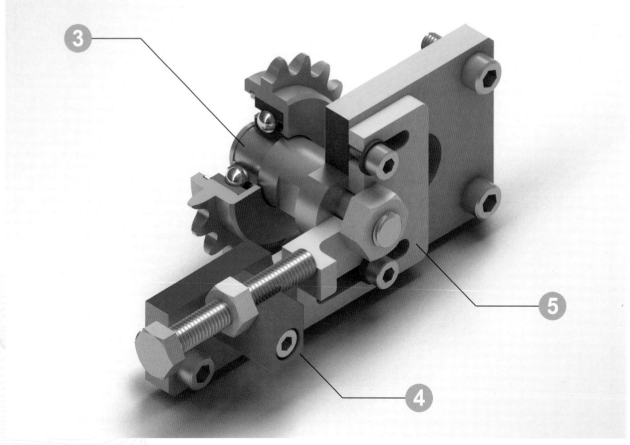

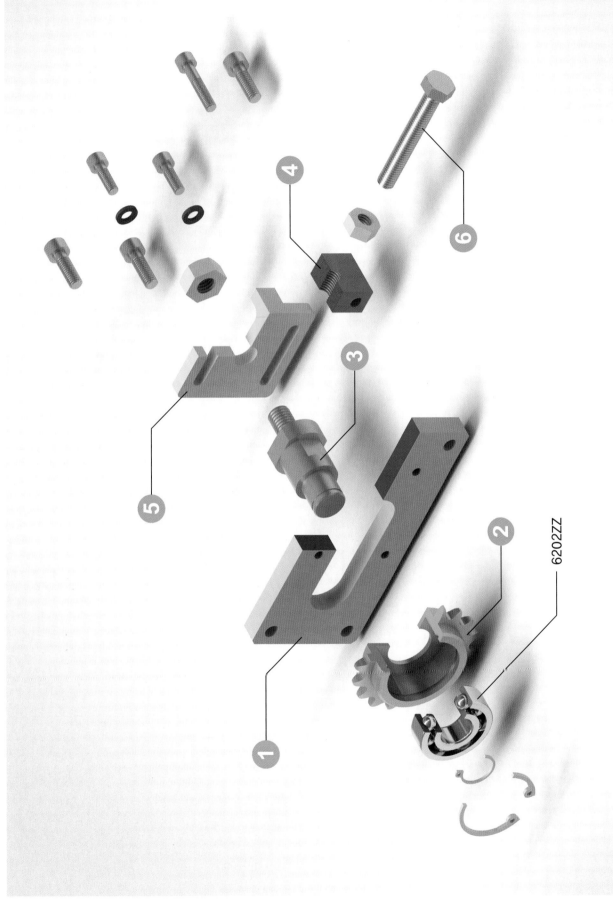

6202ZZ

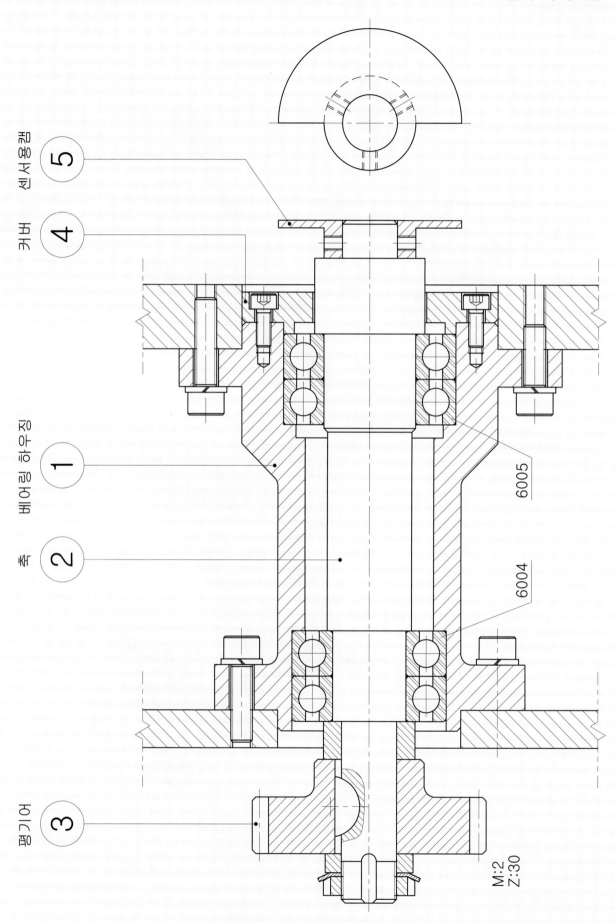

⑤ 센서홀더

④ 커버

① 베어링 하우징

② 축

③ 평기어

6005

6004

M:2
Z:30

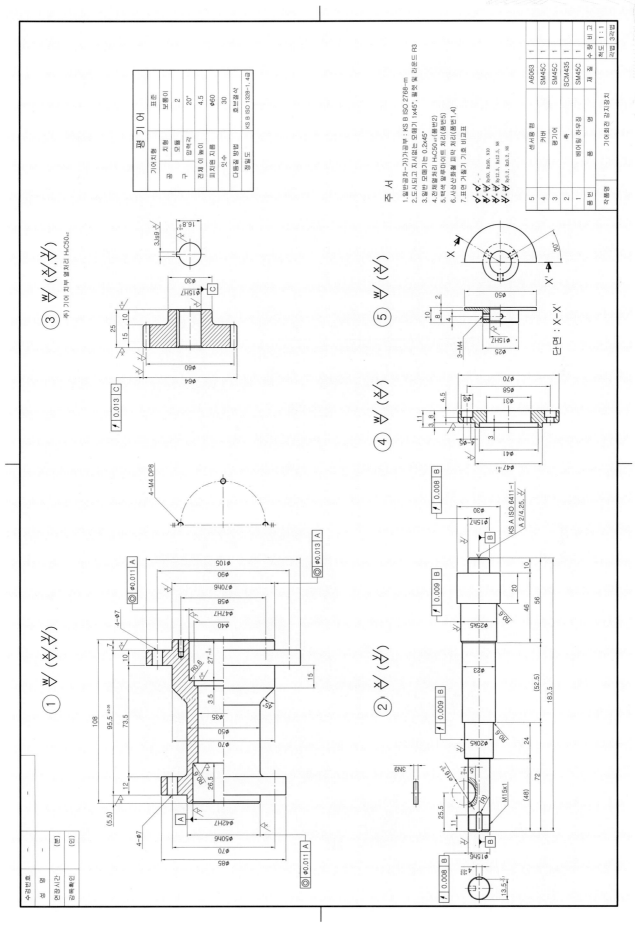

주 서

1. 일반공차-가)가공부 : KS B ISO 2768-m
2. 도시되고 지시없는 모떼기 1x45°, 필렛및 라운드 R3
3. 일반 모떼기는 0.2x45°
4. 전체 열처리 H=C50±2(품번2)
5. 외부 열루마이트 처리(품번5)
6. 사십산화철 피아 처리(품번1,4)
7. 표면 거칠기 기호 비교표

평 기 어

기어 치형	명 칭	표준
공 구	치형	보통이
	모듈	2
	압력각	20°
전체이 높이		4.5
피치원 지름		φ60
잇수		30
다듬질방법		호브절삭
정밀도		KS B ISO 1328-1, 4급

5	센서용 캡	A6063	1
4	커버	SM45C	1
3	평기어	SM45C	1
2	축	SCM435	1
1	베어링 하우징	SM45C	1
품 번	품 명	재 질	수량

작품명 | 기어회전 감지장치

척도 1:1
각법 3각법

Copyright ⓒ 2013 메카피아

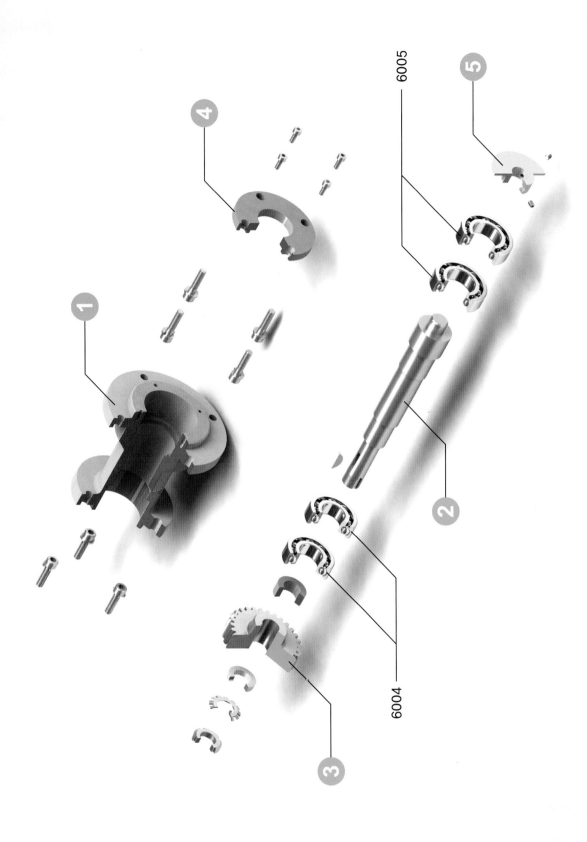

6005

6004

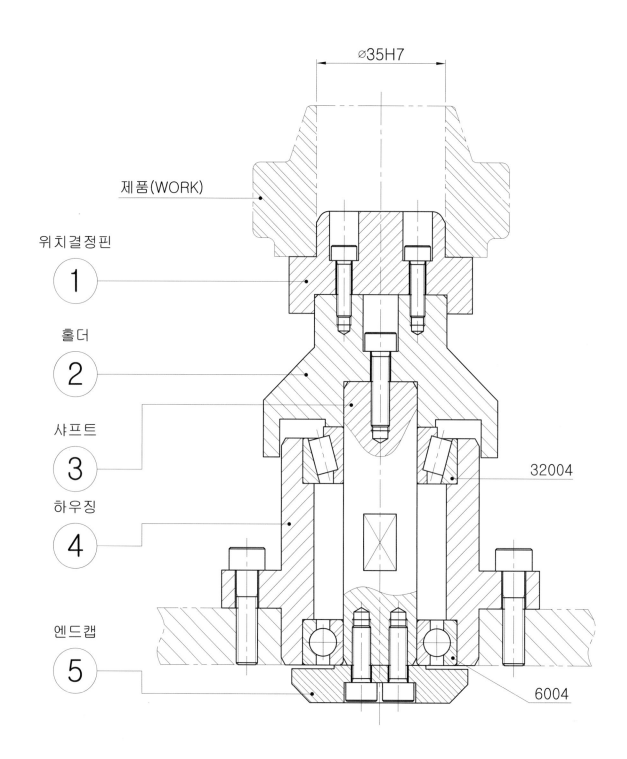

⌀35H7

제품(WORK)

위치결정핀
1

홀더
2

샤프트
3

하우징
4

32004

엔드캡
5

6004

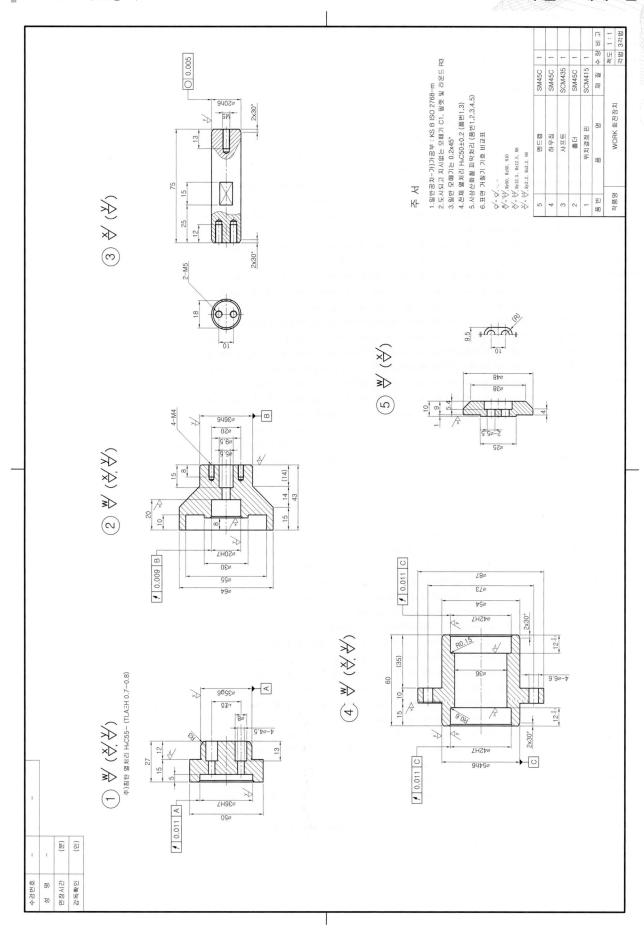

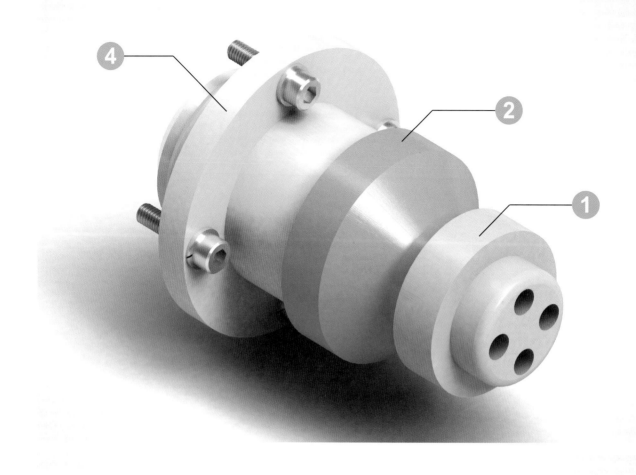

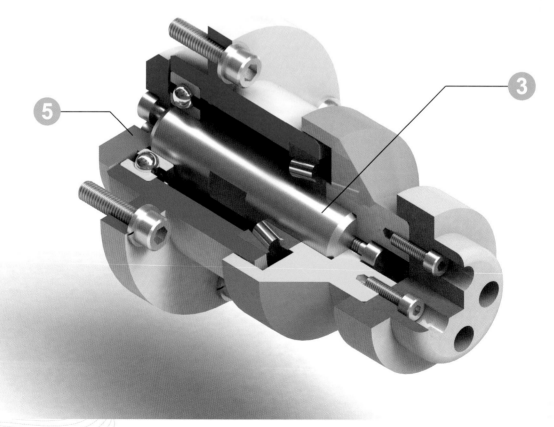

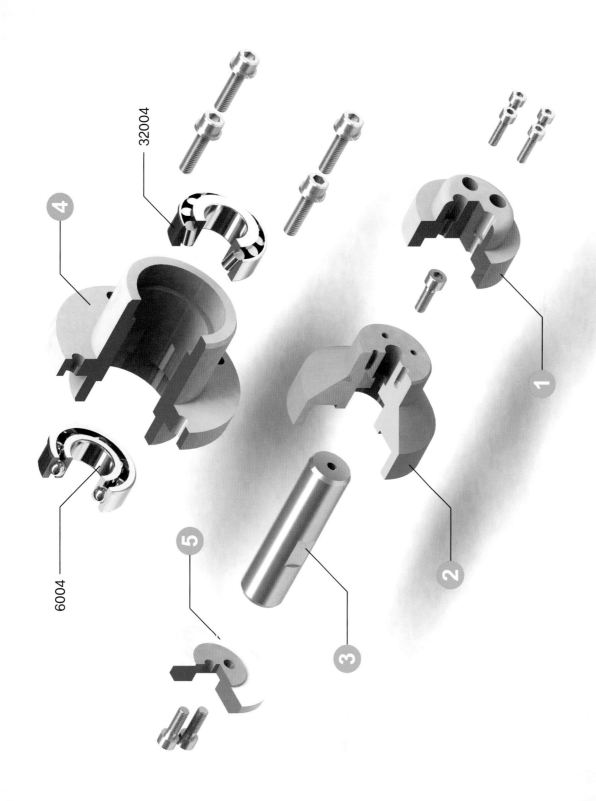

32004

4

6004

5

3

2

1

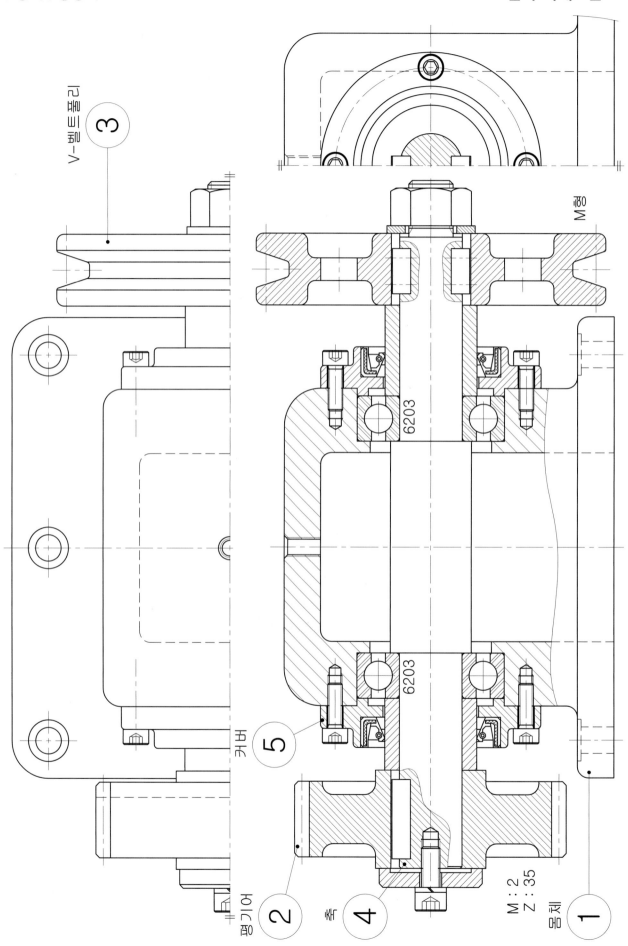

V-벨트풀리 ③

M형

6203

6203

커버 ⑤

기어 ②

축 ④

M : 2
Z : 35

품재 ①

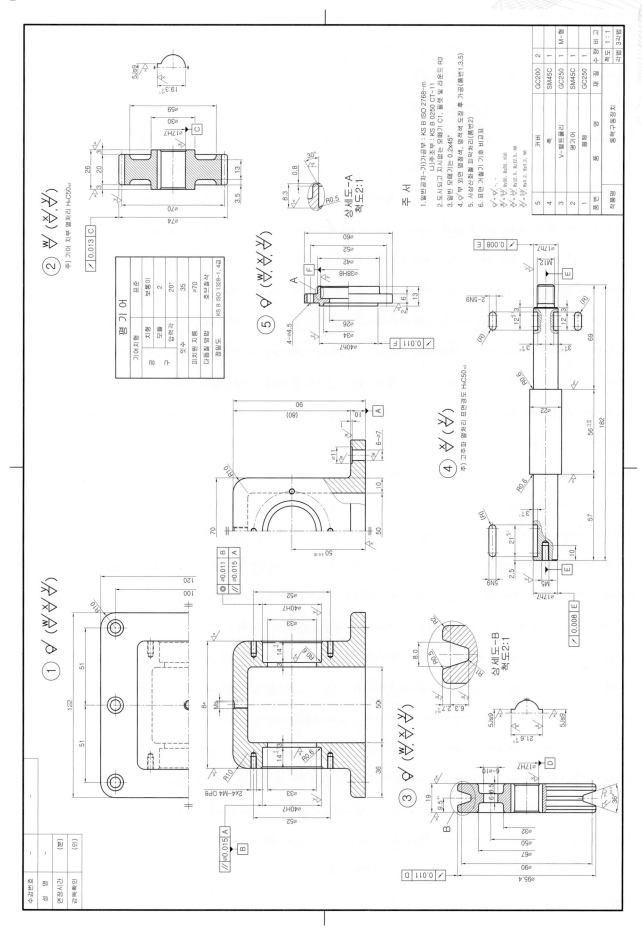

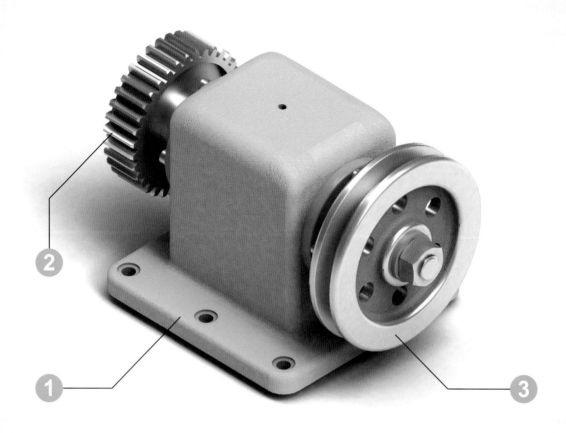

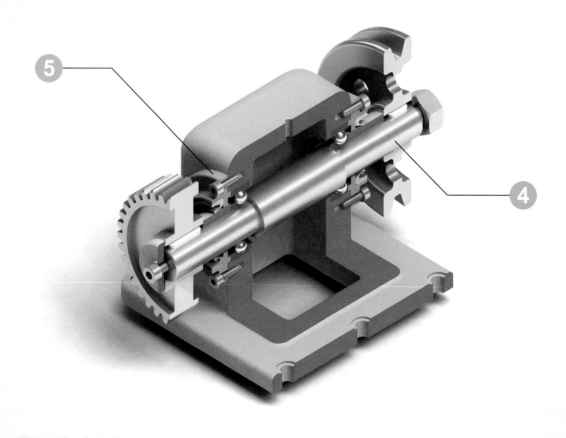

오링홈

2-6203

기계설계자 및 제도하는 사람은 각 부품의 기능에 알맞은 기계재료를 선정해야 하며 주요 금속재료의 종류 및 기호표시와 용도, 열처리의 선정을 해야 한다. 같은 재료라 하더라도 열처리를 어떻게 하느냐에 따라 전혀 다른 기계적 성질을 가지게 되며, 수험자는 강의 열처리 방법과 경도측정법, 열처리의 도시법에 대해 충분한 이해가 필요하다. 이 장에서는 기능사, 기계설계 산업기사, 기계기사 등의 실기 과제 도면에서 자주 사용하는 부품별로 기계재료의 선택과 열처리법에 대해 보다 실무에 가깝게 범례를 들어 두었다.

■ 주요 학습내용 및 목표

• 부품의 기능별 기계재료의 선정   • 기계재료별 열처리 선정과 경도표시   • 부품의 기능에 부합하는 품명 선정

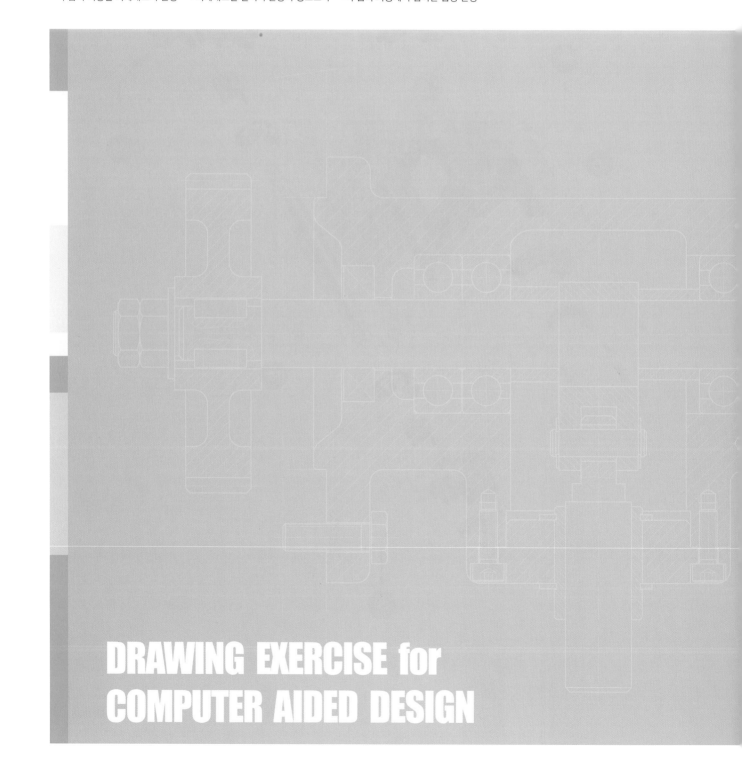

DRAWING EXERCISE for
COMPUTER AIDED DESIGN

Chapter | 07

도면 검도 요령 및 부품별
재료기호와 열처리 선정

실기시험 과제도면을 완성하였다면 이제 마지막으로 요구사항에 맞게 제대로 작도하였는지 검도를 하는 과정이 필요하다. 많은 수검자들이 주어진 시간내에 도면을 완성하고 여유있게 검도를 하는 시간을 갖지는 못하는 경우가 있을 것이다. 시간이 촉박하다고 당황하지 말고 절대로 미완성 상태의 도면을 제출하기 전에 약간의 시간을 할애해서 최종적으로 검도를 실시하고 제출하는 것이 좋다. 검도는 보통 아래와 같은 요령으로 실시한다면 시험에서나 실무에서도 도움이 될 것이다.

1. 도면 작성에 관한 검도 항목

❶ 도면 양식은 **KS규격**에 준했는가? (A4, A3, A2, A1, A0)

❷ 조립도는 도면을 보고 이해하기 쉽게 나타내었는가?

❸ 정면도, 평면도, 측면도 등 **3각법**에 의한 투상으로 적절히 배치했는가?

❹ 부품이나 제품의 형상에 따라 **보조투상도**나 **특수투상도**의 사용은 적절한가?

❺ 단면도에서 **단면의 표시**는 적절하게 나타냈는가?

❻ **선의 용도에 따른 종류**와 **굵기**는 적절하게 했는가? (CAD 지정 LAYER 구분)

2. 치수기입 검도 항목

❶ **누락**된 **치수**나 **중복**된 **치수, 계산을 해야 하는 치수**는 없는가?

❷ 기계가공에 따른 **기준면 치수 기입**을 했는가?

❸ **치수보조선, 치수선, 지시선, 문자**는 적절하게 도시했는가?

❹ 소재 선정이 용이하도록 **전체길이, 전체높이, 전체 폭**에 관한 **치수누락**은 없는가?

❺ **연관 치수**는 해독이 쉽도록 **한 곳에 모아 쉽게 기입**했는가?

3. 공차 기입 검도 항목

❶ 상대 부품과의 **조립** 및 **작동 기능**에 필요한 **공차**의 기입을 적절히 했는가?

❷ 기능상에 필요한 **치수공차**와 **끼워맞춤 공차**의 적용을 올바르게 했는가?

❸ 제품과 각 구성 부품이 결합되는 조건에 따른 **끼워맞춤 기호**와 **표면거칠기** 기호의 선택은 올바른가?

❹ 키, 베어링, 스플라인, 오링, 오일실, 스냅링 등 기계요소 부품들의 공차적용은 **KS규격**을 찾아 올바르게 적용했는가?

❺ 동일 축선에 베어링이 2개 이상인 경우 동심도 기하공차를 기입하였는가?

4. 요목표, 표제란, 부품란, 일반 주서 기입 내용 검도 항목

❶ 기어나 스프링 등 기계요소 부품들의 **요목표** 및 **내용의 누락**은 없는가?

❷ **표제란**과 **부품란**에 기입하는 **내용의 누락**은 없는가?

❸ 구매부품의 경우 정확한 모델사양과 메이커, 수량 표기 등은 조립도와 비교해 올바른가?

❹ 가공이나 조립 및 제작에 필요한 **주서** 기입 내용이나 **지시사항**은 적절하고 누락된 것은 없는가?

5. 제품 및 부품 설계에 관한 검도 항목

❶ 부품 구조의 **상호 조립 관계, 작동, 간섭여부, 기능** 검도

❷ 적절한 **재료** 및 **열처리 선정**으로 수명에 이상이 없고 **가공성**이 좋은가?

❸ 각 부품의 가공과 기능에 알맞은 **표면거칠기**를 지정했는가?

❹ 제품 및 부품에 공차 적용시 **올바른 공차** 적용을 했는가?

❺ 각 **재질별 열처리 방법의 선택**과 **기호 표시**가 적절한가?

❻ **표면처리**(도금, 도장 등)는 적절하고 타 부품들과 조화를 이루는가?

❼ 부품의 가공성이 좋고 일반적인 기계 가공에 무리는 없는가?

6. 도면의 외관

❶ 주어진 과제도면 양식에 알맞게 **선의 종류**와 **색상** 및 **문자크기** 등을 설정했는가?
   (오토캐드 레이어의 외형선, 숨은선, 중심선, 가상선, TEXT 크기, 화살표 크기 등)

❷ 표준 **3각법**에 따라 투상을 하고 도면안에 투상도는 **균형있게 배치**하였는가?

❸ 도면의 크기는 **표준 도면양식**에 따라 올바르게 그렸는가?
   (A2 : 594×420, A3 : 420×297)

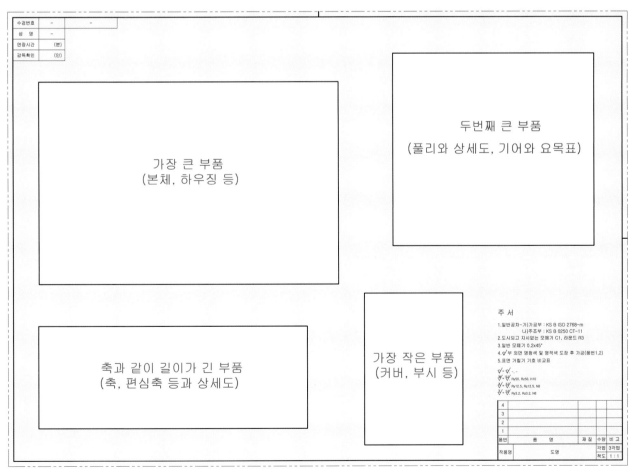

● 투상도의 배치

부품의 명칭	재료의 기호	재료의 종류	특 징	열처리 및 도금, 도장
본체 또는 몸체 (BASE or BODY)	GC200	회주철	주조성 양호, 절삭성 우수 복잡한 본체나 하우징, 공작기계 베드, 내연기관 실린더, 피스톤 등 펄라이트+페라이트+흑연	외면 명청, 명적색 도장
	GC250 GC300	회주철		
	SC480	주강	강도를 필요로 하는 대형 부품, 대형 기어	H_RC50±2 외면 명회색 도장
축 (SHAFT)	SM45C	기계구조용 탄소강	탄소함유량 0.42~0.48	고주파 열처리, 표면경도 H_RC50~
	SM15CK	기계구조용 탄소강	탄소함유량 0.13~0.18(침탄 열처리)	침탄용으로 사용
	SCM415 SCM435 SCM440	크롬 몰리브덴강	구조용 합금강으로 SCM415~SCM822 까지 10종이 있다.	사삼산화철 피막, 무전해 니켈 도금 전체열처리 H_RC50±2 H_RC35~40 (SCM435) H_RC30~35 (SCM435)
커버 (COVER)	GC200	회주철	본체와 동일한 재질 사용	외면 명청, 명적색 도장
	GC250	회주철		
	SC480	주강	본체와 동일한 재질 사용	외면 명청, 명적색 도장
V벨트 풀리 (V-BELT PULLEY)	GC200 GC250	회주철	고무벨트를 사용하는 주철제 V-벨트 풀리	외면 명청, 명적색 도장
스프로킷 (SPROCKET)	SCM440	크롬 몰리브덴강	용접형은 보스(허브)부 일반구조용 압연강재, 치형부 기계구조용 탄소강재	치부 열처리 H_RC50±2 사삼산화철 피막
	SCM45C	기계구조용 탄소강		
스퍼 기어 (SPUR GEAR)	SNC415	니켈 크롬강		기어치부 열처리 H_RC50±2 전체열처리 H_RC50±2
	SCM435	크롬 몰리브덴강		
	SC480	주강	대형 기어 제작	
	SM45C	기계구조용 탄소강	압력각 20°, 모듈 0.5~3.0	사삼산화철 피막, 무전해 니켈 도금 기어치부 고주파 열처리, H_RC50~55
래크 (RACK)	SNC415	니켈 크롬강		전체열처리 H_RC50±2
	SCM435	크롬 몰리브덴강		
피니언 (PINION)	SNC415	니켈 크롬강		전체열처리 H_RC50±2
웜 샤프트 (WORM SHAFT)	SCM435	크롬 몰리브덴강		전체열처리 H_RC50±2
래칫 (RATCH)	SM15CK	기계구조용 탄소강		침탄열처리
로프 풀리 (ROPE PULLEY)	SC480	주강		
링크 (LINK)	SM45C	주강		
칼라 (COLLAR)	SM45C	기계구조용 탄소강	베어링 간격유지용 링	
스프링 (SPRING)	PW1	피아노선		
베어링용 부시	CAC502A	인청동주물	구기호 : PBC2	
핸들 (HANDLE)	SS400	일반구조용 압연강		인산염피막, 사삼산화철 피막
평벨트 풀리	GC250 SF340A	회주철 탄소강 단강품		외면 명청, 명적색 도장
스프링	PW1	피아노선		
편심축	SCM415	크롬 몰리브덴강		전체열처리 H_RC50±2
힌지핀 (HINGE PIN)	SM45C SUS440C	기계구조용 탄소강 스테인레스강		사삼산화철 피막, 무전해 니켈도금 H_RC40~45 (SM45C) H_RC45~50 (SUS440C) 경질크롬도금, 도금 두께 3μm 이상
볼스크류 너트	SCM420	크롬몰리브덴강	저온 흑색 크롬 도금	침탄열처리 H_RC58~62
전조 볼스크류	SM55C	기계구조용 탄소강	인산염 피막처리	고주파 열처리 H_RC58~62
LM 가이드 본체, 레일	STS304	스테인레스강	열간 가공 스테인레스강, 오스테나이트계	열처리 H_RC56~
사다리꼴 나사	SM45C	기계구조용 탄소강	30도 사다리꼴나사(왼, 오른나사)	사삼산화철 피막, 저온 흑색 크롬 도금

03 치공구의 부품별 재료기호 및 열처리 선정 범례

부품의 명칭	재료의 기호	재료의 종류	특 징	열처리, 도장
지그 베이스 (JIG Base)	SCM415	크롬 몰리브덴강	기계 가공용	
	SM45C	기계구조용강		
하우징, 몸체 (Housing, Body)	SC480	주강	중대형 지그 바디 주물용	
위치결정 핀 (Locating Pin)	STS3	합금공구강	주로 냉간 금형용 STD는 열간 금형용	H$_R$C60~63 경질 크롬 도금, 버핑연마 경질 크롬 도금 + 버핑 연마
지그 부시 (Jig Bush)	SCM415	크롬 몰리브덴강	구기호 : SCM21	드릴, 엔드밀 등 공구 안내용 전체 열처리 H$_R$C65±2
	STC105	탄소공구강	구기호 : STC3	
	STS3 / STS21	탄소공구강	STS3 : 주로 냉간 금형용 STS21 : 주로 절삭 공구강용	
플레이트 (Plate)	SM45C	기계구조용 탄소강		
스프링 (Spring)	SPS3	실리콘 망간강재	겹판, 코일, 비틀림막대 스프링	
	SPS6	크롬 바나듐강재	코일, 비틀림막대 스프링	
	SPS8	실리콘 크롬강재	코일 스프링	
	PW1	피아노선	스프링용	
가이드블록 (Guide Block)	SCM430	크롬 몰리브덴강		
베어링부시 (Bearing Bush)	CAC502A	인청동주물	구기호 : PBC2	
	WM3	화이트 메탈		
브이블록 (V-Block)	STC105	탄소공구강 기계구조용 탄소강	지그 고정구용, 브이블록, 클램핑 죠	H$_R$C 58~62 H$_R$C 40~50
클램프죠 (Clamping Jaw)	SM45C			
로케이터 (Locator)	SCM430	크롬 몰리브덴강	위치결정구, 로케이팅 핀	H$_R$C50±2
메저링핀 (Measuring Pin)			측정 핀	H$_R$C50±2
슬라이더 (Slider)			정밀 슬라이더	H$_R$C50±2
고정다이 (Fixed Die)			고정대	
힌지핀 (Hinge Pin)	SM45C	기계구조용 탄소강		H$_R$C40~45
C와셔 (C-Washer)	SS400	일반구조용 압연강재	인장강도 41~50 kg/mm	인장강도 400~510 N/mm^2
지그용 고리모양 와셔	SS400	일반구조용 압연강재	인장강도 41~50 kg/mm	인장강도 400~510 N/mm^2
지그용 구면 와셔	STC105	탄소공구강	구기호 : STC7	H$_R$C 30~40
지그용 육각볼트, 너트	SM45C	기계구조용 탄소강		
핸들(Handle)	SM35C	기계구조용 탄소강	큰 힘 필요시 SF40 적용	
클램프(Clamp)	SM45C			마모부 H$_R$C 40~50
캠(Cam)	SM45C SM15CK		SM15CK 는 침탄열처리용	마모부 H$_R$C 40~50
텅(Tonge)	STC105	탄소공구강	T홈에 공구 위치결정시 사용	
쐐기 (Wedge)	STC85 SM45C	탄소공구강 기계구조용 탄소강	구기호 : STC5	열처리해서 사용
필러 게이지	STC85 SM45C	탄소공구강 기계구조용 탄소강	구기호 : STC5	H$_R$C 58~62
세트 블록 (Set Block)	STC105	탄소공구강	두께 1.5~3mm	H$_R$C 58~62

공유압기기의 부품별 재료기호 및 열처리 선정 범례

부품의 명칭	재료의 기호	재료의 종류	특 징	열처리, 도장
실린더 튜브 (Cylinder Tube)	ALDC10	다이캐스팅용 알루미늄 합금	피스톤의 미끄럼 운동을 안내하며 압축공기의 압력실 역할, 실린더튜브 내면은 경질 크롬도금	백색 알루마이트
피스톤 (Piston)	ALDC10	알루미늄 합금	공기압력을 받는 실린더 튜브내에서 미끄럼 운동	크로메이트
피스톤 로드 (Piston Rod)	SCM415 SM45C	크롬 몰리브덴강 기계구조용 탄소강	부하의 작용에 의해 가해지는 압축, 인장, 굽힘, 진동 등의 하중에 견딜 수 있는 충분한 강도와 내마모성 요구, 합금강 사용시 표면 경질크롬도금	전체열처리 $H_RC50\pm2$ 경질 크롬 도금
핑거 (Finger)	SCM430	크롬 몰리브덴강	집게역할을 하며 핑거에 별도로 죠(JAW)를 부착 사용	전체열처리 $H_RC50\pm2$
로드부시 (Rod Bush)	CAC502A	인청동주물	왕복운동을 하는 피스톤 로드를 안내 및 지지하는 부분으로 피스톤 로드가 이동시 베어링 역할 수행	구기호 : PBC2
실린더헤드 (Cylinder Head)	ALDC10	다이캐스팅용 알루미늄 합금	원통형 실린더 로드측 커버나 에어척의 헤드측 커버를 의미	알루마이트 주철 사용시 흑색 도장
링크 (Link)	SCM415	크롬 몰리브덴강	링크 레버 방식의 각도 개폐형	전체열처리 $H_RC50\pm2$
커버 (Cover)	ALDC10	다이캐스팅용 알루미늄 합금	실린더 튜브 양끝단에 설치 피스톤 행정거리 결정	주철 사용시 흑색 도장
힌지핀 (Hinge Pin)	SCM435 SM45C	크롬 몰리브덴강 기계구조용 탄소강	레버 방식의 공압척에 사용하는 지점 핀	$H_RC40\sim45$
롤러 (Roller)	SCM440	크롬 몰리브덴강		전체열처리 $H_RC50\pm2$
타이 로드 (Tie Rod)	SM45C	기계구조용 탄소강	실린더 튜브 양끝단에 있는 헤드커버와 로드커버를 체결	아연 도금
플로팅 조인트 (Floating Joint)	SM45C	기계구조용 탄소강	실린더 로드 나사부와 연결 운동 전달요소	사삼산화철 피막 터프트라이드
실린더 튜브 (Cylinder Tube)	ALDC10	알루미늄 합금		경질 알루마이트
	STKM13C	기계 구조용 탄소강관	중대형 실린더용의 튜브, 기계 구조용 탄소강관 13종	내면 경질크롬도금 외면 백금 도금 중회색 소부 도장
피스톤 랙 (Piston Rack)	STS304	스테인레스강	로타리 액츄에이터 용	
피니언 샤프트 (Pinion Shaft)	SCM435 STS304 SM45C	크롬 몰리브덴강 스테인레스강 기계구조용 탄소강	로타리 액츄에이터 용	전체열처리 $H_RC50\pm2$

한국산업인력공단에서 공고하는 기계분야 국가 기술자격 종목별 출제기준 및 채점기준 등에 관한
상세한 정보들을 알아보고, 필기 및 실기시험을 준비하는 데 있어 참고할 수 있기를 바란다.

DRAWING EXERCISE for
COMPUTER AIDED DESIGN

Chapter | 08

실기시험 출제기준/
과제도면 및 답안제출 예시

1. 전산응용 기계제도 기능사 실기 출제기준

○ **직무분야** : 기계	○ **자격종목** : 전산응용기계제도 기능사	○ **적용기간** : 2011. 1. 1~2015. 12. 31

○ **직무내용** : CAD시스템을 이용하여 산업체에서 제품개발, 설계, 생산기술 부문의 기술자들이 기술정보를 표현하고 저장하기 위한 도면, 그래픽 모델 및 파일 등을 산업표준 규격에 준하여 제도하는 업무등의 직무 수행

○ **수행준거** : 1. CAD시스템을 사용하여 파일의 생성, 저장, 출력 등의 제도 환경을 설정할 수 있다.
　　　　　　　2. 기계장치와 지그 등의 구조와 각 부품의 기능, 조립 및 분해순서를 파악하여 한국 산업규격에 준하는 제작용 부품 도면을 작성할 수 있다.
　　　　　　　3. 출력장치를 사용하여 한국 산업규격에 준하는 도면을 출력할 수 있다.

○ **실기검정방법** : 작업형		○ **시험시간** : 4시간 정도	
실기 과목명	**주요 항목**	**세부 항목**	**세세 항목**
전산응용기계제도 작업	1. 설계관련 정보 수집 및 분석	1. 정보 수집하기	1. 설계에 관련된 다양한 정보 원천을 확보할 수 있어야 한다.
		2. 정보 분석하기	2. 설계관련 정보들을 체계적으로 해석 또는 분석하고 적용할 수 있어야 한다.
	2. 설계관련 표준화 제공	1. 소요자재목록 및 부품 목록 관리하기	1. 주어진 도면으로부터 정확한 소요자재 목록 및 부품목록을 작성할 수 있어야 한다.
	3. 도면해독	1. 도면 해독하기	1. 부품의 전체적인 조립관계와 각 부품별 조립관계를 파악할 수 있어야 한다. 2. 도면에서 해당부품의 주요 가공부위를 선정하고, 주요 가공치수를 결정할 수 있어야 한다. 3. 가공공차에 대한 가공정밀도를 파악하고, 그에 맞는 가공설비 및 치공구를 결정할 수 있어야 한다. 4. 도면에서 해당부품에 대한 재질특성을 파악하여 가공 가능성을 결정할 수 있어야 한다.
	4. 형상(3D/2D) 모델링	1. 모델링 작업 준비하기	1. 사용할 CAD 프로그램의 환경을 효율적으로 설정할 수 있어야 한다.
		2. 모델링 작업하기	1. 이용 가능한 CAD 프로그램의 기능을 사용하여 요구되는 형상을 설계로 완벽하게 구현할 수 있어야 한다.
	5. 설계도면 작성	1. 설계사양과 구성요소 확인하기	1. 설계 입력서를 검토하여 주요 치수가 정확히 선정이 되었는지 확인할 수 있어야 한다.
		2. 도면 작성하기	1. 부품 상호간 기구학적 간섭을 확인하여 오류발생 시 수정할 수 있어야 한다. 2. 레이아웃도, 부품도, 조립도, 각종 상세도 등 일반 도면을 작성할 수 있어야 한다.
		3. 도면 출력하기	1. 표준 운영절차에 의하여 요구되는 설계 데이터 형식의 파일로 저장하거나 출력할 수 있어야 한다.

2. 전산응용기계제도 기능사 실기시험 예시

○ 시험시간	• 표준 시간 : 5시간 정도	• 연장 시간 : 30분 정도
○ 배 점	• 2차원 작업 : 약 70~80%	• 3차원 작업 : 약 20~30%

작업방법

(2차원 CAD작업) : 현재 작업 방법과 동일	− 문제의 조립 도면에서 지정한 부품에 대하여 A2크기 윤곽선에 1:1로 제도 후 A3용지에 흑백으로 본인이 직접 출력하여 제출 − 부품제작도에는 투상도, 치수, 치수공차와 끼워 맞춤 공차기호, 기하공차 기호, 표면거칠기 등 필요한 모든 사항을 기입
(3차원 CAD작업)	− 문제의 조립 도면에서 지정한 부품에 대하여 솔리드 모델링 후 렌더링 하여 A3크기 윤곽선 영역 내에 부품마다 실물의 특징이 가장 잘 나타나는 등각축을 2개 선택하여 등각 이미지를 2개씩 나타낸다. (첨부된 도면 참조) − 척도는 NS로 하며 출력시 형상이 잘 나타나도록 렌더링 하여 A3용지에 흑백으로 본인이 직접 출력하여 제출

사용 S/W 및 H/W

− 사용 소프트웨어의 종류 및 버전에는 제한이 없이 요구하는 부품에 대하여 2차원 도면, 3차원 도면 2장을 A3 용지에 출력하여 제출하면 됨

− 제도시 3차원 작업 후 이를 이용하여 2차원 작업을 하던지 2차원, 3차원 작업을 개별적으로 하던지 수험자가 임의대로 선택하여 작업하면 되고, 소프트웨어도 각각 따로 사용하던지 하나만 가지고 2차원 3차원 모두 하던지 임의대로 하면 된다.

− 시험장에 설치된 소프트웨어와 본인이 사용했던 것과 다를 경우 지참 사용이 가능하며 부득이한 경우 노트북 등 컴퓨터도 지참 사용이 가능함 (이 경우 컴퓨터에는 해당 CAD프로그램과 기본적인 OS 외에는 모두 삭제해야 함)

− 출력은 사용하는 CAD프로그램으로 출력하는 것이 원칙이나, 출력에 애로사항이 발생할 경우 pdf 파일로 변환하여 출력하는 것도 가능함

적용 시기

− 2013년 기능사 1회부터

3차원 CAD작업 예

수험번호	
성 명	
감독확인	

전산응용기계제도기능사

3. 기계설계 기사 실기 출제기준

○ 직무분야 : 기계	○ 자격종목 : 기계설계 기사	○ 적용기간 : 2011. 1. 1~2015. 12. 31

○ **직무내용** : 고객의 요구사항을 분석하여, 요구되는 기계시스템 및 부품을 설계하고 검증하며, 여기에 관련된 지원을 제공하는 등의 직무를 수행

○ **수행준거** : 1. CAD 소프트웨어를 이용하여 산업규격에 적합하고 도면의 형식에 맞는 부품도를 작성하고 출력할 수 있다.
2. CAD 소프트웨어를 이용하여 모델링 작업 및 설계 검증(질량해석 등)을 할 수 있다.
3. 제시된 기계의 특성에 맞는 부품의 제작 및 조립에 필요한 내용(치수, 공차, 가공 기호 등)을 표기할 수 있다.
4. 해석용 프로그램 등을 사용하여 기계시스템의 설계변수(부하량 및 토크 등) 계산을 할 수 있고, 조건 변경에 따른 기계 부품을 설계 할 수 있다.

○ 실기검정방법 : 작업형		○ 시험시간 : 7시간 30분 정도	
실기 과목명	주요 항목	세부 항목	세세 항목
기계설계실무	1. 설계관련 정보 수집 및 분석	1. 정보 수집하기	1. 설계에 관련된 다양한 정보 원천을 확보할 수 있어야 한다.
		2. 정보 분석하기	1. 설계관련 정보들을 체계적으로 해석, 또는 분석하고 적용할 수 있어야 한다.
	2. 설계관련 표준화 제공	1. 소요자재목록 및 부품 목록 관리하기	1. 주어진 도면으로부터 정확한 소요자재 목록 및 부품목록을 작성할 수 있어야 한다.
	3. 도면해독	1. 도면 해독하기	1. 부품의 전체적인 조립관계와 각 부품별 조립관계를 파악할 수 있어야 한다. 2. 도면에서 해당부품의 주요 가공부위를 선정하고, 주요 가공치수를 결정할 수 있어야 한다. 3. 가공공차에 대한 가공정밀도를 파악하고, 그에 맞는 가공 설비 및 치공구를 결정할 수 있어야 한다. 4. 도면에서 해당부품에 대한 재질특성을 파악하여 가공 가능성을 결정할 수 있어야 한다.
	4. 형상(3D/2D) 모델링	1. 모델링 작업 준비하기	1. 사용할 CAD 프로그램의 환경을 효율적으로 설정할 수 있어야 한다.
		2. 모델링작업하기	1. 이용 가능한 CAD 프로그램의 기능을 사용하여 요구되는 형상을 설계로 완벽하게 구현할 수 있어야 한다.
	5. 모델링 종합평가	1. 모델링 데이터 확인하기	1. 부품 간 상호 결합 상태를 검증할 수 있어야 한다.
		2. 단품의 어셈블리하기(ASSEMBLY)	1. 모든 단품을 누락없이 정확한 위치에 조립할 수 있어야 한다.
	6. 설계도면 작성	1. 설계사양과 구성요소 확인하기	1. 설계 입력서를 검토하여 주요 치수가 정확히 선정이 되었는지 확인할 수 있어야 한다.
		2. 도면 작성하기	1. 부품 상호간 기구학적 간섭을 확인하여 오류발생 시 수정할 수 있어야 한다. 2. 레이아웃도, 부품도, 조립도, 각종 상세도 등 일반 도면을 작성할 수 있어야 한다.
		3. 도면 출력하기	1. 표준 운영절차에 의하여 요구되는 설계 데이터 형식의 파일로 저장하거나 출력할 수 있어야 한다.

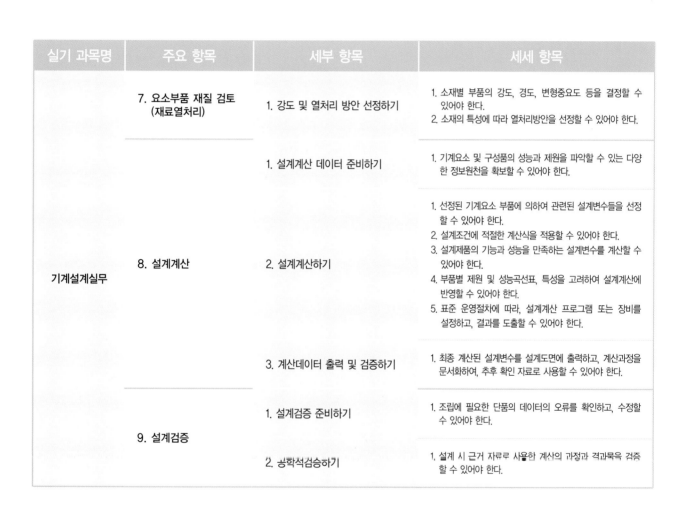

실기 과목명	주요 항목	세부 항목	세세 항목
기계설계실무	7. 요소부품 재질 검토 (재료열처리)	1. 강도 및 열처리 방안 선정하기	1. 소재별 부품의 강도, 경도, 변형중요도 등을 결정할 수 있어야 한다. 2. 소재의 특성에 따라 열처리방안을 선정할 수 있어야 한다.
	8. 설계계산	1. 설계계산 데이터 준비하기	1. 기계요소 및 구성품의 성능과 제원을 파악할 수 있는 다양한 정보원천을 확보할 수 있어야 한다.
		2. 설계계산하기	1. 선정된 기계요소 부품에 의하여 관련된 설계변수들을 선정할 수 있어야 한다. 2. 설계조건에 적절한 계산식을 적용할 수 있어야 한다. 3. 설계제품의 기능과 성능을 만족하는 설계변수를 계산할 수 있어야 한다. 4. 부품별 제원 및 성능곡선표, 특성을 고려하여 설계계산에 반영할 수 있어야 한다. 5. 표준 운영절차에 따라, 설계계산 프로그램 또는 장비를 설정하고, 결과를 도출할 수 있어야 한다.
		3. 계산데이터 출력 및 검증하기	1. 최종 계산된 설계변수를 설계도면에 출력하고, 계산과정을 문서화하여, 추후 확인 자료로 사용할 수 있어야 한다.
	9. 설계검증	1. 설계검증 준비하기	1. 조립에 필요한 단품의 데이터의 오류를 확인하고, 수정할 수 있어야 한다.
		2. 공학석검승하기	1. 설계 시 근거 자료로 사용한 계산의 과정과 격과목을 검증할 수 있어야 한다.

4. 기계설계 산업기사 실기 출제기준

○ **직무분야** : 기계	○ **자격종목** : 기계설계 산업기사	○ **적용기간** : 2011. 1. 1~2015. 12. 31

○ **직무내용** : 주로 CAD시스템을 이용하여 기계도면을 작성하거나 수정, 출도를 하며 부품도를 도면의 형식에 맞게 배열하고, 단면 형상의 표시 및 치수 노트를 작성. 또한 컴퓨터를 이용한 부품의 전개도, 조립도, 구조도 등을 설계하며, 생산관리, 품질관리, 설비관리 등의 직무를 수행

○ **수행준거** : 1. CAD 소프트웨어를 이용하여 산업규격에 적합하고 도면의 형식에 맞는 부품도를 작성하고 출력할 수 있다.
2. CAD 소프트웨어를 이용하여 모델링 작업 및 설계 검증(질량해석 등)을 할 수 있다.
3. 제시된 기계의 특성에 맞는 부품의 제작 및 조립에 필요한 내용(치수, 공차, 가공 기호 등)을 표기할 수 있다.

○ **실기검정방법** : 작업형		○ **시험시간** : 5시간 정도	
실기 과목명	**주요 항목**	**세부 항목**	**세세 항목**
기계설계실무	1. 설계관련 정보 수집 및 분석	1. 정보 수집하기	1. 설계에 관련된 다양한 정보 원천을 확보할 수 있어야 한다.
		2. 정보 분석하기	1. 설계관련 정보들을 체계적으로 해석, 또는 분석하고 적용할 수 있어야 한다.
	2. 설계관련 표준화 제공	1. 소요자재목록 및 부품 목록 관리하기	1. 주어진 도면으로부터 정확한 소요자재 목록 및 부품목록을 작성할 수 있어야 한다.
	3. 도면해독	1. 도면 해독하기	1. 부품의 전체적인 조립관계와 각 부품별 조립관계를 파악할 수 있어야 한다. 2. 도면에서 해당부품의 주요 가공부위를 선정하고, 주요 가공치수를 결정할 수 있어야 한다. 3. 가공공차에 대한 가공정밀도를 파악하고, 그에 맞는 가공설비 및 치공구를 결정할 수 있어야 한다. 4. 도면에서 해당부품에 대한 재질특성을 파악하여 가공 가능성을 결정할 수 있어야 한다.
	4. 형상(3D/2D) 모델링	1. 모델링 작업 준비하기	1. 사용할 CAD 프로그램의 환경을 효율적으로 설정할 수 있어야 한다.
		2. 모델링작업하기	1. 이용 가능한 CAD 프로그램의 기능을 사용하여 요구되는 형상을 설계로 완벽하게 구현할 수 있어야 한다.
	5. 모델링 종합평가	1. 모델링 데이터 확인하기	1. 부품 간 상호 결합 상태를 검증할 수 있어야 한다.
		2. 단품의 어셈블리하기(ASSEMBLY)	1. 모든 단품을 누락없이 정확한 위치에 조립할 수 있어야 한다.
	6. 설계도면 작성	1. 설계사양과 구성요소 확인하기	1. 설계 입력서를 검토하여 주요 치수가 정확히 선정이 되었는지 확인할 수 있어야 한다.
		2. 도면 작성하기	1. 부품 상호간 기구학적 간섭을 확인하여 오류발생 시 수정할 수 있어야 한다. 2. 레이아웃도, 부품도, 조립도, 각종 상세도 등 일반 도면을 작성할 수 있어야 한다.
		3. 도면 출력하기	1. 표준 운영절차에 의하여 요구되는 설계 데이터 형식의 파일로 저장하거나 출력할 수 있어야 한다.
	7. 요소부품 재질 검토 (재료열처리)	1. 강도 및 열처리 방안 선정하기	1. 소재별 부품의 강도, 경도, 변형중요도 등을 결정할 수 있어야 한다. 2. 소재의 특성에 따라 열처리방안을 선정할 수 있어야 한다.
	8. 설계검증	1. 설계검증 준비하기	1. 조립에 필요한 단품의 데이터의 오류를 확인하고, 수정할 수 있어야 한다.
		2. 공학적 검증하기	1. 구성품의 질량, 응력, 변위량 등을 CAD 소프트웨어 등을 이용하여 계산하고 검증할 수 있어야 한다.

5. 일반기계 기사 실기 출제기준

O **직무분야** : 기계	O **자격종목** : 일반기계 기사	O **적용기간** : 2011. 1. 1~2015. 12. 31

O **직무내용** : 재료역학, 기계열역학, 기계 유체역학, 기계재료 및 유압기기, 기계제작법 및 기계동력학 등 기계에 관한 지식을 활용
하여 일반기계 및 구조물을 설계, 견적, 제작, 시공, 감리 등과 기능 인력에 대한 기술지도 감독 등을 하여 주어진
조건보다 더 능률적으로 실무를 완수하도록 하는 직무 수행

O **수행준거** : – 기계설계 기초지식을 활용할 수 있다.
  – 체결용, 전동용, 제어용 기계요소 및 유체 기계 요소를 설계할 수 있다.
  – 설계조건에 맞는 계산 및 견적을 할 수 있다.
  – CAD S/W를 이용하여 CAD도면을 작성할 수 있다.

O **실기검정방법** : 작업형(복합형)	O **시험시간** : 7시간 정도(필답2시간 + 작업 5시간)

실기 과목명	주요 항목	세부 항목	세세 항목
일반기계 설계 실무	1. 일반기계요소의 설계	1. 기계요소 설계하기	1. 단위, 규격, 끼워맞춤, 공차 등을 활용하여 기계설계에 적용할 수 있어야 한다. 2. 나사, 키, 핀, 코터, 리벳 및 용접이음 등의 체결용 요소를 설계할 수 있어야 한다. 3. 축, 축이음, 베어링, 윤활, 마찰차, 캠, 벨트, 체인, 로우프, 기어 등의 전동용 요소를 설계할 수 있어야 한다. 4. 브레이크, 스프링, 플라이휠 등의 제어용 요소와 밸브 및 관이음 등 유체기체요소를 설계할 수 있어야 한다.
		2. 설계 계산하기	1. 선정된 기계요소품에 의하여, 관련된 설계변수들을 선정할 수 있어야 한다 2. 계산의 조건에 적절한 설계계산식을 적용할 수 있어야 한다. 3. 설계 목표물의 기능과 성능을 만족하는 설계변수를 계산할 수 있어야 한다. 4. 부품별 제원 및 성능곡선표, 특성을 고려하여 설계계산에 반영할 수 있어야 한다. 5. 표준 운영절차에 따라, 설계계산 프로그램 또는 장비를 설정하고, 결과를 도출할 수 있어야 한다.
	2. 일반기계 실무	1. 조립도, 구조물 및 부속장치 설치하기	1. 조립도, 구조물 및 부속장치를 설계할 수 있어야 한다.
		2. 공정 및 생산관리하기	1. 공정 및 생산관리를 할 수 있어야 한다.
		3. 기계설비 견적하기	1. 기계설비견적을 할 수 있어야 한다.
	3. 기계제도 (CAD)작업	1. CAD S/W를 이용한 도면작성하기	1. CAD S/W를 이용하며, KS 규격에 맞는 부품 공작도를 작성할 수 있어야 한다. 2. 표준 운영절차에 따라 요구되는 형상을 2D 또는 3D로 완벽하게 구현할 수 있어야 한다. 3. 작성된 2D 또는 3D 도면을 사내 또는 산업표준에 규정한 도면 작성법에 의하여 정확하게 기입되었는가를 확인할 수 있어야 한다. 4. 부품 간 기구학적 간섭을 확인하고, 오류발생 시 수정할 수 있어야 한다.
		2. 자료의 출력 및 보관하기	1. 최종도면을 출력하고 자료를 보관할 수 있어야 한다.
		3. CAD 장비의 운영	1. CAD S/W 프로그램을 설치하고 출력장치를 사용하여, CAD 장비를 운영할 수 있어야 한다.

국가기술자격 실기시험문제 예시

자격종목	전산응용기계제도기능사	과 제 명	도면참조

비번호 :

※ 시험시간 : [○ 표준 시간 : 5 시간, ○ 연장시간 : 30 분]

1. 요구사항

※ 지급된 재료 및 시설을 이용하여 다음 (1)의 부품도(2D) 제도, (2)의 렌더링 등각 투상도(3D) 제도를 순서에 관계 없이, 다음의 요구사항들에 의해 제도하시오.

(1) 부품도(2D) 제도

가) 주어진 문제의 조립도면에 표시된 부품번호 (①, ②, ④, ⑥)의 부품도를 CAD 프로그램을 이용하여 A2 용지에 1:1로 투상법은 제3각법으로 제도하시오.

나) 각 부품들의 형상이 잘 나타나도록 투상도와 단면도 등을 빠짐없이 제도하고, 설계 목적에 맞는 가공을 하여 기능 및 작동을 할 수 있도록 치수 및 치수공차, 끼워 맞춤 공차와 기하공차 기호, 표면거칠기 기호, 표면처리, 열처리, 주서 등 부품 제작에 필요한 모든 사항을 기입하시오.

다) 제도 완료 후 지급된 A3(420×297) 크기의 용지(트레이싱지)에 수험자가 직접 흑백으로 출력하여 확인하고 제출하시오.

(2) 렌더링 등각 투상도(3D) 제도

가) 주어진 문제의 조립도면에 표시된 부품번호 (②, ④)의 부품을 파라메트릭 솔리드 모델링을 하고 모양과 윤곽을 알아보기 쉽도록 뚜렷한 음영, 렌더링 처리를 하여 A3 용지에 제도하시오.

나) 음영과 렌더링 처리는 아래 그림과 같이 형상이 잘 나타나도록 등각 축 2개를 정해 척도는 NS로 실물의 크기를 고려하여 제도하시오.(단, 형상은 단면하여 표시하지 않는다.)

다) 제도 완료 후, 지급된 A3(420×297) 크기의 용지(트레이싱지)에 수험자가 직접 흑백으로 출력하여 확인하고 제출하시오.

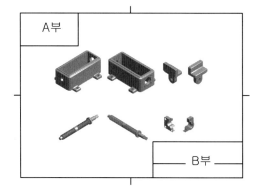

자격종목	전산응용기계제도기능사	과 제 명	도면참조

(3) 부품도 제도, 렌더링 등각 투상도 제도-공통

가) 도면의 크기별 한계설정(Limits), 윤곽선 및 중심마크 크기는 다음과 같이 설정하고, a와 b의 도면의 한계선 (도면의 가장자리 선)이 출력되지 않도록 하시오.

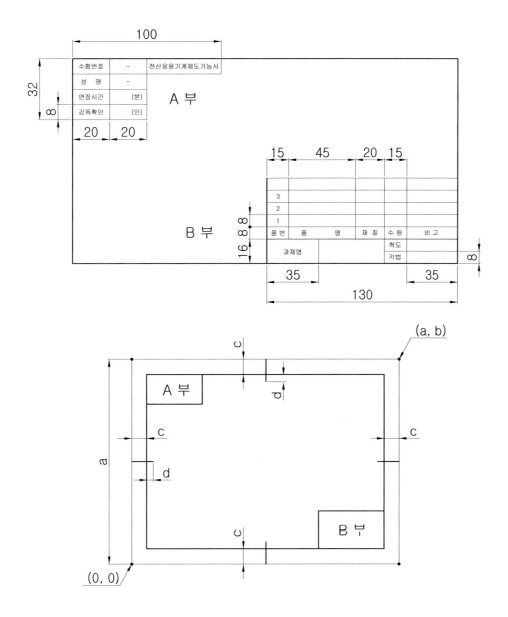

구분	도면의 한계		중심 마크	
도면크기 \ 기호	a	b	c	d
A2 (부품도)	420	594	10	5
A3 (렌더링 등각 투상도)	297	420	10	5

자격종목	전산응용기계제도기능사	과 제 명	도면참조

나) 문자, 숫자, 기호의 크기, 선 굵기는 반드시 다음 표에서 지정한 용도별 크기를 구분하는 색상을 지정하여 제도하시오.

문자, 숫자, 기호의 높이	선 굵기	지정 색상(color)	용 도
7.0mm	0.70mm	청(파란)색(Blue)	윤곽선, 표제란과 부품란의 윤곽선 등
5.0mm	0.50mm	초록(Green), 갈색(Brown)	외형선, 부품번호, 개별주서, 중심마크 등
3.5mm	0.35mm	황(노란)색 (Yellow)	숨은선, 치수와 기호, 일반주서 등
2.5mm	0.25mm	흰색(White), 빨강(Red)	해치선, 치수선, 치수보조선, 중심선, 가상선 등

다) 아라비아 숫자, 로마자는 컴퓨터에 탑재된 ISO 표준을 사용하고, 한글은 굴림 또는 굴림체를 사용하시오.

2. 수험자 유의사항

※ 다음 유의사항을 고려하여 요구사항을 완성하시오.

1) 제공한 KS 데이터에 수록되지 않은 제도규격이나 데이터는 과제로 제시된 도면을 기준으로 제도하거나 ISO 규격과 관례에 따르시오.

2) 주어진 문제의 조립도면에서 표시되지 않은 제도규격은 지급한 KS규격 데이터에서 선정하여 제도하시오.

3) 주어진 문제의 조립도면에서 치수와 규격이 일치하지 않을 때는 해당 규격으로 제도하시오.

4) 마련한 양식의 A부 내용을 기입하고 시험위원의 확인 서명을 받아야 하며, B부는 수험자가 작성하시오.

5) 수험자에게 주어진 문제는 수험번호를 기재하여 반드시 제출하시오.

6) 시작 전 바탕화면에 본인 비번호 폴더를 생성한 후 이 폴더에 비번호를 파일명으로 하여 작업 내용을 저장하고, 시험 종료 후 하드디스크의 작업내용은 삭제하시오.

7) 정전 또는 기계고장으로 인한 자료손실을 방지하기 위하여 10분에 1회 이상 저장(save)하시오.

8) 수험자는 제공된 장비의 안전한 사용과 작업 과정에서 안전수칙을 준수하시오.

9) 제한된 표준시간을 초과하여 연장시간을 사용한 경우 초과된 시간 10분 이내 마다 득점에서 5점씩 감점합니다.

자격종목	전산응용기계제도기능사	과 제 명	도면참조

10) 다음 사항에 해당하는 작품은 채점 대상에서 제외됩니다.

가) 부정행위

(1) 미리 작성된 Part program(도면, 단축 키 셋업 등) 또는 Block(도면양식, 표제란, 부품란, 요목표, 주서 및 표면 거칠기 비교표 등)을 사용할 경우

(2) 채점 시 도면 내용이 다른 수험자와 일부 또는 전부가 동일한 경우

(3) 파일로 제공한 KS 데이터에 의하지 않고 지참한 노트나 서적을 열람한 경우

나) 미완성

(1) 시험시간(표준시간 및 연장시간 포함)내에 요구사항을 완성하지 못한 경우

(2) 수험자의 장비조작 미숙으로 파손 및 고장을 일으킨 경우

(3) 수험자의 직접 출력시간이 20분을 초과할 경우

(다만, 출력시간은 시험시간에서 제외하며, 출력된 도면의 크기 또는 색상 등이 채점하기 어렵다고 판단될 경우에는 시험위원의 판단에 의해 1회에 한하여 재출력이 허용됩니다.)

다) 기 타

(1) 시험시간 내에 부품도, 랜더링 등각 투상도 중에서 1개라도 투상도가 제도되지 않은 경우

(2) 도면크기(윤곽선)와 내용이 일치하지 않은 도면

(3) 각법이나 척도가 요구사항과 맞지 않은 도면

(4) KS 제도규격에 의해 제도되지 않았다고 판단된 도면

(5) 지급된 용지(트레이싱지)에 출력되지 않은 도면

(6) 끼워맞춤 공차 기호를 부품도에 기입하지 않았거나 아무 위치에 지시하여 제도한 도면

(7) 끼워맞춤 공차의 구멍 기호(대문자)와 축 기호(소문자)를 구분하지 않고 지시한 도면

(8) 기하공차 기호를 부품도에 기호를 기입하지 않았거나 아무 위치에 지시하여 제도한 도면

(9) 표면거칠기 기호를 부품도에 기호를 기입하지 않았거나 아무 위치에 지시하여 제도한 도면

(10) 조립상태로 제도하여 기본지식이 없다고 판단된 경우

※ 출력은 사용하는 CAD 프로그램으로 출력하는 것이 원칙이나, 출력에 애로사항이 발생할 경우 pdf 파일로 변환하여 출력하는 것도 무방합니다.

3. 도면

자격종목	전산응용기계제도기능사	과 제 명	동력전달장치	척도	1 : 1

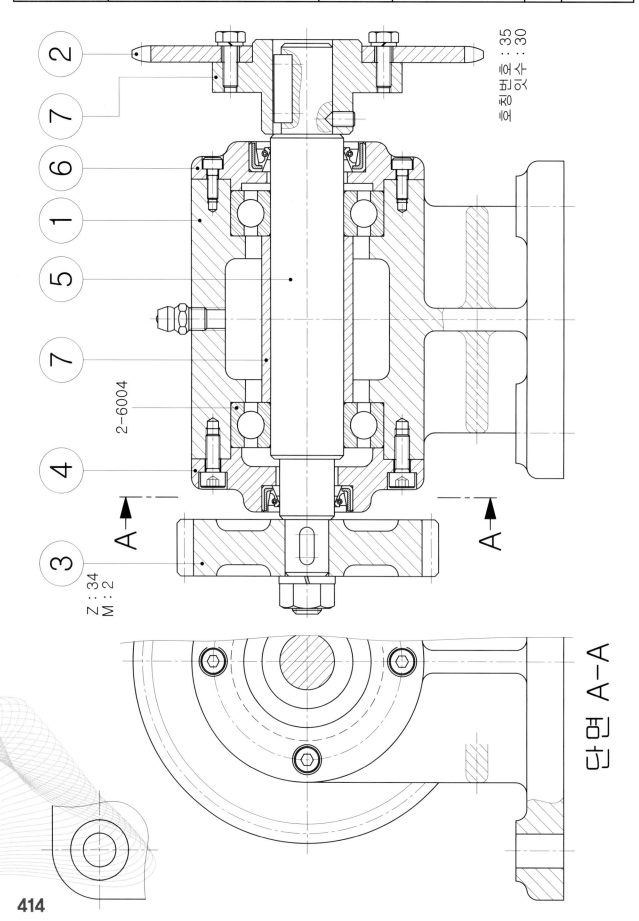

2-6004

Z : 34
M : 2

압력각 : 35
잇수 : 30

단면 A–A

3. 도면

자격종목	전산응용기계제도기능사	과 제 명	드릴지그	척 도	1 : 1

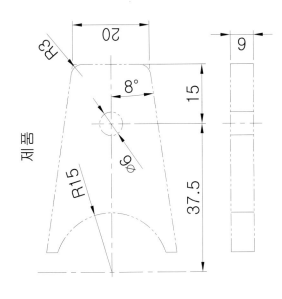

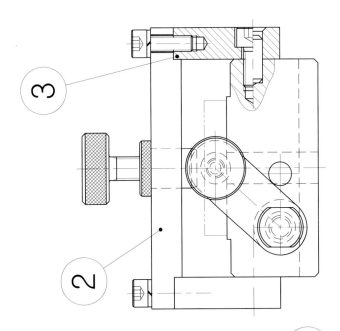

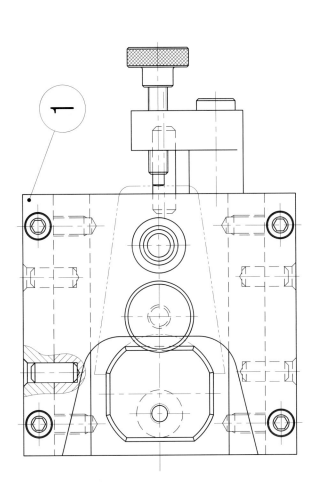

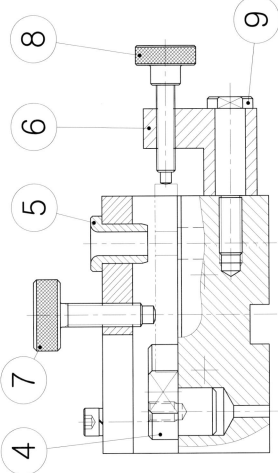

415

과제명 : 드릴지그 실기 출제 과제

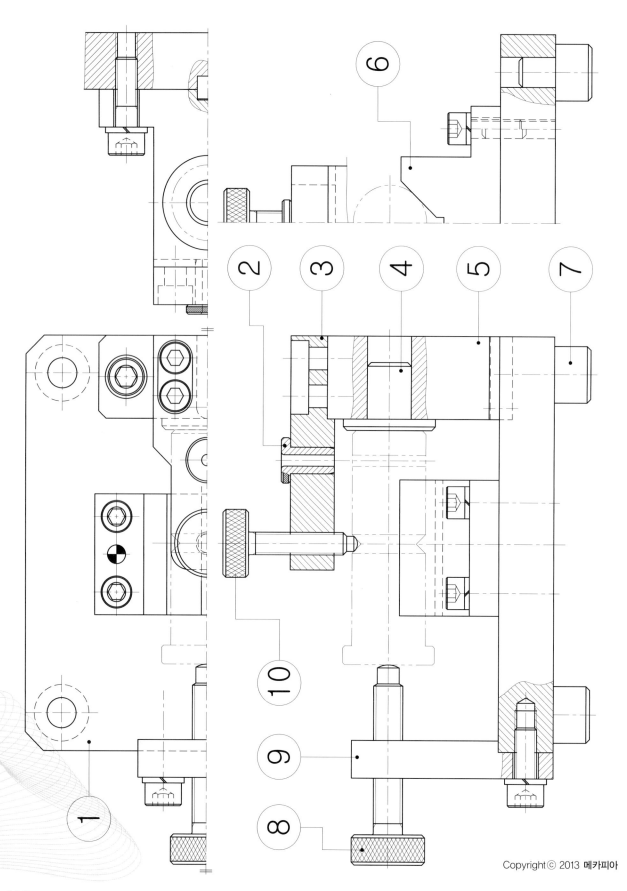

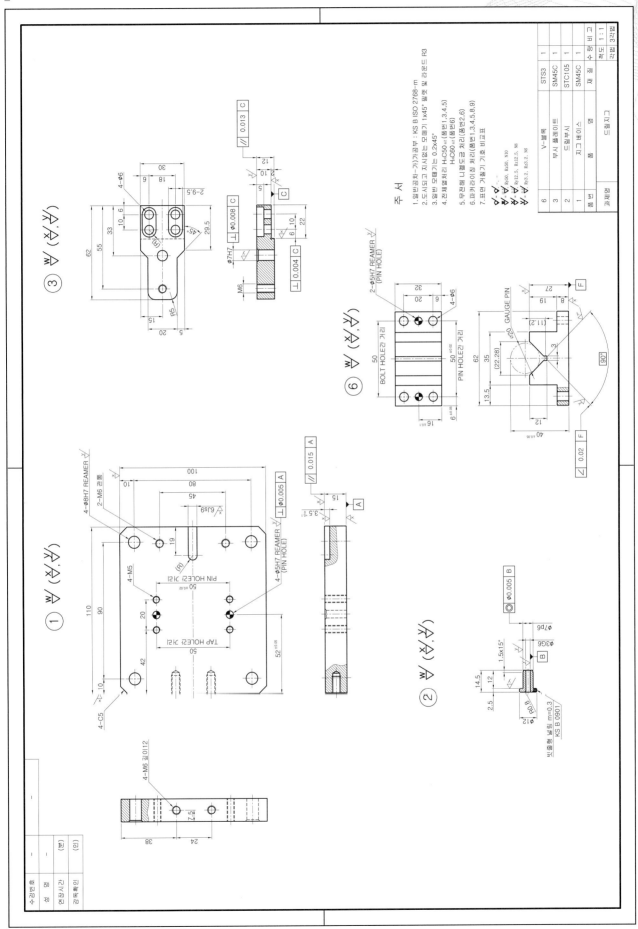

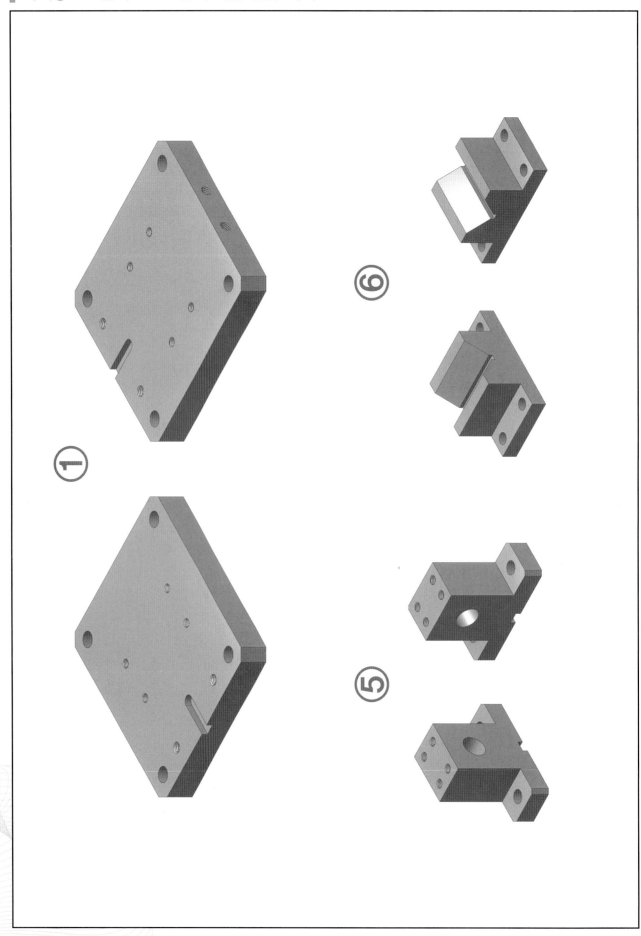

과제명 : 동력전달장치 실기 출제 과제 도면

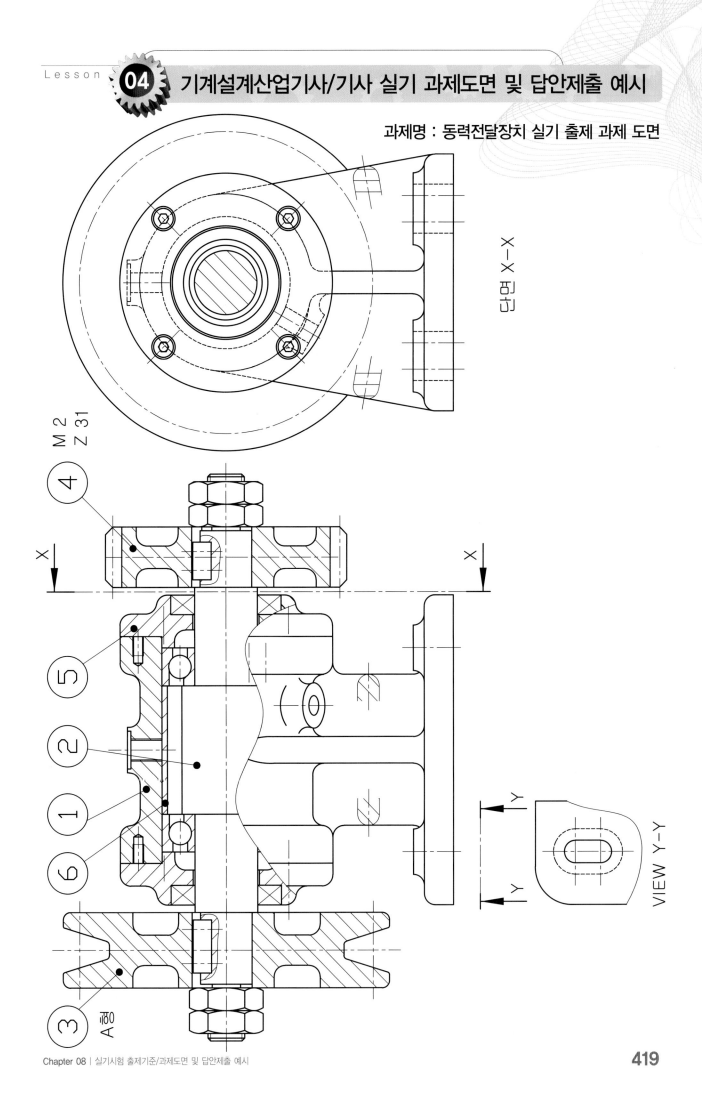

단면 X-X

M 2
Z 31

VIEW Y-Y

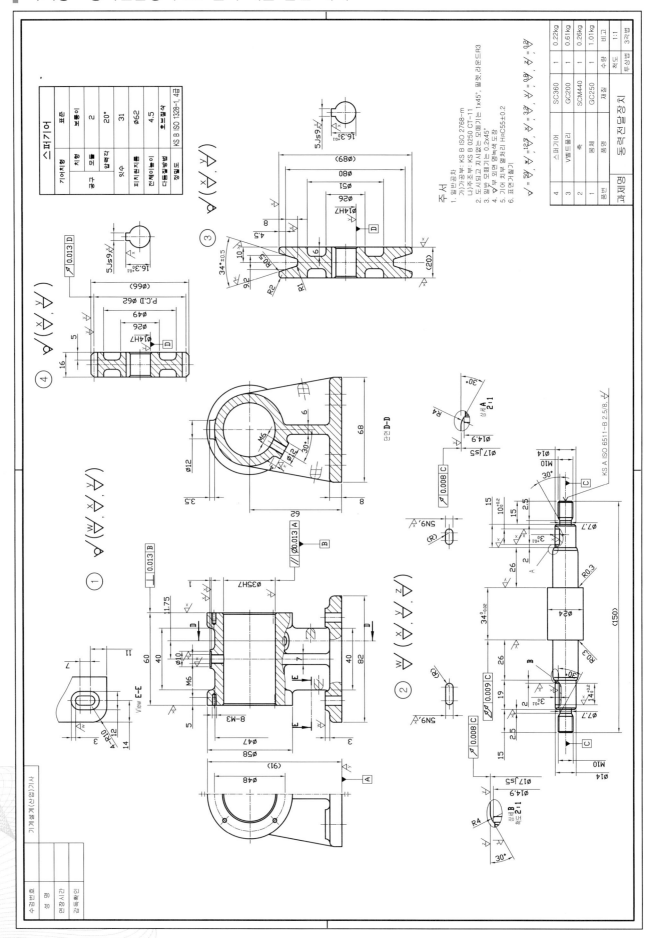

■ 과제명 : 동력전달장치 3D 실기 제출 답안 예제

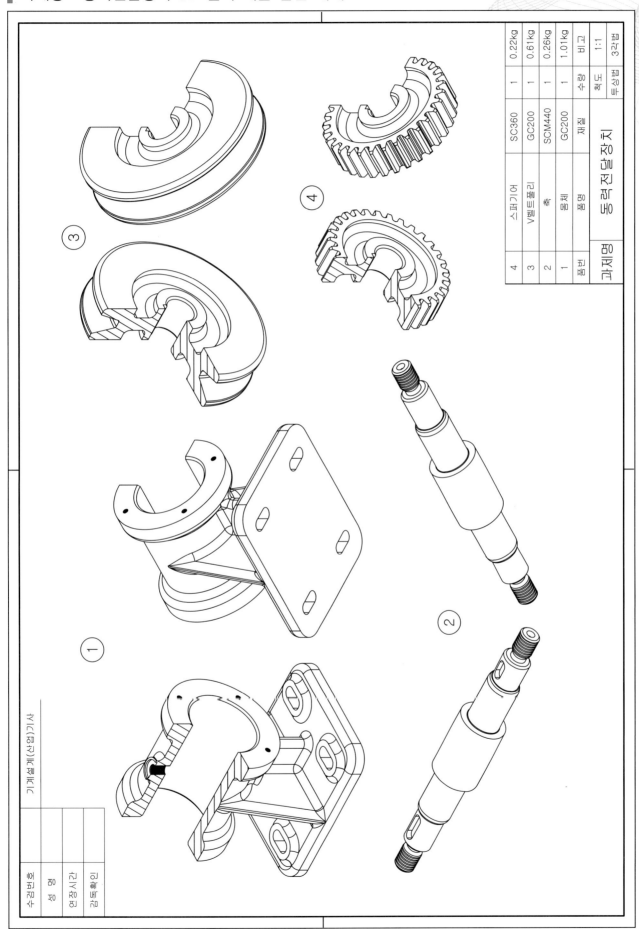

품번	품명	재질	수량	비고
4	스퍼기어	SC360	1	0.22kg
3	V벨트풀리	GC200	1	0.61kg
2	축	SCM440	1	0.26kg
1	몸체	GC200	1	1.01kg

과제명	동력전달장치	척도	1:1	투상법	3각법

기계설계(산업)기사

조건수	명		
영 명			
연장인			
확인			

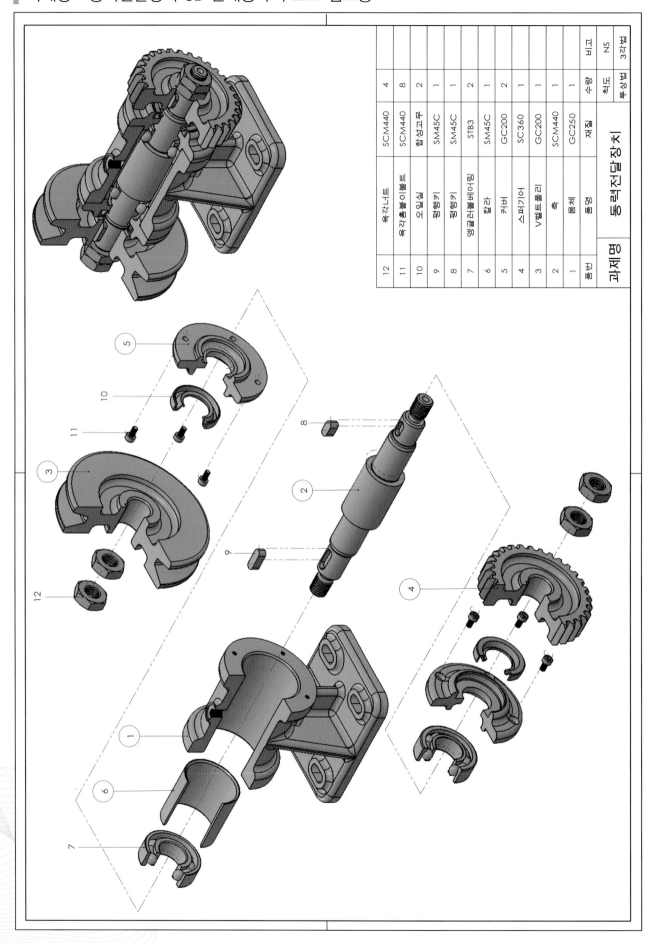

품번	품명	재질	수량	비고
12	육각너트	SCM440	4	
11	육각홈붙이볼트	SCM440	8	
10	오일실	합성고무	2	
9	평행키	SM45C	1	
8	평행키	SM45C	1	
7	앵귤러볼베어링	STB3	2	
6	칼라	SM45C	1	
5	커버	GC200	2	
4	스퍼기어	SC360	1	
3	V벨트풀리	GC200	1	
2	축	SCM440	1	
1	몸체	GC250	1	

과제명	동력전달장치	척도	NS	비고
		투상법	3각법	

기계설계를 하다보면 KS규격 데이터나 제조사의 카다로그의 규격을 찾아 적용시켜야 하는 경우가 많다. 규격화 되어 있는 기계요소나 부품류들의 끼워맞춤이나 치수공차, 기하공차, 표면거칠기 등은 설계자가 임의로 판단하여 결정하는 사항이 아니므로 관련 규격을 찾고 도면에 데이터를 올바르게 적용시켜야 하며 국가기술 자격시험을 준비하는 분들은 정해진 시간내에 작업을 완료하고 도면을 출력하여 제출해야 하므로 KS규격을 신속하고 정확하게 찾아 적용시킬 수 있어야 유리할 것이다. 또한 규격을 적용하는 것은 반드시 자격시험시에만 해당되는 사항이 아니라 실무 설계에 있어서도 수치화되어 규격으로 정하고 있는 수많은 제품 카다로그의 활용을 하게 되므로 익숙해질 필요가 있다.

[주의 사항]
▶ 기능사 실기 시험 변경 내용
   1. 2012년 부터 CAD 작업시 제도용 데이터북은 지참, 열람할 수 없으며 실기시험시 제공됩니다.
   2. 2013년부터 실기시험에 3차원 작업이 추가 됩니다.
▶ 산업기사/기사 실기 시험 변경 내용
   1. 2012년 부터 CAD 작업시 제도용 데이터북은 지참, 열람할 수 없으며 실기시험시 제공됩니다.
   2. 2012년 부터 아래 해당 종목의 실기시험에서 Data Book의 지참을 금지하고 첨부한 파일을 제공할 예정입니다.

[해당 종목]
• 기사 : 기계설계 기사, 일반기계 기사, 건설기계 기사   • 산업기사 : 건설기계 산업기사, 기계설계 산업기사   • 기능사 : 전산응용기계제도 기능사

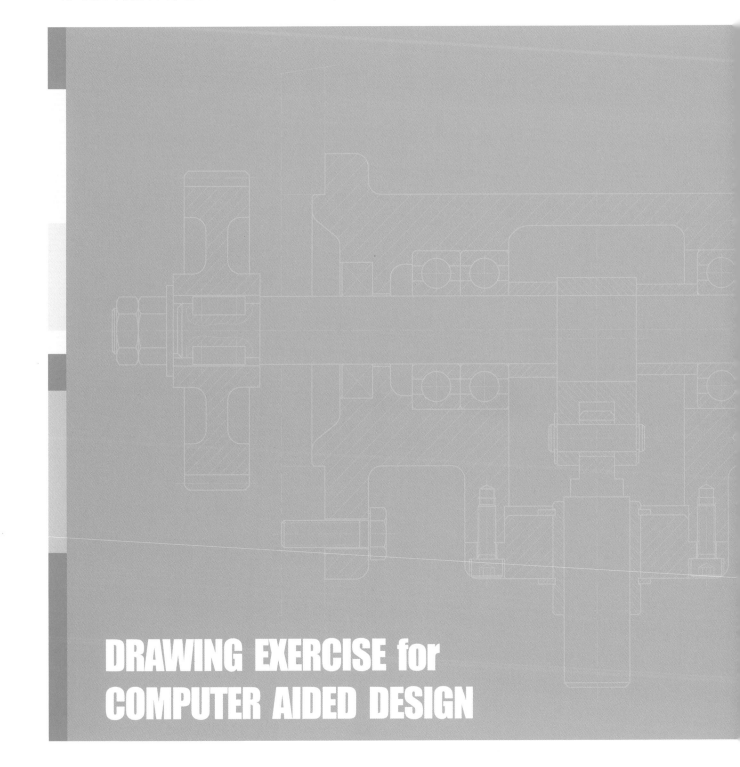

DRAWING EXERCISE for
COMPUTER AIDED DESIGN

Chapter | 09

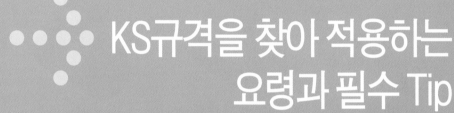

KS규격을 찾아 적용하는 요령과 필수 Tip

키(key)는 축(shaft)에 풀리(pulley), 기어(gear), 플라이휠(fly wheel), 커플링(coupling), 클러치(clutch) 등의 동력전달용 회전체를 고정시켜서 토크를 전달하는 경우, 축과 회전체가 미끄럼 없이 회전운동을 전달시키는데 많이 사용되는 기계요소 중의 하나이다. 일반적으로 축과 회전체의 보스(boss) 양쪽에 키 홈을 파서 키를 때려 박아 고정시키는 결합용과, 보스를 축에 고정시키지 않고 축 방향으로 이동이 가능하게 한 것이 있다. 시험 과제도면에는 흔히 베어링에 축을 끼워맞춤한 후 한쪽은 고정상태로 다른 한쪽은 회전체(기어, 벨트풀리, 스프로킷 등)를 평행키나 반달키로 고정한 도면이 많으므로 여러 가지 키의 사용용도와 그에 따른 KS규격을 찾아 치수공차를 적용하는 방법을 반복학습하여 도면에 올바른 규격을 적용할 수 있는 능력을 키워야 하겠다.

1. 여러 가지 키의 종류 및 형상

- 평행키 한쪽 둥근형(기호 C)
- 평행키 양쪽 둥근형(기호 A)
- 반달키
- 미끄럼키(활동형)

- 경사키
- 머리붙이 경사키
- 한 개의 축에 2개의 키를 사용할 때
- 키 플레이트

2. 기준치수 및 축과 구멍의 KS규격 주요 치수

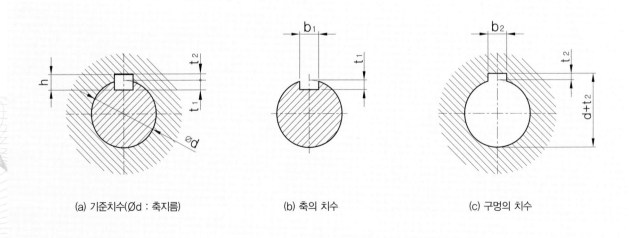

(a) 기준치수(Ød : 축지름)

(b) 축의 치수

(c) 구멍의 치수

● 기준치수 및 축과 구멍의 KS규격 주요 치수

3. 엔드밀로 가공된 축의 치수 기입 예

축의 키홈은 주로 **엔드밀**(endmill)이나 **밀링커터**(milling cutter)로 가공을 하며 회전체 허브(구멍)의 키홈은 **브로우치**(broach)라는 공구나 **슬로팅머신**을 이용해서 가공한다. 슬로팅머신은 키홈, 스플라인 등 다각형 구명의 가공에 편리하다.

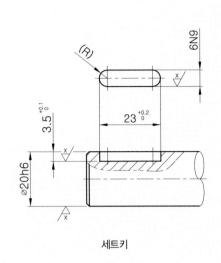

세트키

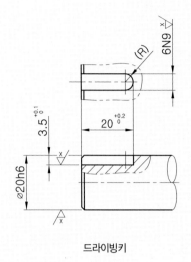

드라이빙키

● 엔드밀로 가공된 축의 치수 기입 예

4. 밀링커터로 가공된 축의 치수 기입 예

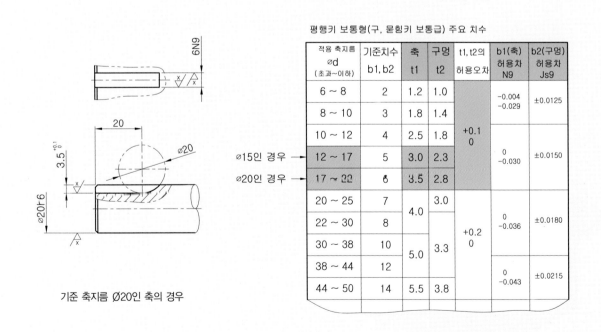

기준 축지름 Ø20인 축의 경우

평행키 보통형(구, 묻힘키 보통급) 주요 치수

적용 축지름 Ød (초과~이하)	기준치수 b1, b2	축 t1	구멍 t2	t1, t2의 허용오차	b1(축) 허용차 N9	b2(구멍) 허용차 Js9
6 ~ 8	2	1.2	1.0	+0.1 0	-0.004 -0.029	±0.0125
8 ~ 10	3	1.8	1.4			
10 ~ 12	4	2.5	1.8		0 -0.030	±0.0150
12 ~ 17	5	3.0	2.3			
17 ~ 22	6	3.5	2.8			
20 ~ 25	7	4.0	3.0	+0.2 0	0 -0.036	±0.0180
22 ~ 30	8					
30 ~ 38	10	5.0	3.3		0 -0.043	±0.0215
38 ~ 44	12					
44 ~ 50	14	5.5	3.8			

Ø15인 경우 → 12 ~ 17

Ø20인 경우 → 17 ~ 22

● 밀링커터로 가공된 축의 치수 기입 예

5. 구멍의 키홈 치수 기입 예

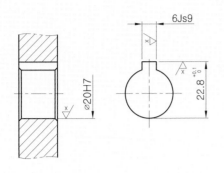

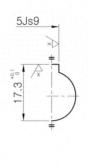

기준 축지름 Ø20인 구멍의 경우   기준 축지름 Ø15인 구멍의 경우

● 구멍의 키홈 치수 기입 예

6. KS규격을 찾아 도면에 적용하는 법

위의 여러 가지 키홈의 치수 기입 예처럼 키홈의 치수를 KS규격에서 찾는 방법은 키가 조립되는 **기준 축지름 d**에 해당하는 규격을 찾아 축에는 키홈의 깊이 t_1과 폭인 b_1을 찾아 적용하고 구멍에도 키홈의 깊이 t_2와 폭인 b_2에 해당되는 **허용차**를 기입해 주면 된다. 평행키는 사용빈도가 높고, 실기시험 과제도면에도 자주 나오는 부분이므로 반드시 키가 조립되는 축과 구멍의 키홈 치수 및 허용차를 올바르게 적용할 수 있어야 한다. 키홈의 치수에는 조임형과 보통형이 있는데 특별한 지시가 없는 한 일반적으로 **보통형**(**허용차** b_1 : N9, b_2 : J_S9)를 적용해 주면 된다.

❶ 기어박스(Gear Box)에 설계 적용된 키(Key) 치수기입법

기어박스에서 평행키(보통형) 관련 KS규격의 주요 치수 및 공차를 찾아서 선정해 본다. 과제도면에는 축과 회전체를 고정시키기 위하여 일반적으로 평행키나 반달키를 주로 사용하므로 축과 구멍에 파지는 키 홈의 치수와 공차를 올바르게 적용할 수 있도록 해야 한다.

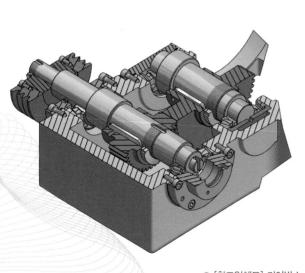

● [참고입체도] 기어박스

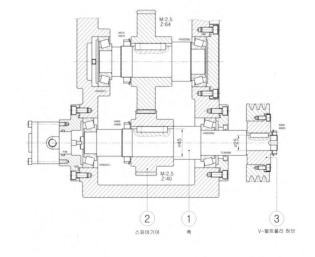

● 기어박스 조립도

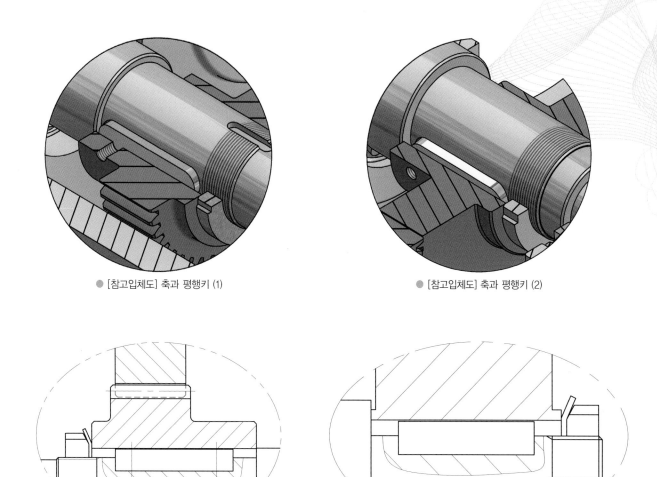

[참고입체도] 축과 평행키 (1)　　　　　　　　　　　　[참고입체도] 축과 평행키 (2)

키 적용부 상세도 (1)　　　　　　　　　　　　키 적용부 상세도 (2)

키홈이 아니라 로크 너트와 축을
체결하여 너트의 풀림방지를
하는 와셔의 홈이다.

❷ 축에 파져 있는 키홈의 치수

축(shaft)에 관련된 키홈의 치수는 [KS B 1311:2009]에 의거(376p 표 참조) 가장 먼저 적용하는 **축지름 d**에 해당하는 t_1과 b_1의 치수를 찾아 기입하면 된다.

적용하는 기준 축지름 Ø25mm, Ø45mm

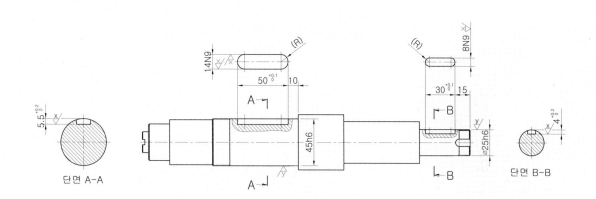

축에 관련된 치수기입 예

● [참고입체도] 축의 키홈

❸ 기어(구멍)에 파져 있는 키홈의 치수

구멍(hole)에 관련된 키홈의 치수는 축의 경우와 마찬가지로 [KS B 1311:2009]에 의거(p.404 표 참조) 가장 먼저 적용하는 **축지름 d**에 해당하는 t_2와 b_2의 치수를 찾아 기입하면 된다. 이때 주의 사항으로 구멍쪽의 키홈의 깊이인 t_2는 축지름 d와 합한 값을 기입하고 공차를 적용해주는 것이 바람직하다.

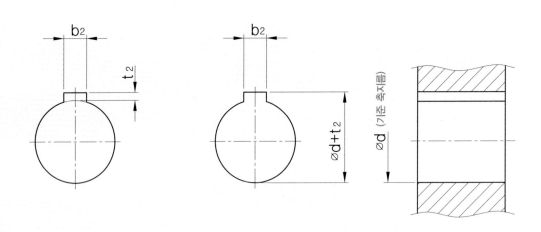

● 구멍에 관련된 치수기입 예

● [참고입체도] 구멍의 키홈

❹ 구멍에 끼워지는 축지름이 기준이 된다. 구멍지름 : Ø25mm, Ø45mm

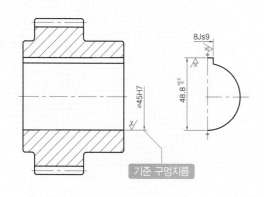

● 스퍼어 기어의 키홈

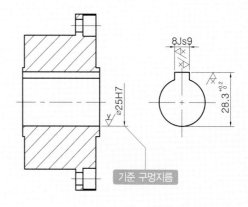

● V-벨트풀리 허브의 키홈

● [참고입체도] 기어와 키홈

● [참고입체도] V-벨트풀리 허브와 키홈

[주] 치수 및 투상도의 선택은 평행키와 관련된 사항들만 치수기입의 한 예로 도시하였다.

묻힘키 및 키홈에 대한 표준은 일반 기계에 사용하는 강제의 평행키, 경사키 및 반달키와 이것들에 대응하는 키홈에 대하여 아래와 같이 KS규격으로 규정하고 있다.

■ 평행키의 KS규격 KS B 1311:2009

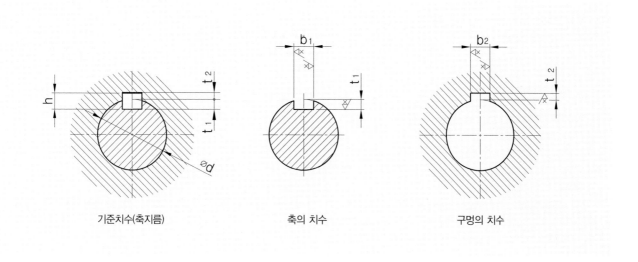

기준치수(축지름)   축의 치수   구멍의 치수

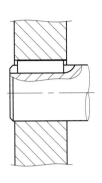 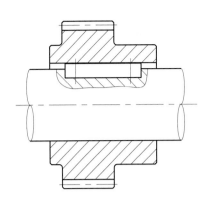 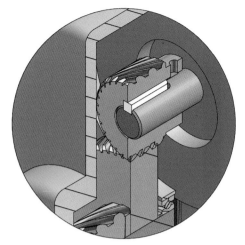

● [참고입체도] 키의 적용 예

[단위 : mm]

키의 호칭 치수 b×h	키 의 치 수 b 기준치수	b 허용차 (h9)	h 기준치수	h 허용차	c	l	키 홈 의 치 수 b1 b2 의 기준치수	조임형 b1, b2 허용차 (P9)	보통형 b1 (축) 허용차 (N9)	보통형 b2 (구멍) 허용차 (Js9)	r1 및 r2	t1 (축) 기준치수	t2 (구멍) 기준치수	t1, t2 의 허용오차	참고 적용하는 축지름 d (초과~이하)
2×2	2	0 -0.025	2	0 -0.025 (h9)	0.16 ~ 0.25	6~20	2	-0.006 -0.031	-0.004 -0.029	±0.0125	0.08 ~ 0.16	1.2	1.0	+0.1 0	6~8
3×3	3	0 -0.025	3	0 -0.025	0.16 ~ 0.25	6~36	3	-0.006 -0.031	-0.004 -0.029	±0.0125	0.08 ~ 0.16	1.8	1.4	+0.1 0	8~10
4×4	4	0 -0.030	4	0 -0.030	0.16 ~ 0.25	8~45	4	-0.012 -0.042	0 -0.030	±0.0150	0.08 ~ 0.16	2.5	1.8	+0.1 0	10~12
5×5	5	0 -0.030	5	0 -0.030	0.25 ~ 0.40	10~56	5	-0.012 -0.042	0 -0.030	±0.0150	0.16 ~ 0.25	3.0	2.3	+0.1 0	12~17
6×6	6	0 -0.030	6	0 -0.030	0.25 ~ 0.40	14~70	6	-0.012 -0.042	0 -0.030	±0.0150	0.16 ~ 0.25	3.5	2.8	+0.1 0	17~22
(7×7)	7	0 -0.036	7	0 -0.036	0.25 ~ 0.40	16~80	7	-0.015 -0.051	0 -0.036	±0.0180	0.16 ~ 0.25	4.0	3.3	+0.1 0	20~25
8×7	8	0 -0.036	7	0 -0.036	0.25 ~ 0.40	18~90	8	-0.015 -0.051	0 -0.036	±0.0180	0.16 ~ 0.25	4.0	3.3	+0.1 0	22~30
10×8	10	0 -0.043	8	0 -0.090 (h11)	0.40 ~ 0.60	22~110	10	-0.018 -0.061	0 -0.043	±0.0215	0.25 ~ 0.40	5.0	3.3	+0.2 0	30~38
12×8	12	0 -0.043	8	0 -0.090	0.40 ~ 0.60	28~140	12	-0.018 -0.061	0 -0.043	±0.0215	0.25 ~ 0.40	5.0	3.3	+0.2 0	38~44
14×9	14	0 -0.043	9	0 -0.090	0.40 ~ 0.60	36~160	14	-0.018 -0.061	0 -0.043	±0.0215	0.25 ~ 0.40	5.5	3.8	+0.2 0	44~50
(15×10)	15	0 -0.043	10	0 -0.090	0.40 ~ 0.60	40~180	15	-0.018 -0.061	0 -0.043	±0.0215	0.25 ~ 0.40	5.0	5.3	+0.2 0	50~55
16×10	16	0 -0.043	10	0 -0.090	0.40 ~ 0.60	45~180	16	-0.018 -0.061	0 -0.043	±0.0215	0.25 ~ 0.40	6.0	4.3	+0.2 0	50~58
18×11	18	0 -0.043	11	0 -0.110	0.40 ~ 0.60	50~200	18	-0.018 -0.061	0 -0.043	±0.0215	0.25 ~ 0.40	7.0	4.4	+0.2 0	58~65

⊕ Key point

적용하는 **기준 축지름**은 키의 강도에 대응하는 토크(Torque)에서 구할 수 있는 것으로 일반 용도의 기준으로 나타낸다. 키의 크기가 전달하는 토크에 대하여 적절한 경우에는 적용하는 축지름보다 굵은 축을 사용하여도 좋다.

그 경우에는 키의 옆면이 축 및 허브에 균등하게 닿도록 t_1, t_2를 수정하는 것이 좋다. 적용하는 축지름보다 가는 축에는 사용하지 않는 편이 좋다. 도면에 키가 적용되어 있는 경우 자로 재면 여러 가지 수치가 나오는데 키의 길이 'l'의 치수는 키홈처럼 규격화 된 것이 아니라 표준으로 제작되는 범위 내에서 설계자가 선정해주면 된다.

키홈의 길이는 키보다 긴 경우가 많으며, 실제로 현장에서는 표준길이로 절단하여 판매하는 키를 구매하여 필요에 맞게 절단하고 거친 절단부를 다듬질하여 사용한다. 적용하는 축지름이 겹치는 경우가 있는데 예를 들어 **20~25와 22~30**과 같은 경우에는 키의 호칭치수(b×h)를 보고 (7×7)의 경우처럼 괄호로 표기한 것은 국제규격(ISO)에 없는 경우로서 가능하면 설계에 사용하지 않는 것이 좋다.

7. 키플레이트의 적용 예 [KS규격 미제정]

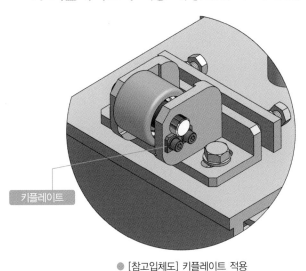

● [참고입체도] 키플레이트 적용

Lesson **02** 반달키

KS B 1311:2009

반달키(woodruff key)는 축에 반달 모양의 홈가공을 하고 반달 모양의 키를 끼워맞춘다. 키 홈의 가공은 밀링에서 하며 반달키 및 키 홈은 A종 둥근바닥과 B종 납작바닥으로 구분한다. 둥근바닥의 반달키(woodruff key)는 기호로 WA, 납작바닥의 반달키는 기호 WB로 표기하며 키는 홈 속에서 자유롭게 기울어질 수 있어 키가 자동적으로 축과 보스에 조정된다.

한국산업표준 KS B 1311:2009에 따르면 반달키는 보통형과 조임형으로 세분하고, 구멍용 키홈의 너비 b_2의 허용차를 보통형에서는 J_S9로 **조임형**에서는 P9로 새로 규정하고 있다. 반달키의 KS규격을 찾는 방법은 평행키와 동일하며 축지름 d를 기준으로 키홈지름 d_1의 치수가 작은 것과 키홈의 깊이 t_1의 깊이치수가 작은 것을 찾아 적용하고 나머지 규격 치수를 찾아 적용하면 된다.

● [참고입체도] 반달키가 적용된 축

● [참고입체도] 반달키가 적용된 평벨트풀리

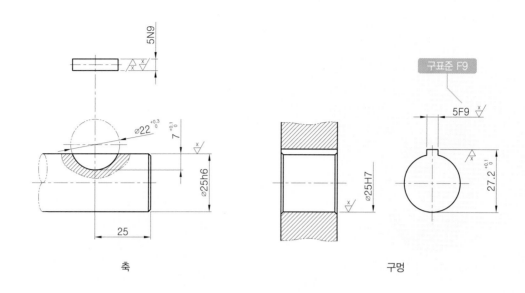

축   구멍

● 반달키 치수 기입 예 (구표준)

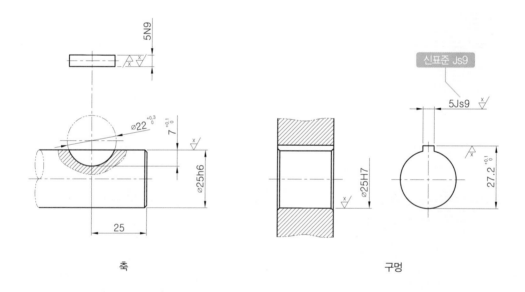

축   구멍

● 반달키 치수 기입 예 (신표준)

윗 그림들은 적용하는 기준 축지름이 Ø25mm인 경우의 치수 기입 예이다.

■ [반달키의 허용차] KS B 1311:2009

신 표준					구 표준				
키의 종류		키의 너비 b	키의 높이 h	키홈의 너비		키의 종류	키의 너비 b	키의 높이 h	키홈의 너비	
				b_1	b_2				b_1	b_2
반달키	보통형	h9	h11	N9	Js9	반달키	h9	h11	N9	F9
	조임형			P9						

434

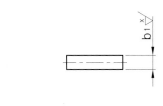

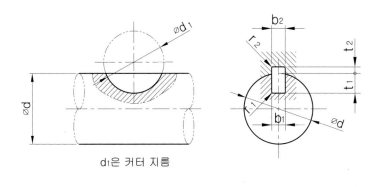

d₁은 커터 지름

평행축의 경우

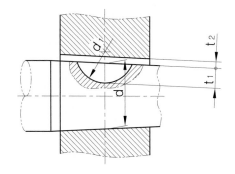

원추축의 경우

● 기준치수 및 축과 구멍의 KS규격 주요 치수

[단위 : mm]

키의 호칭 치수 b×d₀	b₁, b₂의 기준 치수	보통형 b₁ 허용차 (N9)	보통형 b₂ 허용차 (Js9)	조임형 b₁, b₂의 허용차 (P9)	t₁(축) 기준 치수	t₁ 허용차	t₂(구멍) 기준 치수	t₂ 허용차	r₁ 및 r₂ 키 홈 모서리	d₁ 기준 치수	d₁ 허용차 (h9)	참고 (계열3) 적용하는 축 지름 d (초과~이하)
2.5×10	2.5	−0.004 −0.029	±0.012	−0.006 −0.031	2.7	+0.1 0	1.2		0.08~0.16	10	+0.2 0	7~12
(3×10)	3				2.5					10		8~14
3×13	3				3.8	+0.2 0	1.4			13		9~16
3×16	3				5.3					16		11~18
(4×13)	4	0 −0.030	±0.015	−0.012 −0.042	3.5	+0.1 0	1.7	+0.1 0		13		11~18
4×16	4				5.0	+0.2 0				16		12~20
4×19	4				6.0		1.8			19	+0.3 0	14~22
5×16	5				4.5				0.16~0.25	16	+0.2 0	14~22
5×19	5				5.5		2.3			19		15~24
5×22	5				7.0					22		17~26
6×22	6				6.5	+0.3 0				22	+0.3 0	19~28
6×25	6				7.5		2.8	+0.2 0		25		20~30
(6×28)	6				8.6	+0.1 0				28		22~32
(6×32)	6				10.6		2.6	+0.1 0		32		24~34

경사키(Taper key)는 테이퍼키 혹은 구배키라고도 한다. 경사키와 축, 경사키와 보스는 폭방향으로 서로 평행하며, 경사키는 축과 보스에 모두 헐거운 끼워맞춤을 적용한다. 키의 폭 b는 축부분 키홈의 폭 b_1보다 작고, 보스 부분 키홈의 폭 b_2보다도 작다. 즉, 경사키의 폭방향 끼워맞춤에서 축부분 키홈과 키사이의 결합을 D10/h9 **(헐거운 끼워맞춤)**로 적용한다.

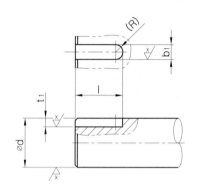

축의 경우

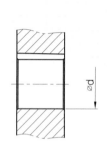 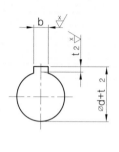

구멍의 경우

● 축과 구멍의 경사키 주요 치수

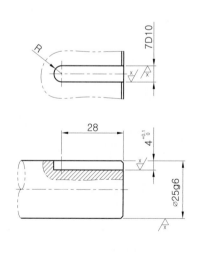

축의 경우

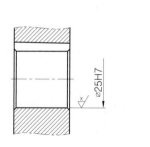

구멍의 경우

● 경사키 치수 기입 예

■ 경사키(구배키) 및 키홈의 모양과 치수 – KS B 1311

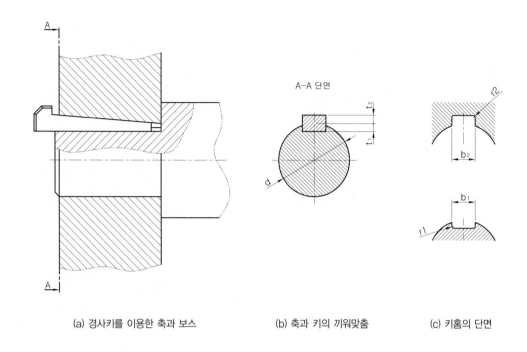

(a) 경사키를 이용한 축과 보스 (b) 축과 키의 끼워맞춤 (c) 키홈의 단면

● 기준치수 및 축과 구멍의 KS규격 주요 치수

[단위 : mm]

키의 호칭 치수 $b×h$	b 기준치수	b 허용차 (h9)	h 기준치수	h 허용차	h_1	c	l	b_1 및 b_2 기준치수	b_1 및 b_2 허용차 (D10)	r_1 및 r_2	t_1 (축) 기준치수	t_2 (구멍) 기준치수	t_1, t_2 허용오차	적용하는 축 지름 d (초과~이하)
2×2	2	0 / -0.025	2	0 / -0.025	–	0.16~0.25	6~20	2	+0.060 / +0.020	0.08~0.16	1.2	0.5	+0.05 / 0	6~8
3×3	3	0 / -0.025	3	0 / -0.025	–	0.16~0.25	6~36	3	+0.060 / +0.020	0.08~0.16	1.8	0.9	+0.05 / 0	8~10
4×4	4	0 / -0.030	4	0 / -0.030 (h9)	7	0.25~0.40	8~45	4	+0.078 / +0.030	0.16~0.25	2.5	1.2	+0.1 / 0	10~12
5×5	5	0 / -0.030	5	0 / -0.030	8	0.25~0.40	10~56	5	+0.078 / +0.030	0.16~0.25	3.0	1.7	+0.1 / 0	12~17
6×6	6	0 / -0.030	6	0 / -0.030		0.25~0.40	14~70	6	+0.078 / +0.030	0.16~0.25	3.5	2.2	+0.1 / 0	17~22
(7×7)	7	0 / -0.036	7.2	0 / -0.036	10	0.25~0.40	16~80	7	+0.098 / +0.040	0.16~0.25	4.0	3.0	+0.1 / 0	20~25
8×7	8	0 / -0.036	7	0 / -0.036	11	0.25~0.40	18~90	8	+0.098 / +0.040	0.25~0.40	4.0	2.4	+0.2 / 0	22~30
10×8	10	0 / -0.036	8	0 / -0.090 (h11)	12	0.25~0.40	22~110	10	+0.098 / +0.040	0.25~0.40	5.0	2.4	+0.2 / 0	30~38
12×8	12	0 / -0.043	8	0 / -0.090	12	0.25~0.40	28~140	12	+0.120 / +0.050	0.25~0.40	5.0	2.4	+0.2 / 0	38~44
14×9	14	0 / -0.043	9	0 / -0.090	14	0.40~0.60	36~160	14	+0.120 / +0.050	0.25~0.40	5.5	2.9	+0.1 / 0	44~50
(15×10)	15	0 / -0.043	10.2	0 / -0.110 (h11)	15	0.40~0.60	40~180	15	+0.120 / +0.050	0.25~0.40	5.0	5.0	+0.1 / 0	50~55
16×10	16	0 / -0.043	10	0 / -0.090	16	0.40~0.60	45~180	16	+0.120 / +0.050	0.25~0.40	6.0	3.4	+0.2 / 0	50~58
18×11	18	0 / -0.043	11	0 / -0.090	18	0.40~0.60	50~200	18	+0.120 / +0.050	0.40~0.60	7.0	3.4	+0.2 / 0	58~65
20×12	20	0 / -0.052	12	0 / -0.110	20	0.60~0.80	56~220	20	+0.149 / +0.065	0.40~0.60	7.5	3.9	+0.2 / 0	65~75

키 및 키홈의 끼워맞춤

키 및 키홈 관계의 표준에는 1965년에 KS B 1311(묻힘키 및 키홈), KS B 1312(반달키 및 키홈) 및 KS B 1313(미끄럼키 및 키홈)이 제정되었다. 1984년에 KS B1313은 ISO 표준을 가능한 한 도입하여 대폭적인 개정이 이루어졌다. 평행키에서 **보통형**은 구 규격 묻힘키의 '보통급', **조임형**은 묻힘키의 '정밀급'을 나타내며, **활동형**은 구 규격에서 미끄럼키를 말한다. 아직 개정 전 도서나 KS규격집에는 구 규격을 나타낸 것들이 있으니 혼동하지 않도록 주의를 요망한다.

■ 경사키(구배키) 및 키홈의 모양과 치수 - KS B 1311

종 류	모 양	기 호
평행키 (보통형, 조임형)	나사용 구멍 없는 평행키	P (Parallel key)
평행키 (활동형)	나사용 구멍 부착 평행키	PS (Parallel sliding keys)
경사키	머리 없는 경사키	T (Taper key)
	머리붙이 경사키	TG (Taper key with Gib head)
반달키	둥근 바닥 반달키	WA (Woodruff keys Atype)
	납작 바닥 반달키	WB (Woodruff keys Btype)

■ [신표준과 구표준의 끼워맞춤 방식 대조표] 키에 의한 축, 허브의 경우 KS B 1311:2009

신표준					구표준				
키의 종류	키의 너비 b	키의 높이 h	키홈의 너비		키의 종류	키의 너비 b	키의 높이 h	키홈의 너비	
			b_1	b_2				b_1	b_2
평행키 활동형	h9	정사각형 단면 h9 직사각형단면 h11	H9	D10	미끄럼키	h8	h10	N9	E9
평행키 보통형			N9	Js9	평행키 2종			H9	
평행키 조임형			P9		평행키 1종	p7	h9	H8	F7
경사키			D10		경사키	h9	h10	D10	
반달키 보통형			N9	Js9	반달키	h9	h11	N9	F9
반달키 조임형			P9						

438

■ [키와 축 및 허브(보스)와의 관계]

형 식	적용하는 키	설 명
활동형	평행키	축과 허브가 상대적으로 축방향으로 미끄러지며 움직일 수 있는 결합
보통형	평행키, 반달키	축에 고정된 키에 허브를 끼우는 결합(주)
조임형	평행키, 경사키, 반달키	축에 고정된 키에 허브를 조이는 결합(주) 또는 조립된 축과 허브 사이에 키를 넣는 결합

[주] 선택 끼워맞춤이 필요하다.
　　여기서 허브(hub)란 기어나 V-벨트풀리, 스프로킷 등의 회전체의 보스(boss)를 말한다.

Lesson **05** 자리파기, 카운터보링, 카운터싱킹 　KS B 1003, KS B 1003의 부속서

6각 구멍붙이 볼트에 관한 규격은 KS B 1003에 규정되어 있으며, 6각 구멍붙이 볼트를 사용하여 기계 부품을 결합시킬 때 볼트의 머리가 묻히도록 깊은 자리파기(카운터보링 DCB) 가공을 실시하는데 KS B 1003의 부속서에 6각 구멍붙이 볼트에 대한 자리파기 및 볼트 구멍 치수의 규격이 정해져 있다. 볼트 구멍 지름 및 카운터 보어 지름은 KS B ISO273(변경전 : KS B 1007)에 규정되어 있으며, 볼트 구멍 지름의 등급은 나사의 호칭 지름과 볼트의 구멍 지름에 따라 1~4급으로 구분하며, 4급은 주로 주조 구멍에 적용한다.

■ 적용 예 및 치수기입법

BOLT TAP **M8**의 **스폿페이싱, 카운터보링, 카운터싱킹**에 관한 치수기입을, 다음 그림과 같이 지시선에 의한 기입법과 치수선과 치수보조선에 의한 기입법의 예로 나타내었다.

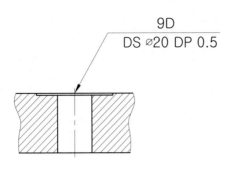
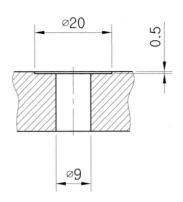

스폿페이싱 (DS)

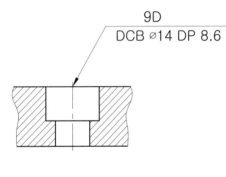
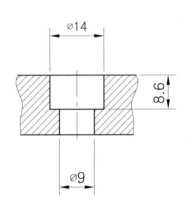

카운터보링 (DCB)

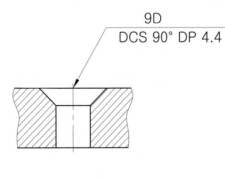
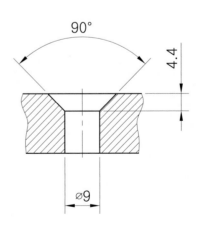

카운터싱킹 (DCS)

● 볼트 자리파기 치수 및 치수기입법

■ 볼트 구멍 및 카운터보어 지름 [KS 미제정]

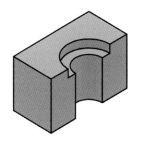

● 자리파기(스폿페이싱)

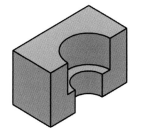

● 깊은 자리파기(카운터보어)

● 카운터싱크

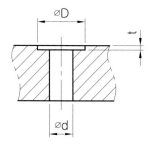

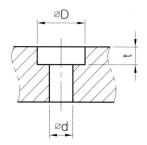

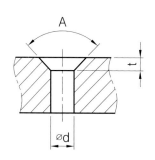

호칭		자리파기 (Spot Facing)			깊은 자리파기 (Counter Bore)		카운터싱크 (Counter sink)	
나사	Drill(d)	Endmill(D)	깊이(t)	Endmill(D)	깊이(t)	깊이(t)	각도(A)
M3	3.4	9	0.2	6.5	3.3	1.75	
M4	4.5	11	0.3	8	4.4	2.3	
M5	5.5	13	0.3	9.5	5.4	2.8	$90°{}^{+2''}_{\ 0}$
M6	6.6	15	0.5	11	6.5	3.4	
M8	9	20	0.5	14	8.6	4.4	
M10	11	24	0.8	17.5	10.8	5.5	
M12	14	28	0.8	22	13	6.5	
M14	16	32	0.8	23	15.2	7	$90°{}^{+2''}_{\ 0}$
M16	18	35	1.2	26	17.5	7.5	
M18	20	39	1.2	29	19.5	8	
M20	22	43	1.2	32	21.5	8.5	
M22	24	46	1.2	35	23.5	13.2	
M24	26	50	1.6	39	25.5	14	
M27	30	55	1.6	43	29	–	$60°{}^{+2''}_{\ 0}$
M30	33	62	1.6	48	32	16.6	
M33	36	66	2.0	54	35	–	

【비고】 1. 볼트 구멍지름(Ød)와 깊은 자리파기(카운터보어 지름 ØD)는 KS B 1007 : 2010의 2급과 해당 규격의 수치에 따른다.
2. 깊은 자리파기(카운터보어)의 규격치수는 KS규격 미제정이며 KS B 1003 6각구멍붙이 볼트의 규격을 사용하는 제조사나 산업현장에서 상용하는 수치이다.

 Key point

● 스폿페이싱

● 카운터보링

● 카운터싱킹

● **스폿페이싱(Spot Facing)** : 6각 볼트의 머리나 너트가 접촉되는 부분이 거친 다듬질로 되어있는 주조부 등에 올바른 접촉면을 가질 수 있도록 평탄하게 다듬질 하는 가공
● **카운터보링(Counter Boring)** : 작은나사, 렌치볼트의 머리가 부품에 묻혀 돌출되지 않도록 깊은 자리파기를 하는 가공
● **카운터싱킹(Counter Sinking)** : 접시머리나사의 머리 부분이 완전히 묻힐 수 있도록 자리파기를 하는 가공

[적용 예]

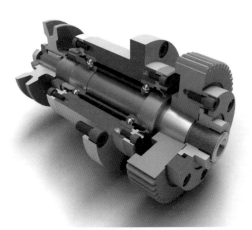

● [참고입체도] 동력전달장치의 기어와 커버에 적용된 자리파기

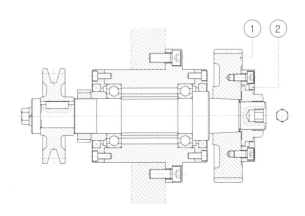

● 동력전달장치 조립도

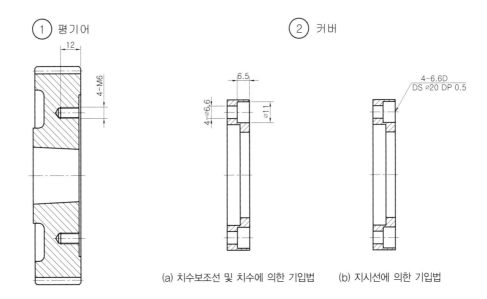

① 평기어

② 커버

(a) 치수보조선 및 치수에 의한 기입법   (b) 지시선에 의한 기입법

● 기어와 조립되는 커버에 자리파기 치수기입

플러머블록은 **휄트링**이라고도 하며 KS B 2502에 전동축에 사용되는 구름베어링 플러머블록으로 규정되어 있었으나, 국제표준 부합화로 발생한 중복 규격이 폐지되고 KS B 1SO 113으로 2010년 10월 개정되었다. 여기서는 기출실기 과제도면에서 가끔 적용된 조립도가 있어 참고로 정리하였으며, 규격을 적용하는 방법은 아래 그림에서 d_2에 끼워지는 **축**이나 **부시** 등의 외경 d_1이 기준치수가 되고, d_1을 기준으로 d_2, d_3, f_1, f_2, 각도($°$) 및 공차를 기입해주면 된다.

호칭경(축의 외경)이 Ø17인 경우
상세도 적용 예

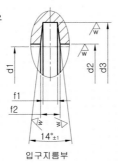

입구지름부

상세도 척도 2:1

플러머블록 KS규격 KS B 2052 : 폐지

호칭경 d1	d2 공차(H12)	d3 공차(H12)	f1 공차(H13)	f2 (약)
17	18.5	28	3	4.2
20	21.5	31		
25	26.5	38		
30	31.5	43	4	5.4
35	36.5	48		
40	41.5	53		
45	46.5	58		
50	51.5	67	5	6.9
55	56.5	72		
60	62	77		6.8

플러머블록 홈의 치수

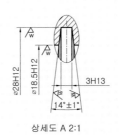

상세도 A 2:1

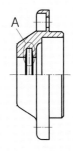

● 플러머블록 KS규격 및 상세도 치수기입 예

● [참고입체도] 축 기준 플러머블록 적용 예

● [참고입체도] 부시 기준 플러머블록 적용 예

■ 플러머 블록 계열 SN5의 호칭번호 및 치수 [구규격 : KS B 2502, 신규격 : KS B ISO 113]

● [참고입체도] 플러머블록

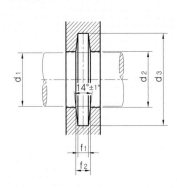

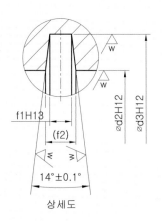

상세도

호칭번호	치 수																	[참 고]						호칭번호
	축지름 (참고) d_1	D (H8)	a	b	c	g (H13)	h (h13)	i	w	m	u	v	d_2 (H12)	d_3 (H12)	f_1 (H13)	f_2 (약)	고정볼트의 호칭 S	중량 kg	적용 베어링		위치 결정링			
																			자동조심볼베어링	자동조심롤러베어링	적용 어댑터	호칭	개수	
SN 504	17	47	150	45	19	24	35	66	70	115	12	20	18.5	28	3	4.2	M10	0.88	1204K	–	H 204	SR 47×5	2	SN504
SN 505	20	52	165	46	22	25	40	67	75	130	15	20	21.5	31	3	4.2	M12	1.1	1205K 2205K	– 22205K	H 205 H 305	SR 52×5 SR 52×7	2 1	SN505
SN 506	25	62	185	52	22	30	50	77	90	150	15	20	26.5	38	4	5.4	M12	1.6	1206K 2206K	– 22206K	H 206 H 306	SR 62×7 SR 62×10	2 1	SN506
SN 507	30	72	185	52	22	33	50	82	95	150	15	20	31.5	43	4	5.4	M12	1.9	1207K 2207K	– 22207K	H 207 H 307	SR 72×8 SR 70×10	2 1	SN507
SN 508	35	80	205	60	25	33	60	85	110	170	15	20	36.5	48	4	5.4	M12	2.6	1208K 2208K	– 22208K	H 208 H 308	SR 80×7.5 SR 80×10	2 1	SN508
SN 509	40	85	205	60	25	31	60	85	112	170	15	20	41.5	53	4	5.4	M12	2.8	1209K 2209K	– 22209K	H 209 H 309	SR 85×6 SR 85×8	2 1	SN509
SN 510	45	90	205	60	25	33	60	90	115	170	15	20	46.5	58	4	5.4	M12	3.0	1210K 2210K	– 22210K	H 210 H 310	SR 90×6.5 SR 90×10	2 1	SN510

드릴용 지그 부시

부시(Bush)는 드릴(drill), 리이머(Reamer), 카운터 보어(counter bore), 카운터 싱크(counter sink), 스폿 페이싱(spot facing) 공구와 기타 구멍을 뚫거나 수정하는데 사용하는 회전공구들을 위치결정하거나 안내하는데 사용하는 정밀한 치공구(Jig & Fixture) 요소이다. 부시는 반복 작업에 의한 재료의 마모와 가공 후 정밀도를 유지하기 위해 통상 열처리를 실시하고 정확한 치수로 연삭되어 있으며 동심도는 일반적으로 0.008 이내로 한다.

■ 여러가지 치공구 요소의 형상

● 칼라 없는 고정부시	● 칼라 있는 고정부시	● 둥근형 고정부시
● 지그용 멈춤 나사	● 지그용 멈춤쇠	● 지그용 C형 와셔
● 지그용 너트	● 지그용 너트(평면 자리붙이형)	● 지그용 니드(구면 사리붙이형)

● A형 와셔

● B형 와셔

● 지그용 고리모양 와셔

■ 부시의 여러 가지 조립상태

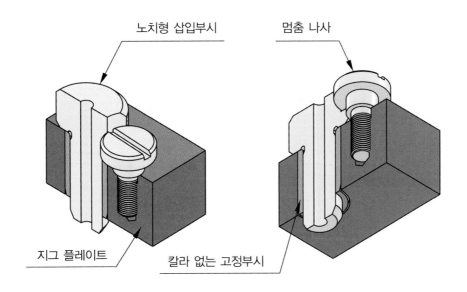

노치형 삽입부시

멈춤 나사

지그 플레이트

칼라 없는 고정부시

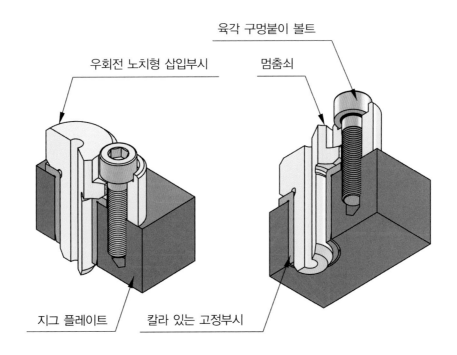

육각 구멍붙이 볼트

우회전 노치형 삽입부시

멈춤쇠

지그 플레이트

칼라 있는 고정부시

Key point

● 드릴 부시의 치수결정 순서
❶ 드릴 직경 선정 ❷ 부시의 내경과 외경 선정 ❸ 부시의 길이와 부시 고정판(jig plate) 두께 결정 ❹ 부시의 위치결정(locating)

1. 고정 부시(press fit bush)

고정 부시는 머리가 없는 고정 부시와 머리가 있는 고정 부시의 두 가지 종류가 있으며 부시를 자주 교환할 필요
가 없는 소량 생산용 지그에 사용한다.

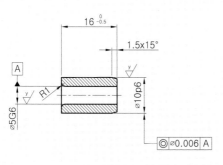

머리없는 고정부시

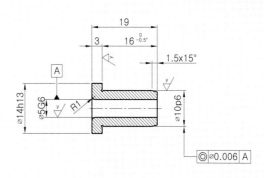

머리있는 고정부시

● 지그용 고정 부시 치수 기입 예

Key point

1. 드릴(drill)이나 리머(reamer) 가공시 공구(tool)의 안내(guide) 역할을 하는 치공구 요소이다.
2. 재질은 STC3(탄소공구강), SKS3(합금공구강) 등을 사용한다.
3. 전체 열처리를 한다(예 : H_RC 60±2).

■ 지그용 고정부시 [KS B 1030]

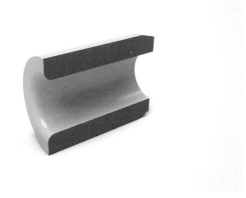

● [참고입체도] 라이너부시-1

● [참고입체도] 라이너부시-2

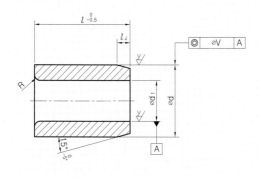

칼라 없는 고정부시

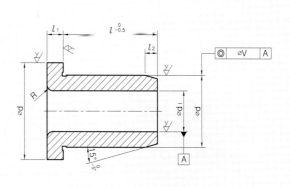

칼라 있는 고정부시

● 고정 부시

d₁ 드릴용(G6) 리머용(F7)	d		d₂		공차 $\left(l\,^{\ 0}_{-0.5}\right)$	l_1	l_2	R
	기준 치수	허용차(p6)	기준치수	허용차(h13)				
1 이하	3	+ 0.012 + 0.006	7	0 − 0.220	6 8	2	1.5	0.5
1 초과 1.5 이하	4	+ 0.020 + 0.012	8		6 8 10 12			0.8
1.5 초과 2 이하	5		9					
2 초과 3 이하	7	+ 0.024 + 0.015	11	0 − 0.270	8 10 12 16	2.5		1.0
3 초과 4 이하	8		12					
4 초과 6 이하	10		14		10 12 16 20	3		
6 초과 8 이하	12	+ 0.029 + 0.018	16					2.0
8 초과 10 이하	15		19	0 − 0.330	12 16 20 25			
10 초과 12 이하	18		22			4		

2. 삽입부시(renewable bush)

삽입부시는 지그 고정판에 라이너 부시(가이드 부시)를 설치하여 라이너 부시 내경에 삽입 부시 외경이 미끄럼 끼워맞춤 되도록 연삭되어 있으며, 부시가 마모되면 교환을 할 수 있는 다량 생산용 지그에 적합하며, 다양한 작업을 위하여 라이너 부시에 여러 용도의 삽입 부시를 교환하여 사용된다. 삽입 부시는 회전 삽입 부시와 고정 삽입부시로 분류한다.

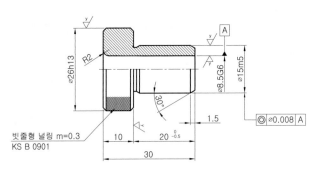

지그용 고정 삽입부시

● 지그용 고정 삽입부시 치수 기입 예

■ 지그용 고정 삽입부시 [KS B 1030]

● [참고입체도] 고정삽입부시

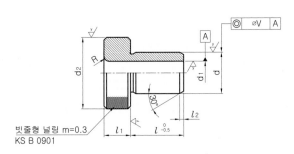

● 고정삽입부시

d₁ 드릴용(G6) 리머용(F7)	d		d₂		$l_{-0.5}^{0}$	l_1	l_2	R
	기준 치수	허용차(m5)	기준 치수	허용차(h13)				
4 이하	8	+ 0.012 + 0.006	15	0 − 0.270	10 12 16			1
4 초과 6 이하	10		18			8		
6 초과 8 이하	12		22		12 16 20 25			
8 초과 10 이하	15	+ 0.015 + 0.007	26	0 − 0.330		10	1.5	2
10 초과 12 이하	18		30		16 20 (25) 28 36			
12 초과 15 이하	22	+ 0.017 + 0.008	34	0 − 0.390	20 25 (30) 36 45	12		
15 초과 18 이하	26		39					
18 초과 22 이하	30		46		25 (30) 36 45 56			3

3. 라이너 부시(liner bush)

삽입 부시의 안내용 고정부시로 지그판에 영구히 압입설치하며, 정밀하고 높은 경도를 지니기 때문에 지그의 정밀도를 장기간 유지할 수 있다. 머리 없는 것과 머리 있는 것의 두가지가 있다.

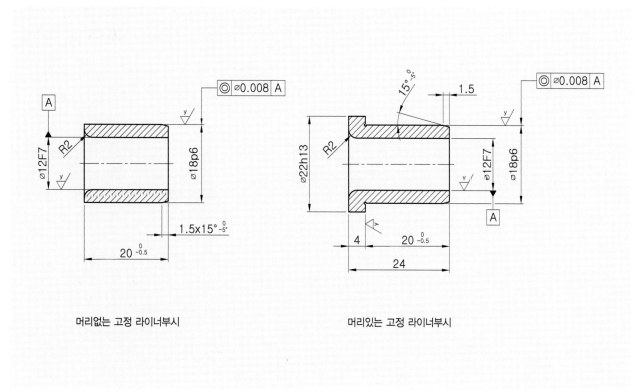

머리없는 고정 라이너부시   머리있는 고정 라이너부시

● 라이너 부시 치수 기입 예

■ 라이너 부시 [KS B 1030]

● [참고입체도] 라이너부시-1

● [참고입체도] 라이너부시-2

칼라 없는 라이너부시

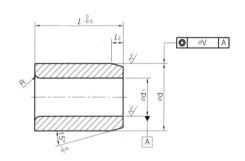

칼라 있는 라이너부시

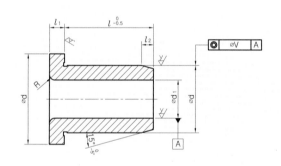

● 고정 부시

d_1		d		d_2		$l\ {}^{0}_{-0.5}$	l_1	l_2	R
기준 치수	허용차(F7)	기준 치수	허용차(p6)	기준 치수	허용차(h13)				
8	+0.028 +0.013	12	+0.029 +0.018	16	0 − 0.270	10 12 16	3	1.5	2
10		15		19	0 − 0.330	12 16 20 25			
12	+0.034 +0.016	18	+0.035 +0.022	22			4		
15		22		26		16 20 (25) 28 36			
18		26		30					
22	+0.041 +0.020	30	+0.042 +0.026	35	0 − 0.390	20 25 (30) 36 45	5		3
26		35		40					
30		42		47		25 (30) 36 45 56			

450

4. 노치형 부시(bush)

회전 삽입 부시(slip renewable bush)라고도 하며, 이 부시는 한 구멍에 여러 가지 가공 작업을 할 경우 라이너부시를 지그판에 고정시킨 후 노치형 부시를 삽입하여 플랜지부에 잠금나사로 고정시켜 사용한다.

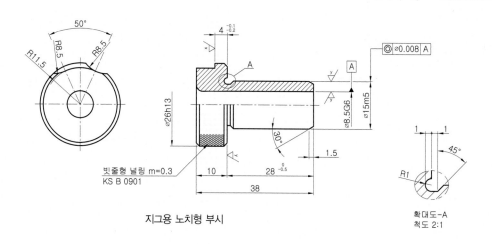

지그용 노치형 부시

확대도-A
척도 2:1

● 노치형 부시 치수 기입 예

■ 노치형 부시 [KS B 1030]

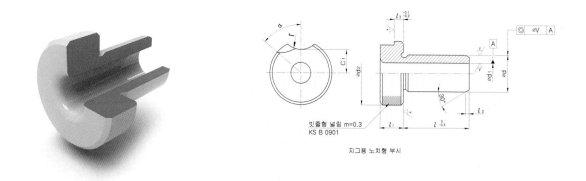

● [참고입체도] 노치형부시

지그용 노치형 부시

● 노치형부시 치수 기입 예

[단위 : mm]

d₁ 드릴용(G6) 리머용(F7)	d		d₂		$l \begin{smallmatrix} 0 \\ -0.5 \end{smallmatrix}$	l_1	l_2	R	l_3		C₁	r	α (°)
	기준 치수	허용차 (m5)	기준 치수	허용차 (h13)					기준 치수	허용차			
4 이하	8	+ 0.012 + 0.006	15	0 − 0.270	10 12 16	8	1.5	1	3		4.5	7	65
4 초과 6 이하	10		18		12 16 20 25						6		
6 초과 8 이하	12		22								7.5		60
8 초과 10 이하	15	+ 0.015 + 0.007	26	0 − 0.330	16 20 (25) 28 36	10				− 0.1 − 0.2	9.5	8.5	50
10 초과 12 이하	18		30					2	4		11.5		
12 초과 15 이하	22		34		20 25 (30) 36 45	12					13		35
15 초과 18 이하	26	+ 0.017 + 0.008	39	0 − 0.390							15.5	10.5	
18 초과 22 이하	30		46		25 (30) 36 45 56			3	5.5		19		30

5. 드릴지그(drill jig)의 적용 예

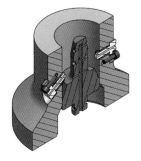

● [참고입체도] 드릴지그 단면도

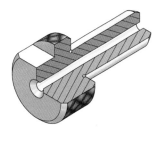

● [참고입체도] 노치형 삽입부시

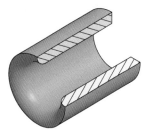

● [참고입체도] 라이너부시

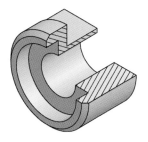

● [참고입체도] 멈춤쇠

Lesson **08** 평기어(스퍼기어)의 제도법 [KS B 0002]

기어(gear)는 한 축으로부터 다른 축으로 동력을 전달하는 데 사용되는 대표적인 전동용 기계요소이다. 또한 기어는 동력을 주고받는 두 축사이의 거리가 가까운 경우에 사용되며, 동력전달이 확실하고 속도비를 일정하게 유지할 수 있는 장점이 있어 전동 장치, 변속 장치 등에 널리 이용된다. 맞물려 회전하는 한 쌍의 기어에서 잇수가 많은 쪽을 **기어**, 잇수가 적은 쪽을 **피니언** (pinion)이라 한다. 기어의 정밀도에 관한 등급 규정은 기존 KS B 1405는 폐지(2005-0293)되었으며 KS B ISO 1328-1에서 스퍼어기어 및 헬리컬기어의 등급에 관하여 규정하고 있으며 기어의 등급은 정밀도에 따라서 9등급으로 한다(0급, 1급, 2급, 3급, 4급, 5급, 6급, 7급, 8급).

■ 여러 가지 기어의 형상

● 헬리컬 기어

● 이중 헬리컬 기어

● 스파이럴 베벨 기어

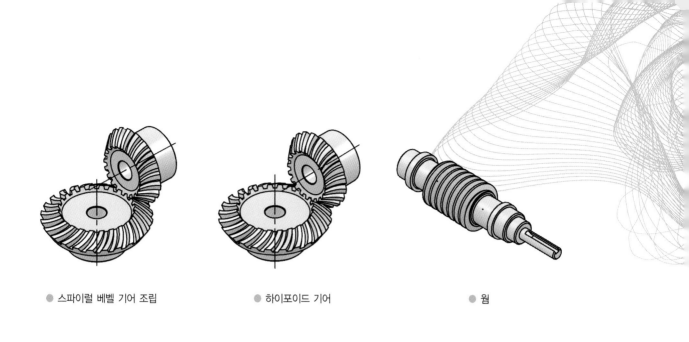

● 스파이럴 베벨 기어 조립　　　　● 하이포이드 기어　　　　● 웜

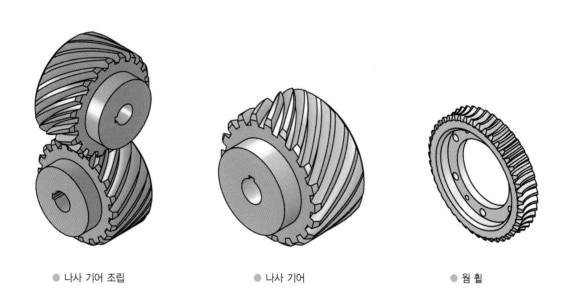

● 나사 기어 조립　　　　● 나사 기어　　　　● 웜 휠

● 래크 기어　　　　● 래크 기어　　　　● 피니언 기어

1. 기어의 분류 및 설명

(1) 두 축이 평행한 기어

❶ 스퍼 기어(spur gear) : 평기어라고도 하며 이가 축에 평행한 원통형 기어로 제조하기 용이하며 일반적인 기계나 장치에 가장 널리 사용된다.

❷ 헬리컬 기어(helical gear) : 축에 대하여 비틀린 이를 가진 원통형 기어로 스퍼어 기어에 비해서 더 큰 하중에 견딜 수 있으며 소음도 적어서 자동차 변속기 등 널리 사용된다. 다만, 이의 비틀림 때문에 축방향의 추력(thrust)이 발생하는 것이 단점이다. 그러나 이중 헬리컬 기어(double helical gear)나 헤링본 기어(herringbone gear)는 왼쪽 비틀림(LH) 이와 오른쪽 비틀림(RH) 이를 둘 다 가지고 있기 때문에 추력을 방지할 수 있다.

❸ 내접 기어(internal gear) : 원형의 링(ring) 안쪽에 이가 있는 원통형 기어로 공간을 적게 차지하고 원활하게 작동하며 높은 속도비를 얻을 수 있다. 일반적으로 감속기나 유성기어 장치(planetary gear system) 등에 이용된다.

❹ 래크와 피니언(rack & pinion) : 래크(rack)는 직선 형태의 기어로 반지름이 무한대인 스퍼어 기어나 헬리컬 기어의 일부분이다. 래크와 맞물리는 기어 짝을 피니언(pinion)이라 한다. 래크는 직선 왕복 운동을 하고 피니언은 회전 운동을 한다.

(2) 두 축이 교차하는 기어

❶ 직선 베벨 기어(straight bevel gear) : 피치 원뿔(pitch cone)의 모선과 같은 방향으로 경사진 원뿔형 이를 가진 기어로 주로 두 축이 $90°$로 교차하는 곳에 사용된다.

❷ 스파이럴 베벨 기어(spiral bevel gear) : 나선형의 이를 비틀리게 배열한 베벨 기어로 직선 베벨 기어에 비하여 제작하기 어렵지만 강도가 높고 소음이 적다.

(3) 두 축이 평행하지도, 교차하지도 않는 기어

❶ 웜과 웜휠(worm & worm wheel) : 웜은 수나사와 비슷하다. 웜과 짝을 이루는 웜휠은 헬리컬 기어와 비슷하지만 웜의 축 방향에서 보면 웜을 감싸듯이 맞물린다는 점이 다르다. 웜과 웜휠의 두드러진 특징은 매우 큰 속도비를 얻을 수 있다는 것이다. 그러나 미끄럼 때문에 전동 효율은 매우 낮은 편이다.

❷ 나사 기어(screw gear, crossed helical gear) : 비틀림 각이 반대인 두 개의 헬리컬 기어를 두 축이 엇갈리게 맞물린 기어로 나사 기어를 분리하면 평범한 두 개의 헬리컬 기어에 지나지 않는다. 점접촉을 하기 때문에 하중 전달 능력이 매우 제한적인 단점이 있다.

❸ 하이포이드 기어(hypoid gear) : 자동차의 차동장치(differential gear) 같은 곳에 사용하기 위하여 특별히 개발된 베벨 기어의 변형이다. 두 축이 교차하지 않도록 피니언의 축을 중심에서 비켜 배치한 것이다. 스파이럴 베벨 기어와 비슷해 보이지만 설계가 복잡하고 절삭이 어렵다는 단점이 있다.

2. 기어의 제도법

기어를 제도할 때에는 KS B 0002(기어 제도)에 따라 다음과 같이 한다.

❶ 투상도에는 주로 기어 소재(gear blank)를 제작하는데 필요한 치수를 기입하고, 요목표(table)에는 이의 절삭, 조립, 검사, 정밀도(기어등급) 등에 필요한 사항을 기입한다.

❷ 재료, 열처리, 경도, 등에 관한 사항은 요목표의 비고란 또는 도면에 적절히 기입한다.

❸ **이끝원**(이끝선)은 **굵은 실선**으로 작도한다.

❹ 피치원(피치선)은 가는 1점 쇄선으로 작도한다.

❺ **이뿌리원**(이뿌리선)은 **가는 실선**으로 작도한다. 다만, **정면도를 단면도로 도시할 때에는 이뿌리선을 굵은 실선**으로 그린다. 베벨 기어 및 웜 휠의 측면도에서는 이뿌리원을 그리지 않는다.

❻ **헬리컬 기어, 나사 기어, 웜** 등에서 **잇줄 방향**은 **3개의 가는 실선**으로 그린다. 단, 헬리컬 기어의 정면도를 단면도로 도시할 때에는 잇줄 방향을 3개의 가는 2점 쇄선으로 그린다.

❼ 맞물려 회전하는 한 쌍의 기어에서 정면도를 단면도로 도시할 때에는 한 쪽 기어의 이끝원은 파선으로 그린다.

스 퍼 기 어		
구분　　　　품번	(ㅡ)	
기어치형	표준	–표준치형, 전위치형
공구	치 형	보통이	–낮은이, 보통이, 높은이
	모 듈	2	
	압력각	20°	–14.5°, 17°, 20°(표준), 22.5°, 25°
잇 수	36	
피치원 지름	72	–피치원 지름=모듈(M) x 잇수(Z)
전위량	0	–전위 치형일 경우에만 기입
전체 이높이	4.5	–전체 이높이 = 2.25 x 모듈
걸치기 이두께	25.5778(잇수:5)	–가공 후 이두께 측정법 (KS B 1406)
다듬질 방법	연삭	–다듬질 방법 또는 가공 방법
정밀도	KS B ISO 1328-1, 5급	–정밀도에 따른 기어등급 0급~8급
비고	재료	SCM415	⎫
	열처리	침탄담금질	–일반적으로 부품란과 개별 주기로 기입
	경도	H_RC 55~60	⎭

● [참고입체도]　　　　　　　　　　● 스퍼어 기어의 요목표 항목 설명

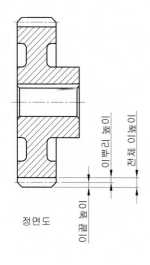

이폭 간격　　전체 이높이

이폭 길이

정면도　　　　　　측면도

● 스퍼어 기어의 투상도 예

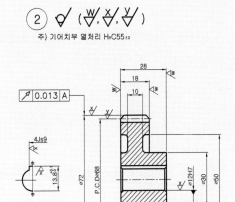

주) 기어치부 열처리 HₙC55±2

스 퍼 기 어		
구분 품번		②
기어치형		표준
공 구	치 형	보통이
	모 듈	2
	압력각	20°
잇수		34
피치원 지름		⌀68
전체 이 높이		4.5
다듬질 방법		호브절삭
정밀도		KS B 1405, 5급

● 스퍼어 기어의 제도 예

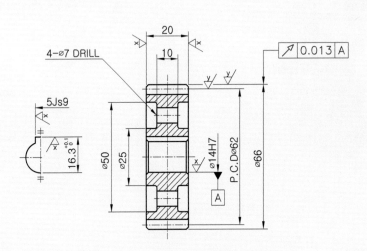

스퍼기어 요목표		
기어치형		표 준
공 구	치 형	보통이
	모 듈	2
	압력각	20°
잇 수		31
피치원지름		62
다듬질방법		호브 절삭
정 밀 도		KS B ISO 1328-1, 5급

● 스퍼어 기어 치수 기입 및 요목표 작성 예

[계산 예]

   1. 모듈(M)이 2이고 잇수(Z)가 31개인 경우

   2. PCD = M×Z = 2×31 = 62

   3. 이끝원 지름 = PCD+2M = 62+(2×2) = 66

   4. 재질 : SCM415

Key point

● 스퍼기어 계산공식

항 목	계산공식
피치원 지름 (P.C.D)	PCD = M×Z
이끝원 지름 (D)	D = PCD + 2M D = PCD − 2M (내접기어인 경우)
전체 이 높이 (h)	h = 2.25×M
M : 모듈, Z : 잇수	

Lesson **09** **V-벨트풀리** [KS B 1400]

벨트 풀리는 평벨트 풀리와 이붙이 벨트 풀리(타이밍 벨트 풀리) 및 V-벨트 풀리 등으로 분류하며 이 중에서 V-벨트 풀리는 말 그대로 풀리에 V자 형태의 홈 가공을 하고 단면이 사다리꼴 모양인 벨트를 걸어 동력을 전달할 때 풀리와 벨트 사이에 발생하는 쐐기 작용에 의해 마찰력을 더욱 증대시킨 풀리이다.

KS 규격에서는 KS B 1400, 1403에 규정되어 있으며, V벨트 풀리의 종류로는 호칭 지름에 따라서 M형, A형, B형, C형, D형, E형 등 6종류가 있는데 M형의 호칭 지름이 가장 작으며 E형으로 갈수록 호칭 지름 및 형상 치수가 크게 된다.

■ 여러 가지 풀리의 형상

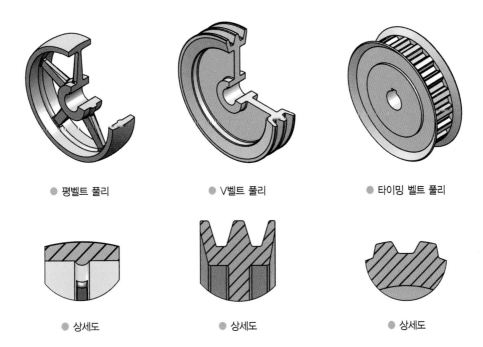

● 평벨트 풀리   ● V벨트 풀리   ● 타이밍 벨트 풀리

● 상세도   ● 상세도   ● 상세도

1. KS규격의 적용 방법

아래 V-벨트의 KS규격에서 기준이 되는 호칭치수는 V-벨트의 형별(M,A,B,C,D,E)과 호칭지름(dp)이 된다. 보통 실기시험 도면에서는 형별을 표기해주는데 형별 표기가 없는 경우 호칭지름(dp)와 α°의 각도를 재서 작도하면 된다. 예를 들어 V-벨트의 형별이 A형으로 되어있고 호칭지름(dp)이 87mm라고 한다면, 아래 규격에서 α°, 0 , k , k0 , e , f , de 치수를 찾아 적용하고 부분 확대도를 적용하는 경우 확대도를 작도한 후에 r_1 , r_2, r_3의 수치를 찾아 적용해주면 된다.

■ V-벨트 풀리의 KS규격

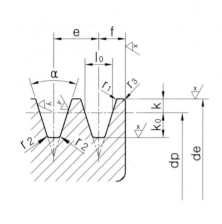

■ 홈부 각 부분의 치수허용차

V벨트의 형별	α의 허용차($^\circ$)	k의 허용차	e의 허용차	f의 허용차
M			−	
A		+0.2 0	± 0.4	±1
B	± 0.5			
C		+0.3 0		
D		+0.4 0	± 0.5	+2 −1
E		+0.5 0		+3 −1

[주] k의 허용차는 바깥지름 de를 기준으로 하여, 홈의 나비가 l_0가 되는 dp의 위치 허용차를 나타낸다.

■ 주철제 V-벨트 풀리 홈부분의 모양 및 치수 [KS B 1400]

V벨트 형별	호칭지름 (dp)	α°	l_0	k	k_0	e	f	r_1	r_2	r_3	(참고) V벨트의 두께	비고
M	50 이상 71 이하 71 초과 90 이하 90 초과	34 36 38	8.0	2.7	6.3	−	9.5	0.2~0.5	0.5~1.0	1~2	5.5	M형은 원칙적으로 한 줄만 걸친다.(e)
A	71 이상 100 이하 100 초과 125 이하 125 초과	34 36 38	9.2	4.5	8.0	15.0	10.0	0.2~0.5	0.5~1.0	1~2	9	
B	125 이상 160 이하 160 초과 200 이하 200 초과	34 36 38	12.5	5.5	9.5	19.0	12.5	0.2~0.5	0.5~1.0	1~2	11	
C	200 이상 250 이하 250 초과 315 이하 315 초과	34 36 38	16.9	7.0	12.0	25.5	17.0	0.2~0.5	1.0~1.6	2~3	14	
D	355 이상 450 이하 450 초과	36 38	24.6	9.5	15.5	37.0	24.0	0.2~0.5	1.6~2.0	3~4	19	
E	500 이상 630 이하 630 초과	36 38	28.7	12.7	19.3	44.5	29.0	0.2~0.5	1.6~2.0	4~5	25.5	

■ V-벨트 풀리의 바깥둘레 흔들림 및 림 측면 흔들림의 허용값

호칭지름	바깥둘레 흔들림의 허용값	림 측면 흔들림의 허용값	바깥지름 d_e의 허용값
75 이상 118 이하	± 0.3	± 0.3	± 0.6
125 이상 300 이하	± 0.4	± 0.4	± 0.8
315 이상 630 이하	± 0.6	± 0.6	± 1.2
710 이상 900 이하	± 0.8	± 0.8	± 1.6

Key point

1. 호칭치수는 형별(예 : M형)과 호칭지름(dp)이 된다.
2. 풀리의 재질은 보통 회주철(GC250)을 적용한다.
3. 형별 중 M형은 원칙적으로 한줄만 걸친다(기호 : e).
4. 크기는 형별에 따라 M, A, B, C, D, E형으로 분류하는데 폭이 가장 좁은 것은 M형, 가장 넓은 것은 E형이다.

2. V-벨트풀리 치수 기입 예

아래 적용 예는 **A형** 치수 기입을 한 것이다.

● [참고입체도] V-벨트풀리

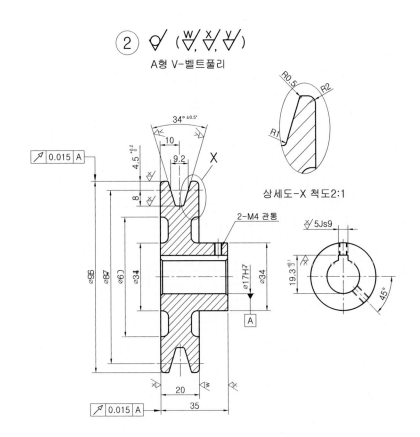

● V-벨트풀리 치수 기입 예

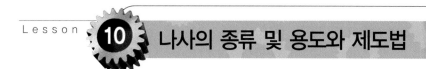
나사는 우리 주변에서도 쉽게 찾아볼 수 있는 기계요소로서 암나사와 수나사가 있으며 수나사를 회전시켜 암나사의 내부에 직선적으로 이동하면서 체결이 된다. 즉 회전운동을 직선운동으로 바꾸어 주는 것이다. 이때 회전운동은 적은 힘으로 움직여도 직선운동으로 바뀌면 큰 힘을 발휘할 수 있다.

나사는 2개 이상의 부품을 작은 힘으로 조이거나 푸는 고착나사, 2개 부품 사이의 거리나 높이를 조절하는 조정(조절)나사, 부품에 회전운동을 주어 동력을 전달시키거나 이동시키는 운동 또는 동력전달나사, 파이프를 연결시키는 접합용 나사 등 아주 다양한 종류가 있으며 쓰이지 않는 곳이 없을 정도로 작지만 중요한 기계요소이다.

나사는 KS B ISO 6410에 의거하여 약도법으로 제도하는 것을 원칙으로 한다.

1. 나사의 표시법 KS B 0200

(1) 나사의 호칭

❶ 나사의 종류의 약호 : 표준화된 기호, (예) M, G, Tr, HA 등

❷ 호칭지름 또는 크기 : (예) 20, 1/2, 40, 4.5 등

(2) 나사의 등급

(3) 나사산의 감긴 방향 지시

❶ 왼나사 : 나사의 호칭에 약호 **LH** 추가 표시

❷ 동일 부품에 오른나사와 왼나사가 있는 경우 필요시 오른나사는 호칭방법에 약호 **RH** 추가 표시

(3) 나사의 제도법

나사는 그 종류에 따라 생기는 나선의 형상을 도시하려면 복잡하고 작도하기도 쉽지 않은데 나사의 실형 표시는 절대적으로 필요한 경우에만 사용하고 KS B ISO 6410:2009 에 의거하여 나선은 직선으로 하여 약도법으로 제도하는 것을 원칙으로 하고 있다.

2. 나사 제도시 용도에 따른 선의 분류 및 제도법 [KS B ISO 6410]

❶ 굵은 선(외형선) : 수나사 바깥지름, 암나사 안지름, 완전 나사부와 불완전 나사부 경계선

❷ 가는 실선 : 수나사 골지름, 암나사 골지름, 불완전 나사부

❸ 나사의 끝면에서 본 그림에서는 나사의 골지름은 가는 실선으로 그려 원주의 3/4에 가까운 원의 일부로 표시하고 오른쪽 상단 1/4 정도를 열어둔다. 이때 모떼기 원을 표시하는 굵은 선은 일반적으로 생략한다.

❹ 나사부품의 단면도에서 해칭은 암나사 안지름, 수나사 바깥지름까지 작도한다.

❺ 암나사의 드릴구멍(멈춤구멍) 깊이는 나사 길이에 1.25배 정도로 작도한다. 일반적으로 나사 길이치수는 표시하나 멈춤구멍 깊이는 보통 생략한다. 특별히 멈춤구멍 깊이를 표시할 필요가 있는 경우 간단한 표시를 사용해도 좋다.

● [참고입체도] 수나사

관통 볼트   탭 볼트   스터드 볼트

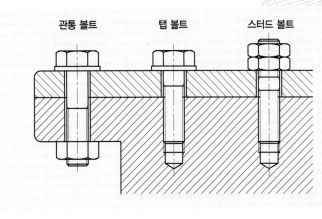

● 볼트의 종류

3. 나사 작도 따라하기

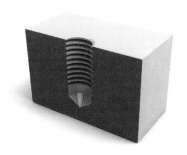

● [참고입체도] 암나사

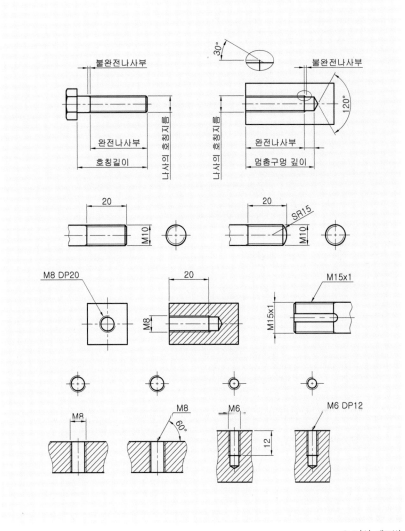

● 나사 제도법

 Key point

● KS B 0069 나사공구용어에서 탭이란 주로 회전과 나사의 리드와 일치하는 이송에 의하여 아래 구멍(하혈)에 암나사를 형성하는 수나사 모양의 공구로서 다시
  말해, 탭(tap)이란 암나사를 가공하는 공구이며 탭가공(탭핑 : tapping)이란 탭을 사용하여 암나사를 가공하는 것을 의미한다.

■ 나사의 종류를 표시하는 기호 및 나사의 호칭에 대한 표시 방법의 보기 [KS B 0200]

구 분		나사의 종류		나사의 종류를 표시하는 기호	나사의 호칭에 대한 표시 방법의 보기	관련 표준
일반용	ISO 표준에 있는 것	미터보통나사		M	M8	KS B 0201
		미터가는나사			M8x1	KS B 0204
		미니츄어나사		S	S0.5	KS B 0228
		유니파이 보통 나사		UNC	3/8-16UNC	KS B 0203
		유니파이 가는 나사		UNF	No.8-36UNF	KS B 0206
		미터사다리꼴나사		Tr	Tr10x2	KS B 0229의 본문
		관용테이퍼 나사	테이퍼 수나사	R	R3/4	KS B 0222의 본문
			테이퍼 암나사	Rc	Rc3/4	
			평행 암나사	Rp	Rp3/4	
	ISO 표준에 없는 것	관용평행나사		G	G1/2	KS B 0221의 본문
		30도 사다리꼴나사		TM	TM18	
		29도 사다리꼴나사		TW	TW20	KS B 0206
		관용 테이퍼나사	테이퍼 나사	PT	PT7	KS B 0222의 본문
			평행 암나사	PS	PS7	
		관용 평행나사		PF	PF7	KS B 0221
특수용		후강 전선관나사		CTG	CTG16	KS B 0223
		박강 전선관나사		CTC	CTC19	
		자전거나사	일반용	BC	BC3/4	KS B 0224
			스포크용		BC2.6	
		미싱나사		SM	SM1/4 산40	KS B 0225
		전구나사		E	E10	KS C 7702
		자동차용 타이어 밸브나사		TV	TV8	KS R 4006의 부속서
		자전거용 타이어 밸브나사		CTV	CTV8 산30	KS R 8004의 부속서

4. 체결하는 방법에 따른 볼트의 종류

❶ **관통 볼트** : 서로 체결하고자 하는 두 부품에 구멍 가공을 하여 볼트를 관통시킨 다음 나사부를 너트로 조인다.

❷ **탭 볼트** : 부품의 한 쪽에는 암나사를 가공하고 다른 부품에는 드릴구멍 가공을 하여 볼트머리를 스패너(육각머리볼트)나 육각렌치(육각구멍붙이볼트)로 죄어 체결한다.

❸ **스터드 볼트** : 축의 양쪽에 수나사가 있으며 머리가 없는 볼트로 부품의 한 쪽에는 탭을 내고 다른 부품에는 구멍 가공을 하여 체결 후 너트로 조인다.

V-블록은 V형의 홈을 가지고 있는 주철제 또는 강 재질의 다이(die)로 주로 환봉을 올려놓고 클램핑(clamping)하여 구멍 가공을 하거나 금긋기 및 중심내기(centering)에 사용하는 부품이다.

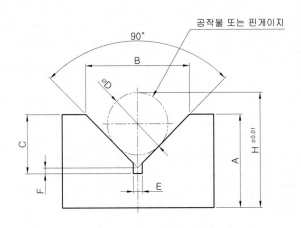

● V-블록 치수 기입

 **Key point**

1. ØD는 도면상에 주어진 공작물의 외경치수나 핀게이지의 치수를 재서 기입하거나 임의로 정한다.
2. A, B, C, D, E, F의 값은 주어진 도면의 치수를 재서 기입한다.

■ H치수 구하는 계산식

① V-블록 각도(θ°)가 90°인 경우 H의 값

$$Y = \sqrt{2} \times \frac{D}{2} - \frac{B}{2} + A + \frac{D}{2}$$

② V-블록 각도(θ°)가 120°인 경우 H의 값

$$Y = \frac{D}{2} \div \cos30° - \tan30° \times \frac{B}{2} + A + \frac{D}{2}$$

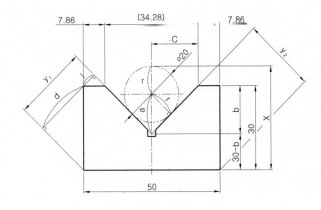

● V-블록 가공 치수 계산

■ V홈을 가공하기 위한 치수를 구하는 계산식

X를 구하는 방법

$X=r+a+(30-b)$ $r=10$

$a=\dfrac{D}{\sec 30°}=10\times\sec 45°$

$10\times 1.4142=14.142$

$b=c=17.14$

따라서 $X=10+14.142+(30-17.14)$

$=37.002≒37.0$

■ Y_1과 Y_2를 구하는 방법

$Y_1=Y_2,\ Y_1=d+l$

$=30\times\cos 45°+7.86\times\cos 45°$

$=30\times 0.7071+7.86\times 0.7071≒26.77$

Lesson **12** 더브테일(Dove tail)

더브테일 홈(dovetail groove)은 주로 공작기계나 측정기계의 미끄럼 운동면에 사용되고 있으며 각도는 60°의 것이 대부분이다. 비둘기 꼬리 모양을 한 홈을 말하며 밀링머신 등으로 가공할 때 더브테일 커터라고 하는 총형 커터를 사용한다.

1. 외측용 더브테일

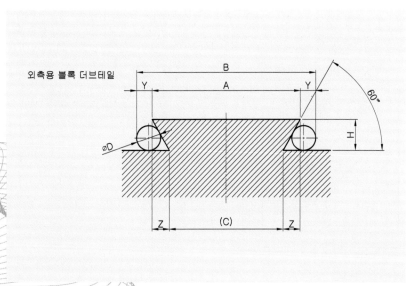

● 60°블록 더브테일

■ 설계 계산식

A, H, ∅D 치수를 결정한다.

$Y=1.366D-0.577H$

$B=A+ZY$

$Z=0.577H$

$C=A-2Z$

2. 내측용 더브테일

내측용 오목 더브테일

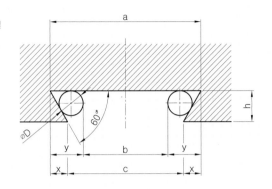

■ 설계 계산식

a, h, ØD 치수를 결정한다.

$y = 1.366D$

$b = a - 2y$

$x = 0.577h$

$c = a - 2x$

● 60° 오목 더브테일

[참고] $\cot\alpha = \dfrac{1}{\tan\alpha} = \dfrac{1}{\tan 60} = 0.57735$

■ 치수기입 적용 예

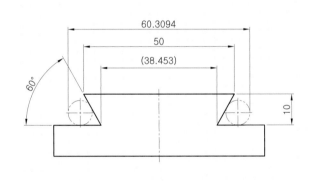

● 외측용 더브테일 치수 기입 예

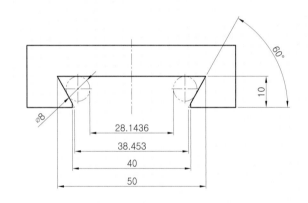

● 내측용 더브테일 치수 기입 예

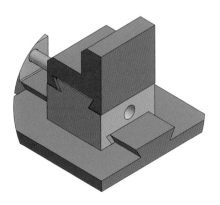

● [참고입체도] 더브테일 적용 예 (1)

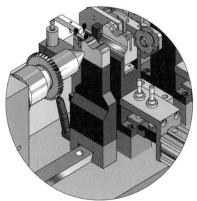

● [참고입체도] 더브테일 적용 예 (2)

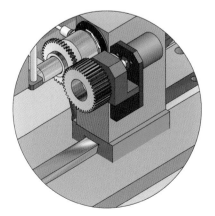

● [참고입체도] 더브테일 적용 예 (3)

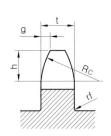

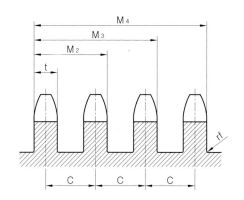

체인 호칭번호	모떼기 폭 g (약)	모떼기 깊이 h (약)	모떼기 반지름 Rc (최소)	둥글기 rf (최대)	롤러외경 Dr (최대)	피치 P	치폭 t (최대)			가로피치 C
							단열	2.3열	4열 이상	
25	0.8	3.2	6.8	0.3	3.30	6.35	2.8	2.7	2.4	6.4
35	1.2	4.8	10.1	0.4	5.08	9.525	4.3	4.1	3.8	10.1
41	1.6	6.4	13.5	0.5	7.77	12.70	5.8	–	–	–
40					7.95		7.2	7.8	6.5	14.4
50	2.0	7.9	16.9	0.6	10.16	15.875	8.7	8.4	7.9	18.1
60	2.4	9.5	20.3	0.8	11.91	19.05	11.7	11.3	10.6	22.8

● 롤러 체인 스프로킷 KS규격

상세도 2:1

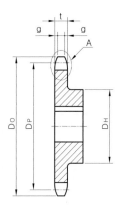

재질 : SF50(탄소강 단강품)

체인과 스프로킷 요목표		
종 류	구분　　　　품번	
롤러체인	호 칭	
	원주피치	
	롤러외경	
스프로킷	이모양	
	잇 수	
	피치원지름	

● 롤러 체인 스프로킷 제도와 주요 치수기입법

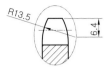

상세도 2:1

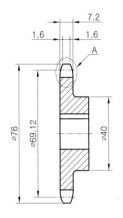

체인과 스프로킷 요목표		
종류	구분 품번	
롤러체인	호 칭	40
	원주피치	12.70
	롤러외경	7.95
스프로킷	이모양	U형
	잇 수	17
	피치원지름	69.12

● 롤러 체인 스프로킷 주요부 치수와 요목표 적용 예

■ 체인과 스프로킷 적용 예

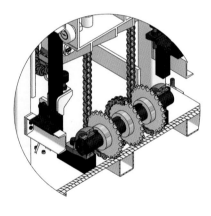

● [참고입체도]

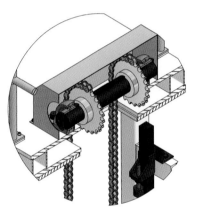

● [참고입체도]

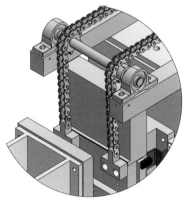

● [참고입체도]

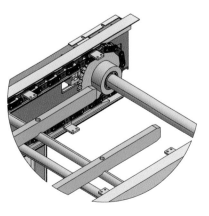

● [참고입체도]

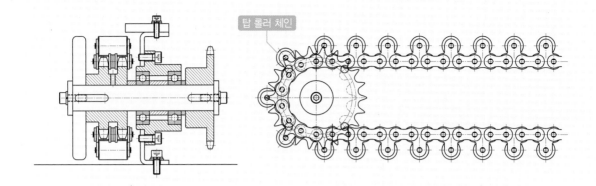

탑 롤러 체인

● 컨베이어용 체인스프로킷 적용 예

Lesson **14** **T홈**

[KS B 0902]

1. T홈의 모양 및 주요 치수

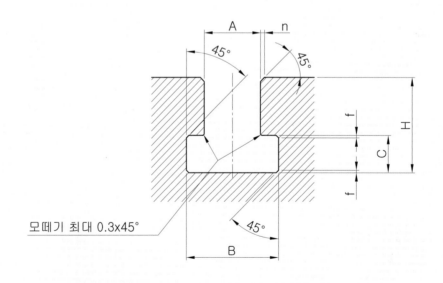

모떼기 최대 0.3x45°

 Key point

❶ T홈의 호칭치수는 A로 위쪽 부분의 홈이다.

❷ 치수기입이 복잡한 경우는 상세도로 도시한다.

❸ T홈의 호칭치수 A의 허용차는 0급에서 4급까지 5등급이 있다.

2. T홈의 치수 기입 예

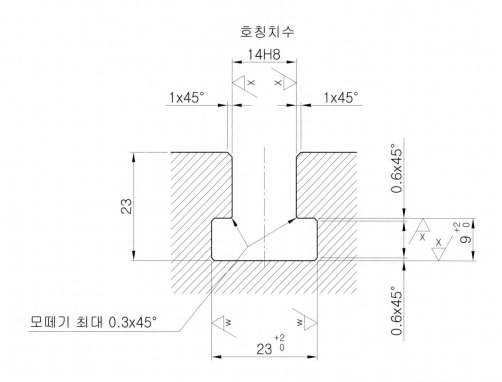

호칭치수

14H8

1×45°   1×45°

23

모떼기 최대 0.3×45°

23 $^{+2}_{0}$

0.6×45°

9 $^{+2}_{0}$

0.6×45°

● 롤러 체인 스프로킷 제도와 주요 치수기입법

【비고】 T홈의 호칭치수 A는 1급을 기준으로 적용하였다.

Lesson 15 멈춤링(스냅링)   [KS B 1336]

멈춤링의 종류에는 축용과 구멍용의 2종류가 있으며, 흔히 스냅링(snap ring)이라고도 한다. 베어링이나 축계 기계요소들의 이탈을 방지하기 위해 축과 구멍에 홈 가공을 하여 스냅링 플라이어(snap ring plier)라고 하는 전용 조립공구를 사용하여 스냅링에 가공되어 있는 2개소의 구멍을 이용해서 스냅링을 벌리거나 오므려 조립한다. 고정링에는 C형과 E형 멈춤링이 일반적으로 사용된다. C형은 KS 규격에서 호칭번호 10에서 125까지 규격화되어 있다. E형은 그 모양이 E자 형상의 멈춤링으로 비교적 축지름이 작은 경우, 즉 축지름이 1mm 초과 38mm 이하인 축에 사용하며 탈착이 편리하도록 설계되어 있다.

■ 여러 가지 멈춤링의 종류 및 형상

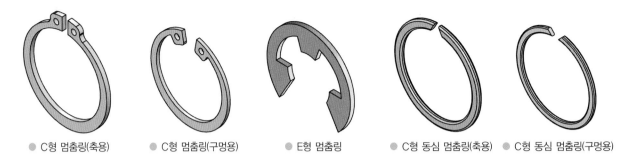

● C형 멈춤링(축용)　● C형 멈춤링(구멍용)　● E형 멈춤링　● C형 동심 멈춤링(축용)　● C형 동심 멈춤링(구멍용)

1. 축용 C형 멈춤링(스냅링)

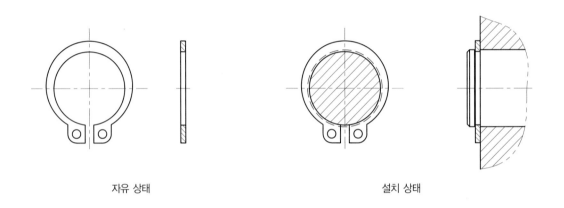

자유 상태　　　　　　　　　　　　설치 상태

● 축용 멈춤링 설치 상태도

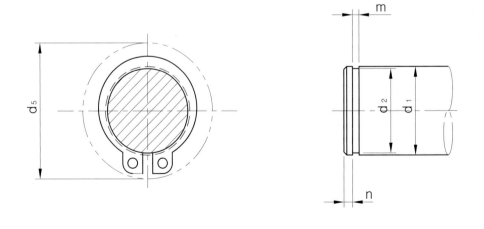

● 축용 멈춤링에 적용되는 주요 KS규격 치수

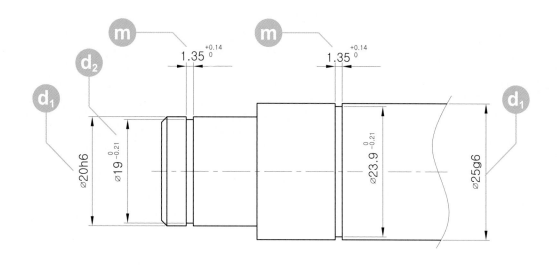

● 축용 멈춤링의 치수기입법

 **Key point**

❶ 멈춤링이 체결되는 **축**의 **지름**을 **호칭 지름** d_1으로 한다.

❷ d_1을 기준으로 멈춤링이 끼워지는 d_2, 홈의 폭 m 및 각 부의 허용차를 찾아 기입한다.

❸ 치수기입이 복잡한 경우는 **상세도**로 도시한다.

■ 축용 C형 멈춤링 [KS B 1336]

[단위 : mm]

호 칭			멈 춤 링							적용하는 축(참고)						
			d_3		t		b	a	d_0			d_2		m		n
1	2	3	기준치수	허용차	기준치수	허용차	약	약	최소	d_5	d_1	기준치수	허용차	기준치수	허용차	최소
10			9.3	±0.15			1.6	3	1.2	17	10	9.6	0 −0.09			
	11		10.2				1.8	3.1		18	11	10.5				
12			11.1				1.8	3.2	1.5	19	12	11.5				
		13	12		1	±0.05	1.8	3.3		20	13	12.4		1.15		
14			12.9				2	3.4		22	14	13.4				
15			13.8	±0.18			2.1	3.5		23	15	14.3	0 −0.11			
16			14.7				2.2	3.6	1.7	24	16	15.2				
17			15.7				2.2	3.7		25	17	16.2			+0.14 0	1.5
18			16.5				2.6	3.8		26	18	17		1.35		
	19		17.5				2.7	3.8	2	27	19	18				
20			18.5		1.2	±0.06	2.7	3.9		28	20	19				
		21	19.5				2.7	4		30	21	20	0 −0.21			
22			20.5	±0.2			2.7	4.1		31	22	21				
	24		22.2				3.1	4.2		33	24	22.9				
25			23.2				3.1	4.3		34	25	23.9				

■ 멈춤링의 적용 예

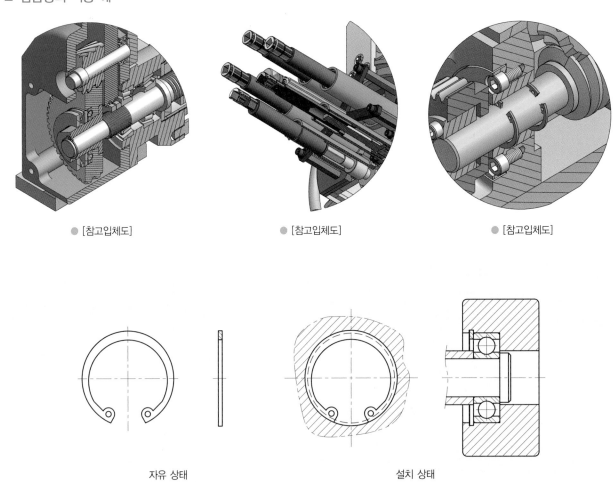

● [참고입체도]　　　　　　● [참고입체도]　　　　　　● [참고입체도]

자유 상태　　　　　　　　　　　　설치 상태

● 구멍용 멈춤링 설치 상태도

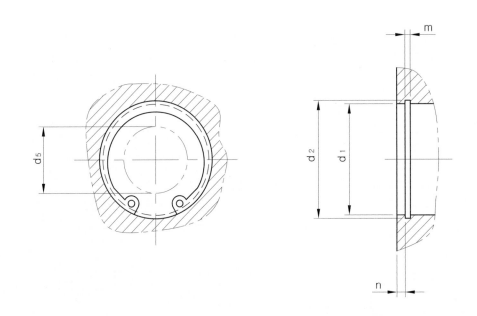

● 구멍용 멈춤링에 적용되는 주요 KS규격 치수

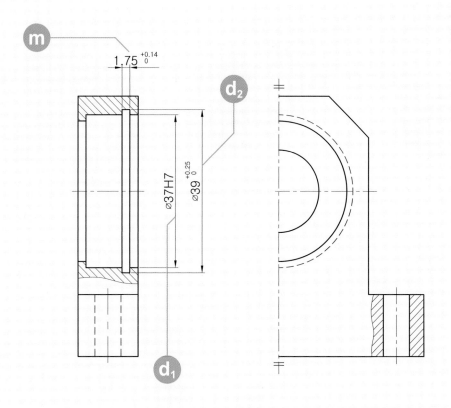

● 구멍용 멈춤링의 치수기입법

 Key point

❶ 멈춤링이 체결되는 **축의 지름**을 **호칭 지름** d_1으로 한다.

❷ d_1을 기준으로 멈춤링이 끼워지는 d_2, 홈의 폭 m 및 각 부의 허용차를 찾아 기입한다.

❸ 치수기입이 복잡한 경우는 **상세도**로 도시한다.

■ 축용 C형 멈춤링 [KS B 1336]

[단위 : mm]

호칭			멈춤링 d₃ 기준치수	멈춤링 d₃ 허용차	t 기준치수	t 허용차	b 약	a 약	d₀ 최소	적용하는 구멍(참고) d₅	d₁	d₂ 기준치수	d₂ 허용차	m 기준치수	m 허용차	n 최소
1	2	3														
10			10.7	±0.18	1	±0.05	1.8	3.1	1.2	3	10	10.4	+0.11 / 0			
11			11.8				1.8	3.2	1.2	4	11	11.4				
12			13				1.8	3.3	1.5	5	12	12.5				
	13		14.1				1.8	3.5	1.5	6	13	13.6				
14			15.1				2	3.6		7	14	14.6				
	15		16.2				2	3.6		8	15	15.7				
16			17.3				2	3.7	1.7	8	16	16.8		1.15		
	17		18.3				2	3.8		9	17	17.8				
18			19.5				2.5	4		10	18	19				
19			20.5				2.5	4		11	19	20				1.5
20			21.5				2.5	4		12	20	21				
		21	22.5	±0.2			2.5	4.1		12	21	22	+0.21 / 0			
22			23.5				2.5	4.1		13	22	23				
	24		25.9				2.5	4.3	2	15	24	25.2			+0.14 / 0	
25			26.9		1.2		3	4.4		16	25	26.2				
	26		27.9				3	4.6		16	26	27.2		1.35		
28			30.1				3	4.6		18	28	29.4				
30			32.1				3	4.7		20	30	31.4				
32			34.4			±0.06	3.5	5.2		21	32	33.7				
		34	36.5	±0.25			3.5	5.2		23	34	35.7				
35			37.8				3.5	5.2		24	35	37				
	36		38.8		1.6		3.5	5.2		25	36	38		1.75		
37			39.8				3.5	5.2	2.5	26	37	39	+0.25 / 0			
	38		40.8				4	5.3		27	38	40				2
40			43.5				4	5.7		28	40	42.5				
42			45.5	±0.4			4	5.8		30	42	44.5		1.95		
45			48.5		1.8	±0.07	4.5	5.9		33	45	47.5				
47			50.5	±0.45			4.5	6.1		34	47	49.5		1.9		

3. C형 동심 멈춤링(스냅링)의 치수 적용

[호칭지름 Ø20mm인 경우의 축과 구멍의 적용 예]

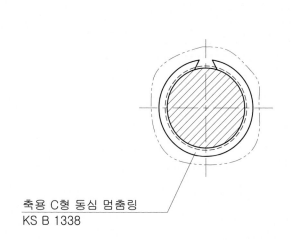

축용 C형 동심 멈춤링
KS B 1338

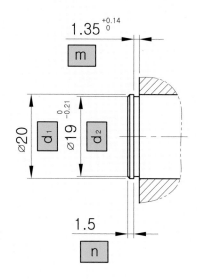

$1.35^{+0.14}_{0}$

m

$\varnothing 20$ $\varnothing 19^{0}_{-0.21}$ d_1 d_2

1.5

n

● 축용 C형 동심 멈춤링 적용 치수

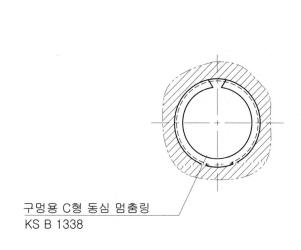

구멍용 C형 동심 멈춤링
KS B 1338

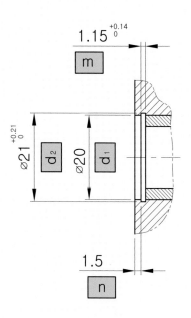

$1.15^{+0.14}_{0}$

m

$\varnothing 21^{+0.21}_{0}$ $\varnothing 20$ d_2 d_1

1.5

n

● 구멍용 C형 동심 멈춤링 적용 치수

4. E형 멈춤링(스냅링)의 치수 적용

E형 멈춤링은 비교적 축의 지름이 작은 경우에 적용하며, 그 형상이 E자 모양의 멈춤링으로 축 지름이 1~38mm 이하인 축에 적용할 수 있도록 표준 규격화되어 있으며 탈착이 편리한 형상으로 되어 있다. 호칭지름은 적용하는 축의 안지름 d_2 이다.

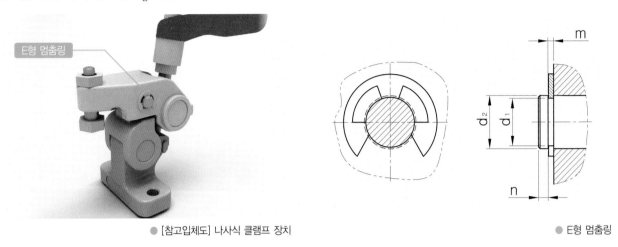

● [참고입체도] 나사식 클램프 장치

● E형 멈춤링

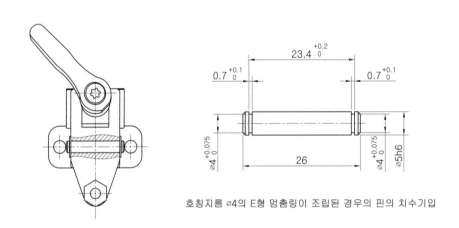

호칭지름 ∅4의 E형 멈춤링이 조립된 경우의 핀의 치수기입

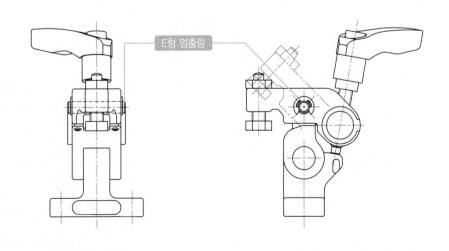

● E형 멈춤링의 적용과 치수기입 예

■ E형 멈춤링 [KS B 1337]

[단위 : mm]

호칭지름	멈춤링 d 기본치수	d 허용차	D 기본치수	D 허용차	H 기본치수	H 허용차	t 기본치수	t 허용차	b 약	적용하는 축 (참고) d_1의 구분 초과	이하	d_2 기본치수	d_2 허용차	m 기본치수	m 허용차	n 최소
0.8	0.8	0 / -0.08	2	±0.1	0.7	0 / -0.25	0.2	±0.02	0.3	1	1.4	0.8	+0.05 / 0	0.3	+0.05 / 0	0.4
1.2	1.2	0 / -0.09	3	±0.1	1	0 / -0.25	0.3	±0.025	0.4	1.4	2	1.2	+0.06 / 0	0.4	+0.05 / 0	0.6
1.5	1.5	0 / -0.09	4	±0.2	1.3	0 / -0.25	0.4	±0.03	0.6	2	2.5	1.5	+0.06 / 0	0.4	+0.05 / 0	0.8
2	2	0 / -0.09	5	±0.2	1.7	0 / -0.25	0.4	±0.03	0.7	2.5	3.2	2	+0.06 / 0	0.5	+0.05 / 0	
2.5	2.5	0 / -0.09	6	±0.2	2.1	0 / -0.25	0.4	±0.03	0.8	3.2	4	2.5	+0.06 / 0	0.5	+0.05 / 0	1
3	3	0 / -0.12	7	±0.2	2.6	0 / -0.25	0.6	±0.04	0.9	4	5	3	+0.075 / 0	0.7	+0.1 / 0	
4	4	0 / -0.12	9	±0.2	3.5	0 / -0.30	0.6	±0.04	1.1	5	7	4	+0.075 / 0	0.7	+0.1 / 0	1.2
5	5	0 / -0.12	11	±0.2	4.3	0 / -0.30	0.6	±0.04	1.2	6	8	5	+0.075 / 0	0.7	+0.1 / 0	
6	6	0 / -0.12	12	±0.2	5.2	0 / -0.30	0.8	±0.04	1.4	7	9	6	+0.075 / 0	0.7	+0.1 / 0	1.5
7	7	0 / -0.15	14	±0.2	6.1	0 / -0.30	0.8	±0.04	1.6	8	11	7	+0.075 / 0	0.9	+0.1 / 0	
8	8	0 / -0.15	16	±0.2	6.9	0 / -0.35	0.8	±0.04	1.8	9	12	8	+0.09 / 0	0.9	+0.1 / 0	1.8
9	9	0 / -0.15	18	±0.2	7.8	0 / -0.35	0.8	±0.04	2.0	10	14	9	+0.09 / 0	0.9	+0.1 / 0	2
10	10	0 / -0.18	20	±0.3	8.7	0 / -0.35	1.0	±0.05	2.2	11	15	10	+0.09 / 0	1.15	+0.14 / 0	
12	12	0 / -0.18	23	±0.3	10.4	0 / -0.45	1.0	±0.05	2.4	13	18	12	+0.11 / 0	1.15	+0.14 / 0	2.5
15	15	0 / -0.18	29	±0.3	13.0	0 / -0.45	1.6	±0.06	2.8	16	24	15	+0.11 / 0	1.75	+0.14 / 0	3
19	19	0 / -0.18	37	±0.3	16.5	0 / -0.45	1.6	±0.06	4.0	20	31	19	+0.13 / 0	1.75	+0.14 / 0	3.5
24	24	0 / -0.21	44	±0.3	20.8	0 / -0.50	2.0	±0.07	5.0	25	38	24	+0.13 / 0	2.2	+0.14 / 0	4

■ E형 멈춤링이 적용된 기계부품 에

● [참고입체도] 에어척

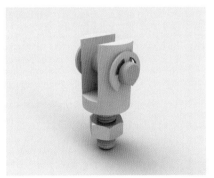

● [참고입체도] 힌지서포트

● [참고입체도] 캠레버클램프

오일실(oil seal)은 그 명칭처럼 오일(oil)을 실(seal, 밀봉)하는 기계요소이다. 독일에서 최초로 개발되었으며, 현재는 다양한 오일실이 개발되어 산업 현장 곳곳에서 사용되고 있다. 특히 기계류의 회전축 베어링 부를 밀봉시키고, 윤활유를 비롯한 각종 유체의 누설을 방지하며 외부에서 이물질, 더스트(dust) 등의 침입을 막는 회전용 실로서 가장 일반적으로 사용되고 있다.

1. 오일실의 KS규격을 찾아 적용하는 방법

오일실의 KS규격을 찾아 적용하는 방법은 적용할 **축지름 d**를 기준으로 **오일실**의 외경 D와 오일실의 폭 B를 찾고 축의 경우에는 오일실이 삽입되는 **축끝의 모떼기 치수**와 **축지름**에 대한 알맞은 **공차**를 적용하고, 구멍의 경우에는 오일실이 삽입되는 **구멍의 모떼기 치수**와 공차 그리고 **하우징의 폭**에 적용되는 허용차를 찾아 적용시키면 된다.

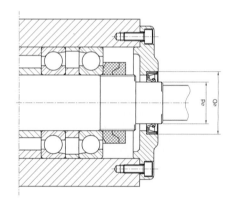
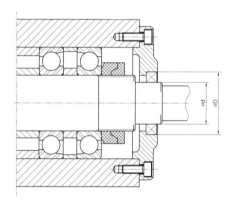

● 오일실의 도시법

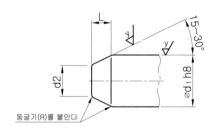

∅D : 오일실 조립 하우징 구멍공차 H8
∅d : 오일실에 적합한 축의 지름공차 h8

● 축 끝단의 모떼기 치수

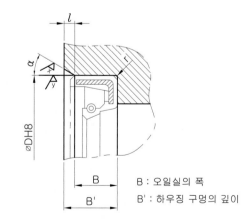

B : 오일실의 폭
B' : 하우징 구멍의 깊이

● 오일실이 삽입되는 하우징 구멍의 모떼기 치수

478

오일실 폭	하우징 폭
B	B'
6 이하	B + 0.2
6~10	B + 0.3
10~14	B + 0.4
14~18	B + 0.5
18~25	B + 0.6

 Key point

❶ 축의 지름 d를 기준으로 오일실의 외경 D, 폭 B를 찾아 치수를 적용한다.
❷ $\alpha = 15 \sim 30°$
❸ $l = 0.1B \sim 0.15B$
❹ $r \geq 0.5\,mm$
❺ $D = $ 오일실의 외경

■ 오일실 조립부 치수 기입 예

오일실 D계열에 호칭 안지름 d=30, 바깥지름 D=45, 나비 B=8인 경우의 예이다.

❶ $\alpha = 30°$ 로 정한다.

❷ $l = 0.1 \times B = 0.1 \times 8 = 0.8$

■ 기준 축 지름이 Ø30mm 인 경우 적용 예

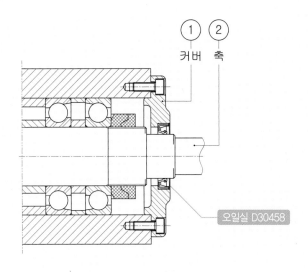

● 오일실의 설계 예

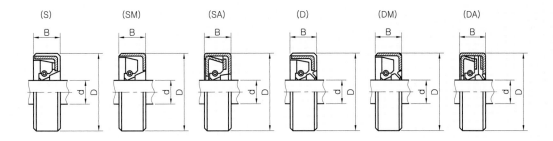

● 오일실

오일실 [KS B 2804]　　　　　　　　　　　　　　　　　　　　　　　　　　　[단위 : mm]

호칭 안지름 d	바깥 지름 D	나비 B	호칭 안지름 d	바깥 지름 D	나비 B
7	18	7	20	32	8
	20			35	
8	18	7	22	35	8
	22			38	
9	20	7	24	38	8
	22			40	
10	20	7	25	38	8
	25			40	
11	22	7	★26	38	8
	25			42	
12	22	7	28	40	8
	25			45	
★13	25	7	30	42	8
	28			45	
14	25	7	32	52	11
	28		35	55	11
15	25	7	38	58	11
	30		40	62	11

【참고】오일실의 기호의 의미

S : single lip　　　　M : metal lip　　　A : assembly seal
D : double lip　　　　G : grease seal

[구멍의 치수] 축 지름(기준) d=30, 바깥지름 D=45, 나비 B=8

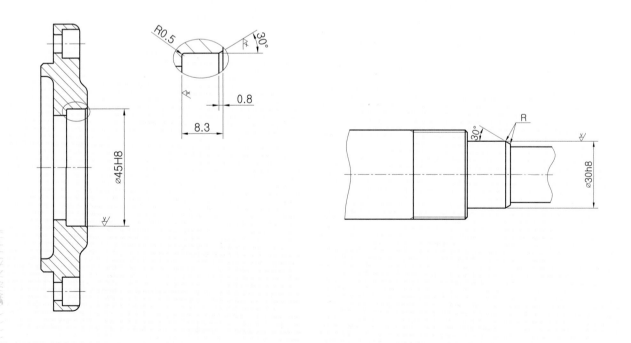

● 커버 구멍의 오일실 조립부 치수 기입 예　　　　　　　　● 축의 오일실 조립부 치수 기입 예

■ 축의 지름에 따른 끝단의 모떼기 치수(d₁, d₂, L)

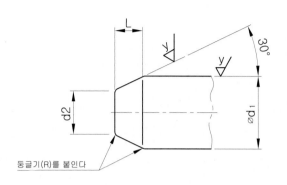

둥글기(R)를 붙인다

● 축끝의 모떼기 치수

축의 지름 d₁	d₂ (최대)	모떼기 L 30	축의 지름 d₁	d₂ (최대)	모떼기 L 30,	축의 지름 d₁	d₂ (최대)	모떼기 L 30,
7	5.7	1.13	55	51.3	3.2	180	173	6.06
8	6.6	1.21	56	52.3	3.2	190	183	6.06
9	7.5	1.3	★ 58	54.2	3.2	200	193	6.06
10	8.4	1.39	60	56.1	3.38	★210	203	6.06
11	9.3	1.47	★ 62	58.1	3.38	220	213	6.06
12	10.2	1.56	63	59.1	3.38	(224)	(217)	6.06
★ 13	11.2	1.56	65	61	3.46	★230	223	6.06
14	12.1	1.65	★ 68	63.9	3.55	240	233	6.06
15	13.1	1.65	70	65.8	3.64	250	243	6.06
16	14	1.73	(71)	(66.8)	3.64	260	249	9.53
17	14.9	1.82	75	70.7	3.72	★270	259	9.53
18	15.8	1.91	80	75.5	3.9	280	268	10.39
20	17.7	1.99	85	80.4	3.98	★290	279	9.53
22	19.6	2.08	90	85.3	4.07	300	289	9.53
24	21.5	2.17	95	90.1	4.24	(315)	(304)	9.53
25	22.5	2.17	100	95	4.33	320	309	9.53
★ 26	23.4	2.25	105	99.9	4.42	340	329	9.53
28	25.3	2.34	110	104.7	4.59	(355)	(344)	9.53
30	27.3	2.34	(112)	(106.7)	4.50	360	349	9.53
32	29.2	2.42	★115	109.6	4.68	380	369	9.53
35	32	2.6	120	114.5	4.76	400	389	9.53
38	34.9	2.68	125	119.4	4.85	420	409	9.53
40	36.8	2.77	130	124.3	4.94	440	429	9.53
42	38.7	2.86	★135	129.2	5.02	(450)	(439)	9.53
45	41.6	2.94	140	133	6.06	460	449	9.53
48	44.5	3.03	★145	138	6.06	480	469	9.53
50	46.4	3.12	150	143	6.06	500	489	9.53
★ 52	48.3	3.2	160	153	6.06			
			170	163	0.06			

[비고] ★을 붙인 것은 KS B 0406에 없는 것이고, ( )를 붙인 것은 되도록 사용하지 않는다.

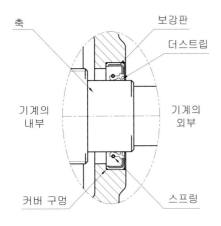

축   보강판
더스트립
기계의 내부   기계의 외부
커버 구멍   스프링

● 오일실의 구조

일반적으로 오일실은 하우징 구멍에 압입시켜 고정하고 회전축과 실립(seal lip)부를 접촉시켜 밀봉효과를 낸다. 일반적으로 오일실은 축을 지지해주는 베어링보다 안측이 아닌 바깥측에 설치하는데 [그림 : 오일실의 구조]와 같이 조립부를 자세히 보면 더스트립 부가 바깥쪽으로 향하도록 설치하며 즉 실립부가 구멍의 안쪽에 위치하도록 조립해야 밀봉이 원활하게 되는 것이다. 실립부에 부착된 스프링에 의해서 축에 밀착이 되어 기계내부의 유체가 바깥쪽으로 유출되는 것을 방지하고, 더스트립은 외부로부터 먼지나 이물질 등이 침입하는 것을 방지하는 역할을 한다.

실부가 접촉하는 축의 표면은 선반에서 가공한 상태로 그냥 조립하면 안 되고 그라인딩이나 버핑 등의 다듬질을 하여 표면거칠기를 양호하게 해줄 필요가 있다. 축의 재질은 기계구조용 탄소강(SM45C)나 크롬몰리브덴강(SCM435) 등이 추천되며 표면경도는 $H_R C30$ 이상이 요구된다. 따라서 열처리 또는 경질크롬도금 등의 후처리를 필요로 하는데 경질크롬도금을 하게 되면 축의 표면이 지나치게 매끄러워질 수 있으므로 표면에 버핑이나 연마를 실시한다.

■ 오일실이 적용된 예

● [참고입체도]

● [참고입체도]

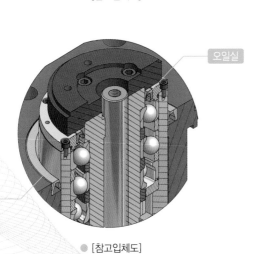

● [참고입체도]

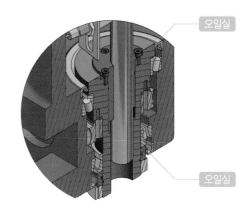

● [참고입체도]

널링(knurling)은 핸들, 측정 공구 및 제품의 손잡이 부분에 바른줄이나 빗줄 무늬의 홈을 만들어서 미끄럼을 방지하는 가공이다. 널링의 표시 방법은 간단하며 빗줄형의 경우 해칭각도에 주의한다.

1. 널링 표시 방법

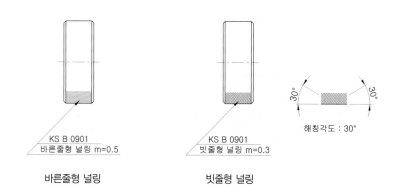

● 널링 표시 방법

2. 널링 표기 예

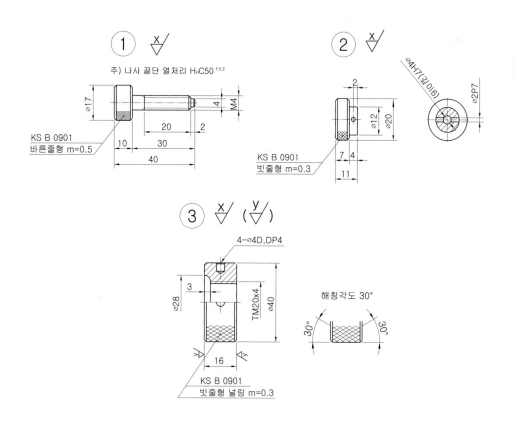

● 널링 표기 예

표면거칠기 기호의 크기 및 방향과 품번의 도시법

표면거칠기 기호 및 다듬질 기호의 비교와 명칭 그리고 표면거칠기 기호를 도면상에 도시하는 방법과 문자의 방향을 알아보도록 하자. 부품도상에 기입하는 경우와 품번 우측에 기입하는 방법에 대해서 알기 쉽도록 그림으로 나타내었다.

명칭(다듬질 정도)	다듬질 기호(구기호)	표면거칠기(신기호)	산술(중심선) 평균거칠기(Ra)값	최대높이(Ry)값	10점 평균 거칠기(Rz)값
매끄러운 생지	∼	∀	특별히 규정하지 않는다.		
거친 다듬질	▽	w∀	Ra25 Ra12.5	Ry100 Ry50	Rz100 Rz50
보통 다듬질	▽▽	x∀	Ra6.3 Ra3.2	Ry25 Ry12.5	Rz25 Rz12.5
상 다듬질	▽▽▽	y∀	Ra1.6 Ra0.8	Ry6.3 Ry3.2	Rz6.3 Rz3.2
정밀 다듬질	▽▽▽▽	z∀	Ra0.4 Ra0.2 Ra0.1 Ra0.05 Ra0.025	Ry1.6 Ry0.8 Ry0.4 Ry0.2 Ry0.1	Rz1.6 Rz0.8 Rz0.4 Rz0.2 Rz0.1

● 표면거칠기 표기법

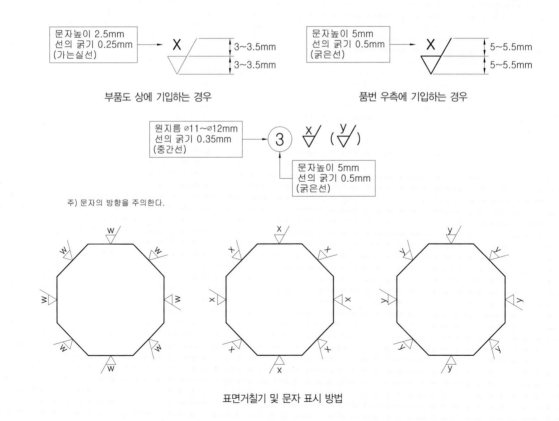

표면거칠기 및 문자 표시 방법

● 표면거칠기 기호의 크기 및 방향 도시법과 품번 도시법

베어링용 너트와 와셔는 주로 축에 키홈 형태의 홈 가공을 하여 베어링 와셔를 체결한 후 베어링 너트로 확실히 고정시켜 베어링의 이탈 방지를 목적으로 사용한다. 베어링의 고정 뿐만이 아니라 칼라(collar)나 부시(bush)류를 밀착하여 고정시키는 역할을 하는 곳에도 많이 사용한다. 흔히 베어링 로크 너트 및 베어링 와셔라고 부른다.

너트가 체결되는 축 부위가 가는 나사부이므로 'd'의 치수는 베어링 너트와 와셔쪽의 적용 축경을 보면 되고, 나머지 와셔가 체결되는 'M', 'f₁'의 치수는 와셔 쪽에서 찾아 적용하면 된다. **너트** 계열은 **AN**, **와셔** 계열은 **AW**로 호칭하며 축지름 Ø15mm 부터 규격화되어 있다.

보통 축의 한쪽에 나사가공을 하고 베어링을 끼우게 되므로 베어링이 끼워지는 축 부분에도 공차관리를 하지만 실무현장에서는 일반적으로 가는나사 가공(피치)을 한 축 부위 외경에도 공차를 지정해 준다. 베어링의 안지름은 정밀하게 연삭가공이 되어 있으므로 조립시 흠집이 나지 않도록 하기 위함이다.

● [참고입체도] 베어링용 너트 (AN)

● [참고입체도] 베어링용 와셔 - A형 와셔

● [참고입체도] 베어링용 와셔 - X형 와셔

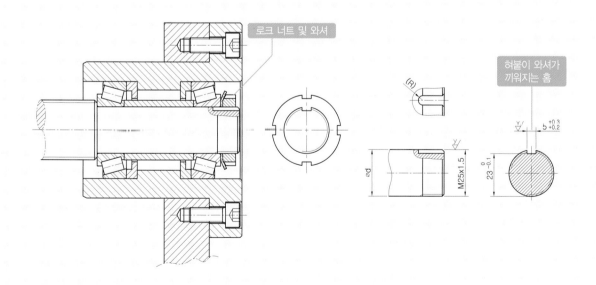

● 구름베어링용 너트 및 와셔 치수 기입

■ 구름베어링 로크 와셔 상대 축 홈 치수 [KS 미제정]

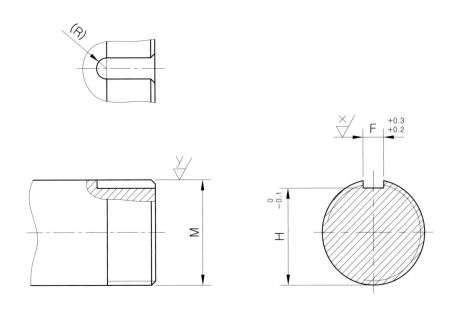

너트 호칭 번호	와셔 호칭 번호	호칭 치수	나사축 홈의 가공치수			
AN너트	AW와셔	Ⓜ	Ⓕ	공차	Ⓗ	공차
AN02	AW02	M15 × 1			13.5	
AN03	AW03	M17 × 1	4		15.5	
AN04	AW04	M20 × 1			18.5	
AN05	AW05	M25 × 1.5			23	
AN06	AW06	M30 × 1.5	5		27.5	
AN07	AW07	M35 × 1.5			32.5	
AN08	AW08	M40 × 1.5			37.5	
AN09	AW09	M45 × 1.5	6	+0.3 +0.2	42.5	0 −0.1
AN10	AW10	M50 × 1.5			47.5	
AN11	AW11	M55 × 2			52.5	
AN12	AW12	M60 × 2			57.5	
AN13	AW13	M65 × 2	8		62.5	
AN14	AW14	M70 × 2			66.5	
AN15	AW15	M75 × 2			71.5	
AN16	AW16	M80 × 2	10		76.5	
AN17	AW17	M85 × 2			81.5	

■ 구름베어링용 너트(와셔를 사용하는 로크 너트) [KS B 2004]

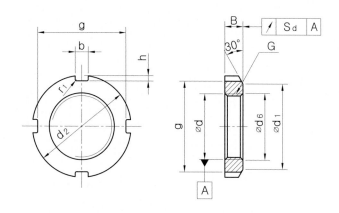

● 와셔를 사용하는 로크 너트

[단위 : mm]

호칭 번호	나사의 호칭 G	[너트 계열 AN(어댑터, 빼냄 슬리브 및 축용)]										참 고	
		기 준 치 수										조합하는 와셔 호칭번호	축 지름 (축용)
		d	d₁	d₂	B	b	h	d₆	g	D₆	r₁ (최대)		
AN 00	M10×0.75	10	13.5	18	4	3	2	10.5	14	10.5	0.4	AW 00	10
AN 01	M12×1	12	17	22	4	3	2	12.5	18	12.5	0.4	AW 01	12
AN 02	M15×1	15	21	25	5	4	2	15.5	21	15.5	0.4	AW 02	15
AN 03	M17×1	17	24	28	5	4	2	17.5	24	17.5	0.4	AW 03	17
AN 04	M20×1	20	26	32	6	4	2	20.5	28	20.5	0.4	AW 04	20
AN 05	M25×1.5	25	32	38	7	5	2	25.8	34	25.8	0.4	AW 05	25
AN 06	M30×1.5	30	38	45	7	5	2	30.8	41	30.8	0.4	AW 06	30
AN 07	M35×1.5	35	44	52	8	5	2	35.8	48	35.8	0.4	AW 07	35

■ 구름베어링용 와셔 [KS B 2004]

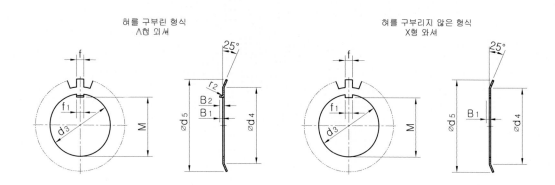

● 구름베어링용 와셔

구분	호 칭 번 호		기 준 치 수								N	[참 고]
	허를 구부린 형식 A형 와셔	허를 구부리지 않은 형식 X형 와셔	d_3	d_4	d_5	f_1	M	f	B_1	B_2	최소잇수	축 지름 (축용)
와셔 계열 AW	AW 02	AW 02	15	21	28	4	13.5	4	1	2.5	11	15
	AW 03	AW 03	17	24	32	4	15.5	4	1	2.5	11	17
	AW 04	AW 04	20	26	36	4	18.5	4	1	2.5	11	20
	AW 05	AW 05	25	32	42	5	23	5	1	2.5	13	25
	AW 06	AW 06	30	38	49	5	27.5	5	1	2.5	13	30
	AW 07	AW 07	35	44	57	6	32.5	5	1	2.5	13	35

● 베어링용 너트 및 와셔 적용 예

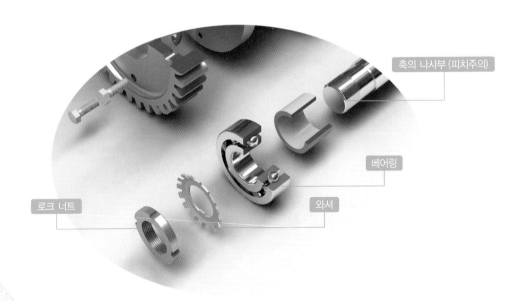

● 베어링용 너트 및 와셔 적용 예

센터(center)는 선반작업에 있어서 축과 같은 공작물을 주축대와 심압대 사이에 끼워 지지하는 공구로 주축에 끼워지는 회전센터와 심압대에 삽입되는 고정센터가 있다. 센터의 각도는 보통 60°이나 대형 공작물의 경우 75°, 90°의 것을 사용할 때도 있다.

선반 가공시 공작물의 양끝을 센터로 지지하기 위하여 센터드릴로 가공해두는 구멍을 센터 구멍(Center hole)이라고 한다.

센터구멍의 치수는 KS B 0410을 따르고 센터구멍의 간략 도시 방법은 KS A ISO 6411-1:2002를 따른다.

1. 센터 구멍의 종류 [KS B 0410]

종 류	센터 각도	형식	비 고
제 1 종	60°	A형, B형, C형, R형	A형 : 모떼기부가 없다.
제 2 종	75°	A형, B형, C형	B, C형 : 모떼기부가 있다.
제 3 종	90°	A형, B형, C형	R형 : 곡선 부분에 곡률 반지름 r이 표시된다.

[비고] 제2종 75° 센터 구멍은 되도록 사용하지 않는다.
[참고] KS B ISO 866은 제1종 A형, KS B ISO 2540은 제1종 B형, KS B ISO 2541은 제1종 R형에 대하여 규정하고 있다.

2. 센터 구멍의 표시방법 [KS B 0618 : 2000]

센터 구멍	반드시 남겨둔다.	남아 있어도 좋다.	남아 있어서는 안된다.	기호 크기
도시 기호	<	없음(무기호)	K	기호 선 굵기 (약 0.35mm)
도시 방법	규격번호 호칭방법	규격번호 호칭방법	규격번호 호칭방법	5 / 60 / 4

3. 센터구멍의 호칭

센터구멍의 호칭은 적용하는 드릴에 따라 다르며, 국제 규격이나 이 부분과 관계 있는 다른 규격을 참조할 수 있다.

센터구멍의 호칭은 아래를 따른다.

❶ 규격의 번호
❷ 센터구멍의 종류를 나타내는 문자(R, A 또는 B)
❸ 파일럿 구멍 지름 d

❹ 센터 구멍의 바깥지름 D(D₁~D₃)

두 값(d와 D)은 '/'로 구분지어 표시한다.

4. 센터구멍의 적용 예

❶ 센터구멍을 남겨 놓아야 하는 경우의 치수기입법(기존 표시법)

KS B 0410에 규정된 60°센터구멍 A형식 중 호칭지름이 Ø2mm인 규격으로 축의 양쪽 모두에 센터가공을 하라는 의미이다.

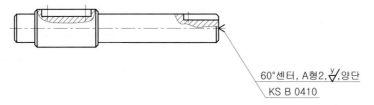

센터 구멍을 남겨놓아야 하는 경우의 치수기입법 (기존 표시법)

❷ 센터구멍을 남겨 놓지 말아야 하는 경우의 치수기입법(기존 표시법)

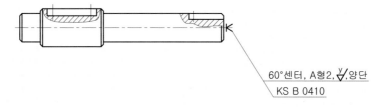

센터 구멍을 남겨놓지 말아야 하는 경우의 치수기입 법 (기존 표시법)

❸ 센터구멍을 남겨 놓아야 하는 경우의 치수기입법(KS A ISO 6411-1 표시법)

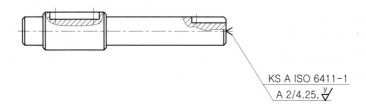

센터 구멍을 남겨놓아야 하는 경우의 치수기입법 (KS A ISO 6411-1 표시법)

❹ 센터구멍을 남겨 놓지 말아야 하는 경우의 치수기입법(KS A ISO 6411-1 표시법)

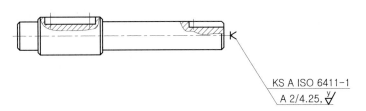

센터 구멍을 남겨놓지 말아야 하는 경우의 치수기입 법 (기존 표시법)

KS A ISO 6411-1
A 2/4.25,

Key point

● 선반이나 원통 연삭기에는 공작물을 지지해 주는 고정형 센터와 회전형 센터가 설치되어 있으며, 공작물을 센터드릴로 가공하여 양 센터로 지지한 후 가공작업을 해야 공작물의 진원도나 원통도 등의 정밀도를 높게 할 수 있다. 일반적으로 센터드릴은 앞쪽 끝부분이 2단으로 되어 있으며, 데이터 부의 각도는 60°, 75° 또는 90°로 되어 있다.

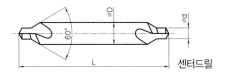

센터드릴

Lesson **21** 오링 [KS B 2799]

오링(O-Ring)은 고정용 실의 대표적인 요소이며, 단면이 원형 형상인 패킹(packing)의 하나로써, 일반적으로 축이나 구멍에 홈을 파서 끼워 적절하게 압축시켜 기름이나 물, 공기, 가스 등 다양한 유체의 누설을 방지하는데 사용하는 기계요소로 재질은 합성고무나 합성수지 등으로 하며 밀봉부의 홈에 끼워져 기밀성 및 수밀성을 유지하는 곳에 많이 사용된다. 실 가운데 패킹과 오링이 있는데 패킹은 주로 공압이나 유압 실린더 기기와 같이 왕복 운동을 하는 곳에 사용되며, 오링은 주로 고정용으로 여러 분야에 널리 사용되고 있다. 참고로 오링 중 P계열은 운동용과 고정용으로 G계열은 고정용으로만 사용한다.

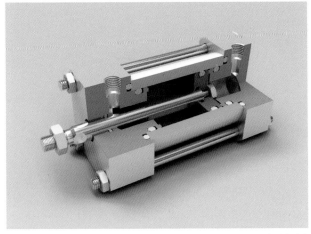

● [참고입체도] 오링이 장착된 에어실린더

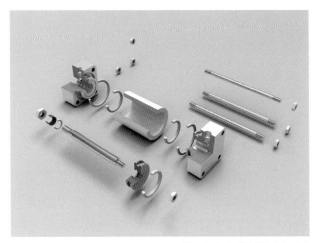

● [참고입체도] 에어실린더 분해도

아래 에어실린더 조립도의 부품 중에 오링이 조립되어있는 품번② 피스톤과 품번③ 헤드커버의 부품도면에서 오링과 관련된 규격을 적용해 본다.

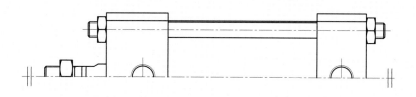

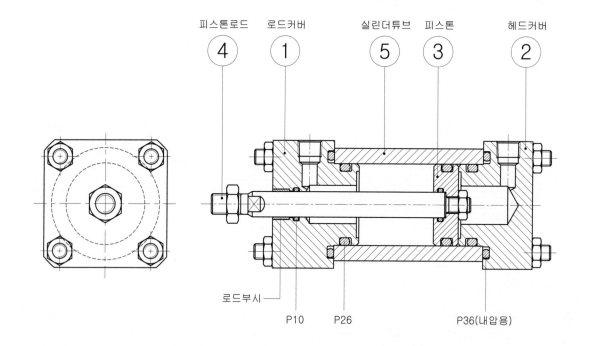

● 에어척 조립도

1. 오링 규격 적용 방법

품번② 피스톤에는 2개소의 오링이 부착된 것을 알 수가 있다. 먼저 호칭치수 **d=10H7/10e8** 내경부위에 적용된 오링의 공차를 찾아 넣어보자. 호칭치수 **d10**을 기준으로 오링이 끼워지는 바깥지름 **D=13**, 홈부의 치수 구분 중에 **G**의 경우는 오링을 1개만 사용했으므로 백업링 없음에서 **2.5**를 찾고 폭 치수 G의 공차 **+0.25~0**을 적용해 준다(확대도 참조). 또한 **R**은 **최대 0.4**임을 알 수가 있다.

■ 운동용 및 고정용(원통면)의 홈 부의 모양 및 치수

O링의 호칭 번호	홈 부의 치수 d	참고 d의 허용차에 상당하는 끼워맞춤 기호	D	D의 허용차에 상당하는 끼워맞춤 기호	G +0.25/0 백업링 없음	백업링 1개	백업링 2개	R 최대	E 최대	백업 링의 두께 4불화에틸렌수지 스파이럴	바이어스컷	엔드리스	가죽 엔드리스	O링의 실치수 굵기	안지름	압착 압축량 mm 최대	최소	% 최대	최소
P3	3		6	H10											2.8 ±0.14				
P4	4		7												3.8				
P5	5	e9	8												4.8 ±0.15				
P6	6	0 −0.05 (h9 f8)	9	+0.05 0	2.5	3.9	5.4	0.4	0.05	0.7 ±0.05	1.25 ±0.1	1.25 ±0.1	1.5 ±0.3	1.9 ±0.07	5.8	0.47	0.28	23.8	15.3
P7	7		10	H9											6.8 ±0.16				
P8	8	e8	11												7.8				
P9	9		12												8.8				
P10	10		13												9.8 ±0.17				
P10A	10		14												9.8				
P11	11		15												10.8 ±0.18				
P11.2	11.2		15.2												11.0				
P12	12		16												11.8				
P12.5	12.5	e8	16.5												12.3 ±0.19				
P14	14	0 −0.06 (h9 f8)	18	+0.06 0 (H9)	3.2	4.4	6.0	0.4	0.05	0.7 ±0.05	1.25 ±0.1	1.25 ±0.1	1.5 ±0.3	2.4 ±0.07	13.8	0.47	0.27	19.0	11.6
P15	15		19												14.8 ±0.20				
P16	16		20												15.8				
P18	18		22												17.8 ±0.21				
P20	20		24												19.8 ±0.22				
P21	21	e7	25												20.8 ±0.23				
P22	22		26												21.8 ±0.24				

● [참고입체도] 피스톤

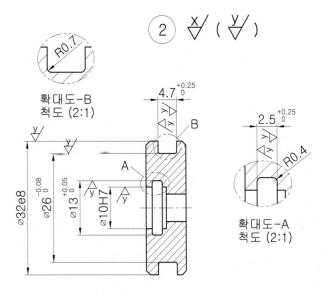

확대도-B
척도 (2:1)

R0.7

확대도-A
척도 (2:1)

R0.4

4.7 +0.25/0

2.5 +0.25/0

∅32e8

∅26 0/−0.08

∅13 +0.05/0

∅10H7

A

B

주) 오링에 관련된 규격 치수만을 기입함.

● 피스톤 부품도

다음으로 호칭치수 D=32H9/32e8의 외경에 적용되는 오링의 치수를 찾아보면, d=26이고 공차는 0~−0.08, 그리고 홈부 G의 치수는 역시 백업링을 사용하지 않으므로 폭 치수 G=4.7에 공차는 +0.25~0임을 알 수가 있다. 또한 R은 **최대 0.8**로 적용하면 된다.

O링의 호칭번호	홈 부의 치수										[참고]								
	d	[참고] d의 허용차에 상당하는 끼워맞춤 기호	D	D의 허용차에 상당하는 끼워맞춤 기호	G +0.25/0			R 최대	E 최대	백업 링의 두께				O링의 실치수		압착 압축량			
					백업링없음	백업링1개	백업링2개			4불화에틸렌수지			가죽	굵기	안지름	mm		%	
										스파이럴	바이어스컷	엔드리스	엔드리스			최대	최소	최대	최소
P22A	22		28												21.7				
P22.4	22.4		28.4												22.1 ±0.24				
P24	24		30												23.7				
P25	25		31												24.7 ±0.25				
P25.5	25.5		31.5												25.2				
P26	26	e8	32												25.7 ±0.26				
P28	28		34												27.7 ±0.28				
P29	29		35												28.7				
P29.5	29.5		35.5												29.2 ±0.29				
P30	30		36												29.7				
P31	31		37												30.7 ±0.30				
P31.5	31.5		37.5												31.2				
P32	32		38												31.7 ±0.31				
P34	34	0/−0.08 h9 f8	40	+0.08/0 H9	4.7	6.0	7.8	0.8	0.08	0.7 ±0.05	1.25 ±0.1	1.25 ±0.1	1.5 ±0.3	3.5 ±0.10	33.7 ±0.33	0.60	0.32	16.7	9.4
P35	35		41												34.7				
P35.5	35.5		41.5												35.2 ±0.34				
P36	36		42												35.7				
P38	38		44												37.7				
P39	39		45												38.7 ±0.37				
P40	40	e7	46												39.7				
P41	41		47												40.7 ±0.38				
P42	42		48												41.7 ±0.39				
P44	44		50												43.7				
P45	45		51												44.7 ±0.41				
P46	46		52												45.7 ±0.42				
P48	48		54												47.7 ±0.44				
P49	49		55												48.7				
P50	50		56												49.7 ±0.45				

다음으로 품번③ 헤드커버의 부품도면에서 오링과 관련된 규격을 적용해 보자. 먼저 호칭치수 D=32e8/32H9를 기준으로 해서 도면에 적용하면 다음 그림과 같이 앞의 피스톤 부품의 확대도 B와 동일하게 치수 및 공차가 적용됨을 알 수 있다.

그리고 확대도 B에 적용된 P36(내압용) 오링이 끼워지는 치수를 찾아보자. 먼저 P36의 D=42에 공차는 +0.08~0, 폭 G의 치수는 4.7에 공차는 +0.25~0이 되고 R은 최대 0.8임을 알 수가 있다. 내압용 오링의 H치수는 오링의 호칭번호에 따라 오링 장착부 주요 상세치수에서 H치수가 P36인 경우 2.7에 공차는±0.05임을 알 수 있다.

● [참고입체도] 헤드커버

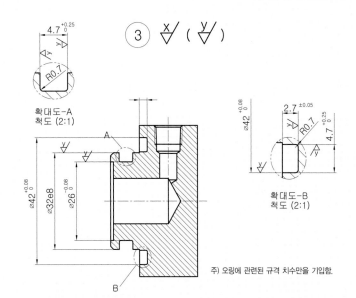

주) 오링에 관련된 규격 치수만을 기입함.

확대도-A
척도 (2:1)

확대도-B
척도 (2:1)

오링장착부 주요 상세치수

오링의 호칭번호	G치수 허용공차 $^{+0.25}_{0}$			H치수 H±0.05	R치수 최대값
	백업링 없음	한쪽 백업링	양쪽 백업링		
P3~P10	2.5	3.9	5.4	1.4	0.4
P10A~P22	3.2	4.4	6.0	1.8	0.4
P22A~P48	4.7	6.0	7.8	2.7	0.8
P50~P80	7.5	9.0	11.5	4.6	0.9

● 헤드커버 부품도

For the Engineer, Of the Engineer, By the Engineer
MECHAPIA